ESSAI

DE

GÉOMÉTRIE

ANALYTIQUE.

IMPRIMERIE DE HUZARD-COURCIER,
rue du Jardinet, n° 12.

ESSAI

DE

GÉOMÉTRIE

ANALYTIQUE,

APPLIQUÉE AUX COURBES ET AUX SURFACES DU SECOND ORDRE;

Par J.-B. BIOT,

Membre de l'Académie des Sciences, Astronome adjoint au Bureau des Longitudes, Professeur de Physique mathématique au Collége de France, et d'Astronomie à la Faculté des Sciences de Paris ; des Sociétés royales de Londres et d'Edimbourg ; de l'Académie impériale de Saint-Pétersbourg ; des Académies Royales de Stockholm, Turin, Munich, Lucques, Berlin, Naples ; Membre honoraire de l'Université de Wilna ; de l'Institution royale de Londres, de la Société philosophique de Cambridge, des Antiquaires d'Écosse, de la Société pour l'avancement des Sciences naturelles de Marbourg, de la Société Helvétique des Sciences naturelles, et de la Société Italienne des Sciences résidante à Modène.

. . . . aspice si quid
Et nos, quod cures proprium fecisse, loquamur.
HORAT.

OUVRAGE DESTINÉ A L'ENSEIGNEMENT PUBLIC,

Par Arrêté de la Commission de l'Instruction publique, en date du 22 février 1817.

SEPTIÈME ÉDITION.

PARIS,

BACHELIER (SUCCESSEUR DE Mme Ve COURCIER),

LIBRAIRE POUR LES MATHÉMATIQUES,

QUAI DES AUGUSTINS, N° 55.

1826

PRÉFACE.

Cᴇᴛ Oᴜᴠʀᴀɢᴇ est principalement destiné aux jeunes gens qui étudient pour entrer à l'École Polytechnique. Il est le résultat des leçons que j'ai données autrefois à l'École centrale de l'Oise, et il fut composé pour mes élèves. La première édition a paru en 1802.

Je me suis proposé d'y présenter les élémens de la Géométrie analytique. J'entends par cette dénomination la manière d'appliquer l'Algèbre à la Géométrie, non pas à l'aide de constructions particulières qu'il faut varier pour tous les cas, mais en employant les méthodes générales que Lagrange et Monge ont les premiers fait connaître dans leurs ouvrages, méthodes enseignées depuis par Monge à l'École Polytechnique, et si heureusement introduites par M. Lacroix dans ses Traités élémentaires ; ce qui est un des plus importans services que l'on ait jamais rendus à l'enseignement des Mathématiques. Instruit par les écrits

a

et par les leçons de ces professeurs célèbres, et pénétré des avantages que les élèves peuvent en recueillir, j'ai cherché à les répandre, en présentant les Élémens de la Géométrie analytique dans un ordre facile à suivre, et sous la forme la plus abrégée et la plus simple qu'ils pussent avoir. Je m'estimerai heureux si ce petit ouvrage, après avoir été utile aux élèves, donne naissance à quelque autre plus parfait, auquel je serai le premier à applaudir.

Pour qu'un livre élémentaire du genre de celui-ci atteignît parfaitement le but auquel il est destiné, il faudrait que les propositions s'y trouvassent disposées dans l'ordre le plus naturel, et que les démonstrations y fussent présentées avec toute la clarté, l'élégance et la simplicité dont elles sont susceptibles. Mais ce degré de perfection, dont on doit s'efforcer d'approcher, est beaucoup plus difficile à atteindre qu'on ne le croit communément ; et les améliorations successives qu'ont apportées à leurs ouvrages les hommes distingués qui ont écrit depuis vingt ans sur les élémens des Mathématiques, sont une preuve sensible de cette vérité. Aussi j'ai toujours été persuadé qu'un livre élémentaire ne peut être jugé que par l'expérience ; qu'il faut, pour ainsi dire, l'essayer sur l'esprit des élèves, et vérifier par cette épreuve la bonté des méthodes que l'on a choisies. Le seul moyen de perfectionner un ouvrage de ce genre est donc de recueillir, et même de rechercher avec le plus grand soin, les remarques de ceux qui l'ont enseigné. C'est ce que j'ai fait pour celui-ci, et je dois beaucoup de reconnaissance aux professeurs qui m'ont bien voulu aider à l'améliorer successivement.

Leurs conseils, et mes propres réflexions, m'avaient depuis long-temps fait sentir la nécessité de m'étendre plus que je ne l'avais fait sur la construction des expressions algébriques, et sur l'application de l'Algèbre aux problèmes de Géométrie déterminés. Mais la difficulté de bien remplir cette tâche, et je l'avouerai, d'autres occupations plus obligées, ou plus attrayantes, m'avaient fait différer pendant long-temps à m'en acquitter; c'est ce qui a retardé cette nouvelle édition, qui m'était demandée depuis plusieurs années. Enfin, j'ai tâché de réparer ici cette omission par une addition assez étendue aux préliminaires. J'ai cru aussi devoir ne plus passer sous silence les propriétés des pôles et des lignes polaires considérées d'abord par Monge, et auxquelles les auteurs des Annales de Mathématiques ont donné des développemens analytiques si élégans. Enfin j'ai modifié la manière trop particulière, et trop compliquée, dont j'avais présenté la formation des sections du cône dans les éditions précédentes. On trouvera, je crois, l'exposition la plus simple de cette formation, dans une note que je dois à mon beau-frère, M. Brisson, Inspecteur-divisionnaire des ponts et chaussées, et que j'ai insérée page 434.

J'aurais voulu pouvoir terminer ce petit ouvrage par quelques exemples bien choisis sur l'application de l'Algèbre aux problèmes dépendans des lieux géométriques. Le temps ne me l'a pas permis; mais j'espère être en état de le faire dans une édition suivante, si celle-ci n'est pas la dernière.

TABLE DES MATIÈRES.

ESSAI

DE

GÉOMÉTRIE ANALYTIQUE.

CHAPITRE PREMIER.

Exposition des principes sur lesquels se fonde l'application de l'Algèbre à la Géométrie. Procédés généraux par lesquels on peut construire géométriquement les expressions algébriques.

1. L'ALGÈBRE est une langue qui, représentant les quantités par des caractères et les opérations par des signes convenus, sert à exprimer généralement les relations qui doivent exister entre les données et les inconnues d'un problème quelconque, pour que les conditions imposées par ce problème soient satisfaites. Peu importe que ces données et ces inconnues soient des nombres, comme dans les problèmes d'Arithmétique, ou des mouvemens et des masses, comme dans les questions de Mécanique, ou enfin des lignes, des surfaces et des solides, comme dans les recherches de Géométrie. Il suffit que les relations qu'elles doivent avoir les unes avec les autres, puissent être définies et réduites à des opérations calculables, pour que l'Algèbre

soit apte à les exprimer. En effet, lorsque cette réduction est praticable, la question proposée se trouve par cela même ne pas dépendre de la nature géométrique, physique, ou mécanique, des élémens que l'on combine, mais seulement des relations mutuelles établies entre eux par addition, soustraction, division, ou toute autre opération de calcul. D'où il suit que si, dans chaque espèce de quantités que l'on combine, soit ligne, surface, solide, ou masse, on en choisit une à volonté pour servir d'unité dans son espèce, toutes les autres que l'on doit combiner ensuite, soit entre elles, soit avec celle-là même, ne sont plus que des collections diverses de l'unité première; de sorte que toutes les relations calculables auxquelles on les assujettit, sont réellement des problèmes de nombres; et voilà pourquoi l'Algèbre s'y applique toujours de la même manière, quelle que soit la nature absolue des quantités ainsi comparées.

La première chose à faire pour appliquer l'Algèbre à la résolution des problèmes de Géométrie linéaire, doit donc être de concevoir une certaine longueur linéaire, que l'on prend pour unité de toutes les autres longueurs. Alors celles-ci se trouvent toutes représentées par des nombres entiers ou fractionnaires, rationnels ou irrationnels; et l'on peut faire sur elles toutes les opérations de l'Arithmétique. Ainsi, on peut les concevoir ajoutées ensemble, ou retranchées les unes des autres; multipliées entre elles ou divisées; et c'est seulement sous ce point de vue que l'on peut attribuer un sens à de telles opérations, lorsqu'on les suppose pratiquées sur des longueurs.

2. L'addition et la soustraction des lignes s'exécutent ainsi sans aucune difficulté. Car si l'on a, par exemple, deux lignes données dont les longueurs représentées ainsi numériquement soient a et b, et que l'on demande une longueur égale à leur somme; en représentant

cette inconnue par x, on aura par l'énoncé de cette condition même,

$$x = a + b,$$

ce qui permet de calculer arithmétiquement la valeur numérique de x lorsque les valeurs numériques a et b seront données. Connaissant ainsi le rapport x de la ligne cherchée à la longueur prise pour unité, l'on en déduira cette ligne elle-même.

Mais on pourrait aussi résoudre la question proposée géométriquement en construisant une ligne égale à la somme des deux lignes données. C'est encore ce que notre équation indique. En effet, désignons par λ la longueur absolue et géométrique de la ligne qui a été choisie arbitrairement pour unité de longueur; et représentons de même par A, B, X, les longueurs absolues des deux lignes données et de celle qui doit être égale à leur somme. Alors les valeurs numériques a, b, x, d'après leur définition même, seront les rapports de ces trois lignes à la première λ, c'est-à-dire qu'on aura

$$a = \frac{A}{\lambda}; \quad B = \frac{B}{\lambda}; \quad x = \frac{X}{\lambda}.$$

Ces expressions étant substituées au lieu de a, b, x, dans l'équation qui renferme l'énoncé du problème, λ disparaît, comme étant dénominateur commun des deux membres, et il reste

$$X = A + B;$$

et l'on voit que, pour obtenir la ligne cherchée, il suffira de porter les deux longueurs A et B à la suite l'une de l'autre sur une même droite, comme le représente la fig. 1, où AB est A, BD, B, et AD la ligne cherchée X. Interpréter ainsi une expression analytique de manière à en déterminer l'inconnue par une construction de Géométrie, c'est ce qu'on appelle *la construire*.

La soustraction des lignes s'opère aussi simplement que l'addition. Soit a la valeur numérique de la plus grande des deux lignes, b la valeur numérique de la plus petite, et x leur différence demandée; on aura

$$x = a - b;$$

expression qui servira pour calculer arithmétiquement la valeur numérique de cette différence lorsque a et b seront données. Mais on pourra aussi construire cette différence géométriquement, en substituant, comme tout à l'heure, aux valeurs numériques a, b, x, les rapports $\dfrac{A}{\lambda}$, $\dfrac{B}{\lambda}$, $\dfrac{X}{\lambda}$ des lignes correspondantes, avec l'unité de longueur; car, par cette substitution, la longueur λ disparaît encore d'elle-même, et il reste

$$X = A - B;$$

relation entre les longueurs absolues et géométriques des trois lignes, par laquelle on voit que l'on obtiendra la ligne X en portant la longueur B sur la longueur A, non plus à la suite l'une de l'autre comme tout à l'heure, mais en sens contraire, et à partir de la même origine, comme le représente la fig. 2, où AB est A, BD, B, et AD, X, ou la ligne cherchée.

En comparant cette construction à celle de la question précédente, on voit que, par la nature des opérations mêmes, la direction de la ligne BD ou B s'est intervertie relativement à la ligne A, lorsque le signe qui affectait la valeur numérique de cette ligne B a changé et a passé du positif au négatif. Cette analogie entre les inversions de position des lignes et les changemens de signe des lettres qui expriment leurs valeurs numériques, se retrouve continuellement dans l'application de l'Algèbre à la Géométrie; et elle y devient même d'une indispensable nécessité pour que toutes les questions géométriques susceptibles d'un même énoncé, et qui diffèrent seulement par les longueurs ou les situations relatives des lignes dont elles dépendent, puissent être exprimées par une seule et même équation. C'est ce que nous démontrerons bientôt d'une manière générale. Mais j'ai voulu profiter du premier exemple de ces rapports, entre les positions des lignes et les signes qui affectent leurs valeurs numériques, pour en faire sentir tout de suite, dans un cas très simple, la cause et l'universalité.

3. Après la combinaison des quantités par addition et soustraction, il faut passer à leur multiplication et à leur division les unes par les autres. Supposons, par exemple, qu'une ligne inconnue X dépende de trois longueurs données A, B, C, de manière qu'il existe entre leurs valeurs numériques la relation suivante :

$$x = \frac{ab}{c} \, ;$$

cette relation suffira pour calculer arithmétiquement x quand les valeurs numériques a, b, c, seront données. Mais si l'on veut en déduire la construction géométrique correspondante, il n'y a qu'à substituer aux lettres a, b, x, les rapports $\frac{A}{\lambda}$, $\frac{B}{\lambda}$, $\frac{X}{\lambda}$ des lignes correspondantes, avec l'unité de longueur. Car λ disparaît encore, et il reste

$$X = \frac{AB}{C} \, ;$$

d'où l'on voit que la ligne inconnue X est une quatrième proportionnelle aux trois lignes données C, A, B. Ainsi, pour obtenir cette ligne par une construction géométrique, on n'a qu'à former à volonté un angle arbitraire M, fig. 3 ; prenant ensuite sur une des branches de cet angle les longueurs $MC = C$, $MB = B$, et sur l'autre, toujours à partir du sommet M, $MA = A$, on joindra CA; puis, par le point B lui menant une parallèle BX, MX sera la longueur cherchée. Car les triangles CMA, BMX étant semblables, on aura évidemment

$$MC : MB :: MA : MX$$

ou
$$C : B :: A : X,$$

et par conséquent,

$$X = \frac{AB}{C},$$

conformément à la condition demandée. Mais on pourrait encore construire la ligne X d'une autre manière, fig. 4. Car, en prenant toujours un angle arbitraire M, il n'y aurait qu'à porter C de M en C, et A de M en A, comme tout à l'heure; puis, à partir du point C, prendre CB égal à B, en le comptant depuis le point C et non plus depuis le sommet de l'angle. Alors joignant CA et lui menant une parallèle BX, AX serait la ligne demandée; car dans le triangle BMX la ligne CA étant parallèle à la base BX, divise les côtés en parties proportionnelles; ce qui donne

$$MC : CB :: MA : AX,$$

ou
$$C : B :: A : X;$$

d'où l'on tire

$$X = \frac{AB}{C}.$$

Il est facile de voir en effet que ces deux constructions s'accordent, c'est-à-dire que la longueur AX de la fig. 4, égale la longueur MX de la fig. 3. Il suffit pour cela de concevoir par le point A, fig. 4, une parallèle au côté CB; car l'angle M étant supposé le même, le triangle formé par les lignes AX, BX et cette parallèle, sera identiquement égal au triangle BMX de la fig. 3.

On pourrait encore construire X de manière que la ligne qui représente cette inconnue, se trouvât placée, non sur un des côtés, mais sur une des bases des triangles que l'on compare. Pour cela, on n'a qu'à prendre sur une droite indéfinie MZ, fig. 5, une longueur MC égale à C; puis, du point C menant une autre ligne indéfinie sous un angle arbitraire, on prendra sur celle-ci la longueur CA égale à A, et l'on joindra MA, que l'on prolongera indéfiniment. Alors, si, à partir du point M on porte sur la ligne MZ la longueur MB égale à B, il ne restera qu'à mener BX parallèle à CA, et terminée à l'autre branche de l'angle M ; ce sera la longueur cherchée de X, comme on le voit par la similitude des triangles MCA, MBX.

Les trois modes de construction que nous venons d'expliquer, s'accordent à donner pour X une même longueur ; mais ils la donnent placée de différentes manières ; et l'on profite de cette diversité pour choisir, dans chaque problème, l'espèce de construction qui utilise le plus possible les lignes déjà tracées dans la figure, ou qui donne à l'inconnue la position la mieux appropriée à l'objet qu'elle doit remplir. C'est dans cette simplicité de la construction, et dans sa convenance, que consiste ce que l'on appelle l'élégance d'une solution.

4. Dans l'exemple que nous venons de discuter, ainsi que dans les deux précédens, lorsque nous avons passé des valeurs numériques des lignes aux relations de leurs longueurs absolues, ce que nous avons fait, en substituant aux lettres a, b, c, qui représentaient ces valeurs, leur expression explicite, où l'unité de longueur était en évidence, nous avons toujours trouvé que cette unité disparaissait d'elle-même; de sorte que l'équation entre les longueurs absolues était exactement la même

qu'entre les valeurs numériques. Nous aurions donc pu nous dispenser de cette transformation, et procéder immédiatement à la construction géométrique d'après l'équation en a, b, x, en y considérant les lettres a, b, c, comme représentant les lignes mêmes. Mais on ne pourrait pas en agir ainsi en général. Car l'identité des relations que nous avons trouvées dans les exemples précédens, entre les valeurs numériques des lignes et leurs longueurs absolues, tenait à cette circonstance particulière, que la condition qui les liait portait seulement sur les rapports de ces lignes *entre elles*, indépendamment de leur rapport absolu avec l'unité de longueur. Cela devient évident, si l'on observe que les équations

$$x = a + b, \quad x = a - b, \quad x = \frac{ab}{c},$$

peuvent être mises sous les formes suivantes :

$$1 = \frac{a}{x} + \frac{b}{x}, \quad 1 = \frac{a}{x} - \frac{b}{x}, \quad 1 = \frac{ab}{cx},$$

où elles ne contiennent plus que des rapports des lettres a, b, c, x, entre elles. Les équations qui jouissent de cette propriété sont appelées *homogènes*, et il en existe de telles dans tous les ordres de puissances, comme les suivantes, par exemple,

$$x^2 = a^2 + b^2, \quad ax^3 = b^4 + c^2 d^2,$$

qui peuvent se mettre sous la forme

$$1 = \left(\frac{a}{x}\right)^2 + \left(\frac{b}{x}\right)^2, \quad 1 = \frac{b^4}{ax^3} + \frac{c^2 d^2}{a x^3},$$

ou bien encore,

$$\left(\frac{x}{a}\right)^2 = 1 + \left(\frac{b}{a}\right)^2, \quad \left(\frac{a}{b}\right)\left(\frac{x}{b}\right)^3 = 1 + \left(\frac{c}{b}\right)^2 \left(\frac{d}{b}\right)^2.$$

Or, toutes les fois qu'il en sera ainsi, il est clair que, si l'on substitue aux lettres a, b, c, x, leurs expressions explicites où l'unité de longueur sera en évidence, la lettre qui désignera cette unité disparaîtra d'elle-même dans chaque rapport, et ainsi l'équation entre les longueurs absolues sera la même qu'entre leurs valeurs numériques; mais il en arriverait autrement si l'équation proposée contenait, outre les rapports des lignes A, B, C, X, entre elles, le rapport absolu de quelques-unes de ces lignes à l'unité de longueur. Car si l'on avait, par exemple,

$$x = ab,$$

la valeur numérique de x pourrait bien se calculer immédiatement par cette équation, puisqu'elle se trouverait être le produit des deux nombres abstraits que a et b représentent; et, cette valeur numérique étant connue, on pourrait aussitôt construire en parties de l'unité de longueur, la ligne qui y correspond; mais si l'on voulait passer de cette équation à la relation analytique qui lie les grandeurs absolues des lignes A, B, X, en substituant aux lettres a, b, x, leurs expressions $\dfrac{A}{\lambda}$, $\dfrac{B}{\lambda}$, $\dfrac{X}{\lambda}$, où l'unité de longueur est en évidence, λ se trouvant au carré dans le dénominateur du second membre, et seulement à la première puissance dans le dénominateur du premier membre, il ne disparaîtrait point complètement; et il resterait, après les réductions faites,

$$X = \frac{AB}{\lambda},$$

c'est-à-dire que la ligne X se trouverait être une quatrième proportionnelle aux longueurs λ, A, B. Ainsi, dans ce cas, et dans tous les analogues, on ne doit pas supposer entre les longueurs absolues la même relation qu'entre les valeurs numériques ; et cette impossibilité se trouve indiquée par la considération de l'équation même ; car si a, b, x, représentaient des lignes et non pas des nombres abstraits, le produit ab représenterait une surface, et par conséquent ne pourrait pas s'égaler à la ligne x. On voit donc par ces exemples, qu'en général, pour passer des relations analytiques abstraites aux relations géométriques qui lient les valeurs absolues, il faut remplacer les valeurs numériques des lignes par l'expression équivalente des rapports de ces lignes à l'unité de longueur, et n'interpréter géométriquement le résultat qu'après avoir effectué réellement ou du moins mentalement cette substitution ; réellement, si l'équation n'est pas homogène ; mentalement, si elle l'est.

5. Par les mêmes principes dont nous venons de faire usage, on pourrait calculer et construire toute expression de la forme

$$x = \frac{a\,b\,c\,d\,e\,f\ldots}{b'c'd'e'f'\ldots}$$

dans laquelle a, b, c, d, a', b', c', $d'\ldots$ seraient des valeurs numériques d'autant de lignes données. Car, pour le calcul numérique, il se ferait immédiatement sur les nombres abstraits a, b, $c,\ldots b'$, c', $d'\ldots$ Quant à la construction, si l'on suppose l'équation homogène, ce qui aura lieu si le numérateur du second membre contient un facteur de plus que son dénominateur ; en substituant aux valeurs numériques les rapports géométriques, l'unité de longueur disparaîtra ; et il viendra entre les lignes

$$X = \frac{A\,B\,C\,D\,E\,F\ldots}{B'C'D'E'F'\ldots}$$

Or, la partie $\dfrac{AB}{B'}$ peut d'abord être considérée comme représentant une ligne A″, quatrième proportionnelle à B′, A, B, et susceptible d'être obtenue par la construction expliquée fig. 3, 4 ou 5. Combinant cette ligne avec le rapport suivant $\dfrac{C}{C'}$, le produit $\dfrac{A''C}{C'}$ représentera une nouvelle ligne A‴, qui se construira de la même manière. Celle-ci combinée avec $\dfrac{D}{D'}$, donnera le produit $\dfrac{A'''D}{D'}$, auquel on substituera une nouvelle ligne A^{iv}, et ainsi de suite, jusqu'à ce que l'on ait épuisé tous les rapports dont la valeur de X est composée. Le dernier résultat, de même forme que les précédens, sera donc encore une ligne qui exprimera la valeur de l'inconnue X.

Nous avons supposé que le numérateur du second membre contenait un facteur de plus que le dénominateur; c'est évidemment cette condition qui, lorsque nous avons passé aux relations géométriques des lignes, a fait disparaître des deux membres l'unité de longueur λ. Si donc elle n'avait pas eu lieu, λ serait resté dans l'équation pour compléter l'homogénéité; mais une fois qu'il y aurait été ainsi réintroduit, la construction se fût achevée de la même manière. Si l'on avait eu, par exemple,

$$x = abcd,$$

le numérateur du second membre étant composé seulement de quatre facteurs, et le dénominateur de chaque terme étant l'unité, on aurait obtenu pour la relation géométrique,

$$X = \frac{ABCD}{\lambda^3},$$

expression qui se serait construite de la même manière.

Car d'abord la partie $\dfrac{AB}{\lambda}$ eût donné une ligne A', qui,

combinée avec le rapport $\dfrac{C}{\lambda}$, eût produit une nouvelle

ligne A'', laquelle enfin combinée avec $\dfrac{D}{\lambda}$, eût donné

une dernière ligne A^{IV}, qui eût la valeur de X.

6. En général, quelle que soit la relation analytique établie entre les valeurs numériques des lignes, par l'équation qui détermine l'inconnue x, lorsqu'on substituera au lieu de ces valeurs leur expression explicite, c'est-à-dire les rapports géométriques des lignes avec l'unité de longueur, il en résultera toujours entre les lignes une équation, qui ne contiendra que des rapports de lignes entre elles, c'est-à-dire une expression homogène. Ainsi, en définitif, on n'a jamais à construire que de telles expressions. C'est pourquoi, afin d'abréger l'exposition des méthodes géométriques par lesquelles les constructions s'obtiennent, nous nous bornerons à les appliquer à des équations dans lesquelles l'homogénéité est déjà établie, et qui puissent ainsi indifféremment être considérées comme ayant lieu entre les valeurs numériques des lignes ou entre leurs longueurs absolues elles-mêmes.

7. Déjà celles que nous avons considérées nous ont donné l'exemple de la multiplication et de la division des lignes, ou plutôt des valeurs numériques des lignes les unes par les autres; mais il se présente aussi des questions où l'inconnue x est donnée par des expressions radicales, telles que

$$x = \sqrt{ab}, \quad x = \sqrt{a^2 + b^2}, \quad x = \sqrt{a^2 - b^2},$$

dans lesquelles je suppose que a et b soient des longueurs connues. Le calcul numérique de ces expressions n'offre aucune difficulté, si l'on substitue aux lettres a et b leurs valeurs numériques ; mais on peut également les construire en attribuant aux lettres a, b, x, des valeurs absolues. Car la nature de ces expressions est telle, que l'unité de longueur λ disparaîtrait d'elle-même comme tout à l'heure, si l'on substituait aux valeurs numériques leurs rapports avec elle ; d'où il suit que l'on peut essayer de les construire immédiatement.

Or, en commençant par la première $\sqrt{ab}$, on voit qu'elle exprime une moyenne proportionnelle entre les valeurs a et b, ou entre les lignes que ces valeurs représentent. On pourra donc la construire en portant, fig. 6, les lignes $AB = A$, $BD = B$ à la suite l'une de l'autre, puis sur leur somme AD ou $A + B$ comme diamètre, décrivant une circonférence de cercle et élevant au point de jonction B une ordonnée BX. Ce sera l'inconnue cherchée. En effet, par les propriétés connues du cercle, le carré de cette ordonnée est égal au produit des deux segmens du diamètre, et ainsi elle satisfait à la condition exigée.

On pourrait encore construire X par les cordes, comme dans la fig. 7, où AB est A, et BD est B. Alors sur AB, comme diamètre, on décrira une circonférence, à laquelle on élèvera par le point D l'ordonnée BX, et la corde BX sera l'inconnue cherchée. Car par les propriétés connues du cercle, cette corde est moyenne proportionnelle entre le diamètre AB et le segment BD.

En réunissant ce mode de construction à celui des quatrièmes proportionnelles, on parviendrait à construire géométriquement toute expression de la forme

$$x = \sqrt{abcd\ldots},$$

où le nombre des facteurs renfermé sous le radical

serait quelconque. Car supposez, par exemple, qu'il
fût de quatre; en substituant aux valeurs numériques
des lignes leurs rapports avec l'unité de longueur, on
aurait d'abord

$$\frac{X}{\lambda} = \sqrt{\frac{ABCD}{\lambda^4}},$$

et après les réductions,

$$X = \sqrt{\frac{ABCD}{\lambda^2}}.$$

Maintenant, le produit qui se trouve sous le radical,
peut être considéré comme composé de deux facteurs
$\frac{AB}{\lambda}$, $\frac{CD}{\lambda}$, dont chacun représente une quatrième proportionnelle facile à construire par les fig. 3, 4, ou 5.
Supposons cette construction faite, et soit A' la première de ces lignes, B' la seconde; en les substituant
dans l'expression de X, il viendra

$$X = \sqrt{A'B'};$$

c'est-à-dire que la ligne X est moyenne proportionnelle
entre les lignes A' et B'. On pourra donc l'obtenir par
le cercle comme précédemment.

Si l'on avait eu cinq facteurs au lieu de quatre, on
aurait trouvé après la transformation

$$\frac{X}{\lambda} = \sqrt{\frac{ABCDE}{\lambda^5}},$$

et par suite,

$$X = \sqrt{\frac{ABCDE}{\lambda^3}}.$$

Dans ce cas, on commencerait comme tout à l'heure,
par isoler les facteurs $\frac{AB}{\lambda}$, $\frac{CD}{\lambda}$, que l'on construirait
par des quatrièmes proportionnelles A' et B'; ensuite

combinant l'une d'elle, B', par exemple, avec le dernier rapport $\dfrac{E}{\lambda}$, il en résulterait le produit $\dfrac{B'E}{\lambda}$, qui se construirait encore par une quatrième proportionnelle, et donnerait ainsi une nouvelle ligne B''. On aura donc alors

$$X = \sqrt{\overline{A'B''}},$$

qui se construirait par le cercle, comme précédemment.

8. Passons aux expressions radicales de la forme

$$x = \sqrt{a^2 + b^2}.$$

Celle-ci se construit par les propriétés du triangle rectangle, fig. 8. En effet, soit AB = A, BD = B et les deux lignes AB, BD, perpendiculaires l'une à l'autre. Alors, en nommant l'hypoténuse AD, X, on aura évidemment

$$X^2 = A^2 + B^2,$$

d'où

$$X = \sqrt{A^2 + B^2},$$

c'est-à-dire qu'elle satisfera aux conditions demandées.

On construit également par le triangle rectangle l'expression

$$x = \sqrt{a^2 - b^2};$$

seulement la ligne X n'est plus l'hypoténuse du triangle, mais un des côtés de l'angle droit. En effet, ayant mené, fig. 9, deux droites indéfinies perpendiculaires l'une à l'autre, prenez sur l'une d'entre elles, à partir du sommet de l'angle, la longueur DB égale à B; puis, du point B comme centre, avec BA, ou A pour rayon, décrivez un arc de cercle qui aille couper l'autre branche en A; alors si l'on nomme AD, X, on aura évidemment

$$X = \sqrt{A^2 - B^2};$$

c'est-à-dire que DA satisfera à la condition proposée.

En combinant cette construction avec la précédente, on pourra construire toute expression de la forme

$$x = \sqrt{a^2 + b^2 - c^2 - d^2 + e^2} \ldots;$$

c'est-à-dire dans laquelle le radical se trouvera envelopper la somme ou la différence d'autant de carrés que l'on voudra. Car d'abord, en réunissant les deux premiers carrés, on pourra leur substituer le carré B'^2 d'une ligne unique, qui sera l'hypoténuse d'un triangle rectangle, dont les côtés seront les lignes A et B. Joignant ensuite B'^2 au carré suivant, que nous supposons affecté du signe négatif, la différence $B'^2 - C^2$ pourra encore être remplacée par le carré d'une ligne unique B'' qui, cette fois, sera un côté du triangle rectangle dont B' serait l'hypoténuse, et C l'autre côté; continuant ainsi à réunir les carrés successifs par somme et par différence, on finira par obtenir une ligne unique et définitive, qui sera la valeur de X.

Le même mode de construction peut se combiner avec ceux que nous avons exposés plus haut, et il est nécessaire de le faire lorsque le radical qui exprime l'inconnue x, enveloppe, outre des carrés, d'autres termes de la forme ab, ou $\dfrac{abc}{d}$; comme serait, par exemple, l'expression suivante :

$$x = \sqrt{a^2 + b^2 - \frac{4ac^2}{d} + ef}.$$

Dans ce cas, le produit $\dfrac{4ac^2}{d}$ devrait être décomposé en $\dfrac{4ac}{d}.c$. Le premier facteur $\dfrac{4ac}{d}$ se construit par une quatrième proportionnelle; ainsi, en nommant b' la ligne qui en résulte, le produit $\dfrac{4ac^2}{d}$ devient $b'c$, et peut être remplacé par le carré b''^2 d'une ligne unique, qui s'obtient comme dans la page 13, au moyen du cercle. Le produit ef, qui est de même forme, peut être aussi remplacé par le carré c''^2 d'une ligne unique, qui s'obtiendra de la même manière; alors le radical ne contenant plus que des différences et des sommes de carrés, les seules propriétés du triangle rectangle suffiront pour en achever la construction.

Pour ce qui précède, nous nous sommes borné à l'exposition des principes généraux. Mais, dans les cas particuliers, les applications de ces principes peuvent souvent être simplifiées, soit par des transformations analytiques qui réunissent plusieurs termes dans une même construction, soit par une combinaison avantageuse des termes à construire, soit enfin par un choix adroit d'inconnues. La résolution des problèmes nous offrira des exemples fréquens de ces simplifications, et nous fournira ainsi l'occasion d'expliquer plus précisément les principaux artifices par lesquels elles s'obtiennent.

9. Au moyen des procédés que nous venons d'exposer, on pourra construire immédiatement toute inconnue qui dépendra d'une équation du premier degré; car la valeur d'une telle inconnue n'étant jamais exprimée que par les produits ou les rapports des quantités données les unes avec les autres, elle n'exigera pour sa construction que des quatrièmes proportionnelles et des moyennes proportionnelles, deux choses que nous avons appris à obtenir généralement.

10. Mais les mêmes procédés suffisent encore pour

7e *Édit.*

2

construire géométriquement les racines d'une équation du second degré, dont les coefficiens ont des valeurs quelconques, et par conséquent aussi pour obtenir analytiquement la solution géométrique de tous les problèmes qui conduisent à une pareille équation. C'est ce que nous allons montrer en parcourant successivement les différentes formes dont une équation du second degré est susceptible.

Supposons, par exemple, que l'on ait

$$x^2 - 2ax = -b^2; \qquad (1)$$

en résolvant cette équation par rapport à x, on trouve les deux racines

$$x = a + \sqrt{a^2 - b^2}, \quad x = a - \sqrt{a^2 - b^2}.$$

D'abord, la partie radicale de ces expressions peut être évidemment représentée par un côté de triangle rectangle, dont la ligne A est l'hypoténuse, et la ligne B l'autre côté. Ainsi, pour l'obtenir, traçons, fig. 10, une ligne indéfinie ZZ'; puis, en un point quelconque de cette ligne, élevons-lui une perpendiculaire, à laquelle nous donnerons une longueur BC égale à B; enfin, du point C comme centre, avec A pour rayon, décrivons une circonférence de cercle qui, généralement parlant, coupera la droite indéfinie ZZ' en deux points X, X', également éloignés du point B. Alors les segmens BX ou BX' représenteront le radical $\sqrt{A^2 - B^2}$. Conséquemment, si, à partir du point B, l'on porte sur ZZ', une longueur BA égale à A, la longueur AX ou $A + \sqrt{A^2 - B^2}$, représentera la première valeur de x; et AX', ou $A - \sqrt{A^2 - B^2}$, représentera la seconde.

Si la longueur particulière de la ligne B était telle, qu'elle fût égale à la ligne A, il est clair que les deux points d'intersection X, X', se réuniraient en un seul en B, et ainsi le cercle ne couperait pas la droite indéfinie ABX, mais il la toucherait seulement en ce point.

Alors les longueurs BX, BX', devenant nulles, les deux longueurs AX, AX', deviendraient égales entre elles et à la ligne unique A. Ces diverses modifications de la construction géométrique sont l'expression fidèle de celles que l'équation proposée subit par la nouvelle relation d'égalité supposée entre les lignes A et B; car alors il faut supposer aussi $a = b$, ce qui rend nul le radical $\sqrt{a^2 - b^2}$, et réduit les deux racines à leur seul premier terme; de sorte qu'elles deviennent égale entre elles et à la valeur unique a.

Enfin, si B surpassait A, le cercle décrit du point C comme centre, avec A pour rayon, ne couperait pas du tout la droite indéfinie AB. Les points X, X', ne pourraient donc pas s'obtenir dans cette circonstance, et ainsi la solution de la question proposée serait impossible. C'est aussi ce que l'équation entre les valeurs numériques montre; car, si b surpasse a, la partie radicale $\sqrt{a^2 - b^2}$, qui est commune aux deux racines, devient imaginaire, et conséquemment, les deux racines sont impossibles.

La construction précédente, à laquelle nous avons été conduits par les valeurs des racines, aurait pu également se découvrir d'après l'inspection seule de l'équation qui les déterminait. En effet, en changeant les signes de cette équation, elle peut se mettre sous cette forme :

$$x(2a - x) = b^2.$$

Alors, elle montre que la quantité connue b doit être moyenne proportionnelle entre les valeurs de x et de $2a - x$. Cette propriété désigne b comme l'ordonnée d'un cercle dont $2a$ est le diamètre, et x, $2a - x$, les deux segmens coupés par l'ordonnée. Donc, si, sur $2a$ comme diamètre, on construit un pareil cercle AMM'A', fig. 11, on n'aura qu'à élever à ce diamètre une perpendiculaire BC, dont on fera la longueur égale à b; puis, par le point C ainsi déterminé, on mènera une ligne indéfinie MCM', parallèlement au diamètre AA'; les points M, M', où elle coupera le cercle, seront les extrémités des ordonnées b. Abaissant donc de ces points les ordonnées elles-mêmes, on aura les points X, X', où elles couperont le diamètre; et les deux segmens AX, AX', représenteront les deux racines de l'équation proposée.

Il est évident que cette construction assigne précisément à ces racines les mêmes valeurs que nous avons trouvées tout à l'heure; et même les deux constructions sont identiques, puisque le diamètre AA' de la fig. 11 n'est autre chose que le diamètre EF de la fig. 10. Mais la nouvelle forme sous laquelle nous venons de la présenter est généralement préférable, parce qu'elle permet de reconnaître les racines à la seule-inspection de l'équation, et de les obtenir sans la résoudre.

Si le second membre de l'équation eût été positif au lieu d'être négatif, la construction fût devenue un peu différente. En effet, dans ce cas, on aurait

$$x^2 - 2ax = b^2, \qquad (2)$$

et les deux racines seraient

$$x = a + \sqrt{a^2 + b^2}, \quad x = a - \sqrt{a^2 + b^2};$$

alors la partie radicale serait représentée non plus par le côté, mais par l'hypoténuse d'un triangle rectangle, dont les lignes A et B seraient les côtés. Prenons donc, fig. 12, BD égal à B; puis, élevant au point B une perpendiculaire BC égale à A, DC sera la partie radicale commune aux deux racines. Si, ensuite, du point C comme centre avec CB ou A pour rayon, l'on décrit une circonférence de cercle qui coupe la ligne DC en E', et son prolongement en E, la longueur DE sera égale à $A + \sqrt{A^2 + B^2}$; ainsi, elle représentera la première valeur de x; mais le second segment DE' étant égal à $\sqrt{A^2 + B^2} - A$, ne représentera la seconde racine qu'en changeant son signe; c'est-à-dire que cette seconde racine sera représentée par $-$ DE'.

Ici, l'inversion du signe n'est pas susceptible d'une interprétation directe, parce qu'en admettant, comme nous l'avons reconnu dans une autre circonstance, qu'elle doit représenter une inversion de position, l'on ne voit pas à quoi celle-ci pourrait être rapportée, puisqu'il ne se présente ici aucune quantité dont DE' doive être soustraite. Mais la difficulté de l'interprétation disparaîtra, si l'on considère la valeur actuelle de x comme un cas particulier d'une question plus générale dans laquelle les deux racines seraient

$$x = a + c + \sqrt{a^2 + b^2}, \quad x = a + c - \sqrt{a^2 + b^2},$$

c représentant la valeur numérique d'une nouvelle ligne donnée comme les précédentes. Cette forme des racines ferait dépendre x d'une autre équation du second degré, qui serait

$$x^2 - 2(a + c)x = b^2 - 2ac - c^2;$$

et il est évident qu'en supposant c nul, on retomberait sur les mêmes valeurs que tout à l'heure. Dans ce nouveau cas, la construction de la partie radicale serait absolument la même; c'est-à-dire qu'en prenant encore DB, fig. 13, égal à B, et BC égal à A, l'hypoténuse DC représentera le radical $\sqrt{A^2 + B^2}$. Alors décrivant une circonférence du point C comme centre, avec BC ou A pour rayon, la longueur DE sera $A + \sqrt{A^2 + B^2}$; et $-$ DE' sera $A - \sqrt{A^2 + B^2}$. Ainsi, pour avoir la première racine, il ne faudra plus qu'ajouter à DE la longueur C, ce qui se fera en portant cette longueur sur le prolongement de CD;

de D en F, et FE représentera $C + A + \sqrt{A^2 + B^2}$. Mais, pour avoir l'autre racine, qui est égale à $C + A - \sqrt{A^2 + B^2}$, il est évident qu'il faudra soustraire le segment DE′ de la ligne DF, ce qui se fera en portant ce segment sur la ligne DF, à partir du point D, *en sens contraire* de la position que la construction immédiate lui assignait d'abord. Alors en supposant que son extrémité tombe en E″, le segment FE″ sera égal à $C + A - \sqrt{A^2 + B^2}$; c'est-à-dire qu'il représentera la seconde racine; et ce segment lui-même se présentera ainsi avec une valeur positive, si la soustraction est possible, c'est-à-dire si la ligne C ou DF surpasse DE′; mais avec le signe négatif, si la soustraction ne peut être complètement effectuée, c'est-à-dire si DE′ surpasse DF; ce cas était précisément celui qu'offrait la question précédente, puisqu'alors la longueur de la ligne C était nulle.

En général, lorsque l'Algèbre attache à une quantité ou à un résultat le signe négatif, c'est toujours l'indice d'une soustraction à faire. Si l'expression analytique dans laquelle cette opération entre, renferme des grandeurs positives sur lesquelles elle puisse être effectuée, alors l'indication du signe est satisfaite. Mais si elle ne peut l'être complètement, le signe reste pour indiquer la partie de l'opération qui demeure à faire encore. Dans ce cas, si l'on veut interpréter le résultat analytique jusque dans l'indication de ce signe, il faut concevoir une question plus générale que la proposée, et dans laquelle il existe des quantités sur lesquelles l'opération de la soustraction indiquée soit complètement possible. Alors, en l'effectuant, vous réalisez le résultat qu'elle indique; et en rendant ensuite nulles les quantités qui vous avaient servi à le réaliser, vous comprenez ainsi la signification qu'il faut lui attribuer dans tous les cas.

Ici, comme dans le cas précédent, la signification et les valeurs des racines auraient pu être reconnues par la seule inspection de l'équation proposée, sans qu'il fût besoin de la résoudre. En effet, cette équation

$$x^2 - 2ax = b^2$$

pouvait être mise sous la forme

$$x(x - 2a) = b^2.$$

Alors, il devient évident que l'inconnue $+x$ peut se construire par cette propriété du cercle : le produit de la sécante entière $+x$, par sa partie extérieure $+x-2a$ égale le carré de la tangente b. Ainsi, ayant décrit un cercle, fig. 12, avec un rayon CB égal à a, on lui mènera en un point quelconque B une tangente à laquelle on donnera une longueur BD égale à b; puis, par le point D et le centre C menant la sécante DCE, la sécante entière DE représentera $+x$, et sera ainsi l'une des racines de l'équation.

Mais cette même construction donne aussi l'autre racine en changeant son signe. En effet, écrivez $-x'$ à la place de $+x$ dans l'équation proposée, elle deviendra

$$x'(x' + 2a) = b^2.$$

Alors la racine positive $+x'$ sera représentée par la partie extérieure DE' de la même sécante que nous venons de construire tout à l'heure; par conséquent, la quantité $-x'$ ou $+x$ le sera par $-DE'$; ainsi, les deux lignes $+DE$, $-DE'$, sont les deux racines de l'équation primitivement proposée. C'est en effet à ce résultat que nous avait déjà conduits la construction des valeurs mêmes des racines; seulement l'interprétation immédiate de l'équation est plus rapide. Toutefois, lorsque les coefficiens sont composés de plusieurs lettres, il est quelquefois plus avantageux de construire les racines mêmes, à cause des réductions qui s'opèrent dans la quantité affectée du signe radical.

Dans tous les exemples précédens, nous avons consi-

déré des équations où le coefficient de la première puissance de x était censé négatif. Mais si ce coefficient était
positif, les mêmes principes s'appliqueraient également à
la construction des racines. Supposons en effet que l'on eût

$$x^2 + 2ax = b^2, \qquad (3)$$

la résolution de cette équation donne pour les racines
ces deux valeurs :

$$x = -a + \sqrt{a^2 + b^2}, \quad x = -a - \sqrt{a^2 + b^2}.$$

La première se construit précisément comme dans la
fig. 12, et elle est représentée par DE′; la seconde étant
prise négativement, est représentée par DE, ou, si on
l'énonce sans changer son signe, elle est représentée
par — DE.

Ainsi, toute la différence qu'il y a entre la construction de cette équation et celle de l'équation

$$x^2 - 2ax = b^2 \qquad (2)$$

qui avait donné naissance à la fig. 12, c'est que la
ligne DE qui représentait la racine positive de celle-ci,
représente maintenant la racine négative de l'équation (3), tandis qu'au contraire, la ligne DE′ qui représentait la racine négative, représente maintenant la
positive. Le signe seul de cette représentation est donc
interverti, et non les valeurs mêmes. Cette inversion
est en effet l'expression fidèle de la dissemblance analytique qui existe entre les deux équations; car la seconde
n'est autre chose que la première, dans laquelle on a
changé $+x$ en $-x$; c'est-à-dire dans laquelle on a
changé la racine positive en négative, et réciproquement. On voit encore que la construction qui donne
ces racines, peut se conclure immédiatement par l'inspection de l'équation (3) elle-même, sans qu'il soit
besoin de la résoudre. Car il suffit, comme tout à
l'heure, de la mettre sous la forme

$$x(x + 2a) = b^2.$$

Alors, l'inconnue $+x$ peut être considérée comme la partie extérieure d'une sécante, dont la partie intérieure est $2a$, la longueur de la tangente correspondante étant b; ce qui s'accorde précisément avec la construction à laquelle nous avons été conduits en considérant l'expression même de la racine positive, laquelle était $-a+\sqrt{a^2+b^2}$.

L'autre racine s'obtiendra pareillement, en observant que si l'on change $+x$ en x' notre équation devient

$$x'(x'-2a) = b^2.$$

Alors, elle montre que $+x'$ a précisément la propriété attachée à la sécante entière DE; d'où il suit que $-$DE représente $-x'$, et par conséquent $+x$, c'est-à-dire la seconde valeur de l'inconnue x.

CHAPITRE II.

Application des principes précédens à la résolution et à la construction de quelques Problèmes de Géométrie déterminés.

11. **J**E prendrai d'abord pour exemples des problèmes qui ne conduisent qu'à des équations du premier degré; tel est le suivant.

Étant données la base d'un triangle et sa hauteur, trouver le côté du carré inscrit.

Soit, fig. 14, ABC le triangle proposé, dont AC est la base, et BH la hauteur. Puisque les longueurs de ces lignes sont données, représentons la première par b, la seconde par h, l'une et l'autre étant exprimées en parties de l'unité de longueur. Désignons de même par x le côté DE, ou EF, ou FG, ou GD du carré inscrit, et cherchons d'après la nature du problème, quelque relation entre b, h, et l'inconnue x.

C'est à quoi nous parviendrons, en considérant que le côté EF du carré devant être parallèle à la base AC, les triangles EBF, ABC, doivent être semblables. Or, dans des triangles semblables, les bases sont entre elles comme les hauteurs; on aura donc ici

$$AC : BH :: EF : BI,$$

ou en exprimant ces lignes par leurs valeurs numériques,

$$b : h :: x : h - x.$$

En égalant le produit des extrêmes à celui des moyens, cette proportion donne

$$hx = bh - bx;$$

d'où l'on tire

$$x = \frac{bh}{b + h}.$$

La valeur numérique de x se trouve donc complètement déterminée par la condition que nous venons d'écrire en Algèbre, et l'on pourra la calculer d'après cette expression, lorsque les valeurs de b et de h seront données.

Mais on pourra également, d'après cette expression, l'obtenir par une construction géométrique; car il en résulte évidemment que le côté du carré cherché ou x, est une quatrième proportionnelle à $b + h$, b et h, laquelle pourra se construire par l'un des procédés employés fig. 3, 4, 5. Pour le faire le plus élégamment possible, il faudra, parmi les diverses dispositions de lignes que ces procédés permettent, choisir quelques-unes de celles qui placent la ligne X de manière qu'on puisse l'appliquer avec le plus de simplicité à la figure proposée. Par exemple, en employant le mode de construction de la figure 5, on pourra, fig. 15, prolonger la base AC ou B d'une quantité CB' égale à H; puis, élevant au point B' une perpendiculaire B'H' aussi égale à H, on joindra A avec H', et par le point C menant CI' parallèle à B'H', ce sera le côté du carré cherché; lequel se trouvera ainsi placé perpendiculairement à la base AC du triangle. Donc, lorsque celui-ci sera donné, il n'y aura qu'à mener par le point I' une parallèle à la base AC, et les points où cette ligne coupera les côtés du triangle, seront E et F; de sorte que le carré se trouvera inscrit en même temps que connu.

Il faut remarquer que cette solution n'emploie pour donnée que la base et la hauteur du triangle, sans y faire entrer pour rien l'inclinaison des côtés AB, BC sur la base. Les deux lignes AC et BH étaient en effet les seuls élémens que nous avions supposés connus. Or, puisqu'elles suffisent pour déterminer le côté du carré inscrit, il s'ensuit donc que ce carré est le même pour tous les triangles ABC, AB'C, AB"C, fig. 16, que l'on peut construire avec la base AC et la hauteur BH. De plus, dans tous ces triangles, le lieu où le carré doit être placé, sera déterminé par l'intersection des côtés avec la même parallèle menée par I' à la base AC. Seulement on voit, par la figure même, qu'au-delà de certaines limites d'inclinaison des côtés sur la base, l'inscription du carré, *dans l'intérieur* du triangle, devient impossible, parce que l'un de ses côtés, tel que E"D", par exemple, tombe en dehors de l'espace que le triangle contient; et il devient évident, par cela même, que le dernier cas d'inscription intérieure a lieu lorsqu'un des côtés AB ou BC devient perpendiculaire sur la base. Ceci met donc réellement une limitation à la question géométrique. Mais cette limitation ne pouvait pas être indiquée par l'expression analytique de x, parce que la condition de laquelle cette expression est tirée, con-

siste seulement dans la similitude des triangles ABC,
EBF; similitude qui subsiste encore, quand l'inclinaison
des côtés AB, BC sur la base, ne permet plus d'inscrire
le carré dans l'intérieur du triangle ABC.

Si, au lieu de donner seulement la base b et la hauteur h, on particularisait complètement le triangle ABC
dans lequel le carré doit être inscrit, on pourrait profiter des lignes qui composent ce triangle pour construire la valeur de x plus élégamment que nous ne
venons de le faire. En effet, si ABC, fig. 17, est le
triangle donné, prolongez, comme tout à l'heure, la
base AC ou b d'une quantité CB' égale à h, en sorte que
AB' soit toujours égale à $b+h$; mais, au lieu de mener
par le point B' une ligne perpendiculaire à la base, menez-en une parallèle au côté BC. Alors toute ligne APQ
menée par le point A et terminée à cette parallèle, sera

coupée au point P, de manière que le rapport $\dfrac{AP}{AQ}$ sera

toujours égal à $\dfrac{b}{b+h}$. Maintenant, parmi toutes les
sécantes que l'on peut mener de cette manière, à partir
du point A, il est facile d'en choisir une AK, dont l'inclinaison soit telle, que la perpendiculaire FG, menée
de son premier point d'intersection F sur la base, soit
précisément la valeur de x. Car il suffit, pour cela, de
prendre le point K de manière que la perpendiculaire KN abaissée de ce point sur le prolongement de
la base, soit égale à h; ce qui se fera en le déterminant
par l'intersection d'une ligne BK, menée par le sommet B du triangle parallèlement à la base. En effet, si
cela a lieu, on aura à la fois les deux proportions :

$$AF \;:\; AK \;::\; b \;:\; b+h,$$
$$AF \;:\; AK \;::\; FG \;:\; h;$$

conséquemment,

$$FG \;:\; h \;::\; b \;:\; b+h;$$

d'où
$$FG = \frac{bh}{b+h};$$

ce qui est précisément la valeur de x. Il est facile de voir *à posteriori* que la ligne FG ainsi déterminée, est en effet le côté du carré inscrit au triangle; car, par la manière dont la ligne AK est construite, elle se trouve être telle que, si d'un quelconque de ces points, tel que K, on mène deux lignes, l'une perpendiculaire, l'autre parallèle à la base AC, les portions KN, KB de ces lignes, interceptées entre AC d'une part et le côté AB de l'autre, sont égales entre elles. Le sommet F du carré inscrit au triangle ABC, doit donc se trouver sur la ligne AK, puisqu'il doit jouir de cette propriété que FG égale FE; mais il doit se trouver aussi sur le côté BC du triangle; il est donc l'intersection de ce côté par la ligne AK. Or, pour obtenir le point K, il suffit de mener par le sommet B du triangle une ligne parallèle à sa base, et de prendre sur cette ligne une longueur BK égale à h, puis, de joindre AK. C'est donc à cela que se réduit, en définitif, tout l'essentiel de la construction.

On pourrait, avec une égale simplicité, construire x de manière qu'elle se trouvât donner immédiatement le côté DE du carré qui est opposé à FG. Le procédé représenté fig. 18 est absolument analogue au précédent. Pour cela, prolongez la hauteur BH ou h d'une quantité HB′ égale à la base AC ou b du triangle. Alors, BB′ représentera $b+h$. Cela posé, si du point B′ on mène une ligne indéfinie parallèle à AC, toute ligne BPQ menée par le sommet B, et terminée à cette parallèle, se trouvera coupée en P, de manière que le rapport $\frac{BP}{PQ}$ sera égal à $\frac{h}{b+h}$. Donc, si parmi toutes les sécantes que l'on peut mener de cette manière, on choisit BC′, menée par le sommet C′ du carré construit sur AC, la ligne DE parallèle à AC′, sera précisément la valeur de x, puisqu'on aura à la fois .

$$BD : BC′ :: h : b + h,$$
$$BD : BC′ :: DE : b;$$

conséquemment,

$$DE : b :: h : b + h;$$

d'où
$$DE = \frac{bh}{b + h},$$

ce qui est précisément la valeur de x.

Il arrive souvent, comme dans ces deux exemples, que l'on peut simplifier la construction d'une expression analytique, en substituant aux rapports connus qu'elle renferme, et qui ont lieu entre des lignes données par le problème, des rapports équivalens, mais formés par des lignes indéterminées, que l'on choisit ensuite, de manière que l'inconnue que l'on cherche se trouve placée le plus convenablement possible pour la question géométrique que l'on veut résoudre.

12. Les constructions dont nous venons de faire usage serviraient encore, avec de très légères modifications, pour résoudre un problème analogue au précédent, mais plus général, qui consiste à inscrire dans un triangle, non plus un carré, mais un rectangle dont le rapport des côtés est donné. En effet, soit ABC, fig. 19, le triangle proposé dont on connaît seulement la base b et la hauteur h : désignons par x le côté du rectangle cherché qui devra être perpendiculaire à la base, c'est-à-dire DE, et par y, le côté EF, qui lui sera parallèle. La comparaison des triangles semblables ABC, EBF, donnera, comme tout à l'heure,

$$AC : BH :: EF : BI,$$

qui devient ici

$$b : h :: y : h - x;$$

d'où l'on tire

$$hy = bh - bx.$$

Mais si n exprime le rapport qui doit exister entre les côtés EF et DE du rectangle, il faudra qu'on ait

$$y = nx.$$

Chassant donc y de la première équation, avec cette valeur, et dégageant x, il viendra

$$x = \frac{bh}{b + nh};$$

expression précisément de même forme que dans le dernier problème, à cela près que le rapport n était alors un rapport d'égalité. Les mêmes procédés nous serviront donc encore pour la construire, comme il est facile de s'en convaincre, et donneront lieu à des limitations pareilles. Pour offrir un seul exemple de cette analogie, supposons que l'on veuille employer le mode de construction de la fig. 17; alors on mènera par le sommet B du triangle, fig. 20, une ligne parallèle à la base, et l'on prendra sur cette ligne une longueur BK égale à nh; puis, menant AK, qui coupera BC en F, FG sera x et EF y. On appliquerait avec une facilité égale nos deux autres constructions. Dans cette opération, j'ai supposé que l'on prenait immédiatement nh, puisque n étant un nombre abstrait qui exprime un rapport, nh est un multiple connu de h, et par conséquent une ligne connue. Néanmoins, si l'on voulait obtenir même ce multiple par une construction géométrique, il faudrait remplacer le nombre abstrait n par le rapport géométrique de deux lignes N et λ, dont la seconde, par exemple, serait l'unité de longueur, et la première, une ligne égale à n fois cette unité. Alors le produit nh traduit en lignes, prendrait la forme $\dfrac{NH}{\lambda}$.

et il exprimerait une quatrième proportionnelle aux lignes λ, N et H, laquelle se construirait par une quelconque des méthodes exposées fig. 3, 4 et 5.

13. Il y a des questions géométriques dont la nature semble devoir être beaucoup plus compliquée que les précédentes, et qui cependant, lorsqu'elles sont écrites en analyse, conduisent à des résultats aussi simples ; telle est, par exemple, la suivante :

Mener une tangente commune à deux cercles donnés et situés dans un même plan.

Soient, fig. 21 et 22, C, C′, les centres des deux cercles, CM, C′M′ leurs rayons ; il y aura deux manières de leur mener une tangente commune ; extérieurement comme dans la fig. 20, intérieurement comme dans la fig. 21. Considérons successivement ces deux cas.

Dans le premier, fig. 21, si l'on suppose le problème résolu, et que MM′ soit la tangente commune, prolongez cette tangente jusqu'à ce qu'elle aille rencontrer quelque part en T la droite indéfinie CC′, menée par les centres, ce qui aura évidemment lieu du côté du plus petit des deux cercles ; puis, menant à chacun des points de tangence les rayons CM, C′M′, les angles CMT, C′M′T seront droits par la condition du contact avec le cercle ; ainsi, les deux triangles CMT, C′M′T seront rectangles ; et comme ils ont, en outre, l'angle T commun, ils seront semblables ; ce qui donnera la proportion

$$CM : C'M' :: CT : C'T.$$

Les rayons CM, C′M′ sont connus, ainsi que la distance CC′ des centres ; nommons donc CM, r ; C′M′, r' ; CC′, a, et CT, x ; alors C′T sera $x - a$, et la proportion précédente deviendra

$$r : r' :: x : x - a ;$$

d'où l'on tire

$$rx - ra = r'x ;$$

et enfin,
$$x = \frac{ar}{r - r'};$$

d'où l'on voit que la distance CT ou x est une quatrième proportionnelle aux trois lignes $r - r'$, a, et r. On l'obtiendra donc par une des constructions expliquées fig. 3, 4, 5; mais la dernière de ces constructions est celle qui s'applique ici avec le plus d'élégance. En effet, par les centres C, C′, fig. 23, menez deux rayons CN, C′N′, parallèles entre eux, et dirigés d'ailleurs dans un sens quelconque, la ligne NN′, qui joindra les extrémités de ces rayons, ira justement couper la ligne des centres au point cherché T; car les triangles CNT, C′N′T, quoique n'étant plus rectangles en N, N′, y auront cependant un angle égal; et, comme ils auront toujours l'angle T commun, ils seront encore semblables, comme tout à l'heure, et donneront précisément la même proportion que nous avions établie plus haut. On peut encore faire sentir plus immédiatement l'accord de cette construction avec l'expression algébrique de x, en menant par le point N′ une parallèle N′D à la ligne des centres; car, dans le triangle N′DN ainsi formé, N′D représentera a, ND, $r - r'$; et comme d'ailleurs ce triangle sera pareillement semblable au triangle CNT, on aura, en les comparant l'un à l'autre,

$$\text{ND} : \text{DN}' :: \text{NC} : \text{CT},$$

ou
$$r - r' : a :: r : \text{CT};$$

d'où l'on tire,

$$\text{CT} = \frac{ar}{r - r'},$$

c'est-à-dire, précisément notre valeur de x. Ainsi, lorsque le point T aura été déterminé par cette construction, il ne restera plus qu'à mener de ce point

7ᵉ *Édit.*   3

une tangente à l'un des deux cercles; cette tangente se trouvera être aussi commune à l'autre; et comme on peut mener du point T deux pareilles tangentes, l'une au-dessus, l'autre au-dessous de la ligne des centres, on voit que la question géométrique admettra deux solutions.

Si l'on suppose que le rayon r du premier cercle reste constant, ainsi que la distance des centres, le produit ar restera constant. Mais si l'on fait en même temps varier le rayon r' de manière qu'il approche de plus en plus d'être égal à r, la différence $r - r'$ deviendra de plus en plus petite, et rendra ainsi la valeur de x de plus en plus grande, puisqu'elle y entre comme dénominateur. Cela signifie que, plus les deux cercles s'approchent d'être égaux, plus l'intersection de leur tangente commune avec la ligne des centres s'éloigne. C'est en effet ce qui est évident par la construction même. Enfin, quand les deux rayons deviennent tout-à-fait égaux, le dénominateur $r - r'$ est tout-à-fait nul, et la valeur de x devient infinie; c'est-à-dire que la tangente commune MM' et la ligne des centres ne se rencontrent qu'à une distance infinie, ou, en d'autres termes, deviennent parallèles l'une à l'autre.

En continuant à faire croître r', notre expression algébrique de x éprouve une modification toute nouvelle. Sa valeur n'est plus infinie, comme tout à l'heure; mais elle devient négative de positive qu'elle était d'abord. Cette inversion de signe répond à une inversion de position dans la soutangente CT. En effet, lorsque nous avons formé notre proportion par la comparaison des triangles CMT, C'M'T, fig. 21, nous avons considéré le point d'intersection T comme situé du côté du cercle dont le rayon était C'M' ou r'; et ainsi, l'expression analytique que nous avons obtenue pour CT ou x, était implicitement conforme à cette supposition. Maintenant, par le changement que nous introduisons dans la valeur du rayon r', il se trouve que le point T ne doit plus être placé de ce côté des centres, mais du côté opposé; l'expression algébrique ne peut donc plus continuer à lui donner une valeur conforme à notre première supposition, qui est devenue impossible. Mais comme, dans la nouvelle situation que prend la ligne CT, sa relation avec les rayons et la distance des centres reste essentiellement la même, la généralité de l'Algèbre fait qu'elle est toujours comprise dans la même expression, dont le signe se trouve seulement modifié comme il aurait dû l'être, et comme il l'aurait été naturellement, si l'on eût établi le raisonnement sur ce nouveau cas, au lieu de lui appliquer par extension la formule qui avait été faite sur le premier, où la soutangente CT avait une position inverse.

La détermination du point T, relatif aux tangentes intérieures, fig. 22, s'obtiendra par des considérations absolument pareilles, avec les seules modifications qui sont nécessitées par la différente position des lignes et des triangles que l'on compare. Alors, en appelant toujours CT x, et conservant d'ailleurs les mêmes dénominations que précédemment pour les rayons et la distance des centres, les triangles CMT, C'M'T, seront encore semblables et donneront la proportion

$$CM : C'M' :: CT : C'T,$$

ou

$$r : r' :: x : a - x;$$

d'où l'on tire

$$x = \frac{ar}{r + r'}.$$

Cette expression se construira d'une manière tout-à-fait analogue à celle que nous avons employée pour les contacts extérieurs. Par les centres C, C', fig. 24, ou

3..

mènera deux rayons parallèles CN, C'N', dirigés suivant un sens quelconque. On joindra les points N, N' par une droite, et le point T où cette droite coupera la ligne des centres, sera celui à partir duquel les tangentes doivent être menées. Il sera en effet facile de voir que cette construction détermine CT par une proportion identique avec celle que nous avons posée pour x. Mais, de plus, on peut également en faire sentir l'accord avec l'expression algébrique de x; car il n'y a qu'à, par le point N', mener N'D parallèle à la ligne des centres, et la terminer au prolongement de CN. Alors DN' représentera a, ND, $r+r'$, et les triangles semblables NDN', NCT, donneront

$$r + r' : a :: r :: CT;$$

d'où
$$CT = \frac{ar}{r+r'},$$

c'est-à-dire précisément la valeur même que nous avons trouvée pour x.

14. Les questions précédentes, quoique très faciles, peuvent déjà indiquer généralement la marche que l'on doit suivre pour exprimer par l'analyse les conditions des problèmes de Géométrie. C'est exactement la même que l'on suit en Algèbre pour mettre les problèmes numériques en équation.

On commence par reconnaître toutes les lignes connues ou inconnues qui doivent entrer dans la solution du problème, et on choisit des lettres pour les représenter. Si l'on a réellement considéré toutes ces quantités, il doit exister entre elles certaines relations, certains rapports, qui permettent de les déduire les unes des autres. On cherche, d'après les règles de la Géométrie, quelle marche il faudrait suivre, quelles opérations il faudrait faire pour établir ainsi leur dépendance mutuelle : à mesure que l'on découvre ces opérations, on les écrit algébriquement. Le résultat vous conduit toujours à trouver l'expression algébrique d'une des quantités connues ou inconnues par le moyen des autres; alors vous égalez cette quantité à la lettre qui la représente, précisément comme si vous aviez voulu la vérifier : vous obtenez ainsi une équation entre les quantités connues et inconnues du problème; et, lorsque vous avez formé de cette manière autant d'équations que d'inconnues, le reste s'achève par les règles ordinaires de l'Algèbre.

La véritable difficulté de ces sortes de problèmes n'est pas proprement de trouver les relations qui existent entre les lignes, car ces relations sont naturellement indiquées par l'énoncé de la question. Nous verrons même que l'on peut toujours, sans aucun artifice particulier, obtenir l'expression de ces rapports, et mettre les problèmes en équation, en désignant d'une manière analytique la marche et la combinaison de toutes les lignes qui donnent par leurs intersections les quantités cherchées. Mais, ce qui exige une adresse particulière, ce qui fait proprement l'art de l'analyste, c'est de découvrir la route la plus expéditive pour passer des connues aux inconnues, et de saisir, parmi tous les rapports qui les unissent, ceux qui sont plus propres à être exprimés par le calcul. J'aurai, dans le cours de cet Ouvrage, de fréquentes occasions d'appliquer ces remarques et d'en montrer la vérité par des exemples : pour le moment, je ne veux que la faire pressentir.

15. Jusqu'ici les questions que nous avons traitées ne dépendaient que d'équations du premier degré. Nous allons maintenant en considérer de même quelques-unes qui dépendent du second. Une des plus simples que l'on puisse se proposer, est la suivante.

Construire un rectangle dont on connaît la surface et la différence des côtés.

Soit x le plus grand des côtés inconnus de ce rectangle, $2a$ son excès sur le plus petit côté; en sorte que l'expression de celui-ci soit $x - 2a$. Nommons b le côté du carré dont la surface doit être la même que celle du rectangle, la condition de cette égalité immédiatement énoncée en langage algébrique, donnera l'équation

$$x(x - 2a) = b^2, \quad \text{ou} \quad x^2 - 2ax = b^2,$$

de laquelle on tire pour x ces deux valeurs :

$$x = a + \sqrt{a^2 + b^2}, \quad x = a - \sqrt{a^2 + b^2}$$

Ce sont précisément les mêmes que nous avons déjà considérées, page 20, et que nous avons construites par la figure 12. La première est représentée par DE dans cette figure; la seconde l'est par — DE′. Or, il est facile de vérifier que $a + \sqrt{a^2 + b^2}$, ou DE, est en effet le plus grand côté du rectangle demandé; car si l'on en retranche la différence donnée $2a$, le reste $- a + \sqrt{a^2 + b^2}$ devra exprimer le plus petit côté; et, en effet, le produit de ces deux quantités, l'une par l'autre, produit qui exprime la surface du rectangle, se trouve égal à b^2, comme l'énoncé de la question l'exigeait.

Ce calcul nous apprend, de plus, que la seconde valeur de x, ou $a - \sqrt{a^2 + b^2}$, étant prise avec un signe contraire, représente le plus petit côté du rectangle; c'est aussi ce qu'il est facile de confirmer par la construction même; car nous avons vu que cette seconde racine, prise avec un signe contraire, est représentée par DE′, fig. 12. Or, dans le cercle E′BE, le produit de la sécante entière DE, par sa partie extérieure DE′, est en effet toujours égal au carré de la tangente DB, lequel est ici égal à b^2, puisque dans la construction, l'on a pris DB égal à b. Mais on peut se demander *pourquoi* ce petit côté, que l'on n'avait pas pris pour inconnue, et que même on n'avait pas eu l'intention d'introduire immédiatement dans les conditions analytiques, s'y est cependant trouvé compris seulement avec une inversion de signe. C'est que l'Algèbre, par sa nature, ne donne pas seulement la valeur des inconnues que l'on a eu l'intention de chercher, et que l'on a voulu déterminer en les assujettissant à la condition exprimée par l'équation dont on les fait dépendre; mais, en vertu de sa généralité, elle donne en même temps les valeurs de toutes les inconnues qui peuvent satisfaire à la condition analytique que l'on a établie; et cela arrive ainsi, parce que cette condition est la seule chose qui spécifie réellement la nature du problème que l'on a voulu ré-soudre, et qui en détermine l'énoncé définitif, quelle que puisse être la multitude et la diversité des considérations qui ont servi de passage pour y arriver. Dans la question actuelle, par exemple, ayant pris pour inconnue le plus grand côté du rectangle cherché, nous avons trouvé que sa valeur dépendait de l'équation

$$x^2 - 2ax = b^2\,;$$

c'est-à-dire que cette valeur étant substituée au lieu de x, devra satisfaire à l'égalité que l'équation exprime. Or, si, parmi toutes les combinaisons analytiques que l'on peut former avec les lettres a et b, il en existe quelqu'une qui, sans représenter le grand côté de notre rectangle, ou même sans avoir aucun rapport géométrique avec sa construction, soit cependant telle, qu'é-tant substituée au lieu de x, elle satisfasse aussi à la même équation dont ce côté se trouve dépendre, il est évident que cette combinaison, que nous n'avions pas en vue, et que nous n'avions peut-être même pas soupçonnée, nous devra être également donnée par la résolution générale de notre équation. C'est là précisément ce qui arrive dans la question actuelle, où la fonction $a - \sqrt{a^2 + b^2}$, quoique n'exprimant point le grand côté de notre rectangle, se trouve néanmoins être une racine de la même équation du second degré, à laquelle la valeur de ce côté doit satisfaire. Il faut bien que la résolution générale de l'équation nous la donne en même temps que cette valeur. Maintenant, par quelle rencontre arrive-t-il que la fonction dont il s'agit étant prise avec un signe contraire, représente le petit côté de notre rectangle? C'est que s'il nous avait plu de représenter ce petit côté par $-x$, comme nous aurions bien été les maîtres de le faire, la nouvelle inconnue x se serait trouvée dépendre de la même équation du second degré, à laquelle le grand côté est assujetti. En effet, dans cette supposition, le plus grand côté eût été exprimé par $-x + 2a$; et en multipliant cette expression par $-x$, puis égalant le produit au carré b^2, nous aurions eu pour déterminer x,

$$-x(-x + 2a) = b^2, \quad \text{ou} \quad x^2 - 2ax = b^2;$$

c'est-à-dire précisément la même équation que ci-dessus. Ainsi, quoiqu'en formant cette équation, nous n'ayons eu en vue que le plus grand côté de notre rectangle, la résolution algébrique doit en déduire aussi l'expression du petit côté en changeant son signe, puisqu'ainsi modifiée, elle y satisfait également. Mais nous devons conclure de là, comme conséquence générale, que, lorsqu'on a résolu complètement l'équation algébrique de laquelle dépend un problème de Géométrie, il faut discuter successivement les racines ainsi obtenues, en les appliquant à la question particulière que l'on a voulu résoudre, afin de reconnaître parmi ces racines celles qui expriment réellement l'inconnue que l'on cherche, et celles qui expriment d'autres quantités applicables ou non au même problème, mais analytiquement dépendantes de la même équation.

16. On aura un exemple de ces solutions analytiques tout-à-fait étrangères, dans la question suivante : Partager une ligne donnée en deux parties telles, que la première soit moyenne proportionnelle entre la ligne entière et l'autre partie.

Soit, fig. 25, BD la ligne donnée, dont nous représenterons par b la longueur; appelons x le premier segment inconnu DX; puisqu'il doit être moyen proportionnel entre DB, qui est b, et BX, qui est $b-x$, on aura

$$x^2 = b(b-x), \quad \text{ou} \quad x^2 + bx = b^2;$$

ce qui donne pour x les deux racines

$$x = -\frac{b}{2} + \sqrt{b^2 + \frac{b^2}{4}}, \quad x = -\frac{b}{2} - \sqrt{b^2 + \frac{b^2}{4}}.$$

Ces expressions sont un cas particulier de celles que nous avons considérées page 24, et que nous avons construites fig. 12; seulement la ligne BC, qui alors avait une valeur quelconque égale à a, se trouve ici égale à $\frac{1}{2}b$; c'est-à-dire à la moitié de BD. Le système de construction sera donc le même, à cette seule circonstance près; ainsi, à l'extrémité de la ligne BD, fig. 25, on élèvera une perpendiculaire BC égale à $\frac{1}{2}b$, ou à la moitié de BD; puis, joignant les points D et C, la ligne DC représentera la partie radicale $\sqrt{b^2 + \frac{b^2}{4}}$. Alors, si, du point C comme centre, avec BC pour rayon, vous décrivez une circonférence de cercle, la ligne DE' représentera la première racine $-\frac{b}{2} + \sqrt{b^2 + \frac{b^2}{4}}$, et la ligne DE, prise avec un signe contraire, c'est-à-dire $-$DE, représentera l'autre racine $-\frac{b}{2} - \sqrt{b^2 + \frac{b^2}{4}}$;

il ne reste donc plus qu'à faire l'application de ces lignes à notre problème géométrique. Or, il est facile de voir que la racine positive DE′ y satisfait, et représente le premier segment DX; car d'abord, étant plus petite que la ligne entière b, elle peut s'en soustraire; de plus, si l'on effectue cette soustraction, le reste sera $\frac{3b}{2} - \sqrt{b^2 + \frac{b^2}{4}}$; et ce reste, toujours positif, étant multiplié par b, donnera pour produit $\frac{3b^2}{2} - b\sqrt{b^2 + \frac{b^2}{4}}$, ce qui est en effet égal au carré de $-\frac{b}{2} + \sqrt{b^2 + \frac{b^2}{4}}$, ou de DE′, comme l'exigent les conditions fondamentales du problème. Si donc du point D comme centre, avec DE′ pour rayon, vous décrivez une circonférence de cercle qui viendra couper la ligne donnée DB en X, le segment DX égal à DE′, sera le premier segment cherché, et le reste BX sera l'autre segment. Cette construction est précisément celle que l'on donne dans les élémens de Géométrie, pour couper une ligne donnée en moyenne et extrême raison. En effet, les conditions d'une telle opération sont exactement celles que nous avons établies par notre énoncé.

Maintenant, si nous discutons l'autre racine, qui est toute négative, nous voyons d'abord que cette particularité nous la désigne comme n'étant pas applicable à la question géométrique que nous nous sommes proposé de résoudre. Car ayant supposé dans notre construction que le segment BX devait être porté de D vers B, si l'Algèbre lui donne une valeur négative, cela signifiera donc qu'il doit être porté en sens contraire de notre supposition, c'est-à-dire de D vers X′, sur le *prolongement* de BD. Alors ce résultat n'est plus applicable à la question que nous avions en vue, puisque la ligne donnée DB ne se trouve plus partagée comme nous le demandions ; mais il offre la solution d'une autre question à laquelle nous n'avions pas songé, et qui se trouve dépendre de la même équation ; et cette question est : une droite BD étant donnée, trouver *hors de cette ligne* et sur son prolongement un point X′ tel, que la longueur DX′ soit moyenne proportionnelle entre la ligne donnée BD et la longueur totale X′B. En effet, supposons qu'il nous plaise de représenter le segment inconnu DX′ par $-x$, comme nous sommes les maîtres de le faire, puisque l'on peut choisir à volonté les dénominations algébriques par lesquelles on désigne les quantités inconnues ; alors la longueur totale X′B sera $-x+b$, et son produit par b sera $b(b-x)$. Or, puisque ce produit doit égaler le carré de DX′, qui est $+x^2$, on aura, pour déterminer l'inconnue x, l'équation

$$x^2 = b(b-x), \quad \text{ou} \quad x^2 + bx = b^2 ;$$

c'est-à-dire précisément la même que nous avions obtenue, en cherchant la solution d'un problème bien différent. D'après cela, quand nous résolvons généralement cette équation, et que nous découvrons toutes ses racines, nous devons obtenir aussi bien celles que nous avons eu dessein de chercher, que celles qui sont étrangères à la recherche particulière qui nous occupe ; et ainsi, l'emploi seul de ces racines peut nous faire discerner celles qui sont spécialement applicables au problème géométrique que nous nous sommes spécialement proposé.

17. Voici maintenant une autre question aussi intéressante par les artifices analytiques dont elle fournit l'exemple, que par l'élégance des constructions auxquelles elle conduit.

Étant donné deux droites indéfinies XX′, YY′, fig. 26, qui se coupent perpendiculairement en C, et un point M placé dans l'angle YCX′, à une distance égale et connue de ces deux droites, on demande de mener par ce point une ou plusieurs lignes droites MQP, telles que la portion PQ, comprise entre les lignes YY′, XX′, soit égale à une longueur donnée c.

Du point donné M, menons les perpendiculaires MA, MB, aux deux lignes XX′, YY′. Par les conditions du problème, ces perpendiculaires seront égales entre elles et données; je représente leur longueur par a.

Maintenant, prenons pour inconnue la distance AP, comprise entre le pied de la première perpendiculaire, et le point P où la droite cherchée coupera la ligne indéfinie XX′. Appelons cette distance inconnue x.

Alors la distance CP sera $x - a$; et les triangles semblables MAP, QCP, donneront cette proportion :

$$AP : AM :: CP : CQ,$$

ou
$$x : a :: x - a : CQ;$$

d'où l'on tire

$$CQ = \frac{a(x - a)}{x}.$$

Ayant ainsi les expressions de CP et de CQ, il ne nous reste plus qu'à écrire que, dans le triangle rectangle QCP, l'hypoténuse PQ doit avoir pour longueur c; cette condition donne

$$CQ^2 + CP^2 = PQ^2,$$

ou
$$\frac{a^2(x - a)^2}{x^2} + (x - a)^2 = c^2.$$

Voilà donc une équation qui, étant résolue, déterminera l'inconnue x.

Or, il est évident que, lorsqu'on aura délivré cette équation du dénominateur x^2 qui entre dans le premier membre, elle se trouvera être du quatrième degré en x; et par conséquent, elle semble devoir excéder la portée des méthodes de résolution qui réussissent pour les équations du second degré. Mais cette difficulté n'est qu'apparente, parce que la forme particulière de l'équation permet de l'éluder. Pour cela, sans faire disparaître le dénominateur x^2, il n'y a qu'à développer tous les carrés indiqués, et effectuer en même temps la division par x^2. On trouve ainsi

$$a^2 - \frac{2a^3}{x} + \frac{a^4}{x^2} + x^2 - 2ax + a^2 = c^2,$$

ou, ce qui est la même chose,

$$\frac{a^4}{x^2} + 2a^2 + x^2 - 2a\left(\frac{a^2}{x} + x\right) = c^2.$$

Or, les trois premiers termes sont précisément le carré de $\frac{a^2}{x} + x$; c'est-à-dire de la seule fonction de x qui entre dans le reste de l'équation, et qui ne s'y trouve qu'à la première puissance. Si donc on égale cette fonction à une nouvelle inconnue z, en faisant

$$\frac{a^2}{x} + x = z,$$

z se trouvera assujetti à l'équation

$$z^2 - 2az = c^2.$$

Celle-ci n'étant que du second degré, peut aisément se résoudre, et donne pour racines

$$z = a + \sqrt{a^2 + c^2}, \quad z = a - \sqrt{a^2 + c^2}.$$

Il ne restera donc plus qu'à prendre successivement z égal à chacune de ces valeurs qui sont entièrement connues, et les valeurs correspondantes de x se déduiront de la relation

$$\frac{a^2}{x} + x = z,$$

qui, en faisant disparaître le dénominateur x, donne l'équation du second degré

$$x^2 - xz = - a^2.$$

Les deux valeurs de z sont faciles à construire; le radical $\sqrt{a^2 + c^2}$ représente l'hypoténuse d'un triangle rectangle, dont a et c sont les côtés. Ayant donc formé cette hypoténuse, qui est représentée par BH, fig. 27, on la portera, à partir du point B, sur MB, prolongée vers Z′, et sur BM, prolongée vers Z″; alors MZ′ représentera la racine positive $a + \sqrt{a^2 + c^2}$; et la longueur — MZ″, c'est-à-dire MZ″ portée dans un sens contraire à MZ′, comme le montre la figure, représentera la racine négative $a - \sqrt{a^2 + c^2}$.

Pour avoir maintenant les valeurs de x correspondantes à chacune de ces racines, considérons d'abord la première, que nous désignerons spécialement par $z′$. En la substituant dans notre équation en x, celle-ci, après avoir changé ses signes, pourra se mettre sous la forme

$$x(z′ - x) = a^2.$$

Alors, en l'interprétant sans la résoudre, on voit que a représente l'ordonnée d'un cercle dont $z′$ est le diamètre, tandis que x et $z′ - x$ sont les deux segmens coupés par l'ordonnée. Donc, sur MZ′ ou $z′$ comme diamètre, décrivez une circonférence de cercle, l'intersection de cette circonférence par la ligne indéfinie XX′, donnera les deux valeurs de x correspondantes à $z′$, lesquelles se trouveront immédiatement représentées par AP, AP′.

Passons maintenant à la seconde valeur de z. Celle-ci étant essentiellement négative, nous la représenterons par $-z''$, de sorte que z'' sera une quantité égale à $-a + \sqrt{a^2 + c^2}$, ou à MZ''. Cette nouvelle valeur $-z''$ étant substituée au lieu de z dans l'équation en x, il vient

$$x^2 + z''x = -a^2, \quad \text{ou} \quad x(z'' + x) = -a^2.$$

Ici le signe positif du second terme en x donne lieu à une particularité nouvelle; c'est que les valeurs de x, qui pourront satisfaire à cette équation, seront nécessairement négatives; car si on les supposait positives, le premier membre $x^2 + z''x$ serait entièrement positif, et conséquemment, il ne pourrait pas être égal à $-a^2$, comme il doit l'être. C'est aussi ce que montreraient les expressions mêmes des valeurs de x, si on les déduisait par la résolution de l'équation, et qu'on y supposât z'' positif. Pour représenter cette particularité dans la construction géométrique, il suffira de prendre les valeurs de $-x$ du côté opposé à celui où nous avons porté les valeurs positives. Supposant donc qu'on ait soin de le faire, représentons ces valeurs par $+x'$, c'est-à-dire, substituons $-x'$ au lieu de $+x$ dans notre équation en z'', il viendra

$$-x'(z'' - x') = -a^2, \quad \text{ou} \quad x'(z'' - x') = a^2.$$

Ainsi, dans ce cas comme dans le précédent, a se trouve désigner l'ordonnée d'un cercle dont z'' est le diamètre, et x', $z'' - x'$, les deux segmens de l'ordonnée. Donc sur MZ'' ou z'', comme diamètre, décrivez une pareille circonférence, et les points P'', P''', où elle sera coupée par la ligne indéfinie XX', donneront les distances AP'', AP''', qui seront les deux valeurs de x correspondantes à la valeur négative de z.

Maintenant, par le point donné M, et par chacun des

points P, P′, P″, P‴, ainsi déterminés, on pourra mener autant de droites, qui satisferont également à la condition analytique énoncée par l'équation

$$\frac{a^2(x-a)^2}{x^2} + (x-a)^2 = c^2.$$

Or, pour ces quatre droites, soit que l'on suppose x positif ou négatif, la fonction $(x-a)^2$ représentera *toujours* le carré de la distance CP, laquelle devient CP′ pour la seconde solution, et CP″, CP‴ pour les deux autres; de même, le terme $\dfrac{a^2(x-a)^2}{x^2}$ représentera *toujours* le carré de CQ ou de CQ′, ou de CQ″, ou de CQ‴, comme il est facile de le vérifier immédiatement par la similitude des triangles CP′Q′ et AP′M; CP″Q″ et AP″M; CP‴Q‴ et AP‴M; en ayant soin d'assigner aux lignes AP″, AP‴, des signes négatifs, pour indiquer leur situation opposée aux AP, AP′, que nous avons considérées comme positives. D'après cela, l'équation précédente exprimera toujours que, pour ces quatre droites sans distinction, le carré de la partie interceptée dans l'angle droit, est égal au carré de c; et comme elles passent d'ailleurs toutes par le point donné M, il s'ensuit qu'elles offriront autant de solutions effectives du problème géométrique proposé.

Il y aura toutefois cette différence entre elles, que l'inscription des deux droites PQ, P′Q′, dans les angles extérieurs au point M, sera toujours possible, quelle que soit la longueur donnée c, au lieu que l'inscription des deux autres droites P″Q″, P‴Q‴, situées dans l'angle YCX′, où le point M se trouve, ne pourra pas toujours se réaliser. En effet, pour les deux premières, le diamètre MZ′ du cercle qui les donne, étant exprimé par $a + \sqrt{a^2 + c^2}$, sa moitié, qui est le rayon de ce cercle, surpassera toujours a ou MA. Ainsi, la circonférence de ce cercle sera toujours réellement coupée par la droite XX′, quelle que puisse être la longueur de la ligne PQ ou C qu'il s'agit d'inscrire. Mais il n'en est pas ainsi des deux solutions AP″, AP‴, données par l'autre cercle. Car le diamètre de celui-ci étant exprimé par $-a + \sqrt{a^2 + c^2}$, peut, à cause de l'opposition de signe des parties qui le composent, être ou n'être pas plus grand que $2a$. S'il surpasse $2a$, le rayon surpassera a, et le cercle sera réellement coupé par la ligne XX′, en deux points P″P‴, différens l'un de l'autre, qui donneront des valeurs réelles et distinctes de x, représentées par AP″ et AP‴. Si ce diamètre devient égal à $2a$, ce qui arrivera quand on aura $c^2 = 8a^2$, le cercle touchera seulement la droite XX′, et les deux points P″P‴, se réunissant en un seul, ne donneront qu'une solution, dans laquelle les deux droites P″MQ″, P‴MQ‴, viendront se confondre; enfin, si la ligne donnée c devient encore moindre que cette limite, c'est-à-dire inférieure à $2a\sqrt{2}$, le cercle construit sur M′Z′ ne coupera plus la ligne XX′, et les deux valeurs correspondantes de x deviendront imaginaires; de sorte que la ligne C ne pourra plus être inscrite dans l'angle YCX′, où le point M se trouve, quoiqu'elle continue toujours à pouvoir l'être dans les deux autres quadrans.

Si l'on veut voir géométriquement pourquoi la valeur de c, donnée par la condition

$$c^2 = 8a^2,$$

offre la limite d'inscription possible dans l'angle YCX′, il n'y a qu'à la construire; elle est évidemment la diagonale d'un carré dont le côté est $2a$. Prenons donc sur la figure 27, AL $= a$, et BL′ $= a$; LL′ sera la longueur cherchée de c. Or, la droite LL′, telle qu'elle se trouve ainsi placée, passe évidemment par le point M;

elle satisfait donc à la condition d'inscription demandée ; et par conséquent, elle offre cette dernière solution, dans laquelle les lignes $P''Q''$, $P'''Q'''$, finissent par
se confondre. Aussi est-elle unique de son espèce, puisqu'elle est perpendiculaire au rayon CM, mené du point
donné M au sommet de l'angle YCX ; et c'est en vertu
de cette condition qu'une droite plus petite qu'elle, ne
peut pas être inscrite dans cet angle, en passant par le
même point.

Il nous reste à expliquer pourquoi cette question,
qui se trouve ainsi comporter quatre solutions différentes, et qui en effet conduit à une équation du
quatrième degré, se trouve pourtant résoluble par des
formules du second. Cette particularité tient à ce que
la disposition du point M étant symétrique par rapport
aux quadrans YCX, Y'CX', s'il existe une solution possible dans le premier de ces quadrans, il en existe nécessairement, pour le second, une absolument pareille ;
de sorte que ces deux solutions se trouvent liées l'une
à l'autre par cette relation ; et de même, dans le quadrans YCX', où le point M se trouve, s'il y a une
solution possible, pour laquelle la droite inscrite forme
un certain angle avec l'axe CY, il en existera nécessairement une seconde, pour laquelle la droite fera un
angle exactement pareil avec l'axe CX' ; en vertu de
la position symétrique du point M relativement à ces
deux axes. Cette relation de symétrie propre à ces deux
solutions, les a pareillement réunies dans le calcul en
un seul groupe ; et, comme la condition relative à
chaque groupe était différente, l'équation générale,
qui exprimait à la fois l'une et l'autre, s'est laissée
décomposer en deux facteurs du second degré, ayant
le coefficient de leur second terme rationnel, lesquels
nous ont donné chaque groupe séparément, par la résolution d'une seule équation du second degré.

18. On peut donc inférer de cette considération, que si l'on choisissait pour inconnue quelque quantité qui eût, pour les deux solutions de chaque groupe, une valeur unique, la détermination de cette inconnue ne conduirait qu'à une équation du second degré, dont la résolution ferait connaître les deux valeurs inégales qu'elle doit avoir dans les deux groupes. Cela arrive en effet ainsi, et nous allons en donner des exemples. Or, cette remarque est très importante à faire dans tous les problèmes. Car les inconnues qui ont le plus petit nombre de valeurs, sont généralement les plus avantageuses à choisir, comme étant celles qui conduisent aux équations les moins élevées. Mais, pour qu'elles offrent réellement cette utilité, il faut encore qu'elles remplissent une autre condition, de laquelle on ne peut jamais s'assurer tout-à-fait que par le calcul même; et cette condition est que les raisonnemens et les équations qui servent à déterminer l'inconnue que l'on a choisie, ne se trouvent pas appartenir aussi à quelque autre quantité pareillement inconnue, que l'on pourrait aussi bien choisir à sa place, comme cela nous est arrivé, par exemple, lorsque nous avons voulu construire un rectangle, connaissant la différence de ses côtés et sa surface; car alors, quel que fût celui des deux côtés que nous prissions pour inconnue, l'autre se trouvait également donné par la même équation; et pareillement, lorsque nous avons cherché le premier segment d'une ligne coupée en moyenne et extrême raison, nous avons trouvé que la condition algébrique à laquelle nous étions conduits, renfermait aussi la solution d'une question toute différente, que nous n'avions nullement songé à y comprendre. Or, quand il en est ainsi, la résolution de l'équation par laquelle la condition algébrique est exprimée, doit donner nécessairement pour l'inconnue autant de valeurs qu'il y a de manières d'y

satisfaire ; et conséquemment, le degré de cette équation doit se trouver plus élevé qu'il ne le serait, si l'on avait pu énoncer isolément les conditions particulièrement propres à la seule inconnue que l'on voulait découvrir. En appliquant ces remarques à la question géométrique que nous considérions tout à l'heure, on conçoit que, si une pareille complication s'introduisait dans la recherche de quelque inconnue que l'on aurait choisie uniquement à cause de sa relation commune avec un même couple de droites inscrites, ce serait vainement que l'on fonderait sur ce choix l'espérance d'une solution plus simple ; car l'intervention des inconnues étrangères qui se trouveraient comprises dans le même énoncé algébrique, élèverait de nouveau l'équation finale que la symétrie de l'inconnue aurait dû abaisser.

19. Je vais maintenant donner des exemples de ces divers accidens analytiques ; et, pour commencer par un cas où l'abaissement désiré s'opère, je supposerai que l'on prenne pour inconnue le rayon du cercle inscrit aux deux triangles $P''CQ''$, $P'''CQ'''$ compris dans le quadrans YCX', fig. 28. Ce rayon leur sera évidemment commun, puisqu'ils sont égaux. Même, à cause de la symétrie de leur situation relativement aux deux droites CY, CX', il n'y aura qu'un seul cercle inscrit pour ces deux triangles ; et il aura son centre sur la droite CM, qui divise l'angle commun YCX' en deux parties égales. Ce rayon semble donc réunir tous les avantages qui peuvent simplifier la détermination des inconnues.

Désignons-le par r ; et, du centre O menant des perpendiculaires OD, OE, OF, sur les trois côtés du triangle, il est clair qu'en vertu des conditions de tangence, $P''F$ sera égal à $P''D$, et $Q''F$ à $Q''E$; en outre, à cause de l'angle droit ECD, les longueurs CD et CE seront l'une et l'autre égales à r. Ainsi, $P''Q''$ devant être égal à la longueur donnée C, le périmètre du triangle

sera $c + c + 2r$, ou $2c + 2r$, et cette quantité multipliée par le rayon r, donnera le double de la surface
du triangle, laquelle sera exprimée par $2cr + 2r^2$.
Mais on peut aisément l'exprimer encore d'une autre
manière; car, en vertu de la similitude des triangles,
MBQ'', $P''CQ''$, le côté MB ou a du carré inscrit est
égal au produit des côtés CP'', CQ'', divisé par leur
somme, laquelle est, comme on vient de le voir, égale
à $c + 2r$. Ce produit, qui exprime aussi le double de
la surface du triangle, sera donc égal à $a(c + 2r)$;
ainsi, l'on devra avoir

$$2cr + 2r^2 = ac + 2ar,$$

ou $$r^2 + (c - a)r = \frac{ac}{2};$$

équation qui n'est que du second degré en r.

Or, ici on peut se demander pourquoi cette équation
s'élève même au second degré; car il semble qu'elle
devrait être du premier, puisque le rayon cherché n'a
qu'une seule valeur pour les deux triangles sur lesquels
nous avons établi nos raisonnemens. Mais on va voir
qu'une seule des racines, qui est positive, représente
notre rayon; tandis que la seconde, qui est négative,
étant prise avec un signe contraire, représente le rayon
$O'D'$ d'un autre cercle, dont le centre serait en O' sur
le prolongement de la droite CM, et qui toucherait
extérieurement les côtés des triangles CPQ, $CP'Q'$,
situés hors des quadrans où se trouve le point M.

En effet, ces deux racines sont

$$r = -\frac{(c - a)}{2} + \sqrt{\frac{a^2}{4} + \frac{c^2}{4}};$$

$$r = -\frac{(c - a)}{2} - \sqrt{\frac{a^2}{4} + \frac{c^2}{4}}.$$

Afin de les simplifier, nous les multiplierons par 2;

ce qui donnera les diamètres des cercles que nous venons de désigner. Nous aurons ainsi

$$2r = -(c-a) + \sqrt{a^2 + c^2},$$
$$2r = -(c-a) - \sqrt{a^2 + c^2}.$$

La première de ces expressions est toujours positive, puisque $a^2 + c^2$ surpasse toujours $(c-a)^2$; la seconde, au contraire, est toujours négative. Pour les construire, prenons, fig. 29, CC′ égale à la longueur donnée c, et menons C′B; ce sera la partie radicale. Maintenant, du point C′ comme centre avec C′A ou $c-a$ pour rayon, décrivons une circonférence de cercle qui coupera la droite indéfinie BC′ en deux points I, I′; alors BI représentera la valeur positive de $2r$, et $-$BI′ représentera la valeur négative. En décrivant deux arcs de cercle du point B comme centre avec ces deux longueurs, on reportera la première en BL, la seconde en BL′; et, en divisant celles-ci en deux parties égales, leurs moitiés NB, N′B, seront les deux valeurs cherchées de r. Si des points N, N′, on mène NO, N′O′, parallèles à CY, et terminées à CM, les points O, O′, seront les centres des cercles cherchés. Cette interprétation est évidente, quant à la valeur positive de r, qui exprime l'inconnue même sur laquelle notre équation est établie; mais il faut en prouver la réalité pour la valeur négative que nous n'avions pas alors considérée. Or, cela est très facile, en cherchant de même directement l'équation qui déterminerait le rayon D′O′, fig. 28. Pour l'obtenir, nommons ce rayon r'. Comme il doit toucher les trois lignes CY′, CX, MPF′, fig. 28, PF′ sera égal à PD′, et QE′ à QF′. On aura, en outre,

$$CP = r' + PD', \quad CQ = QE' - r', \quad QF' = c + PF';$$

conséquemment,

$$CP - CQ = 2r' - QE' + PD' = 2r' - QF' + PF'$$
$$= 2r' - c.$$

Ici, c'est la différence des côtés qui se trouve exprimée en fonction du rayon, au lieu de leur somme, que nous avions précédemment obtenue. Cela suffit pour exprimer de même la surface du triangle CPQ touché par le cercle; car elle est égale à la somme des triangles QO'C, QO'P, moins le triangle CO'P. Ainsi, le double de cette surface aura pour valeur

$$ r'(\mathrm{PQ} + \mathrm{CQ} - \mathrm{CP}), \quad \text{ou} \quad 2cr' - 2r'^2. $$

Mais ou peut encore en avoir une autre expression en cherchant le rectangle des côtés CQ, CP; car les triangles semblables MAP, QCP, donnent

$$ a : \mathrm{CP} + a :: \mathrm{CQ} : \mathrm{CP}; $$

d'où l'on tire

$$ \mathrm{CP} \times \mathrm{CQ} = a\,(\mathrm{CP} - \mathrm{CQ}) = 2ar' - ac; $$

égalant donc cette expression à la précédente, il viendra, pour déterminer r',

$$ 2cr' - 2r'^2 = 2ar' - ac, \quad \text{ou} \quad r'^2 - (c - a)r' = \frac{ac}{2}. $$

Cette équation est précisément pareille à celle que nous avons obtenue en r, avec la seule différence de signe du second terme, et elle aurait coïncidé avec elle, si, au lieu de représenter le rayon O'D' par $+ r'$, nous l'eussions représenté par $- r'$, comme nous avions toute liberté de le faire. Ainsi, l'on voit que la seconde racine de l'équation en r étant prise avec un signe contraire, représente réellement le rayon du cercle qui touche extérieurement les triangles CPQ, CP'Q', comme nous l'avions annoncé. D'après cela, ayant ces rayons, il ne reste plus qu'à décrire autour des points O, O', les circonférences des cercles qui leur correspondent; et les tangentes menées du point M à ces circonférences, seront les droites demandées.

lesquelles seront évidemment sujettes aux mêmes limitations que notre premier mode de solution nous avait fait découvrir.

On arriverait encore à une équation qui ne serait que du second degré, si l'on prenait pour inconnue le sinus de l'angle CMP, ou CMP′, fig. 27, formé par les droites symétriques MP, MP′, avec la droite CM, et il est facile d'en voir la raison, en appliquant à cet angle les considérations générales exposées plus haut. Alors, en le représentant par u, et désignant CM par b, on trouverait

$$\sin^2 u + \frac{b}{c} \sin u = \frac{1}{2}.$$

L'une des racines de cette équation se rapporte aux droites PQ, P′Q′; l'autre aux droites P″Q″, P‴Q‴, comme on peut aisément s'en convaincre. Mais au lieu de nous arrêter à ce calcul, il sera préférable de donner l'exemple d'un cas dans lequel l'abaissement que le choix symétrique de l'inconnue aurait dû produire, est empêché par l'intervention des racines étrangères à celle que l'on a voulu trouver.

C'est ce qui arriverait, par exemple, si l'on choisissait. pour inconnue la longueur totale MPQ ou MP′Q′, fig. 27, comptée à partir du point M; longueur qui n'a cependant qu'une seule valeur pour les deux solutions MPQ, MP′Q′; et qui n'en a non plus qu'une, mais différente de la précédente, pour les deux solutions MP″Q″, MP‴Q‴; de sorte qu'elle semble devoir dépendre d'une équation du second degré. Toutefois, si l'on cherche cette longueur, et qu'on la nomme z, les triangles semblables MAP, QCP, donneront les deux proportions

$$\text{MP} : \text{MA} :: \text{PQ} : \text{CQ},$$

$$\text{MQ} : \text{CA} :: \text{PQ} : \text{CP},$$

qui, en représentant toujours MA ou CA par a, et la longueur donnée PQ par c, deviennent :

$$z : a :: c : CQ; \quad \text{d'où} \quad CQ = \frac{ac}{z},$$

$$z - c : a :: c : CP; \quad \text{d'où} \quad CP = \frac{ac}{z - c}.$$

Après quoi, formant la somme des carrés de CP et de CQ, et l'égalant au carré c^2, pour exprimer que le triangle CPQ est rectangle, tout devient divisible par c^2, et il reste

$$\frac{a^2}{z^2} + \frac{a^2}{(z - c)^2} = 1;$$

équation qui, après être délivrée de ses dénominateurs, devient du quatrième degré en z.

La raison de cette bizarrerie apparente, c'est que la condition analytique exprimée par cette équation, convient encore, et tout aussi bien, à la détermination du segment MQ de la droite MPQ; car si l'on prenait ce segment pour inconnue, et qu'on l'exprimât par $- z$, comme on serait parfaitement le maître de le faire, on trouverait pour sa détermination précisément la même équation en z, que nous venons d'obtenir pour MP. Cela est même facile à voir immédiatement, car cette équation ne change pas quand on y change $+ z$ en $z - c$; ce qui revient précisément à prendre MQ au lieu de MC pour inconnue. A la vérité, le segment MQ n'ayant non plus qu'une seule valeur pour chaque couple de solutions, il ne dépendrait que d'une équation du second degré, si la condition qui le détermine pouvait s'énoncer isolément. Mais, se compliquant avec la condition relative à la ligne totale, qui a aussi deux valeurs, l'équation composée qui résulte de cette combinaison s'élève nécessairement au quatrième degré.

Néanmoins, la même raison de symétrie qui, dans notre première solution, nous a permis de séparer les couples de racines relatifs à un même groupe, aura encore ici un effet semblable; car si, après avoir fait disparaître les dénominateurs de l'équation en z, on développe son premier membre, elle pourra être mise sous cette forme

$$a^2[2z(z-c)+c^2]=z^2(z-c)^2.$$

Alors on voit que le produit $z(z-c)$, est réellement la seule fonction inconnue qui s'y trouve comprise; de sorte que si l'on fait

$$z(z-c)=az',$$

z' étant une nouvelle inconnue, celle-ci se trouvera déterminée par l'équation

$$z'^2-2az'=c^2;$$

d'où l'on tire pour z' ces deux valeurs

$$z'=a+\sqrt{a^2+c^2}, \quad z'=a-\sqrt{a^2+c^2},$$

lesquelles sont précisément les mêmes que nous avons construites par les lignes MZ′, MZ″, dans la fig. 27. Maintenant, si nous employons la première, qui est positive, elle donnera à l'équation en z deux racines, l'une positive, représentant MP, et l'autre négative, représentant — MQ. Or, la condition généralement exprimée par cette équation, donne la proportion suivante :

$$z' : z :: z-c : a.$$

Donc, si on l'applique à la racine positive MP ou $+z$, auquel cas MQ représente $z-c$, on voit qu'en joignant les points P et Z′, les deux triangles MZ′P, MRQ, doivent être semblables; d'où il suit que le premier sera rectangle en P, puisque le second l'est en B. Le point P appartiendra donc à la circonférence du cercle décrit sur MZ′ comme diamètre; et, puisque, par la nature du problème, il appartient aussi à la droite indéfinie AX, il devra se trouver à leur commune intersection. A la vérité, cette condition seule ne le déterminerait pas complètement, puisque la droite AX a généralement deux points d'intersection P, P′, avec la circonférence décrite sur MZ′; mais les comparaisons des triangles sur lesquelles nous avons fondé l'équation en z, ne s'appliquent qu'aux seules sécantes qui coupent la droite CB entre les points C et B; de sorte que, pour elles, AP doit surpasser AC, ce qui lève l'indétermination. La longueur AP étant ainsi connue, on pourrait aussitôt construire la sécante MQ′, qui, d'après nos premières remarques, doit faire le même angle qu'elle avec la droite CM; mais la chose se trouvera toute réalisée, en menant MP′ au second point d'intersection de AX avec la circonférence; car, en vertu de la disposition symétrique de la figure, la seconde sécante MP′ doit se trouver égale au segment MQ, ou à la racine négative de l'équation en z, prise avec un signe contraire. Cette relation est facile à vérifier par l'analyse, en formant immédiatement l'équation qui détermine cette seconde sécante, d'après la comparaison des triangles MQ′B, CP′Q′; car en représentant MP′ par z, cette équation se trouve être

$$\frac{a^2}{z^2} + \frac{a^2}{(z+c)^2} = 1 \,;$$

c'est-à-dire, précisément la même que la précédente, en changeant $+z$ en $-z$.

Jusqu'ici, nous n'avons employé que la valeur positive de l'inconnue auxiliaire z', valeur que nous avons construite par MZ′. Maintenant, si nous employons de même la valeur négative MZ″, en la désignant par —z″, pour introduire explicitement son signe, l'équation en z deviendra

$$z(z — c) = — a z''.$$

En la résolvant, on pourra voir que les deux racines, lorsqu'elles seront réelles, seront toutes deux positives, et moindres que c. Or, étant mise en proportion, cette équation donne

$$z'' : z :: c — z : a.$$

Alors, si on l'applique à une sécante telle que MP‴, celle-ci étant supposée représenter z, l'autre segment MQ‴ représentera c — z ; la proportion montre donc que si l'on joint les points Z″ et P‴, le triangle Z″P‴M devra être semblable au triangle MBQ‴, et conséquemment, que l'angle en P‴ doit être droit. Cette condition place le point P‴ à l'intersection commune de la droite indéfinie AX′ avec la circonférence décrite sur MZ″ comme diamètre ; et l'intersection de ces deux lignes donne aussi le point P″ relatif à l'autre sécante, située dans l'angle X′CY, parce qu'en vertu de la symétrie de la figure, la longueur MP″ de cette sécante se trouve égale à MQ‴, ou au second segment de la précédente, qui est lui-même la seconde racine de l'équation en z.

20. Les nouvelles inconnues que nous avons choisies dans ces dernières façons de traiter le problème, nous conduisent donc, par une route toute différente, aux mêmes résultats que la première nous avait donnés. Cet accord doit avoir lieu, en effet, quelle que soit l'espèce d'inconnue que l'on choisisse ; mais il peut exister une très grande inégalité dans la manière plus ou moins simple dont elles le donnent. En général, les remarques que nous avons faites sur les causes qui com-

pliquent les équations dont les inconnues dépendent, montrent qu'il faut soigneusement éviter de choisir pour inconnues des quantités dont la détermination conduit à la même équation que l'on obtiendrait en prenant pour inconnues d'autres quantités différentes d'elles; ce qui arrive quand les unes et les autres ont des relations semblables avec les diverses données du problème. Alors il faut rejeter également toutes ces inconnues, et en prendre une qui en soit un élément commun, tel qu'en le connaissant, on puisse, par des constructions ou par des opérations simples, déterminer ensuite séparément les diverses inconnues; car, toute l'indétermination qui compliquait la recherche algébrique de ces inconnues, n'existera plus pour l'élément unique dont il s'agit; et, en conséquence, on pourra espérer de l'obtenir plus simplement qu'aucune d'elles. Mais, c'est l'adresse seule de l'analyste qui, guidée par les considérations précédentes, peut lui indiquer un pareil choix dans chaque problème, et l'on ne saurait donner de règle fixe pour le prescrire.

21. Je vais confirmer ces réflexions par un dernier exemple, qui, en même temps qu'il achèvera de faire sentir leur justesse, aura l'avantage de montrer comment l'Algèbre, en rassemblant dans les mêmes équations des questions géométriques très diverses et en apparence très indépendantes les unes des autres, découvre ainsi entre elles des rapports généraux que l'examen isolé de chaque question par la seule synthèse géométrique n'aurait jamais pu faire apercevoir.

Un point M, fig. 3o, est donné arbitrairement dans un angle connu ACB. On mène par ce point une droite quelconque MQP, terminée à la branche AC, considérée comme indéfinie; puis, on demande d'exprimer analytiquement les relations qui existent entre les segmens MP, MQ, de la ligne sécante, et les parties

CP, CQ, coupées sur les branches de l'angle, pour toutes les positions possibles du point donné M.

On voit que cet énoncé a beaucoup de rapport avec celui du problème que nous venons de résoudre; mais il est beaucoup plus général, en ce qu'il n'assigne pas à la ligne sécante d'autre condition que d'être menée par le point M, et terminée à la branche XX'; aussi ne suffit-il point pour la déterminer entièrement. Mais, cela seul, qu'elle soit menée ainsi et ainsi limitée, établit déjà certaines relations entre les segmens formés, soit sur les branches de l'angle, soit sur la sécante même; de sorte que ces relations, quand on les a généralement exprimées par l'analyse, deviennent des élémens de solutions communs à toutes les questions particulières dans lesquelles on achève de déterminer la sécante, en l'assujettissant à quelque nouvelle condition.

Or, cette nouvelle condition elle-même, quelle qu'elle puisse être, étant exprimée en analyse, se réduira toujours à établir quelque relation de plus, qui devra exister en même temps que les précédentes. Ainsi, en la combinant avec elles, on obtiendra la résolution du problème particulier qu'elle achève de définir, sans qu'il soit nullement besoin de recommencer pour ce cas les raisonnemens généraux.

Établissons maintenant les données sur lesquelles ceux-ci reposent. Il faut d'abord fixer la position du point M dans l'angle ACB. On peut le faire de beaucoup de manières différentes. Une des plus simples, et que nous adopterons, consiste à mener par ce point deux droites parallèles aux deux branches de l'angle, et à prendre pour données les longueurs MA, MB, ou CA, CB, des côtés du parallélogramme ainsi formé. Il est visible, en effet, que ces deux lignes sont parfaitement disposées pour former avec les côtés de l'angle et la droite inscrite des triangles semblables, qui donneront des rapports simples entre les quantités dont on veut établir les relations. D'après cela, nous représenterons CA par a, CB par a', et nous les considérerons comme connues. Nous nommerons aussi AP, x; CQ, x'; MP, z; MQ, z'. Ces quatre quantités seront les indéterminées du problème.

Cela posé, si l'on compare les deux triangles semblables MAP, QCP, ils donneront ces deux proportions :

$$\text{MA} : \text{AP} :: \text{CQ} : \text{CP}, \quad \text{MP} : \text{AP} :: \text{MQ} : \text{AC},$$

ou $a' : x :: x' : x - a, \quad z : x :: z' : a$;

d'où l'on tire

$$(1) \qquad xx' = a'(x - a), \qquad z'x = az. \qquad (2)$$

Il reste maintenant à exprimer que les trois droites CP, CQ, PQ, ou $x - a$, x', et $z - x$, constituent un triangle dans lequel l'angle PCQ a une grandeur connue, que nous désignerons par i; cela est facile, d'après le théorème de Géométrie qui donne le cosinus d'un angle quelconque d'un triangle en fonction des trois côtés. On aura ainsi

$$\cos i = \frac{\overline{\text{CP}}^2 + \overline{\text{CQ}}^2 - \overline{\text{PQ}}^2}{2 . \text{CP} . \text{CQ}} ;$$

ou, remplaçant les lignes par leurs expressions algébriques, et faisant disparaître le dénominateur,

$$(3) \quad x'^2 + (x - a)^2 - 2x'(x - a)\cos i = (z - z')^2.$$

22. Les trois équations (1), (2), (3), renferment toutes les relations résultantes des conditions générales auxquelles est assujettie une sécante quelconque, menée du point M et terminée à la branche AC de l'angle QCP.

Ces équations renferment quatre indéterminées indépendantes x, x', z et z'. Si l'on se donne entre ces quantités une équation de plus, qui sera l'expression de quelque condition nouvelle, à laquelle la sécante MP devra satisfaire, on aura autant d'équations que d'inconnues; et par conséquent, chacune de celles-ci pourra être déterminée entièrement par l'élimination.

23. Supposons, par exemple, que la nouvelle condition fût relative aux seuls segmens formés sur les branches de l'angle; alors l'équation qui l'exprimera, ne contiendra que x et x', sans z ni z'. On pourra donc la combiner immédiatement avec l'équation (1); et chacune des inconnues x, x', se trouvera complètement déterminée. Si l'on peut résoudre les équations qui les donnent, on connaîtra leurs valeurs, qui, substituées dans (2) et (3), donneront z et z'.

Par exemple, si la somme des deux segmens CP, CQ, doit être égale à une ligne donnée b, l'expression analytique de cette condition sera

$$x' + x - a = b;$$

et, en l'employant pour chasser x de l'équation (1), il viendra

$$x'^2 - (a + a' + b)x' = -a'b;$$

équation toute en x'. Celle-ci, disposée sous la forme de produits, devient, en changeant les signes,

$$x'(a + a' + b - x') = a'b.$$

Alors on voit que $\sqrt{a'b}$ est l'ordonnée d'un cercle dont $a + a' + b$ est le diamètre, et dans lequel x', $a + a' + b - x'$, sont les segmens coupés par l'ordonnée. On peut donc aisément construire x' d'après cette indication, et tel est l'objet de la fig. 31, dans laquelle BD représente la ligne donnée b. D'abord, en décrivant un cercle sur CD comme diamètre, et menant du point B l'ordonnée BH, ce sera $\sqrt{a'b}$; alors, par le point H, menez à CB une parallèle, sur laquelle vous projetterez les points C et D par des perpendiculaires; puis, ajoutez D'A' égal à CA, C'A' sera le diamètre du cercle cherché. Il ne restera plus qu'à le décrire, et les points Q, Q', où il coupera la branche CB, seront ceux par lesquels il faudra mener les sécantes MQ, MQ', qui satisferont aux conditions analytiques exprimées par l'équation en x'. On voit qu'elles seront au nombre de deux; mais la première, qui donne CQ et CP, tous deux positifs, répond seule au problème géométrique proposé. La seconde, qui donne CQ', positif, mais CP' ou $x-a$, négatif, répond au cas où l'on aurait demandé que la ligne b fût égale, non pas à la somme, mais à la différence des segmens CQ' et CP', ce dernier étant pris dans l'angle ACB, supplément de BCX.

Si l'on demandait que CQ — CP fût égale à cette même ligne b, on aurait pour condition analytique

$$x' - (x - a) = b;$$

ce qui conduirait à l'équation

$$x'^2 - (a' + b - a)x' = -a'b,$$

ou $$x'(a' + b - a - x') = a'b.$$

La construction serait donc la même que tout à l'heure, avec cette seule différence, que le diamètre du second cercle serait C'D'—D'A', au lieu de C'D'+D'A'; de sorte que, pour l'obtenir, il faudrait porter D'A' ou a, en sens contraire de ce que représente la fig. 31.

24. On trouve dans plusieurs auteurs une autre question qui se résout avec la même facilité que les précédentes; elle consiste à mener la sécante MP (fig. 30),

sous une inclinaison telle, que la surface du triangle CQP soit égale à un carré donné h^2.

Pour exprimer cette condition analytiquement, il faut considérer que si, du sommet Q du triangle CQP, on mène une perpendiculaire à la base CP, cette perpendiculaire, qui sera la hauteur du triangle, aura pour longueur $CQ \sin i$, ou $x' \sin i$. La surface du triangle sera donc exprimée par $\frac{1}{2}(x - a) x' \sin i$; et si l'on veut qu'elle soit égale à h^2, il faudra qu'on ait

$$\tfrac{1}{2}(x - a)x' \sin i = h^2, \quad \text{ou} \quad (x - a)x' = \frac{2h^2}{\sin i}.$$

Employant cette relation pour chasser x de l'équation (1), il vient

$$x'^2 + \frac{2h^2 x'}{a \sin i} = \frac{2a' h^2}{a \sin i}.$$

On pourrait construire immédiatement cette équation par une sécante de cercle; mais on obtiendra des résultats plus simples en la résolvant. Elle donne ainsi pour x' ces deux valeurs :

$$x' = -\frac{h^2}{a \sin i} + \sqrt{\frac{h^4}{a^2 \sin^2 i} + \frac{2a' h^2}{a \sin i}},$$

$$x = -\frac{h^2}{a \sin i} - \sqrt{\frac{h^4}{a^2 \sin^2 i} + \frac{2a' h^2}{a \sin i}}.$$

La partie commune aux deux racines peut aisément se construire. En effet, si, par le point C (fig. 32), on mène une droite indéfinie A'CD, perpendiculaire à CB ou AM, la distance CA étant a, et l'angle A'AC étant i, CA' sera $a \sin i$. Alors, à partir du point C, prenez sur CY' la longueur CH égale à h, côté du carré donné, et menez HD perpendiculaire à A'H; CD sera évidemment égal à $\frac{h^2}{a \sin i}$; et puisque cette partie est prise négativement dans les deux racines, on devra la porter dans ce sens sur la ligne des x', c'est-à-dire en CD'. Or, cette quantité étant connue, la construction du radical devient bien facile; car on peut le mettre sous la forme

$$\sqrt{\left(2a' + \frac{h^2}{a \sin i}\right) \frac{h^2}{a \sin i}},$$

ou il n'exprime plus qu'une moyenne proportionnelle entre deux lignes connues. Alors, sur BY, prenez BB' égal à CB ou a'; puis, sur D'B', comme diamètre, décrivez une circonférence de cercle, qui coupera quelque part en E la perpendiculaire A'CD indéfiniment prolongée. La corde D'E sera la moyenne proportionnelle cherchée. Il ne restera plus qu'à porter cette corde à partir du point D' sur la ligne des x', tant du côté positif que du côté négatif; et par les points Q, Q', ainsi déterminés, menant du point M deux sécantes, MP, MP', les deux triangles CQP, CQ'P', qui en résulteront, satisferont également à la condition demandée, que leur surface soit égale au carré h^2.

Ce problème servirait, si l'on demandait de partager un triangle donné CDE (fig. 33), en deux parties égales, ou généralement qui fussent entre elles comme m à n, au moyen d'une sécante menée d'un point donné M. En effet, dans ce cas, la surface CDE étant connue, si on la représente par s, celle du triangle CPQ devra être $\dfrac{ms}{m+n}$; de sorte qu'en substituant cette quantité au carré h^2, on découvrira la sécante MQP qui y satisfait; et la subdivision proposée se trouvera effectuée, si le point P ainsi obtenu tombe en dedans de la base CE du triangle; autrement, elle sera impossible, du moins à partir de l'angle, et il faudra l'essayer de même à partir de l'angle D.

25. Je ne chercherai pas à multiplier davantage ces

applications particulières; celles qui précèdent suffisent pour montrer comment il faudrait employer toute autre relation qui serait donnée entre x et x'. Chacun pourra aisément s'en proposer de nouveaux exemples, et il sera utile de s'exercer à en construire élégamment les résultats. Je me bornerai ici à faire observer que ceux que nous venons d'obtenir, en supposant le point M extérieur à l'angle donné YCX ou i, s'appliquent également au cas où il serait supposé intérieur, pourvu que l'on introduise cette modification dans les formules et dans les constructions qui en dérivent; ce qui consisterait à rendre a négatif dans les premières, et à porter dans les autres la ligne a en sens contraire de la direction suivant laquelle elle est employée dans les figures 31 et 32. En appliquant, par exemple, cette inversion au dernier problème (fig. 32), on verra qu'il offre ainsi des cas d'impossibilité qu'il ne comportait pas d'abord.

26. De même que les équations générales (1),(2),(3), nous fournissent une relation entre les seuls segmens $x - a$ et x' pris sur les branches de l'angle donné; elles nous peuvent donner aussi une relation entre les seuls segmens z et z', formés sur la sécante MQP. En effet, l'équation (2) donne déjà la valeur de x, exprimée en z et z'. En substituant cette valeur dans l'équation (1), on en tirera x', exprimée de la même manière; et au moyen de ces résultats, chassant x et x' de l'équation (3), on aura une relation en z et z'. En opérant ainsi, l'équation finale devient divisible par $z - z'$, et il reste

$$\frac{a'^2}{z^2} + \frac{a^2}{z'^2} - \frac{2aa'}{zz'} \cos i = 1. \qquad (4)$$

Ainsi, dans le cas où la nature particulière de la question géométrique proposée fournirait une relation entre z et z' seuls, on pourrait la combiner directement avec celle-ci, et l'on en tirerait z et z' par l'élimination. Toutefois, d'après les raisons exposées page 57, les

solutions ainsi obtenues seront généralement plus com-
pliquées que celles où l'on détermine d'abord les segmens x, x', formés sur les branches de l'angle.

27. Toutes ces équations se simplifient et deviennent
beaucoup plus faciles à traiter, lorsque les deux quantités a, a', deviennent égales entre elles, c'est-à-dire
lorsque le point M se trouve placé à égale distance des
deux branches CX, CX' de l'angle donné. Pour en offrir
un exemple assez remarquable, je vais proposer de résoudre dans cette supposition, mais avec une valeur
quelconque de l'angle BCX, le même problème que nous
avons résolu, page 44, en supposant cet angle droit :
c'est-à-dire que je demanderai de mener la sécante MQP
(fig. 3o), de manière que la partie PQ, interceptée entre
les branches de l'angle, ait une longueur donnée c.

Cette condition exprimée en analyse, donne immédiatement l'équation

$$z' - z = c,$$

qui, combinée avec celle que nous avons obtenue tout
à l'heure entre z et z', suffit pour déterminer ces deux
inconnues. L'élimination conduit ainsi à une équation
du quatrième degré en z ou z', comme on devait s'y at-
tendre ; mais, lorsqu'on suppose $a = a'$, cette équation
se laisse aisément résoudre en deux facteurs, en prenant
pour inconnue le produit zz', comme dans la page 58.
Néanmoins, on arrive à des résultats d'une discussion
plus facile, en se servant de l'équation (3), après en avoir
chassé x' par le moyen de sa valeur prise dans l'équation (1). En effet, en effectuant cette élimination, et remplaçant $z - z'$ par sa valeur c, qui est donnée, on trouve

$$\frac{a'^2(x-a)^2}{x^2} + (x-a)^2 - \frac{2a'(x-a)^2}{x} \cos i = c^2.$$

Si l'on développe cette équation après avoir fait $a = a'$,

les termes peuvent se ranger dans l'ordre suivant :

$$\frac{a^4}{x^2} + 2a^2 + x^2 - 2a\left(\frac{a^2}{x} + x\right) - 2a \cos i \left(\frac{a^2}{x} + x\right) = c^2 - 4a^2 \cos i ;$$

ce qui revient à

$$\left(\frac{a^2}{x} + x\right)^2 - 2a(1 + \cos i)\left(\frac{a^2}{x} + x\right) = c^2 - 4a^2 \cos i.$$

On voit donc qu'ici, comme dans la page 45, on n'a qu'à faire

$$\frac{a^2}{x} + x = \zeta ,$$

et l'on aura pour déterminer ζ, l'équation

$$\zeta^2 - 2a(1 + \cos i)\zeta = c^2 - 4a^2 \cos i ,$$

qui, étant résolue, donne pour ζ les deux racines

$$\zeta_{\prime} = a(1 + \cos i) + \sqrt{c^2 + a^2(1 - \cos i)^2} ,$$
$$\zeta' = a(1 + \cos i) - \sqrt{c^2 + a^2(1 - \cos i)^2}.$$

Ces expressions sont bien aisées à construire. En effet, si, du point A (fig. 34), on mène la perpendiculaire indéfinie N'AM' sur la ligne MB prolongée aussi indéfiniment, la distance MM' sera $a \cos i$; et par conséquent, BM' sera $a + a \cos i$, c'est-à-dire la partie commune des deux racines. Maintenant si, du point C, on mène de même, à BM, la perpendiculaire indéfinie CGC', MG, sera $a - a \cos i$, ou $a(1 - \cos i)$.

Donc, si l'on prend sur le prolongement de cette perpendiculaire une longueur GC', égale à la ligne donnée C, l'hypoténuse MC' sera la partie radicale. Il ne reste plus qu'à porter cette hypoténuse à partir du point B sur la ligne MB, du côté des abscisses positives en Z', et du côté des négatives en Z''. Alors la première valeur de ζ se trouvera représentée par $M'Z'$; et la seconde le sera par $M'Z''$.

Maintenant, ζ étant connu, l'équation en x et ζ devient

$$x^2 - x\zeta = -a^2,$$

et peut se mettre sous la forme

$$x(\zeta - x) = a^2;$$

d'où l'on voit qu'ici, comme dans le problème plus particulier de la page 46, a représente l'ordonnée d'un cercle dont ζ est le diamètre, et x, $\zeta - x$, les deux segmens coupés par l'ordonnée. Ayant donc pris sur $M'A$ une longueur $M'N'$ égale à a, on mènera par le point N' une parallèle à $Z'MZ''$; puis, sur $M'Z'$ et $M'Z''$, comme diamètre, on décrira deux circonférences de cercle, dont les intersections avec cette parallèle donneront les valeurs cherchées de x, qu'il ne faudra plus que projeter sur la branche $X'CX$ par des perpendiculaires. On aura ainsi généralement quatre valeurs de x, et par conséquent, quatre sécantes, qui satisferont aux conditions demandées; mais avec cette particularité, que les deux solutions données par le cercle $M'Z'$ seront toujours réelles, tandis que les solutions données par le cercle $M'Z''$ pourront devenir imaginaires pour certaines limites de longueur de la ligne donnée. Tous ces résultats sont parfaitement analogues à ceux que nous avons trouvés, page 46, pour le cas particulier de l'angle droit, et l'on voit qu'ils n'ont pas été plus difficiles à construire.

29. Je termine ici ce chapitre, en faisant observer que les constructions géométriques doivent être considérées seulement comme un moyen élégant de peindre les solutions des problèmes, et non pas comme un procédé suffisamment rigoureux pour trouver les valeurs

numériques des inconnues. Relativement à ce dernier
objet, le calcul est infiniment préférable, parce que son
exactitude est indéfinie : et même il vaut toujours mieux
y recourir, quand la construction n'est pas très simple.

CHAPITRE III.

Des Problèmes de Géométrie indéterminés.

29. Les méthodes que nous venons de parcourir
n'avaient pour but que des problèmes *déterminés*, c'est-
à-dire, dans lesquels l'inconnue n'était susceptible que
d'un certain nombre fini de valeurs; mais on peut aussi
se proposer des questions de Géométrie indéterminées,
qui soient susceptibles d'une infinité de solutions.

Par exemple, si l'on considère une ligne quelconque
AMM', tracée sur un plan (fig. 1, pl. III), et que, de plusieurs points de cette ligne, on mène des perpendiculaires
MP, M'P', sur une droite indéfinie AX, donnée, dans le
plan, ces perpendiculaires auront certainement une
longueur déterminée, qui dépendra de la nature de la
ligne AMM', de sa position, et de la distance des points
MM' entre eux. Si donc on prend sur la droite AX un
point fixe A pour point de départ, chaque longueur AP
aura sa perpendiculaire correspondante PM, qui résultera du concours de toutes ces circonstances; et la relation qui subsistera entre les AP et les PM, dans les
diverses parties de la ligne AMM', déterminera nécessairement la forme de son cours.

Or, il serait très possible que ce rapport fût de nature à être toujours exprimé par une même équation
entre les AP et les PM, auquel cas cette équation servirait à trouver une quelconque de ces quantités par le
moyen de l'autre, lorsque celle-ci serait donnée.

Si l'on savait, par exemple, que dans toute l'étendue de la courbe, chaque AP, étant comptée à partir d'un certain point connu, A (fig. 2), est égale à la longueur de PM qui lui correspond; alors, en représentant généralement les premières par la lettre x, les dernières par la lettre y, on aurait entre elles la relation

$$y = x.$$

Dans ce cas, la suite des points M, M'..., forme évidemment une ligne droite inclinée de 45° sur l'axe AX.

Si l'on savait, au contraire, que, dans toute l'étendue de la ligne AMM' (fig. 3), chaque PM est moyenne proportionnelle entre les distances du point P à deux points fixes A et B, pris sur l'axe AB, alors, en représentant toujours AP par x, PM par y, et nommant $2a$ la distance AB, on aurait, d'après la condition proposée,

$$y^2 = x(2a - x),$$

ou

$$y^2 = 2ax - x^2.$$

Cette équation fait connaître y, lorsque l'on se donne x, et réciproquement; elle suffit donc pour trouver autant que l'on voudra de longueurs PM et de points M, M'... qui seront tous sur la ligne proposée. D'ailleurs, d'après la propriété sur laquelle nous l'avons établie, il est évident que cette ligne est une circonférence de cercle décrite sur AB comme diamètre.

30. Puisque chacune des équations

$$y = x, \quad y^2 = 2ax - x^2$$

peut servir à trouver autant de points que l'on voudra sur la droite ou sur le cercle dont elles énoncent une propriété générale, il est évident que ces équations sont équivalentes à la construction actuelle de ces lignes, et qu'elles peuvent être employées pour le représenter.

On peut, en généralisant ce résultat, regarder toute

les lignes planes imaginables comme susceptibles d'être
ainsi représentées par des équations entre deux variables indéterminées; et, réciproquement, on voit
qu'une équation quelconque, entre deux indéterminées,
peut être interprétée géométriquement, et considérée
comme représentant une ligne plane, dont elle peut
faire trouver successivement tous les points.

31. Cette manière d'envisager les rapports de la Géométrie et de l'Algèbre est beaucoup plus étendue et plus
féconde que celle que nous avions considérée d'abord, et
qui se bornait aux problèmes de Géométrie déterminés.
On peut même la généraliser encore, et l'appliquer aux
équations à trois variables qui représentent des surfaces, comme on le verra par la suite; mais pour le
moment, les considérations précédentes nous suffiront.
Je ne me proposais ici que de fixer précisément, et de
faire bien comprendre cette division qui partage l'application de l'Algèbre à la Géométrie en deux branches
distinctes et totalement séparées dans leur objet. Elles
l'ont été de même dans l'histoire des Mathématiques.
L'invention de la dernière est due à Descartes. Avant
ce grand homme, on n'avait appliqué l'Algèbre qu'aux
problèmes de Géométrie déterminés. Les premières applications de ce genre avaient même été seulement numériques; car elles se bornaient à trouver et à calculer
arithmétiquement la valeur numérique des inconnues
d'après leur expression algébrique résolue. Vers la fin du
quinzième siècle, Viète, célèbre analyste français, ima-
gina de représenter ces expressions par des constructions
géométriques, comme nous l'avons fait au commencement de cet ouvrage, en les supposant obtenues sous
une forme explicite par la résolution de l'équation qui
les déterminait. Ces constructions ne pouvaient encore
nullement servir pour interpréter les valeurs des inconnues dans les équations indéterminées. Descartes fit un

pas immense, en montrant que de pareilles équations représentaient des lieux géométriques ; et l'on peut dire que, par cette découverte, il créa réellement l'application de l'Algèbre à la Géométrie, dont les constructions de Viète n'étaient qu'une particularité très bornée. En effet, un problème de Géométrie quelconque, se réduit toujours à trouver un certain nombre de points, de lignes ou de surfaces, dont la position, ou la configuration, satisfasse à certaines conditions données. On peut même considérer la recherche des points comme un problème d'intersection de lignes. Si l'on sait généralement trouver les équations des lignes, d'après l'énoncé des conditions géométriques auxquelles elles doivent satisfaire, et réciproquement découvrir la forme ainsi que le cours des lignes, lorsque l'équation analytique qui les exprime est donnée, il n'y aura pas de problème de Géométrie, si compliqué qu'il soit, que l'on ne puisse écrire algébriquement à l'instant même, et réduire ainsi à une combinaison d'équations purement analytiques. C'est à l'aide de ce secret que Descartes, à l'âge de vingt ans, parcourant l'Europe dans le simple appareil d'un jeune soldat volontaire, résolvait d'un coup d'œil, et comme en se jouant, tous les problèmes géométriques que les mathématiciens de divers pays s'envoyaient mutuellement, comme des défis publics, suivant l'usage de ce temps-là.

32. L'application de l'Algèbre à la Géométrie, lorsqu'elle est ainsi envisagée, n'exige plus, dans chaque problème, la recherche de quelque artifice ingénieux, ou même de quelque condition particulière qui conduise à l'énoncé algébrique ; elle n'est plus que l'usage immédiat d'une même méthode, toujours uniforme et directe dans ses procédés. Ces avantages sont dus à ce qu'elle remonte aux élémens simples qui constituent toutes les questions géométriques, et qu'elle en combine les

énoncés algébriques, précisément comme la Géométrie les assemble pour former la question proposée. C'est ce que l'on comprendra parfaitement, d'après l'exposition graduelle que nous allons en offrir.

D'abord, tous les problèmes de Géométrie imaginables, et même en général toutes les considérations géométriques, portent sur les positions relatives des points de l'espace. Notre premier pas doit donc avoir pour but de chercher comment ces positions peuvent être exprimées et fixées par un énoncé analytique.

L'espace, tel que les géomètres le considèrent, est une étendue indéfinie dans laquelle on conçoit que tous les corps sont placés. On ne peut donc y déterminer le lieu absolu des corps, mais seulement leurs situations relatives, qui sont les seules dont la connaissance nous soit nécessaire : et, pour cela, on rapporte ces points à des objets fixes, dont on suppose que la position est connue.

Sur un plan, on conçoit deux droites AX, AY (fig. 4), faisant entre elles un angle quelconque donné : tout point M, situé dans le plan, est déterminé lorsqu'on connaît les longueurs des droites MQ, MP, menées de ce point parallèlement aux lignes AX, AY, et terminées à ces lignes ; car par les propriétés des parallèles, AQ = PM, et AP = QM. On peut donc, en connaissant ces valeurs, mener les droites PM et MQ, qui, par leur intersection, déterminent le point M.

Dans l'espace, on conçoit trois plans YAX, XAZ, ZAY (fig. 5), faisant entre eux des angles donnés. Un point quelconque M se trouve déterminé de position, quand on connaît les longueurs des droites MM', MM'', MM''', menées par ce point parallèlement aux intersections des trois plans, et terminées à ces plans ; car alors on peut mener trois plans parallèles à ceux-ci, et sur lesquels le point M se trouve.

Avant d'examiner les conséquences qui résultent des conventions précédentes, il est bon d'observer qu'en général nous prendrons les mots *plan* et *ligne droite* dans leur acception la plus étendue; c'est-à-dire qu'en général nous entendrons, par ligne droite, une ligne droite indéfiniment prolongée, et par plan, un plan indéfiniment étendu. Lorsqu'il sera nécessaire de considérer des portions limitées de plans ou de droites, nous en avertirons, comme nous venons de le faire; mais ces abstractions seront toujours déterminées par les conditions particulières de la question proposée.

Des Points et de la Ligne droite considérés sur un plan.

33. Lorsque les points M, M', d'un plan, sont rapportés à deux lignes fixes, AX, AY (fig. 4), menées dans ce plan, les longueurs QM, Q'M', ou leurs égales AP, AP', se nomment *abscisses;* et les distances PM, P'M', ou leurs égales AQ, AQ', s'appellent *ordonnées*. La ligne AX, sur laquelle se comptent les longueurs AP, AP', se nomme l'*axe des abscisses;* la ligne AY s'appelle l'*axe des ordonnées*. Les ordonnées et les abscisses se désignent encore par la dénomination générale de *coordonnées;* les lignes AX, AY, sont alors les *axes des coordonnées,* et le point A, où elles se coupent, en est l'*origine*. Le choix des axes est absolument arbitraire; et l'on peut, à volonté, compter les abscisses ou les ordonnées sur l'un ou sur l'autre.

34. Représentons en général par x les abscisses, et par y les ordonnées; x et y seront des variables qui prendront diverses valeurs pour les différens points que l'on devra considérer. Si, par exemple, ayant mesuré les longueurs AP, PM, qui déterminent le point M, on trouve la première égale à a, et la seconde égale

à b, on aura, pour fixer la position de ce point, les deux équations

$$x = a, \quad y = b;$$

et comme elles suffisent pour cet objet, nous les nommerons les équations du point M.

Si, l'abscisse AP restant la même, l'ordonnée PM diminue, le point M s'approche de plus en plus de l'axe AX; si PM ou b devient nulle, le point M tombe en P sur l'axe des x lui-même; et ses équations deviennent

$$x = a, \quad y = 0.$$

Si l'ordonnée PM restant la même, l'abscisse AP diminue, le point M s'approche de plus en plus de l'axe AY, avec lequel il finira par coïncider, lorsque AP deviendra nulle; ce qui donne

$$x = 0, \quad y = b,$$

pour les équations d'un point tel que Q, situé sur l'axe même des y.

Enfin, si l'abscisse AP et l'ordonnée PM deviennent nulles en même temps, le point M coïncide avec le point A, origine des coordonnées, et l'on a

$$x = 0, \quad y = 0,$$

pour les équations de cette origine.

35. On voit, par cette discussion, qu'en supposant aux variables x et y toutes les valeurs positives possibles, depuis zéro jusqu'à l'infini, on peut exprimer la position de tous les points placés dans l'angle YAX.

Quant aux points compris dans les autres angles formés par les axes, ils répondent aux valeurs négatives des variables x et y.

Pour le démontrer, concevons qu'au lieu de prendre YA pour axe des y, on prenne, dans le même plan, une autre ligne qui lui soit parallèle; par exemple, la ligne Y'A' (fig. 6), pour laquelle nous supposerons que la

distance AA', à l'ancien axe, est donnée et exprimée par
A. Nommons x, les nouvelles abscisses comptées sur le
même axe AX, mais à partir de la nouvelle origine A'.
Cela posé, si nous considérons un point quelconque M
situé dans l'angle Y'A'X, nous aurons

$$AP = AA' + A'P, \quad \text{ou} \quad x = A + x';$$

mais, si nous considérons un point M' situé dans l'angle
Y'A'A, et que nous représentions encore son abscisse
A'P' par la variable x', en lui supposant toutefois une
valeur quelconque, nous aurons

$$AP' = AA' - A'P', \quad \text{ou} \quad x = A - x';$$

d'où l'on voit que, si l'on veut rendre la même formule analytique

$$x = A + x',$$

applicable à la fois aux points situés dans l'angle XA'Y',
et aux points situés dans l'angle AA'Y', il faut regarder
pour ceux-ci les valeurs de x' comme négatives; en sorte
que le changement de signe réponde à leur changement de position par rapport à l'axe A'Y'.

Pour confirmer cette conséquence, et faire voir encore plus clairement comment la formule précédente
peut lier les différens points du plan, supposons que
l'on considère d'abord un point situé sur l'axe A'Y'
lui-même : pour ce point x' sera nul, et la formule

$$x = A + x' \quad \text{donnera} \quad x = A.$$

C'est la valeur de l'abscisse AA' par rapport aux axes
AX, AY.

Mais si l'on veut que cette même équation convienne
aussi aux points situés sur l'axe AY, considérons un
quelconque d'entre eux ; son abscisse x sera nulle, et la
formule précédente donnera

$$A + x' = 0, \quad \text{ou} \quad x' = - A;$$

ce qui est encore la valeur de l'abscisse AA', en la supposant rapportée à l'axe $A'Y'$. L'expression analytique de cette abscisse devient donc positive pour l'axe AY, et négative pour l'axe $A'Y'$, quand on suppose les points du plan liés entre eux par l'équation

$$x = A + x'.$$

Ce résultat s'applique également aux valeurs négatives de x, et prouve qu'elles appartiennent aux points situés du côté de l'axe AY, opposé aux valeurs positives; car quel que soit celui de ces points que l'on considère, si on le représente par M'', on pourra toujours mener un nouvel axe $A''Y''$, qui se trouvera placé par rapport à l'axe AY, comme celui-ci l'était précédemment lui-même par rapport à l'axe $A'Y'$.

En transportant l'axe AX parallèlement à lui-même, et fixant la nouvelle origine en A'' (fig. 7); faisant $AA'' = B$, et nommant y' les nouvelles ordonnées comptées à partir de l'axe $A''X''$, on aura

$$y = B + y'$$

pour les points situés dans l'angle $YA''X''$,

et
$$y = B - y'$$

pour ceux qui sont situés dans l'angle $AA''X''$; en sorte que, pour comprendre les uns et les autres dans une même formule analytique, il faut regarder les valeurs négatives de y' comme correspondantes à des points situés du côté de l'axe $A''X''$ opposé aux y' positives; et, comme cela s'applique également aux axes AX, AY, on en doit conclure que les changemens de signe de la variable y répondent au changement de position des points de part ou d'autre de l'axe des abscisses.

36. En réunissant ces résultats, on voit que les valeurs négatives des coordonnées doivent être prises en sens

contraire de leurs valeurs positives; sans quoi, les mêmes formules ne pourraient pas s'appliquer à tous les points du plan, et ne comprendraient que ceux qui seraient situés dans un même angle des axes. Réciproquement, la convention précédente étant établie, tous les points du plan, quelle que soit leur situation, sont compris dans les mêmes formules.

On aura d'après ce qui précède (fig. 4),

dans l'angle YAX, x positif et y positif;
dans l'angle YAx, x négatif y positif;
dans l'angle XAy, x positif y négatif;
dans l'angle xAy, x négatif y négatif;

par conséquent, les équations

$$x = a, \quad y = b,$$

qui déterminent la position d'un point dans l'angle YAX, deviendront successivement

$$x = -a, \quad y = +b,$$
$$x = +a, \quad y = -b,$$
$$x = -a, \quad y = -b,$$

selon que ce point passera dans un des angles YAx, XAy, xAy. En supposant a et b quelconques, les deux premières pourront représenter toutes les autres.

37. La liaison que nous venons de découvrir entre les signes des variables x et y, et leurs positions par rapport à leur origine commune, n'a pas lieu seulement lorsque leurs valeurs sont comptées sur des lignes droites; cette liaison subsiste toutes les fois que l'on représente les valeurs d'une quantité variable par des longueurs comptées sur une ligne continue de forme quelconque, et à partir d'un même point.

Soit, par exemple (fig. 8), AB ab une circonférence

6

de cercle dont Aa est un diamètre et dont le centre est au point C : si l'on veut représenter les valeurs positives d'une variable x par les arcs AM, AM′, comptés à partir du point A, et dans le sens AB, il faudra représenter les valeurs négatives de la même variable par des arcs Am, Am′, comptés à partir du même point A, et dans le sens opposé au premier, sans quoi ces arcs ne pourront pas être compris avec les précédens dans une même formule analytique.

En effet, si l'on conçoit l'origine transportée en A′, et qu'on représente par x′ les valeurs des arcs comptées de ce point, on aura, en faisant AA′ $= a$,

$$x = a + x,$$

pour les points situés au-delà du point A′,

et
$$x = a - x'$$

pour les points situés entre le point A′ et le point A. Ainsi, pour que la même formule $x = a + x'$ convienne aux uns et aux autres, il faut regarder le changement de signe de x′ comme répondant au changement de position des arcs par rapport à la nouvelle origine.

Avec cette convention, si l'on fait $x' = 0$, on aura $x = a$ pour la valeur de l'arc AA, comptée à partir du point A, tandis qu'en faisant $x = 0$, on aura $x' = -a$ pour la valeur de ce même arc rapportée au point A′.

Et comme ces raisonnemens sont applicables à l'origine A aussi bien qu'à l'origine A′, on doit en conclure que les arcs négatifs doivent être pris en sens contraire des arcs positifs, pour que les uns et les autres puissent être compris dans les valeurs successives d'une même variable x.

38. Les principes exposés dans les paragraphes précédens étant appliqués, dans le cercle, aux sinus et aux
cosinus, déterminent complètement la marche et les
rapports des signes qu'il faut leur attribuer dans les différens quadrans. Si des points MM', extrémités des arcs
AM, AM', on mène les droites MP, M'P', perpendiculaires au rayon CA, ces droites, étant situées du même
côté de ce rayon et parallèles entre elles, devront être
affectées du même signe, par exemple du signe +, car
on peut les considérer comme des ordonnées comptées à
partir du point C, sur la ligne CB perpendiculaire à CA.
Il en sera de même, par la même raison, de tous les
sinus qui appartiennent à des arcs dont l'extrémité se
termine sur un des points de la demi-circonférence ABa ;
mais une fois cette convention adoptée, tous les sinus
des arcs dont l'extrémité se trouve sur l'autre moitié abA
de la circonférence, doivent être affectés du signe négatif, car les droites mp, $m'p'$, qui les représentent,
pouvant se compter sur le rayon Cb, dans un sens directement contraire aux premières, doivent être mar-
quées du signe opposé.

Quant aux cosinus, pour le point A, où l'arc est
nul, il est égal au rayon CA ; et pour le point a, où l'arc
est de 180°, il est égal à Ca. Si donc nous le supposons
positif dans le premier cas, il faudra le regarder comme
négatif dans le second ; mais le choix est absolument
libre, seulement il faut observer la même loi par rapport aux lignes situées de part et d'autre du point C
sur la ligne ACa.

Les signes des sinus et des cosinus étant déterminés
d'après les conventions précédentes, selon leur position
dans les différens quarts de cercle, ceux de toutes les
autres lignes trigonométriques s'en déduisent, parce
que ces lignes peuvent toujours être exprimées rationnellement, en fonction des sinus et des cosinus aux-

quels elles répondent, de sorte que l'on connaîtra leurs signes d'après ceux que prennent ces quantités.

En effet, si l'on désigne par a l'arc AM (fig. 9, 10, 11, 12), cet arc étant toujours compté dans un même sens, quel que soit le quadrans dans lequel tombe son extrémité M, les triangles CMP, CAT, seront semblables, ainsi que CAQ, CMT'; de sorte qu'en nommant R le rayon CM du cercle sur lequel l'arc AM se compte, ils donneront

$$AT = \text{tang } a, \qquad \text{tang } a = \frac{R \sin a}{\cos a};$$

$$A'T' = \cot a, \qquad \cot a = \frac{R \cos a}{\sin a};$$

$$CT = \text{séc } a, \qquad \text{séc } a = \frac{R^2}{\cos a},$$

$$CT' = \text{coséc } a, \qquad \text{coséc } a = \frac{R^2}{\sin a},$$

$$AP = \text{sin-v. } a, \qquad \sin \text{v. } a = 1 - \cos a.$$

Maintenant, lorsque la valeur particulière que l'on veut donner à l'arc AM sera fixée, le sinus ainsi que le cosinus de cet arc seront connus, et l'on saura quels signes il faut leur attribuer, d'après le quadrans dans lequel ils tombent. Alors en les substituant dans les expressions précédentes, avec leur signe propre, on connaîtra celui que doit prendre chacune des lignes représentées par ces expressions. On voit ainsi que ces signes deviennent un résultat nécessaire des deux conventions précédemment faites sur celui que l'on veut attribuer, dans chaque quadrans, au sinus et au cosinus. Quoique cet exemple nous ait un peu écartés de notre objet, j'ai cru devoir le donner, parce qu'il demande des considérations assez délicates et qu'il est très propre à faire sentir comment on doit raisonner dans tous les cas de cette nature.

39. On peut, à l'aide de ce qui précède, trouver analytiquement l'expression de la distance de deux points dont on connaît les coordonnées rectangles.

Soient (fig. 13), M', M", les points dont il s'agit : si l'on mène M'Q' parallèle à l'axe des x, et terminée aux coordonnées M'P', M"P", le triangle M'M"Q', rectangle en Q', donnera

$$M'M'' = \sqrt{\overline{M'Q'}^2 + \overline{M''Q'}^2}.$$

Soient maintenant x', y', x'', y'', les coordonnées AP', P'M', AP", P"M"; M'Q' sera $x'' - x'$, et M"Q = $y'' - y'$. Si donc on représente par D la distance cherchée, on aura

$$D = \sqrt{(x'' - x')^2 + (y'' - y')^2}.$$

Si un des points, par exemple, celui dont les coordonnées sont x', y', était l'origine même des coordonnées, on aurait

$$x' = 0, \quad y' = 0;$$

ce qui donnerait

$$D = \sqrt{x''^2 + y''^2}.$$

C'est l'expression de la distance d'un point quelconque à l'origine des coordonnées. Il est aisé de s'en convaincre directement sur la figure 14, où M représente un point placé conformément à cette condition ; car le triangle AMP rectangle en P, donne

$$\overline{AM}^2 = \overline{AP}^2 + \overline{PM}^2 = x^2 + y^2;$$

d'où

$$D = \sqrt{x^2 + y^2}.$$

40. Reprenons maintenant en particulier chacune des deux équations $x = a$, $y = b$, qui fixent la position d'un point sur un plan, a et b étant des quantités quelconques.

La première, $x = a$, considérée comme si elle existait seule, et prise dans son sens le plus étendu tant qu'on ne considère que deux dimensions, convient à tous les points dont l'abscisse est égale à a. Or, si nous supposons (fig. 4), $AP = a$, tous les points de la ligne PM, prolongée indéfiniment dans les deux sens, satisferont à cette condition. L'équation $x = a$ appartient donc à la ligne droite PM, parallèle à l'axe des y.

On trouvera de même que l'équation $y = b$ exprime une propriété qui convient à tous les points de la ligne QM, menée par le point de l'axe des y pour lequel $AQ = b$, et prolongée indéfiniment dans les deux sens, parallèlement à l'axe des x.

Ainsi, en disant que le point M est déterminé par le système des équations

$$x = a, \qquad y = b,$$

on écrit qu'il est donné par l'intersection de deux droites indéfinies menées parallèlement aux axes AX, AY; ce qui est la traduction littérale de la construction géométrique qui sert à le trouver.

La ligne droite, représentée par l'équation $x = a$, sera située tout entière du côté des abscisses positives, si a est positif : au contraire, si a est négatif, elle se trouvera du côté des abscisses négatives; si a est nul, elle coïncidera avec l'axe des y, dont l'équation est par conséquent

$$x = 0.$$

Il est visible, en effet, que cette propriété est commune à tous les points qui sont situés sur cet axe, et qu'elle n'appartient qu'à eux seuls.

De même, suivant que b sera positif ou négatif, la ligne droite dont l'équation est $y = b$, sera située au-dessus ou au-dessous de l'axe des x; et, si b est nul, elle coïncidera avec cet axe, dont l'équation est par conséquent

$$y = 0.$$

Enfin, le point A, origine des coordonnées, étant à la fois sur ces deux axes, sera défini par le système des deux équations.

$$x = 0, \quad y = 0,$$

comme nous l'avons trouvé précédemment.

41. La méthode que nous avons employée pour exprimer analytiquement la position d'un point, peut donc servir encore à désigner une suite de points situés sur une même ligne droite parallèle à un des axes des coordonnées. En généralisant ce résultat, on voit que, si tous les points d'une ligne quelconque, droite ou courbe, sont tels qu'il existe la même relation entre les ordonnées et les abscisses de chacun d'eux, l'équation entre x et y, qui exprimera cette relation, doit caractériser cette ligne. Réciproquement, l'équation étant donnée, la nature de la courbe s'ensuit. Car, si l'on veut trouver ceux de ses points qui répondent à une abscisse déterminée, il suffira de mettre cette valeur pour x dans l'équation; et celle-ci ne contenant plus alors que la seule inconnue y, fera connaître les valeurs des coordonnées correspondantes, qu'il faudra placer, par rapport à l'axe des x, conformément aux signes dont elles sont affectées : de même en se donnant y, l'équation fera connaître les valeurs correspondantes de x.

Une équation qui exprime ainsi la relation qu'ont entre elles les abscisses et les ordonnées de chaque point d'une ligne, se nomme l'*équation de cette ligne;*

et l'on dit que la ligne est continue ou discontinue, suivant que la même équation convient ou ne convient pas à tous les points dont elle est composée.

42. Considérons, par exemple, une ligne droite AM (fig. 15), menée par l'origine des coordonnées, et faisant un angle α avec l'axe des x, l'angle YAX des deux axes étant égal à β : si d'un point quelconque M, pris sur cette droite, on mène l'ordonnée PM parallèle à l'axe des y, on aura toujours

$$\frac{PM}{AP} = \frac{\sin\alpha}{\sin(\beta - \alpha)} \text{ ou } y = x \frac{\sin\alpha}{\sin(\beta - \alpha)};$$

et cette équation, ayant lieu pour tous les points de la droite AM, est l'équation de cette droite.

Quoique nous l'ayons obtenue en considérant les points situés dans l'angle YAX, elle n'en est pas moins applicable aux points situés dans les autres angles des axes, pourvu qu'on y change convenablement le signe des variables x et y. Si l'on y fait, par exemple, x négatif, pour avoir les points situés du côté des abscisses négatives, elle donnera

$$y = -\frac{x\sin\alpha}{\sin(\beta - \alpha)};$$

c'est-à-dire que, pour ces points, y devient aussi négative, de sorte qu'ils sont situés au-dessous de l'axe des x, tandis que ceux qui sont situés dans l'angle XAY sont au-dessus du même axe : nous supposons ici que $\sin\alpha$ est une quantité positive, et que α est moindre que β.

Cette valeur de α est la même pour tous les points de la même droite AM, mais elle varie d'une droite à une autre : examinons les circonstances qui résultent de cette variation.

A mesure que α diminue, la droite s'incline vers l'axe des abscisses, avec lequel elle se confond lorsque $\alpha = 0$: aussi cette supposition donne-t-elle $y = 0$ pour son équation. En partant de cette position, à mesure que α augmente, la droite se rapproche de l'axe des y, et elle coïncide avec cet axe quand $\beta = \alpha$; aussi, dans ce cas, $\sin (\beta - \alpha)$ devenant nul, l'équation, dégagée de ce dénominateur, se réduit à $x = 0$. L'angle α continuant à augmenter, $(\beta - \alpha)$ devient une quantité négative; alors $\sin (\beta - \alpha)$ est négatif et égal à $-\sin (\alpha - \beta)$, et l'équation de la droite devient

$$y = - \frac{x \sin \alpha}{\sin (\alpha - \beta)};$$

elle se trouve alors placée dans la situation AM′, et c'est ce que l'équation précédente confirme, car tant que x est positif, elle donne y négatif, et l'on ne peut avoir y positif qu'en prenant x négatif : ce qui indique que la droite reste au-dessous de l'axe des x du côté des abscisses positives, et ne passe au-dessus de cet axe que du côté des abscisses négatives.

Lorsque α devient égal à 180°, la droite se confond de nouveau avec l'axe des x; c'est ce que la formule indique, car on a alors $\sin \alpha = 0$, ce qui donne $y = 0$ pour l'équation de la droite.

Enfin, α devenant plus grand que 180°, $\sin \alpha$ est négatif, aussi bien que $\sin (\beta - \alpha)$, et l'équation de la droite redevient, comme précédemment,

$$y = x \frac{\sin \alpha}{\sin (\beta - \alpha)}.$$

Le coefficient $\dfrac{\sin \alpha}{\sin (\beta - \alpha)}$ reprend alors des valeurs positives ; en effet, la droite se trouve alors placée dans la situation M″AM ; et, comme elle est indéfinie, elle se trouve rentrer aussi dans le premier quadrans XAY. À partir de ce terme, elle reprend successivement dans les autres quadrans les positions qu'elle occupait.

On voit, par cette discussion, que la formule

$$y = x \frac{\sin \alpha}{\sin (\beta - \alpha)}$$

est applicable à toutes les droites qui passent par l'origine des coordonnées.

43. Considérons maintenant une droite A'M' (fig. 16), qui fasse, ainsi que la précédente, l'angle α avec l'axe des abscisses, mais qui ne passe plus par l'origine des coordonnées : et, comme elle ne serait pas déterminée par son inclinaison seule, supposons, de plus, qu'elle coupe l'axe des y dans un point A', tel que AA' soit une quantité donnée b : si on lui mène, par l'origine des coordonnées, une parallèle AN, dont l'équation sera

$$y = x \frac{\sin \alpha}{\sin (\beta - \alpha)},$$

la valeur de l'ordonnée PM se composera, pour un point quelconque, de la partie MN, qui est égale à AA ou à b, et de l'ordonnée PN, dont la valeur est $\frac{x \sin \alpha}{\sin (\beta - \alpha)}$. En réunissant ces deux quantités, on aura l'expression de l'ordonnée PM ou y de la droite proposée, qui sera

$$y = \frac{x \sin \alpha}{\sin (\beta - \alpha)} + b.$$

C'est l'équation la plus générale d'une ligne droite, quand on ne considère que deux dimensions ; et elle renferme deux indéterminées α et b, parce qu'il faut deux conditions pour particulariser la droite.

Il est facile de reconnaître, par la forme même de cette équation, que tous les points auxquels elle appartient sont situés sur une ligne droite, car on en tire

$$\frac{y-b}{x} = \frac{\sin \alpha}{\sin (\beta - \alpha)}.$$

Si l'on regarde le point M comme un quelconque de ceux qui satisfont à cette équation, et que, par le point A', pour lequel AA' $= b$, on mène une parallèle A'Q à l'axe des x, QM sera $y - b$, A'Q sera égal à x ; et, puisque par la nature de l'équation le rapport de $y - b$ à x est constant, on aura

$$\frac{MQ}{A'Q} = \frac{M'Q'}{A'Q'}, \text{ etc.},$$

et ainsi de suite pour tous les points M, M', qui vérifieront l'équation proposée ; d'où il suit que les triangles A'MQ, A'M'Q', etc., sont semblables, et par conséquent tous ces points sont en ligne droite.

On peut retrouver de même toutes les autres circonstances relatives à cette ligne ; car, d'abord, le rapport constant $\frac{MQ}{A'Q}$ étant égal à $\frac{\sin \alpha}{\sin (\beta - \alpha)}$, si ce rapport est donné, comme β est aussi donné, on en tirera la valeur de α, ou MA'Q ; de plus, quand $x = 0$, l'équation donne $y = b$, et par conséquent A'A $= b$. On a donc un point de la droite, et l'angle qu'elle fait avec l'axe des x ; on pourra donc la construire d'après ces données.

Si l'on veut connaître le point où elle coupe l'axe des x, il faudra supposer y nulle ; ce qui a lieu pour tous les points situés sur cet axe. Cette supposition donne

$$x = -b \frac{\sin (\beta - \alpha)}{\sin \alpha} ;$$

et l'on voit, par le signe de cette valeur, que, si α est moindre que β, b étant positif, la droite coupera l'axe des x du côté des abscisses négatives; ce qu'il était d'ailleurs facile de prévoir.

En supposant x négatif et plus grand que la valeur précédente, on aura les ordonnées de la droite au-delà du point B; et ces valeurs seront négatives, parce qu'elle passe alors au-desous de l'axe des abscisses.

Ainsi, non-seulement l'équation

$$y = \frac{x \sin \alpha}{\sin (\beta - \alpha)} + b$$

appartient à tous les points d'une ligne droite, qui fait, avec l'axe des x, un angle α, et qui rencontre l'axe des y à une distance b de l'origine; mais cette équation suffit pour caractériser la ligne droite dont il s'agit, et trouver sa position par rapport aux axes des coordonnées.

44. Cette propriété des formules analytiques, de pouvoir s'appliquer aux lignes dans toute leur étendue, résulte, comme nous l'avons dit plus haut, de la liaison qui existe entre les changemens de signe des variables x et y, et les changemens de position des lignes qu'elles représentent, par rapport à l'origine.

45. Les variables x et y ne se trouvent qu'au premier degré dans cette équation, et n'y sont pas multipliées entre elles. D'après cette considération, on nomme *linéaire* toute équation de cette forme, quelque nombre de variables qu'elle renferme.

46. Jusqu'ici, nous avons supposé que l'angle β, formé par les axes des coordonnées, était quelconque; le plus souvent on prend cet angle droit (fig. 17), et on lui donne cette valeur, parce qu'elle contribue à simplifier les calculs : on a alors

$$\sin (\beta - \alpha) = \sin (90^\circ - \alpha) = \cos \alpha,$$

et l'équation de la droite devient

$$y = x \tang \alpha + b,$$

comme il est facile de le vérifier *à posteriori*, en observant que, par la nature de la ligne droite, la relation

$$\frac{y - b}{x} = \text{tang } \alpha$$

est toujours satisfaite, quel que soit celui de ses points que l'on considère.

En représentant, pour plus de simplicité, tang α par une seule lettre a, nous aurons ainsi

$$y = ax + b,$$

pour l'équation de la ligne droite, lorsque les coordonnées sont rectangulaires. Sous cette forme, a représentera la tangente trigonométrique de l'angle que fait la droite avec l'axe des x, et b représentera la distance de l'origine au point où elle coupe l'axe des y; ou, ce qui revient au même, ce sera la valeur de l'ordonnée correspondante à $x = 0$.

47. Tant que a et b sont indéterminés, la situation de la ligne n'est pas connue, et l'on sait seulement que ses points sont en ligne droite; mais si ces valeurs sont données, ou si l'on a des conditions qui les déterminent, on en déduit la position de la droite, puisque l'on connaît un de ses points sur l'axe des y, et l'angle qu'elle forme avec l'axe des x.

La recherche des coefficiens a et b, d'après des conditions données, produit les questions suivantes, dont il importe de retenir les solutions, parce qu'elles servent dans presque tous les cas où l'on applique le calcul à la Géométrie.

48. Trouver l'équation d'une ligne droite qui passe par deux points donnés.

Soient x', y', x'', y'', les coordonnées de ces points; la ligne cherchée devant être droite, son équation sera de la forme

$$y = ax + b,$$

a et b étant encore inconnus.

Pour qu'elle passe par le point dont les coordonnées sont x', y', il faut que son équation soit satisfaite quand on y met x' pour x, et y' pour y; ce qui exige qu'on ait

$$y' = ax' + b.$$

Pour qu'elle passe par le point dont les coordonnées sont x'', y'', il faudra de même que

$$y'' = ax'' + b.$$

Ces deux équations feront connaître a et b. En substituant leurs valeurs dans l'équation de la droite, elle sera déterminée.

L'élimination peut se faire très simplement, en retranchant la seconde équation de la première, et la troisième de la seconde; car on a par ce moyen,

$$y - y' = a\,(x - x'),$$
$$y' - y'' = a\,(x' - x'');$$

d'où l'on tire

$$y - y' = \frac{y' - y''}{x' - x''}\,(x - x'), \quad a = \frac{y' - y''}{x' - x''}.$$

La première de ces équations est celle de la droite cherchée, et la seconde détermine l'angle qu'elle fait avec l'axe des x. Il est aisé de vérifier à *posteriori*, que les conditions demandées se trouvent ainsi satisfaites, car $x = x'$ donne $y = y'$ et $x = x''$ donne $y = y''$.

Si $\qquad y' - y'' = 0$, on a $a = 0$,

et il vient $\qquad y = y''$,

c'est-à-dire qu'alors la droite devient parallèle à l'axe des x; et cela doit être en effet, puisqu'elle passe par les extrémités de deux ordonnées égales.

Si $x' - x'' = 0$, on a $\dfrac{1}{a} = 0$, et il vient $x = x''$;

c'est-à-dire qu'alors la droite fait un angle droit avec l'axe des abscisses, et devient par conséquent parallèle à l'axe des y; ce qu'il était facile de prévoir.

Il est visible que la méthode dont nous venons de faire usage peut encore être employée pour faire passer une ligne droite par deux points donnés, dans le cas où les coordonnées ne seraient pas rectangulaires.

49. Trouver les conditions nécessaires pour qu'une droite soit parallèle à une autre.

Soit
$$y = ax + b$$

l'équation de la droite donnée; a et b seront connus. Celle de la droite cherchée sera de la forme

$$y = a'x + b',$$

a' et b' étant inconnus.

Pour que ces droites soient parallèles, il faut qu'elles fassent le même angle avec l'axe des x; ce qui donne

$$a = a',$$

et l'équation de la parallèle devient

$$y = ax + b';$$

b' reste encore indéterminé, parce qu'il y a une infinité de droites qui sont parallèles à la ligne donnée.

Mais si l'on veut que cette parallèle passe par un point donné, et dont les coordonnées soient x', y', il faudra qu'on ait

$$y' = ax' + b'.$$

Cette équation fait connaître b'; en la combinant avec la précédente, il vient

$$y - y' = a(x - x')$$

pour l'équation de la parallèle menée par le point donné à la droite donnée.

50. Touver l'angle de deux droites dont les équations sont données.

Soit $y = ax + b$ l'équation de la première droite ; $y = a'x + b'$ celle de la seconde.

La première droite fait avec l'axe des x un angle α, dont la tangente trigonométrique est a. La seconde droite fait avec le même axe un angle α', dont la tangente est a'. L'angle cherché est donc $\alpha' - \alpha$: or, on a, par les formules trigonométriques ,

$$\operatorname{tang}(\alpha' - \alpha) = \frac{\operatorname{tang} \alpha' - \operatorname{tang} \alpha}{1 + \operatorname{tang} \alpha' \operatorname{tang} \alpha}.$$

En nommant donc V l'angle des deux droites, on aura

$$\operatorname{tang} V = \frac{a' - a}{1 + aa'}.$$

Si elles sont parallèles, l'angle V est nul, et $\operatorname{tang} V = 0$, ce qui donne $a' = a$, comme nous avons déjà vu.

Si elles sont perpendiculaires l'une à l'autre, l'angle V est droit, et sa cotangente est nulle : l'expression de cette cotangente, est, en général, $\dfrac{1}{\operatorname{tang} V}$ ou $\dfrac{1 + aa'}{a' - a}$: pour qu'elle soit nulle, il faut qu'on ait

$$aa' + 1 = 0.$$

C'est la condition nécessaire pour que deux droites soient perpendiculaires l'une à l'autre ; et si l'une des quantités, a, a', est connue, l'autre sera déterminée par cette équation.

51. Trouver les points d'intersection de deux droites dont on connaît les équations.

Soit $y = ax + b$ l'équation de la première,
$y = a'x + b'$ celle de la seconde.

Le point d'intersection devant se trouver à la fois sur les deux droites, ses coordonnées doivent satisfaire à la fois à leurs deux équations : donc, si l'on considère ces deux équations comme ayant lieu en même temps, leur combinaison donnera les valeurs de x et y, qui conviennent au point dont il s'agit. On trouve ainsi, par l'élimination,

$$x = -\frac{(b - b')}{a - a'}, \quad y = \frac{ab' - a'b}{a - a'}.$$

Quand $a = a'$, ces valeurs deviennent infinies, c'est-à-dire qu'alors il n'y a plus de point d'intersection, ou, en d'autres termes, qu'il est infiniment éloigné; mais aussi, dans ce cas, les droites sont parallèles.

La méthode que nous venons d'employer est générale, et peut servir à déterminer les points d'intersection de deux lignes courbes quelconques, situées dans un même plan, quand on connaît leurs équations; car, ces points devant se trouver à la fois sur les deux courbes, leurs coordonnées doivent satisfaire en même temps aux équations de l'une et de l'autre : ainsi, en combinant ces deux équations, les valeurs que l'on obtiendra pour y et pour x seront les coordonnées des points d'intersection.

Il faut donner beaucoup d'attention au principe que nous indiquons ici, et qui consiste à combiner analytiquement plusieurs équations, pour en déduire le résultat commun qui satisfait à leur ensemble. L'*Élimination*, considérée sous ce point de vue, renferme presque tout le secret de l'application de l'Algèbre à la Géométrie, et j'aurai soin d'en faire remarquer les effets à mesure qu'ils se présenteront.

52. Mener par un point donné une perpendicu-

laire à une droite donnée, et trouver la longueur de la portion de cette perpendiculaire comprise entre le point et la droite.

Soit $y = ax + b$ l'équation de la droite donnée,

$x', y',$ les coordonnées du point donné.

La perpendiculaire étant une ligne droite, et devant passer par ce point, son équation sera de cette forme :

$$y - y' = a'(x - x').$$

La condition d'être perpendiculaire donnera

$$aa' + 1 = 0, \qquad \text{d'où } a' = -\frac{1}{a},$$

et l'on aura par conséquent

$$y - y' = -\frac{1}{a}(x - x').$$

C'est l'équation de la perpendiculaire menée par le point donné à la droite donnée.

Pour le point d'intersection de ces deux droites, leurs équations devront avoir lieu en même temps : ainsi, en représentant les coordonnées de ce point par x'', y'', on aura, pour les déterminer,

$$y'' = ax'' + b,$$

$$y'' - y' = -\frac{1}{a}(x'' - x').$$

Pour faire l'élimination avec plus de facilité, on mettra la première de ces deux équations sous la forme

$$y'' - y' = a(x'' - x') + b + ax' - y';$$

et, en la combinant avec la suivante, on en tirera

$$x'' - x' = \frac{(y' - ax' - b)a}{1 + a^2}, \quad y'' - y' = -\frac{(y' - ax' - b)}{1 + a^2};$$

a, b, x', y', étant des quantités connues, les coordonnées $x''y''$ du point d'intersection se trouvent ainsi déterminées.

53. Cherchons maintenant la longueur de la portion de perpendiculaire comprise entre le point et la droite donnée; l'expression de cette longueur est

$$\sqrt{(x''-x')^2+(y''-y')^2}.$$

En la représentant par P, et mettant pour $x''-x'$ et $y''-y'$ leurs valeurs, il vient

$$P=\frac{y'-ax'-b}{\sqrt{1+a^2}}$$

pour la longueur de la perpendiculaire cherchée.

A l'aide de ce qui précède, on peut résoudre toutes les questions qui ne dépendent que de la ligne droite, et qui sont relatives à des points situés dans un même plan. Nous allons maintenant étendre ces résultats au cas général où l'on ne fait abstraction d'aucune des dimensions de l'espace.

Des Points et de la Ligne droite considérés en trois dimensions ou dans l'espace.

54. Nous avons dit qu'un point de l'espace est déterminé de position lorsque l'on connaît les longueurs et les directions de trois droites menées de ce point parallèlement à trois plans, et terminées à ces plans. Pour plus de simplicité, nous supposerons ceux-ci rectangulaires; alors, si on les représente par YAX, XAZ et ZAY, et qu'on sache qu'un point M est placé à une distance MM' du premier, MM'' du second, et MM''' du troisième, fig. 18, il suit de la propriété qu'ont les deux plans parallèles d'être éga-

lement éloignés l'un de l'autre dans tous leurs points, que, si l'on mène aux distances données trois plans $M'''MM''$, $M'''MM'$, $M''MM'$, respectivement parallèles aux précédens, le point M se trouvera à leur rencontre mutuelle.

Les plans rectangulaires YAX, XAZ, ZAY, auxquels on rapporte les points de l'espace, se nomment les *plans coordonnés* : ils se coupent deux à deux, suivant trois droites, AX, AY, AZ, passant toutes trois par le point A, et perpendiculaires entre elles.

D'après les propriétés des plans parallèles, la distance MM' du point M au plan YAX, distance que nous avons figurée dans l'espace, peut se mesurer sur la ligne AZ, et elle est égale à AR.

De même, la distance MM'' peut se mesurer sur la ligne AY, et elle est égale à AQ.

Enfin, la distance MM''' peut se mesurer sur la ligne AX, et elle est égale à AP; on voit qu'il en serait de même pour tout autre point de l'espace.

Les droites AZ, AY, AX, sur lesquelles nous compterons désormais les distances respectives des points de l'espace aux plans YAX, XAZ, ZAY, se nomment les *axes des coordonnées*, dont le point A est l'origine. Nous représenterons en général par x les distances qui se comptent sur la dernière, qui sera l'axe des x; nous désignerons par y celles qui se comptent sur la ligne AY, qui sera l'axe des y, et nous désignerons par z celles qui se comptent sur l'axe AZ, qui sera l'axe des z.

Si donc, ayant mesuré les trois distances AP, AQ, AR, on les trouve égales à a, b, c, on aura pour déterminer la position du point M, les trois équations

$$x = a, \quad y = b, \quad z = c;$$

et comme elles suffisent pour cet objet, nous les nommerons les *équations du point* M.

Les positions des points M′, M″, M‴, que l'on appelle les *projections* du point M sur les trois plans coordonnés, se trouvent déterminées par ces équations ; car on en tire

$$y = b, \quad x = a$$

pour les coordonnées du point M′, projection du point M sur le plan YAX;

$$x = a, \quad z = c$$

pour les coordonnées du point M″, projection du point M sur le plan XAZ;

$$z = c, \quad y = b$$

pour les coordonnées du point M‴, projection du point M sur le plan ZAY.

On voit, par la composition des équations précédentes, que deux de ces projections étant données, la troisième s'ensuit nécessairement. Dans la construction géométrique, on les déduit facilement les unes des autres ; car M″ et M‴, par exemple, étant données, on mènera M″Q et M‴P, parallèles à AZ, puis QM′ et PM′ respectivement parallèles aux lignes AX, AY ; M′ sera la troisième projection du point M.

55. Il résulte de ce qui précède, que tous les points de l'espace étant rapportés à trois plans perpendiculaires entre eux, les points de chacun de ces plans se trouvent naturellement rapportés à deux droites perpendiculaires entre elles, qui sont les intersections de ce plan avec les deux autres.

Ainsi, désignant chaque plan par les coordonnées qui lui sont propres, le plan YAX sera celui des x et des y, le plan XAZ celui des x et z, et le plan ZAY celui des y et z. Nous ferons désormais usage de ces dénominations.

Ce que nous avons dit plus haut sur l'interprétation qu'il faut donner aux ordonnées négatives, s'applique aux axes AX, AY, AZ; et il s'ensuit que les signes des coordonnées x, y, z, feront connaître la situation de chaque point de part et d'autre des trois plans coordonnés. Il ne faut pas perdre de vue que ces plans sont indéfiniment étendus, et que les droites AX, AY, AZ, sont indéfiniment prolongées de part et d'autre de leur origine commune.

56. Reprenons maintenant en particulier chacune des trois équations

$$x = a, \quad y = b, \quad z = c,$$

qui déterminent la position d'un point dans l'espace, a, b, c, étant quelconques.

La première, $x = a$, considérée comme si elle existait seule, convient à tous les points dont l'abscisse AP est égale à a. Elle appartient par conséquent au plan MM'PM″, supposé indéfiniment étendu dans tous les sens; car tous les points de ce plan, qui est parallèle au plan ZAY, satisfont à cette condition. De même, l'équation $y = b$ convient à tous les points du plan MM‴QM′, mené par le point M, parallèlement au plan ZAX; et enfin l'équation $z = c$ convient à tous les points du plan MM″RM‴, qui est mené par le point M parallèlement au plan XAY; ces plans devant toujours être regardés comme indéfinis.

Par conséquent, le système des trois équations

$$x = a, \quad y = b, \quad z = c,$$

signifie que le point auquel elles appartiennent est situé en même temps sur trois plans parallèles aux plans coordonnés, et dont les distances à ceux-ci sont représentées par a, b, c; ce qui est la traduction de la construction géométrique de laquelle nous sommes partis.

Lorsque ces distances deviennent nulles, les équations

$$x = 0, \quad y = 0, \quad z = 0$$

sont celles des plans coordonnés eux-mêmes. La première appartient au plan des yz; la seconde, au plan des xz, et la troisième, au plan des xy; leur ensemble a lieu pour le point A, origine des coordonnées, puisque ce point est leur commune intersection.

57. Au moyen de ce qui précède, il est facile d'exprimer la distance de deux points dont on connaît les coordonnées, fig. 19; car soient M, M_1, ces deux points, dont les coordonnées seront x, y, z; x', y', z'; si, par le premier, on mène une ligne droite MQ parallèle au plan des xy, et terminée à l'ordonnée $M_1M'_1$, on aura

$$\overline{MM_1}^2 = \overline{QM}^2 + \overline{QM_1}^2.$$

QM_1 est égale à $M'_1M_1 - M'M$, ou à $z' - z$; QM égale $M'M'_1$. Si, par le point M', on mène M'R parallèle à l'axe des x, M'_1R sera $y' - y$; M'R sera $x' - x$, et l'on aura

$$\overline{M'M'_1}^2 = \overline{M'R}^2 + \overline{M'_1R}^2 = (y - y')^2 + (x - x')^2.$$

En substituant ces valeurs, il viendra

$$\overline{MM_1}^2 = (z - z')^2 + \overline{M'M'_1}^2 = (z - z')^2 + (y - y')^2 + (x - x')^2.$$

Nommant donc D la distance cherchée, on aura

$$D = \sqrt{(x - x')^2 + (y - y')^2 + (z - z')^2}.$$

C'est l'expression de la distance de deux points quelconques de l'espace.

On peut remarquer, dans cette expression, que $x' - x$, $y' - y$, $z' - z$, sont les projections de la droite D sur les trois axes des x, y, z; d'où résulte ce théorème : Le carré d'une portion quelconque de ligne droite est égal à la somme des carrés de ses projections sur trois axes rectangulaires.

Si le point m coïncide avec l'origine A des coordonnées, la formule précédente devient

$$D = \sqrt{x'^2 + y'^2 + z'^2}.$$

C'est la distance d'un point quelconque de l'espace à l'origine des coordonnées, fig. 20 : en effet, les triangles AMM', AM'P, étant rectangles, l'un en M', l'autre en P, donnent

$$\overline{AM}^2 = \overline{MM'}^2 + \overline{AM'}^2 = \overline{MM'}^2 + \overline{M'P}^2 + \overline{AP}^2 = z^2 + y^2 + x^2,$$

comme nous venons de le trouver.

On voit par ce résultat que le carré de la diagonale d'un parallélépipède rectangle est égal à la somme des carrés de ses trois arêtes.

Ce théorème, présenté d'une autre manière, donne une relation entre les cosinus des angles qu'une droite quelconque AM forme avec trois axes rectangulaires entre eux. En effet, désignons ces trois angles par X, Y, Z, selon la dénomination de l'axe auquel ils appartiennent, et nommons r la distance AM. Cela posé, dans le triangle AMM' rectangle en M', il est visible que l'angle AMM' est justement celui que nous avons désigné par Z; de plus, MM' est égal à z, et AM est égal à r; on a donc, dans ce triangle,

$$z = r \cos Z.$$

En raisonnant de même pour les deux autres, on aura

$$y = r \cos Y,$$

$$x = r \cos X,$$

et cela est évident par la seule considération de la symétrie de la figure. Ces trois équations étant élevées au carré et ajoutées ensemble, donnent

$$x^2 + y^2 + z^2 = r^2 \{ \cos^2 X + \cos^2 Y + \cos^2 Z \};$$

or, on a par notre théorème,

$$x^2 + y^2 + z^2 = r^2;$$

par conséquent, il faut qu'on ait aussi

$$\cos^2 X + \cos^2 Y + \cos^2 Z = 1;$$

c'est-à-dire, que lorsqu'une ligne droite forme trois angles X, Y, Z, avec trois axes rectangulaires, la somme des carrés des cosinus de ces trois angles est toujours égale à l'unité.

58. Maintenant que nous savons exprimer la position des points dans l'espace, cherchons la relation qui doit exister entre les coordonnées d'une suite de points, pour qu'ils soient situés en ligne droite.

Pour cela, il suffit de remarquer que, si plusieurs points sont en ligne droite dans l'espace, leurs projections sont aussi en ligne droite sur chacun des plans coordonnés.

En effet, la projection d'un point sur un plan est le pied de la perpendiculaire menée du point sur ce plan : si plusieurs points sont en ligne droite, cette droite est dans un même plan avec les perpendiculaires menées de ses points, et par conséquent les pieds de toutes ces perpendiculaires sont sur une même ligne droite.

Ce plan, qui contient toutes les perpendiculaires menées des divers points de la droite, se nomme *plan projetant*, et son intersection avec le plan coordonné est la *projection de la droite*.

Une droite est déterminée quand on connaît deux plans qui la contiennent; elle le sera quand on connaîtra deux de ses plans projetans : or, ceux-ci sont déterminés quand on a les projections par lesquelles ils passent; ainsi, une droite est déterminée quand on connaît ses projections sur deux des plans coordonnés. Par conséquent, les équations de ces projections sur les plans des xz et des yz étant

$$x = az + \alpha, \quad y = bz + \beta,$$

leur ensemble fixe dans l'espace la position de la droite; si elle passe par l'origine, α et β seront nuls.

Ces considérations sont faciles à vérifier. En effet, l'équation

$$x = az + \alpha$$

exprimant une relation indépendante de y, n'appartient pas seulement à la ligne droite, qui est la projection de la proposée sur le plan des x et z; elle convient aussi à tous les points du plan mené perpendiculairement à celui des x et z par cette projection, puisque, pour ces points, la relation des x et z est encore la même.

Semblablement, l'équation

$$y = bz + \beta,$$

lorsqu'on la considère à part, a lieu, quelles que soient les valeurs de x, puisqu'elle est indépendante de cette variable : elle n'appartient donc pas seulement à la projection de la droite proposée sur le plan des y et z, elle convient au plan projetant mené par cette projection.

Par conséquent, le système des deux équations

$$x = az + \alpha, \quad y = bz + \beta$$

signifie que la droite proposée se trouve en même temps sur deux plans donnés, et voilà pourquoi leur ensemble détermine sa position. On voit aussi par là que les variables x, y, z, de ces équations, expriment les coordonnées des points de la droite, coordonnées qui doivent avoir entre elles les relations déterminées par ces équations.

La droite étant ainsi particularisée, sa projection sur le troisième plan doit résulter de ces données. En effet, en éliminant z entre les deux équations précédentes, on trouve

$$\frac{x-\alpha}{a} = \frac{y-\beta}{b}, \quad \text{ou} \quad y-\beta = \frac{b}{a}(x-\alpha).$$

Les coordonnées x et y, qui entrent dans le résultat, appartiennent aux points de la droite; elles indiquent le lieu où tombent les perpendiculaires abaissées de ces points sur le plan des xy. La suite de ces coordonnées forme donc la projection de la droite; et la relation qui existe entre leurs valeurs montre que cette projection est elle-même une ligne droite, ou, ce qui revient au même, c'est l'équation du plan projetant perpendiculaire au plan des xy. Il est visible que cette équation, avec une des précédentes, suffirait aussi pour caractériser la droite dans l'espace.

Il suit de là qu'il faut, en général, deux équations pour fixer la position d'une droite dans l'espace, et ces deux équations sont celles des deux plans sur lesquels la droite se trouve.

Lorsque a, b, α, β, sont connues, les équations

$$x = az + \alpha$$
$$y = bz + \beta$$

ne laissent qu'une des variables indéterminées; on peut donc alors se donner les valeurs de cette dernière, et les équations feront connaître les valeurs correspondantes des deux autres; on pourra donc obtenir les coordonnées d'un nombre quelconque de points situés sur la droite.

A ce procédé analytique répond une construction géométrique fort simple. Si l'on construit les deux projections de la droite sur ceux des plans coordonnés où elles se trouvent, ce qui est facile, ces projections tiendront lieu de leurs équations; alors, en prenant à volonté une des coordonnées, elles feront connaître les deux autres.

Soient, par exemple, $A'''M''', A''M''$, ces deux projections (fig. 21). Si l'on prend à volonté $z = AR$, que par le point R, on mène RM'', RM''', parallèles aux axes des x et des y, et que des points M'', M''', on mène les ordonnées $M''P, M'''Q$, les lignes AP, AQ, seront les valeurs de x et de y correspondantes à $z = AR$. Alors si l'on mène PM', QM', respectivement parallèles aux axes AY, AX, les points M', M'', M''', seront les trois projections du point cherché sur les plans coordonnés.

De même, si l'on donnait d'abord $x = AP$, on aurait ensuite

$$z = PM'',$$

et, achevant la construction comme précédemment, on trouverait

$$y = AQ.$$

La construction serait la même, si l'on employait la projection de la droite sur le plan des xy, avec une des deux précédentes.

Lorsqu'une droite est située dans un des plans coordonnés, sa projection sur les deux autres se confond avec les axes eux-mêmes. Si, par exemple, elle se trouve dans le plan des xz, on a

$$b = 0, \quad \beta = 0,$$

et ses équations deviendraient

$$y = 0, \quad x = az + \alpha.$$

La première exprime que la projection de la droite sur le plan YZ se confond avec l'axe des z, et la seconde représente sa projection sur le plan des xz, laquelle se confond dans ce cas avec la droite elle-même.

La recherche des coefficiens a, b, α, β, d'après des conditions données, et la combinaison des lignes droites qui en résultent, donnent lieu, dans l'espace, à des questions analogues à celles qui se sont présentées à nous en deux dimensions, et leur résolution n'est pas d'une moindre utilité : nous allons les discuter successivement.

59. Mais, auparavant, nous ferons une remarque importante; c'est que les procédés dont nous venons de faire usage, peuvent également servir à indiquer la succession des points d'une ligne courbe quelconque située d'une manière quelconque dans l'espace. En effet, il suffit que l'on connaisse les projections de cette courbe sur deux des plans coordonnés, pour qu'elle soit déterminée entièrement; or, ces projections elles-mêmes sont des lignes courbes situées dans les plans coordonnés. Ainsi, lorsque l'on connaîtra les équations de ces courbes, on pourra, pour chaque valeur donnée d'une des variables x, y, z, trouver les valeurs correspondantes des deux autres; ce qui déterminera dans l'espace, sur la courbe proposée, le point qui répond à ces valeurs. La suite de ces points peut fort bien n'être pas de nature à être contenue tout entière dans un plan; et c'est ce caractère qui constitue les courbes que l'on appelle à double courbure.

Et, de même que les projections d'une ligne droite sont les traces des deux plans projetans qui la contiennent et qui la donnent par leur intersection, les deux projections d'une ligne courbe quelconque sont les traces de deux surfaces cylindriques dont les arêtes sont perpendiculaires aux plans coordonnés, et qui, se pénétrant mutuellement dans l'espace, donnent la courbe proposée par leur intersection. La dénomination de *surface cylindrique* est prise ici dans un sens plus général que celui qu'on lui attribue pour l'ordinaire dans les Elémens de Géométrie, où on l'emploie pour désigner une surface engendrée par une ligne droite qui se meut parallèlement à elle-même, de manière à passer toujours par un des points d'une circonférence de cercle. Ce mouvement d'une droite parallèlement à elle-même est ce qui constitue en général les surfaces cylindriques; et c'est la nature des courbes directrices qui établit des différences entre ces surfaces,

60. Trouver les équations d'une ligne droite qui passe par deux points donnés.

Soient x', y', z', x'', y'', z'', les coordonnées de ces points, la ligne cherchée aura ses équations de cette forme :

$$x = az + \alpha,$$
$$y = bz + \beta;$$

a, b, α, β, étant encore inconnues. Pour qu'elle passe par les points dont les coordonnées sont x', y', z', il faut que ces équations soient satisfaites, quand on y met x' pour x, y' pour y, z' pour z; ce qui exige qu'on ait

$$x' = az' + \alpha,$$
$$y' = bz' + \beta.$$

Pour qu'elle passe par le point dont les coordonnées sont x'', y'', z'', il faudra de même qu'on ait

$$x'' = az'' + \alpha,$$
$$y'' = bz'' + \beta.$$

Ces équations font connaître a, b, α, β; et, en substituant leurs valeurs dans l'équation de la droite, elle se trouvera déterminée.

En opérant sur ces équations comme sur celle de l'article 3o, on trouvera

$$(x - x') = a(z - z'), \qquad x' - x'' = a(z' - z''),$$
$$(y - y') = b(z - z'), \qquad y' - y'' = b(z' - z'');$$

d'où l'on tire

$$a = \frac{x' - x''}{z' - z''}, \qquad b = \frac{y' - y''}{z' - z''},$$

$$x - x' = \frac{x' - x''}{z' - z''}(z - z'), \qquad y - y' = \frac{y' - y''}{z' - z''}(z - z').$$

Ces deux dernières sont les équations de la droite cherchée; les deux autres font connaître les angles que font avec l'axe des z ses projections sur les plans des xz et des yz. Il est aisé de s'assurer que ces expressions renferment les conditions exigées.

61. Trouver les conditions nécessaires pour que deux droites soient parallèles dans l'espace.

Soient $\left.\begin{array}{l} x = az + \alpha \\ y = bz + \beta \end{array}\right\}$ les équations de la première,

$\left.\begin{array}{l} x = a'z + \alpha' \\ y = b'z + \beta' \end{array}\right\}$ celles de la seconde.

Si ces droites sont parallèles, leurs plans projetans seront parallèles, et les intersections de ces plans avec les plans coordonnés, ou, ce qui est la même chose, les projections des droites sur chacun d'eux, seront respectivement parallèles. Ainsi, pour que les conditions demandées soient remplies, il faut qu'on ait

$$a = a', \qquad b = b',$$

et les équations de la parallèle deviennent

$$x = az + \alpha', \qquad y = bz + \beta'.$$

α' et β' restant encore indéterminées, parce qu'il y a une infinité de droites qui sont parallèles à la proposée.

On peut vérifier ces résultats d'une manière fort simple. Si l'on détermine α, α', β, β', de manière que les deux parallèles passent par un même point, dont les coordonnées soient x', y', z', on trouvera qu'elles coïncideront dans toute leur étendue.

62. Trouver l'angle de deux droites dont on a les équations.

$$\left.\begin{array}{l} \text{Soient } x = az + \alpha \\ \quad\quad\quad y = bz + \beta \end{array}\right\} \text{ les équations de la première},$$

$$\left.\begin{array}{l} x = a'z + \alpha' \\ y = \beta'z + \beta' \end{array}\right\} \text{ celles de la seconde.}$$

Nous remarquerons d'abord qu'il n'en est pas dans l'espace comme sur un plan où deux droites se rencontrent toujours, à moins qu'elles ne soient parallèles. Dans l'espace, deux droites peuvent se croiser sous différens angles sans se rencontrer, et leur inclinaison se mesure, dans tous les cas, par celle de deux droites qui leur seraient respectivement parallèles, et qui passeraient par un même point. Menons donc, par l'origine, deux droites respectivement parallèles à chacune des précédentes, leurs équations seront

$$\left.\begin{array}{l} x = az \\ y = bz \end{array}\right\} \text{ pour la première},$$

$$\left.\begin{array}{l} x = a'z \\ y = b'z \end{array}\right\} \text{ pour la seconde.}$$

Prenons sur la première un point quelconque, dont r' soit la distance à l'origine, et dont nous désignerons par x', y', z', les trois coordonnées rectangulaires ; prenons aussi sur la seconde un autre point dont la distance à cette même origine soit r'', et dont les coordonnées soient x'', y'', z''. Enfin, nommons D la distance de ces deux points entre eux. Cela posé, dans le triangle formé par les trois droites r', r'' et D, l'angle V compris entre les deux premières, sera donné par la formule

$$\cos V = \frac{r'^2 + r''^2 - D^2}{2r'r''} \, ;$$

il ne reste plus qu'à déterminer r', r'' et D.

Or, en désignant par X, Y, Z, les trois angles que la première droite forme avec les trois axes rectangulaires des x, des y et des z, on aura, comme dans le n° 57,

$$x' = r' \cos X, \quad y' = r' \cos Y, \quad z' = r' \cos Z;$$

et en désignant par X', Y', Z', les angles analogues pour la seconde droite, on aura de même

$$x'' = r'' \cos X', \quad y'' = r'' \cos Y', \quad z'' = r'' \cos Z'.$$

De plus, D étant la distance des deux points, on a en général par le n° 57,

$$D^2 = (x'' - x')^2 + (y'' - y')^2 + (z'' - z')^2;$$

ou bien

$$D^2 = x'^2 + y'^2 + z'^2 + x''^2 + y''^2 + z''^2 - 2(x''x' + y''y' + z''z'),$$

et mettant pour les coordonnées rectangulaires leurs valeurs en fonction des angles

$$D^2 = r'^2 \{ \cos^2 X + \cos^2 Y + \cos^2 Z \} + r''^2 \{ \cos^2 X' + \cos^2 Y' + \cos^2 Z' \}$$
$$- 2r'r'' \{ \cos X \cos X' + \cos Y \cos Y' + \cos Z \cos Z' \}.$$

Mais d'après la relation démontrée dans le n° 57 entre les cosinus des trois angles formés par une même droite avec trois axes rectangulaires, on a

$$\cos^2 X + \cos^2 Y + \cos^2 Z = 1, \ \cos^2 X' + \cos^2 Y' + \cos^2 Z' = 1.$$

7° *Édit.*

L'expression de D^2 simplifiée par ces relations deviendra donc

$$D^2 = r'^2 + r''^2 - 2r'r''(\cos X \cos X' + \cos Y \cos Y' + \cos Z \cos Z')$$

alors en la substituant dans la valeur de $\cos V$, qui est

$$\cos V = \frac{r'^2 + r''^2 - D^2}{2r'r''},$$

la division par $r'r''$ devient possible, et il reste

$$\cos V = \cos X \cos X' + \cos Y \cos Y' + \cos Z \cos Z';$$

c'est l'expression du cosinus de l'angle formé par les deux droites.

On pourrait encore parvenir à ce résultat, sans passer par les théorèmes démontrés dans le n° 57, relativement aux cosinus des trois angles; et cette seconde manière, plus directe que la précédente, est en même temps trop élégante pour ne pas la donner ici; elle est fondée sur cette considération, que la valeur de $\cos V$ est indépendante de la position des points que nous choisirons sur les deux droites pour former notre triangle; il suffit que ces points soient sur les droites données. Ainsi, l'équation

$$\cos V = \frac{r'^2 + r''^2 - D^2}{2r'r''} \quad \text{ou} \quad D^2 - r'^2 - r''^2 + 2r'r'' \cos V = 0,$$

doit être de nature à ce qu'on puisse y satisfaire, quelles que soient les valeurs que l'on donne à r' et à r'', pourvu que D^2 soit exprimée en fonction de ces quantités. La condition de cette indépendance détermine tout de suite $\cos V$; car si l'on reprend l'expression générale de D^2 en fonction de r' et r'', et qu'on la substitue dans l'équation de condition précédente, celle-ci devient

$$r'^2\left\{\cos^2 X + \cos^2 Y + \cos^2 Z - 1\right\} + r''^2\left\{\cos^2 X' + \cos^2 Y' + \cos^2 Z' - 1\right\}$$
$$- 2r'r''\left\{\cos X \cos X' + \cos Y \cos Y' + \cos Z \cos Z'\right\} + 2r'r''\cos V = 0,$$

puisqu'elle doit être satisfaite, quelles que soient r' et r'', il faut que les termes affectés des différentes puissances de ces quantités se détruisent séparément et indépendamment les uns des autres. Ce qui donnera d'abord, pour les termes en r'^2 et r''^2,

$$\cos^2 X + \cos^2 Y + \cos^2 Z = 1,$$
$$\cos^2 X' + \cos^2 Y' + \cos^2 Z' = 1,$$

et ensuite en comparant les termes affectés de $r'r''$,

$$\cos V = \cos X \cos X' + \cos Y \cos Y' + \cos Z \cos Z'.$$

Cette valeur de $\cos V$ est la même que nous avions trouvée tout à l'heure. Quant aux deux autres relations entre les trois angles formés par chaque droite avec les trois axes rectangulaires, ce sont celles que nous avions trouvées dans le n° 57. Mais on voit comment la condition d'indépendance dont nous avons fait usage, y conduit directement.

63. On peut aussi exprimer $\cos V$ en fonction des coefficiens, a, b, a', b', qui entrent dans les équations des droites

$$x = az, \qquad x' = a'z,$$
$$y = bz, \qquad y' = b'z.$$

Pour cela, considérons le point que nous avons choisi sur la première, et dont nous avons représenté les coordonnées par x', y', z'; il faudra que ces coordonnées aient entre elles les relations exprimées par les équations de la droite, ce qui donnera

$$x' = az',$$
$$y' = bz';$$

et comme on a toujours pour la distance r',

$$r'^2 = x'^2 + y'^2 + z'^2,$$

8.

ces trois équations donneront

$$x' = \frac{ar'}{\sqrt{1+a^2+b^2}} ; \quad y' = \frac{br'}{\sqrt{1+a^2+b^2}} ; \quad z' = \frac{r'}{\sqrt{1+a^2+b^2}}.$$

Or, on a en général

$$\cos X = \frac{x'}{r'}, \quad \cos Y = \frac{y'}{r'}, \quad \cos Z = \frac{z'}{r'} ;$$

on aura donc aussi

$$\cos X = \frac{a}{\sqrt{1+a^2+b^2}}, \quad \cos Y = \frac{b}{\sqrt{1+a^2+b^2}}, \quad \cos Z = \frac{1}{\sqrt{1+a^2+b^2}}.$$

En raisonnant de même sur les équations de la seconde droite, on en tirera également

$$\cos X' = \frac{a'}{\sqrt{1+a'^2+b'^2}}, \cos Y' = \frac{b'}{\sqrt{1+a'^2+b'^2}}, \cos Z' = \frac{1}{\sqrt{1+a'^2+b'^2}},$$

et ces valeurs étant substituées dans l'expression générale de cos V, il viendra

$$\cos V = \frac{1+aa'+bb'}{\sqrt{1+a^2+b^2}\,\sqrt{1+a'^2+b'^2}}.$$

Cette valeur de cos V est réellement double, à cause du double signe que peut prendre chacun des deux radicaux

$$\sqrt{1+a^2+b^2}, \quad \sqrt{1+a'^2+b'^2},$$

qui entrent dans les valeurs de cos X cos Y cos Z. Ces doubles signes appartiennent l'un à l'angle aigu, l'autre à l'angle obtus, que forment entre elles les deux droites que nous avons considérées.

64. Les différentes suppositions que l'on peut faire sur l'angle V étant introduites dans l'expression générale de cos V, on obtiendra ainsi les conditions qui devront avoir lieu pour que cet angle soit tel qu'on

le suppose. Veut-on, par exemple, que les deux droites soient perpendiculaires, il faudra faire $V = 90°$, $\cos V = 0$, et alors l'équation en $\cos V$ donnera

$$1 + aa' + bb' = 0 ;$$

c'est la relation nécessaire pour que les deux droites soient perpendiculaires entre elles dans l'espace, ce qui peut d'ailleurs avoir lieu sans qu'elles se coupent, comme on le verra plus loin.

Veut-on, au contraire, que les deux droites soient parallèles, il n'y a qu'à écrire que $\cos V = \pm 1$, ce qui donne

$$\pm 1 = \frac{1 + aa' + bb'}{\sqrt{1 + a^2 + b^2}\,\sqrt{1 + a'^2 + b'^2}}.$$

Faisant disparaître le dénominateur du second membre, puis élevant les deux membres au carré, et développant, on peut mettre le résultat sous la forme

$$(a' - a)^2 + (b' - b)^2 + (ab' - a'b)^2 = 0.$$

Or, la somme de trois carrés ne peut être nulle, si chacun de ces carrés n'est nul en particulier. L'équation à laquelle nous venons de parvenir ne peut donc être satisfaite qu'en faisant

$$a = a', \quad b = b', \quad ab' = a'b.$$

Les deux premières indiquent que les projections des deux droites sur les plans des xz et des yz sont parallèles entre elles. La troisième est une conséquence des deux autres, et elle a lieu d'elle-même quand elles sont satisfaites ; en sorte que tout se réduit à satisfaire aux deux premières conditions.

65. La valeur générale de $\cos V$ en a, a', b, b', peut se vérifier encore par cette considération, que si l'une des droites proposées vient à se confondre successivement

avec l'un des trois axes des x, des y ou des z, les valeurs correspondantes de cos V doivent redevenir égales à cos X, cos Y, cos Z, et c'est ce qu'il est aisé de vérifier.

En effet, les équations de l'axe des z sont

$$x = 0, \quad y = 0,$$

quelle que soit la valeur de z; conséquemment les équations

$$x = a'z, \quad y = b'z,$$

deviendront celle de l'axe des z, si l'on a

$$a'z = 0, \quad b'z = 0,$$

sans attribuer à z de valeur particulière; ce qui exige que l'on ait

$$a' = 0, \quad b' = 0.$$

Substituant ces valeurs dans cos V, son expression se réduit à

$$\cos V = \frac{1}{\sqrt{1 + a^2 + b^2}} = \cos Z.$$

De même, les équations de l'axe des x sont

$$y = 0, \quad z = 0.$$

Or, les équations d'une de nos droites donnent

$$z = \frac{x}{a'}, \quad y = \frac{b'x}{a'}.$$

Donc, pour que y et z soient nuls, quel que soit x, il faut que l'on ait

$$\frac{1}{a'} = 0, \quad \frac{b'}{a'} = 0.$$

Maintenant, si l'on divise par a' les deux termes de la fraction qui représente cos V, elle devient

$$\cos V = \frac{\dfrac{1}{a'} + a + \dfrac{bb'}{a'}}{\sqrt{1 + a^2 + b^2}\,\sqrt{\dfrac{1}{a'^2} + 1 + \dfrac{b'^2}{a'^2}}}.$$

Faisant donc

$$\frac{1}{a'} = 0, \frac{b'}{a'} = 0, \text{ il vient } \cos V = \frac{a}{\sqrt{1 + a^2 + b^2}} = \cos X,$$

on trouvera de même

$$\cos Y = \frac{b}{\sqrt{1 + a^2 + b^2}}.$$

Et en effet, ces valeurs s'accordent avec celles que nous avons trouvées dans le numéro précédent.

66. Il est facile de vérifier directement ces résultats par une construction géométrique (fig. 23); car, si d'un point quelconque M, situé sur une droite AM qui passe par l'origine, on abaisse les perpendiculaires MM', MM", MM'", sur les trois plans coordonnés, les triangles AMM', AMM", AMM'", seront rectangles, le premier en M', le second en M", le troisième en M'"; et ils donneront

$$\cos Z = \frac{MM'}{AM}, \quad \cos Y = \frac{MM''}{AM}, \quad \cos X = \frac{MM'''}{AM}.$$

Or, MM', MM", MM'", sont respectivement égaux à x, y, z; de plus, $AM = \sqrt{x^2 + y^2 + z^2}$. On a donc

$$Z = \frac{z}{\sqrt{x^2 + y^2 + z^2}}, \cos Y = \frac{y}{\sqrt{x^2 + y^2 + z^2}}, \cos X = \frac{x}{\sqrt{x^2 + y^2 + z^2}}.$$

Le point M étant sur la droite, ses coordonnées sont asujetties aux équations $x = az$, $y = bz$. En vertu de ces relations, les variables x, y, z, disparaissent des formules précédentes, qui donnent ainsi

$$\cos Z = \frac{1}{\sqrt{1 + a^2 + b^2}}, \cos Y = \frac{b}{\sqrt{1 + a^2 + b^2}}, \cos X = \frac{a}{\sqrt{1 + a^2 + b^2}};$$

valeurs absolument semblables à celles que nous avons trouvées plus haut.

67. Il est visible que les angles Z, Y, X, sont complémens des angles MAM', MAM'', MAM''', que fait la droite AM avec les plans coordonnés; on aura donc, en nommant ceux-ci U', U'', U''',

$$\sin U' = \frac{1}{\sqrt{1+a^2+b^2}}, \quad \sin U' = \frac{b}{\sqrt{1+a^2+b^2}}, \quad \sin U'' = \frac{a}{\sqrt{1+a^2+b^2}}.$$

Ce sont les sinus des angles que forme une droite quelconque avec les plans des xy, des xz et des yz.

68. Trouver les conditions nécessaires pour que deux droites se coupent dans l'espace, et, lorsque ces conditions sont remplies, trouver leur point d'intersection.

Soient
$$x = az + \alpha, \quad x = a'z + \alpha',$$
$$y = bz + \beta, \quad y = b'z + \beta',$$

les équations des droites données; si elles se coupent, les coordonnées du point d'intersection devront satisfaire aux équations de l'une et de l'autre. Ainsi, en nommant x', y', z', ces coordonnées, il faudra qu'on ait en même temps

$$x' = az' + \alpha, \quad x' = a'z' + \alpha',$$
$$y' = bz' + \beta, \quad y' = b'z' + \beta'.$$

Ces quatre équations étant plus que suffisantes pour déterminer les trois inconnues x', y', z', conduiront à une équation de condition entre les seules quantités a, b, α, β; a', b', α', β', qui déterminent la position des droites; en effet, en éliminant d'abord x' et y', on trouve

$$(a - a')z' + \alpha - \alpha' = 0, \quad (b - b')z' + \beta - \beta' = 0;$$

et ensuite, en éliminant z',

$$(a - a')(\beta - \beta') - (\alpha - \alpha')(b - b') = 0.$$

C'est la condition nécessaire pour que les deux droites

se coupent. Si elle est remplie, il suffira de considérer trois quelconques des équations précédentes, pour avoir les valeurs de x', y', z', qui seront

$$z' = \frac{\alpha' - \alpha}{a - a'} \text{ ou } z' = \frac{\beta' - \beta}{b - b'},\ x' = \frac{a\alpha' - a'\alpha}{a - a'},\ y' = \frac{b\beta' - b'\beta}{b - b'}.$$

Ces valeurs deviennent infinies lorsque $\alpha = a'$ et $b = b'$; alors l'équation de condition est vérifiée : ainsi les droites se coupent, mais leur point d'intersection est infiniment éloigné, et il est visible, en effet, que dans ce cas elles sont parallèles.

L'équation de condition que nous venons de trouver dans cet article pour que deux droites se coupent dans l'espace, est différente de l'équation

$$1 + aa' + bb' = 0,$$

trouvée dans le n° 64 pour exprimer que deux droites sont perpendiculaires l'une à l'autre. La seconde de ces deux conditions peut donc être satisfaite indépendamment de la première; et ainsi comme nous l'avons annoncé dans le n° 64, deux droites peuvent être perpendiculaires entre elles dans l'espace sans se couper.

A l'aide des formules précédentes, on peut résoudre toutes les questions de Géométrie qui ne sont relatives qu'à la ligne droite.

69. La méthode que nous venons d'appliquer à l'intersection de deux lignes droites, servirait en général pour trouver les points d'intersection de deux courbes dont les projections seraient données; car ces points étant communs aux deux courbes, leurs coordonnées devraient satisfaire à la fois aux équations qui les représentent, c'est-à-dire aux équations de leurs projections. Cette considération donnera généralement quatre équations entre les trois variables, x', y', z'; c'est-à-dire une de plus qu'il n'en faut pour les déterminer. Ainsi,

en éliminant ces variables, on parviendra à une équation de condition qui devra être satisfaite pour que les deux courbes puissent se couper, et cette équation exprimera les relations qui doivent exister pour cet objet entre les quantités constantes qui déterminent la forme des deux courbes et leurs positions dans l'espace.

Quoique la méthode précédente soit exacte, elle a besoin de quelques développemens. Elle donne bien la condition nécessaire pour que les deux courbes se rencontrent dans l'espace, mais on n'y a pas eu égard au nombre des points d'intersection. Nous allons donner le moyen de le déterminer.

Soient $$x = \varphi(z), \quad y = \psi(z)$$ les deux équations des projections de la première courbe, et $$x = \varphi'(z), \quad y = \psi'(z)$$ celles de la seconde, les caractéristiques φ, ψ, φ', ψ', désignant des fonctions quelconques de z : ces quatre équations devront subsister en même temps pour les points d'intersection des deux courbes. Cette considération donne d'abord

$$(1) \quad \varphi(z) = \varphi'(z); \quad \psi(z) = \psi'(z) \quad (2);$$

en éliminant z entre les deux dernières, on aura l'équation de condition dont nous avons parlé. Pour bien comprendre l'usage de cette équation, il faut distinguer deux cas : 1°. celui où, connaissant toutes les constantes qui entrent dans les équations des deux courbes, on demande de déterminer leurs points d'intersection; 2°. celui où ces constantes étant arbitraires, on demande d'établir entre elles les relations nécessaires pour que les deux courbes aient un nombre de points d'intersection déterminé.

Dans le premier cas, les équations de condition (1)

et (2) sont complètement connues, et les valeurs de tous leurs coefficiens sont données. On cherchera leur plus grand commun diviseur, et en l'égalant à zéro, on aura une équation en z qui, par la résolution, fera connaître toutes les valeurs de z qui pourront être communes aux deux courbes.

Ces valeurs étant connues, on substituera successivement chacune d'elles dans les équations des deux courbes données, et on les résoudra par rapport aux variables x et y. Toutes les valeurs réelles de ces variables, qui seront les mêmes pour les deux courbes, indiqueront autant de points d'intersection réels; et en répétant la même opération pour toutes les valeurs de z déduites des équations (1) et (2) par le moyen du plus grand commun diviseur, on aura tous les points d'intersection des deux courbes sans aucune exception.

Si, au contraire, les constantes qui entrent dans les équations des deux courbes n'étaient pas données, il faudrait profiter de cette indétermination pour établir entre les équations (1) et (2) un commun diviseur de tel ordre que l'on voudrait assigner. Si l'on ne peut disposer que d'une seule constante, on ne pourra établir ainsi qu'un diviseur commun du premier degré; mais si l'on peut disposer de deux ou de trois, ou d'un plus grand nombre de ces constantes, on pourra établir un diviseur commun d'un ordre progressivement plus élevé. Mais ces conditions, quoique indispensables à établir, ne suffiront pas encore pour assurer que le nombre d'intersections demandé existera réellement. Il faudra essayer sur les équations ainsi modifiées les valeurs de z données par le diviseur commun que l'on aura établi, en déduire les valeurs de x et de y, et voir si elles sont les mêmes et réelles pour les deux courbes.

Pour représenter ces conditions par la Géométrie, il faut considérer que les valeurs de z qui satisfont à l'équation (1), donnent les points qui peuvent être communs aux projections des deux courbes sur le plan des xz, ou plutôt elles font connaître les ordonnées z qui leur appartiennent. L'équation (2) exprime une condition analogue pour les projections relatives au plan des yz. Mais cela ne suffit pas encore pour que les deux courbes se rencontrent dans l'espace. Il faut que les points où les projections se rencontrent correspondent à un même point de l'espace, c'est-à-dire qu'ils se trouvent deux à deux sur un même plan projetant.

Du Plan.

70. On a vu plus haut qu'une ligne courbe est caractérisée lorsque l'on a une équation qui exprime la relation qui doit exister entre les abscisses et les ordonnées de chacun de ses points : il en est de même des surfaces; leur nature est déterminée quand on a une équation entre les coordonnées x, y, z, des points qui leur appartiennent; car, en se donnant à volonté les valeurs de deux de ces variables, l'équation fera connaître la valeur de la troisième, et le point dont elles seront les coordonnées sera sur la surface, et non ailleurs.

Si, par exemple, on se donne des valeurs de x et de y, que nous représenterons par

$$x = a, \quad y = b,$$

en prenant sur les axes des z et des y (fig. 18) $AP = a$, $AQ = b$, et menant les parallèles PM', QM', à ces axes, on déterminera le point M', qui sera la projection du point cherché sur le plan des x, y. L'équation supposée, entre x, y, z, donnera ensuite la valeur correspondante de z, c'est-à-dire la longueur de l'ordonnée MM', ce qui achèvera de déterminer la position du point M de la surface. Il suit de là qu'une équation entre trois variables x, y, z, représente une surface, de même qu'une équation entre deux variables représente une ligne; et l'on dit que la surface est continue ou discontinue, suivant que toutes ses parties sont ou ne sont pas assujetties à une même équation.

71. Cela posé, cherchons la relation qui doit exister entre les coordonnées x, y, z, pour que cette surface soit un plan.

La manière la plus simple de concevoir la génération d'une surface plane, c'est de la regarder comme le lieu de toutes les perpendiculaires menées à une même droite par un de ses points. Soient x', y', z', les coordonnées de ce point, on aura

$$\left. \begin{array}{l} x - x' = a\,(z - z') \\ y - y' = b\,(z - z') \end{array} \right\} \text{ pour les équations de la droite.}$$

Celles d'une autre droite quelconque qui passera par le même point seront

$$x - x' = a'\,(z - z'),$$
$$y - y' = b'\,(z - z');$$

et si cette droite est perpendiculaire à la précédente, on aura (n° 64)

$$1 + aa' + bb' = 0;$$

a' et b' sont constantes pour une même perpendiculaire, mais variables d'une perpendiculaire à une autre. Si donc on met dans la dernière équation, pour ces quantités, leurs valeurs en x, y, z, tirées des deux précédentes, le résultat n'indiquera plus laquelle des perpendiculaires on a considérée; il n'appartiendra par conséquent à aucune d'elles en particulier; mais il exprimera une relation qui leur convient à toutes : cette relation sera donc celle qui doit exister entre les coordonnées du plan qui les contient. L'élimination donne

$$z - z' + a(x - x') + b(y - y') = 0;$$

et comme les quantités a, b, qui déterminent la position de la première droite, sont absolument arbitraires ainsi que x', y', z', cette équation peut servir à représenter un plan quelconque.

En y faisant $\quad x = 0, \quad y = 0,$

elle donne $\quad\quad\quad z = z' + ax' + by'.$

C'est la valeur de l'ordonnée AC du plan à l'origine (fig. 24). En la représentant par c, l'équation du plan devient

$$z + ax + by - c = 0,$$

et l'on voit qu'elle est linéaire par rapport aux variables x, y, z. Elle renferme trois coefficiens constans et arbitraires, a, b, c, parce qu'il faut en général trois conditions pour déterminer la position d'un plan dans l'espace. Si $c = 0$, AC devient nul, et le plan passe par l'origine des coordonnées.

En faisant $y = 0$, on aura l'intersection CD du plan avec celui des xz (fig. 24); car c'est la propriété commune à tous les points qui y sont situés. Il viendra ainsi

$$y = 0, \quad z + ax - c = 0$$

pour les équations de cette intersection : la première exprime que sa projection sur le plan des xy est l'axe des x lui-même; et cela doit être ainsi, puisque cette intersection est tout entière dans le plan des xz. La tangente trigonométrique de l'angle que cette droite forme avec l'axe des x, est représentée par $- a$ (n° 46).

En faisant de même $x = 0$, on obtiendra l'intersection CD′ du plan avec celui des yz, et ses équations seront

$$x = 0, \quad z + by - 0 = 0.$$

La tangente trigonométrique de l'angle que cette ligne forme avec l'axe des x, est représentée par $- b$.

Enfin, en faisant $z = o$, on obtiendra l'intersection DD' du plan avec celui des xy, et elle aura pour équations

$$z = o, \quad ax + by - c = o.$$

Ces intersections se nomment aussi les *traces du plan*.

Considérons d'abord les deux premières : en y supposant $y = o$, $x = o$, elles donnent toutes deux pour z la même valeur $z = c$. Ces droites passent donc toutes deux par un même point C de l'axe des z, l'ordonnée AC de ce point étant égale à c.

Les projections de la droite à laquelle le plan est perpendiculaire, ont pour équations

$$x - x' = a\,(z - z'), \quad y' - y = b\,(z - z').$$

En les comparant avec celles des traces mises sous la forme

$$x = -\frac{1}{a}\,z + \frac{c}{a}, \quad y = -\frac{1}{b}\,z + \frac{c}{b},$$

on voit (n° 50) qu'elles leur sont respectivement perpendiculaires ; d'où il suit que lorsqu'un plan est perpendiculaire à une droite dans l'espace, les projections de la droite sont perpendiculaires aux traces du plan : c'est ce qu'il est facile de démontrer par la Géométrie. Car, si une droite est perpendiculaire à un plan, les plans projetans de cette droite sont perpendiculaires à ce plan et aux plans coordonnés : ils sont par conséquent perpendiculaires aux traces du plan proposé. Ces traces doivent donc être aussi perpendiculaires aux intersections des plans projetans avec les plans coordonnés, c'est-à-dire aux projections de la droite.

En faisant $z = o$ dans les équations des traces CD, CD'; relatives aux plans des xz et des yz, elles donnent

$$z = o, \quad y = o, \quad x = \frac{c}{a} \text{ pour la première;}$$

$$z = o, \quad x = o, \quad y = \frac{c}{b} \text{ pour la seconde.}$$

Ce sont les coordonnées des points D, D′, où ces traces coupent les axes des x et des y; et ces coordonnées satisfont aux équations de la troisième trace DD′, qui sont

$$z = 0, \quad ax + by - c = 0,$$

parce que cette trace passe par les points d'intersection des axes AX, AY, avec les deux autres traces.

On peut aussi parvenir à l'équation du plan, en le concevant engendré par le mouvement d'une des traces, qui glisse sur l'autre en restant parallèle à elle-même; pour cela, soient

$$y = 0, z + ax - c = 0 \text{ les équations de la trace CD}$$
$$\text{sur le plan des } xz,$$

$$x = 0, z + by - c = 0 \text{ celles de la trace CD′ sur le}$$
$$\text{plan des } yz.$$

C'est la forme la plus générale qu'elles puissent avoir, puisqu'elles doivent se couper sur l'axe des z. Si la seconde se meut parallèlement à elle-même, elle aura, dans une quelconque de ses positions EF, des équations de cette forme,

$$x = \alpha, \quad z + by - \beta = 0,$$

α et β étant constantes pour la même position, et variables d'une position à l'autre. La première de ces deux équations indique que la droite reste toujours parallèle au plan des yz; la seconde, que sa projection sur ce plan est parallèle à la trace donnée.

En faisant $y = 0$, on aura le point E, où la trace, dans son mouvement, rencontre le plan des x et z; ses coordonnées seront

$$x = \alpha, \quad z = \beta.$$

Pour que ce point d'intersection se trouve sur la

trace CD, il faut qu'il y ait entre ces coordonnées la relation

$$z + ax - c = 0,$$

exprimée par l'équation de cette trace; ce qui établit entre α et β la condition

$$\beta + a\alpha - c = 0.$$

Ainsi, dans toutes les positions de la droite génératrice, il existe entre les coordonnées d'un quelconque de ses points les équations suivantes :

$$x = \alpha, \quad z + by - \beta = 0, \quad \beta + a\alpha - c = 0.$$

Si l'on élimine entre elles α et β, on obtiendra un résultat indépendant de ces quantités, qui, convenant toujours aux points situés sur la droite génératrice, et n'étant plus particulier pour une de ses positions, appartiendra au plan qu'elle décrit. Cette élimination donne

$$z + ax + by - c = 0$$

pour l'équation du plan ; ce qui s'accorde avec ce que nous avons trouvé plus haut.

72. On voit aussi, par cette méthode, que l'équation du plan restera toujours du premier degré, par rapport aux variables x, y, z, lors même que ces variables représenteraient des coordonnées obliques; car, quelle que soit l'inclinaison des coordonnées, les équations des deux droites génératrices seront toujours du premier degré en x, y, z (n° 45), et le raisonnement par lequel l'équation du plan se déduit des équations de ses traces, est aussi le même dans tous les cas.

73. Les deux exemples précédens, quoique fort simples, suffisent pour faire concevoir comment on peut trouver en général l'équation d'une surface, lorsqu'on sait qu'elle peut être engendrée par une ligne courbe

7° *Édit.*

qui glisse sur une autre ligne suivant des conditions données.

En effet, pour qu'une des deux courbes puisse être considérée comme mobile, il faut que sa position ne soit pas complètement déterminée. Il est donc nécessaire qu'il entre dans son équation quelque constante arbitraire qui puisse prendre différentes valeurs relatives à ses différentes positions. Telles étaient, dans le problème précédent, les quantités α et β, qui dépendaient de la position de la droite génératrice.

Or, dans chaque position des deux courbes, il existe une équation de condition qui doit être satisfaite pour qu'elles puissent se rencontrer (n° 69); et cette équation indique les rapports qui doivent exister, pour cet effet, entre les quantités constantes qui déterminent leurs positions respectives. Si on laisse subsister cette équation de condition, et qu'on en chasse deux de ces quantités constantes par la substitution de leurs valeurs en fonction des variables x, y, z, tirées des équations des deux courbes, le résultat, dégagé de ces constantes, deviendra indépendant de la position particulière que l'on avait considérée d'abord : il appartiendra donc à tous les points de l'espace, dont les coordonnées x, y, z, sont telles, qu'ils se trouvent sur l'une ou l'autre des deux courbes, lorsque ces courbes sont placées de manière à pouvoir se rencontrer.

Si les deux équations de la courbe mobile ne renferment que deux constantes arbitraires, telles que l'étaient α et β dans le problème précédent, l'équation de condition, débarrassée de ces constantes par l'élimination, ne contiendra plus que les variables x, y, z, et des quantités connues : elle représentera par conséquent une *surface* engendrée par la courbe mobile.

Mais si les deux équations de cette courbe contiennent plus de deux constantes arbitraires, on ne pourra pas en *général*, les chasser toutes à la fois de l'équation de condition : par conséquent, le résultat en x, y, z, donnera autant de surfaces différentes que l'on pourra donner de valeurs aux constantes arbitraires qui n'ont pu être éliminées.

Ainsi, dans ce cas, l'équation finale représentera une suite de surfaces, ou le *lieu solide* de tous les points de l'espace qui peuvent se trouver sur la courbe génératrice dans son mouvement.

Cela serait arrivé, par exemple, dans le problème précédent, si les quantités a et b, qui déterminent la direction de la droite génératrice, eussent pu être quelconques, au lieu de rester constamment les mêmes. Alors la génératrice, au lieu de rester parallèle à elle-même, aurait pu prendre toutes les directions possibles autour de chaque point de la droite fixe; et de là serait résulté, non pas une surface plane, mais un solide qui aurait compris tous les points de l'espace, et se serait étendu à l'infini dans tous les sens.

Pour ne laisser aucune incertitude dans l'emploi de ces considérations générales, nous allons en faire l'application particulière à la recherche des surfaces engendrées par le mouvement d'une ligne droite.

Soient donc généralement

$$x = az + \alpha,$$
$$y = bz + \beta,$$

les équations d'une ligne droite quelconque : tant que les quatre quantités a, b, α, β, ne sont pas données, la position de la droite dans l'espace est absolument indéterminée; on sait seulement que tous les points qui la composent ont entre eux le rapport de situation que la ligne droite exige.

Si l'on établissait entre ces quantités une équation de condition à laquelle elles dussent satisfaire, l'indétermination serait moindre. Car, parmi toutes les droites possibles, il y en aurait déjà qui ne pourraient pas satisfaire à cette condition. Si l'on se donnait ainsi deux équations de condition, l'indétermination deviendrait moindre encore. Cependant deux des quatre quantités a, b, α, β, resteraient encore arbitraires, et le lieu de toutes les droites qui rempliraient les conditions assignées formerait un solide. Ajoutons encore une condition de plus, il ne resterait plus qu'une des quatre quantités d'arbitraire ; le lieu des droites qui satisferaient à ces trois relations formerait une surface ; enfin, avec quatre équations de condition, les quatre arbitraires se trouveraient complètement déterminées, et il n'y aurait plus qu'un certain nombre fini et limité de droites qui satisferait au problème avec toutes ces restrictions.

74. Afin de rendre les calculs symétriques, nous mettrons l'équation du plan sous cette forme :

$$A x + B y + C z + D = 0,$$

qui n'est pas plus générale que la précédente, avec laquelle elle coïncide lorsqu'elle est divisée par C : c'est l'équation complète du premier degré entre trois variables.

75. On peut reconnaître *à posteriori*, et d'après la nature de cette équation, qu'elle appartient à une surface plane ; car une ligne droite menée par deux points quelconques pris sur cette surface, coïncide avec elle dans toute son étendue. En effet, les équations de cette droite seront de la forme

$$x = a z + \alpha,$$
$$y = b z + \beta.$$

Soient x', y', z', les coordonnées d'un des points qui y sont situés ; ces coordonnées auront entre elles les relations exprimées par les équations précédentes, c'est-à-dire

$$x' = a z' + \alpha,$$
$$y' = b z' + \beta.$$

Mais, de plus, si ce point se trouve aussi sur la surface qui a pour équation

$$Ax + By + Cz + D = 0,$$

il faudra que ces coordonnées satisfassent aussi à cette équation ; en sorte qu'on ait

$$Ax' + By' + Cz' + D = 0;$$

ou, en mettant pour x' et y' leurs valeurs $az' + \alpha$, $bz' + \beta$,

$$(Aa + Bb + C)z' + A\alpha + B\beta + D = 0.$$

C'est l'équation de condition nécessaire pour que la droite ait un point de commun avec la surface dont il s'agit.

Soient de même x'', y'', z'', les coordonnées d'un autre point commun à la droite et à la surface ; on en tirera encore la condition

$$(Aa + Bb + C)z'' + A\alpha + B\beta + D = 0.$$

Cette équation ne peut pas subsister en même temps que la précédente, à moins qu'on n'ait séparément

$$Aa + Bb + C = 0; \quad A\alpha + B\beta + D = 0.$$

Ce sont donc là les équations de condition nécessaires pour que la droite ait deux points communs avec la surface.

Maintenant, si les valeurs des coefficiens a, b, α, β, sont telles que ces deux conditions soient satisfaites, tous les autres points de la droite lui seront aussi communs avec la surface ; car, soient x''', y''', z''', les coordonnées d'un quelconque de ces points ; pour qu'il se trouve aussi sur la surface, il suffit qu'on ait

$$(Aa + Bb + C)z''' + A\alpha + B\beta + D = 0.$$

Or, cette équation est satisfaite d'elle-même en vertu

des deux précédentes, et par conséquent le point dont il s'agit est réellement commun à la surface et à la droite.

Ce résultat étant général, il s'ensuit que toute droite qui aura deux points communs avec la surface dont l'équation est

$$Ax + By + Cz + D = o,$$

coïncidera avec elle dans toute son étendue, et par conséquent, cette surface est plane.

76. En faisant $y = o$, on a

$$Ax + Cz + D = o:$$

c'est l'équation de la trace CD sur le plan des xz (fig. 24). Si le plan proposé est perpendiculaire au plan des yz, cette trace devra être parallèle à l'axe des x; son équation sera par conséquent de la forme $z = $ constante, ce qui exige que A soit nul; l'équation du plan devient alors

$$By + Cz + D = o,$$

et n'est plus qu'entre z et y, ce qui s'accorde avec ce que nous avons vu dans le n° 58, page 108.

On trouverait de même que, si le plan proposé est perpendiculaire à celui des xz, on doit avoir $B = o$, parce que sa trace sur le plan des yz devient parallèle à l'axe des y. Ainsi

$$Ax + Cz + D = o$$

est l'équation d'un plan perpendiculaire à celui des xz.

Enfin, pour que le plan soit perpendiculaire à celui des xy, il faut qu'on ait $C = o$, ce qui donne pour son équation

$$Ax + By + D = o.$$

Il est aisé de voir que ces différentes formes résultent

de ce que les quantités $-\dfrac{A}{C}$, $-\dfrac{B}{C}$, représentent les tangentes trigonométriques des angles que forment avec les axes des x et des y les traces du plan proposé sur ceux des xz et des yz.

Nous nous proposerons, relativement au plan, une suite de questions analogues à celles que la ligne droite nous a présentées.

77. Trouver les équations d'un plan qui passe par trois points donnés.

Soient x', y', z', x'', y'', z'', x''', y''', z''', les coordonnées de ces points; l'équation du plan cherché sera de cette forme

$$A x + B y + C z + D = 0;$$

et puisque les points donnés doivent y être compris, il devra exister entre les coëfficiens A, B, C, D, les relations suivantes :

$$A x' + B y' + C z' + D = 0,$$
$$A x'' + B y'' + C z'' + D = 0,$$
$$A x''' + B y''' + C z''' + D = 0.$$

Ces trois équations, qui sont du premier degré par rapport aux coordonnées des points proposés, donneront pour A, B, C, des expressions de cette forme,

$$A = A'D, \quad B = B'D, \quad C = C'D,$$

A', B', C', étant fonctions de ces coordonnées. En substituant ces valeurs dans l'équation du plan, D disparaîtra, et l'on aura

$$A'x + B'y + C'z + 1 = 0,$$

résultat qui satisfera aux conditions demandées.

78. Trouver l'intersection de deux plans.

Soient

$$Ax + By + Cz + D = 0 \\ A'x + B'y + C'z + D' = 0$$ les équations de ces plans;

elles devront avoir lieu en même temps pour les points qui sont communs aux deux plans. On pourra donc déterminer ces points en combinant les deux équations précédentes.

Si l'on élimine entre elles une des variables, z par exemple, on trouve pour résultat

$$(AC' - A'C)\, x + (BC' - B'C)\, y + (DC' - D'C) = 0.$$

Cette équation étant du premier degré, appartient à une ligne droite; or, la relation qu'elle exprime a lieu seulement entre les coordonnées x et y des points situés sur l'intersection commune des deux plans; la droite qu'elle représente est donc la projection de cette intersection sur le plan des xy.

On prouvera de la même manière que, si l'on élimine y ou x entre les équations des deux plans, le résultat appartiendra à la projection de l'intersection sur le plan des xz ou des yz.

79. Généralement, pour trouver les points d'intersection de deux surfaces quelconques, il faudra établir que leurs équations, qui sont en x, y, z, ont lieu en même temps; et en éliminant entre elles x ou y ou z, les équations que l'on obtiendra, et qui seront entre deux variables, seront celles de la projection de l'intersection des deux surfaces sur les plans des yz, des xz ou des xy.

Si l'on avait ainsi trois équations entre les trois variables x, y, z, et que ces équations dussent subsister en même temps, c'est-à-dire être satisfaites par des valeurs simultanées de ces variables, il faudrait encore employer l'élimination pour les obtenir. Ces valeurs seraient donc par là complètement déterminées ; et comme elles appartiendraient à la fois aux trois équations ou aux trois surfaces, elles représenteraient évidemment les coordonnées du point, ou des points, dans lesquels ces surfaces se coupent.

Tout ceci n'est que la généralisation de ce que nous avons remarqué plus haut relativement à la combinaison des formules analytiques qui doivent avoir lieu simultanément. Le résultat de l'élimination donne tout ce qui peut être commun aux formules que l'on a combinées.

80. Trouver les conditions nécessaires pour que deux plans soient parallèles entre eux.

Soient

$$Ax + By + Cz + D = o, \quad A'x + B'y + C'z + D' = o,$$

les équations de ces plans ; s'ils sont parallèles, leurs intersections avec les plans coordonnés seront respectivement parallèles : or, en y faisant successivement $x = o$, $y = o$, $z = o$, pour avoir les équations de ces traces, on trouve, pour les conditions demandées (n° 49),

$$\frac{A}{C} = \frac{A'}{C'}, \quad \frac{B}{C} = \frac{B'}{C'}, \quad \frac{A}{B} = \frac{A'}{B'},$$

et l'on voit que deux quelconques d'entre elles comportent la troisième.

Ces conditions auraient pu se déduire directement, et d'une manière plus élégante, de la condition trouvée plus haut (n° 78), entre les équations de deux plans qui se coupent. Nous avons vu alors qu'en éliminant z entre elles, on trouve

$$(AC' - A'C)x + (BC' - B'C)y + (DC' - D'C) = o.$$

Cette équation, qui représente une ligne droite, appartient à l'intersection des deux plans ; elle représente sa projection sur le plan des xy. Si les deux plans sont parallèles, il faut que cette intersection n'existe pas ; il faut donc que l'équation précédente ne puisse être satisfaite par aucune valeur de x et de y. Le seul moyen pour qu'il en soit ainsi, c'est de faire disparaître x et y de cette équation ; car tant que les variables x, y, resteront, comme elles sont, tout-à-fait arbitraires, et qu'elles n'y entrent qu'au premier degré, on pourrait toujours leur donner des valeurs telles que l'équation fût satisfaite. Il faut donc rendre leurs coefficiens nuls, ce qui donne

$$AC' - A'C = o, \quad BC' - B'C = o ;$$

conditions qui s'accordent en effet avec celles que nous avions déduites de la Géométrie. On peut voir par cet exemple et par celui du n° 62, combien les conditions d'indépendance sont utiles lorsqu'on peut les introduire dans les questions géométriques.

81. Trouver les conditions nécessaires pour qu'une droite soit parallèle à un plan.

Soient $\left. \begin{array}{l} x = az + \alpha \\ y = bz + \beta \end{array} \right\}$ les équations de la droite,

$Ax + By + Cz + D = o$ l'équation du plan.

Par l'origine des coordonnées, menons une droite et un plan respectivement parallèles à ceux-ci ; leurs équations seront

$$\begin{array}{l} x = az, \quad Ax + By + Cz = o, \\ y = bz. \end{array}$$

Pour que les conditions demandées soient remplies, il faut que cette droite, qui a un point de commun avec le plan, coïncide avec lui dans toute son étendue : il faut donc que l'équation du plan soit satisfaite, quelle que soit z, par les valeurs de x et de y tirées des équations de la droite ; ce qui exige qu'on ait

$$Aa + Bb + C = o.$$

C'est la condition nécessaire pour qu'une droite soit parallèle à un plan.

On peut encore arriver à ce résultat par la condition d'indépendance. Supposons que la droite et le plan se rencontrent, les x, y, z, pourront être regardés comme communs entre eux dans le point d'intersection. Prenant donc x et y dans l'équation de la droite pour les mettre dans celle du plan, et réunissant les termes en z, il viendra

$$\{Aa + Bb + C\}z + A\alpha + B\beta + D = 0;$$

c'est la condition nécessaire pour qu'une droite et un plan se coupent. Si l'on veut la rendre impossible, il faut en faire disparaître la variable arbitraire z, en rendant son coefficient nul; ce qui donne, comme ci-dessus,

$$Aa + Bb + C = 0.$$

82. Trouver les conditions nécessaires pour qu'une droite soit perpendiculaire à un plan, et donner l'expression de la distance du plan à un point quelconque de la perpendiculaire.

Soient $\left.\begin{array}{l} x = az + \alpha \\ y = bz + \beta \end{array}\right\}$ les équations de la droite;

$Ax + By + Cz + D = 0$ celle du plan.

Pour que les conditions demandées soient remplies, il faut (page 127) que les projections de la droite soient perpendiculaires aux traces du plan : or, en faisant successivement $y = 0$, $x = 0$, dans l'équation qui le représente, on trouve

$$A x + Cz + D = 0,$$

équation de la trace sur le plan des xz,

et $$By + Cz + D = 0,$$

équation de la trace sur le plan des yz.

Pour que ces droites soient perpendiculaires aux précédentes, il faut qu'on ait (n° 5o)

$$A = aC, \quad B = bC :$$

ce sont les conditions demandées.

Si la perpendiculaire passe par un point dont les coordonnées soient x', y', z', ses équations deviendront

$$x - x' = a(z - z'),$$
$$y - y' = b(z - z').$$

Pour trouver le point où elle rencontre le plan, il faudra combiner ces équations avec celle du plan, que, pour plus de commodité, nous mettrons sous la forme suivante :

$$A(x - x') + B(y - y') + C(z - z') + D' = o,$$

en faisant

$$D' = D + Ax' + By' + Cz' ;$$

alors l'élimination donne

$$z - z' = - \frac{D'}{Aa + Bb + C},$$

$$x - x' = - \frac{aD'}{Aa + Bb + C},$$

$$y - y' = - \frac{bD'}{Aa + Bb + C},$$

ou, en substituant pour a et b, leurs valeurs $\dfrac{A}{C}$, $\dfrac{B}{C}$, qui résultent de ce que la droite est perpendiculaire,

$$z - z' = - \frac{CD'}{A^2 + B^2 + C^2},$$

$$x - x' = - \frac{AD'}{A^2 + B^2 + C^2},$$

$$r - y' = - \frac{BD'}{A^2 + B^2 + C^2},$$

x, y, z, sont les coordonnées du point d'intersection. Sa distance à celui dont les coordonnées sont x', y', z', sera (n° 57)

$$\sqrt{(x-x')^2+(y-y')^2+(z-z')^2}.$$

C'est la portion de la perpendiculaire cherchée; en la représentant par P, on aura

$$P=\frac{D'}{\sqrt{A^2+B^2+C^2}};$$

et en remettant pour D' sa valeur,

$$P=\frac{D+Ax'+By'+Cz'}{\sqrt{A^2+B^2+C^2}}.$$

83. Trouver l'angle de deux plans. Soient

$$\left.\begin{array}{l}Ax+By+Cz+D=0\\A'x+B'y+C'z+D'=0\end{array}\right\}\ \text{les équations de ces plans.}$$

Menons à chacun d'eux une droite perpendiculaire, l'angle compris entre une de ces perpendiculaires et le prolongement de l'autre, sera le même que celui des deux plans. Or, les équations des deux droites seront généralement

$$x=az+\alpha,\quad x=a'z+\alpha',$$
$$y=az+\beta,\quad y=b'z+\beta'.$$

Pour qu'elles soient perpendiculaires aux plans, il faudra qu'on ait, comme tout à l'heure,

$$A=aC;\quad B=bC,\quad A'=a'C',\quad B'=b'C'.$$

L'angle de ces deux droites, ou, ce qui revient au même, celui des deux plans, étant désigné par V, son cosinus sera (page 116)

$$\cos V=\frac{1+aa'+bb'}{\sqrt{1+a^2+b^2}\,\sqrt{1+a'^2+b'^2}};$$

ou, en mettant pour a, a', b, b', leurs valeurs,

$$\cos V=\frac{AA'+BB'+CC'}{\sqrt{A^2+B^2+C^2}\,\sqrt{A'^2+B'^2+C'^2}}$$

Les radicaux que cette expression renferme pouvant être indifféremment affectés des signes $+$ ou $-$, rendent son signe douteux. Mais l'ambiguité disparaît en considérant que, si la valeur numérique de $\cos V$ se trouve positive, elle appartiendra à l'angle dièdre des deux plans mesurés du côté où il est aigu; tandis que si elle est négative, elle appartiendra au même angle mesuré du côté où il est obtus. D'ailleurs cette expression est indépendante de D et de D', parce que ces quantités, qui expriment les ordonnées à l'origine, n'influent pas sur l'inclinaison des plans.

Si les deux plans sont perpendiculaires l'un à l'autre, on doit avoir $\cos V = 0$; ce qui donne

$$AA' + BB' + CC' = 0.$$

C'est la condition pour que deux plans soient perpendiculaires.

Si l'un des plans donnés, le second, par exemple, est le plan même des xy, dont l'équation est $z = 0$, on aura $A' = 0$, $B' = 0$. Alors, en nommant V' la valeur correspondante de V, il viendra

$$\cos V' = \frac{C}{\sqrt{A^2 + B^2 + C^2}}.$$

C'est le cosinus de l'angle qu'un plan fait avec celui des xy.

En nommant de même V'' et V''' les angles que le plan fait avec ceux des xz et des yz, on trouvera

$$\cos V'' = \frac{B}{\sqrt{A^2 + B^2 + C^2}}, \quad \cos V''' = \frac{A}{\sqrt{A^2 + B^2 + C^2}}$$

et ces trois cosinus auront entre eux la relation

$$\cos^2 V' + \cos^2 V'' + \cos^2 V''' = 1,$$

parce que les angles V', V'', V''', sont les mêmes que ceux que formerait avec les trois axes des coordonnées une ligne droite perpendiculaire au plan.

84. L'expression précédente de $\cos V$ peut se transformer comme celle de l'article 62, page 115. En effet, si l'on nomme V', V'', V''', U', U'', U''', les angles que forment les deux plans proposés, avec ceux des xy, des xz et des yz, il est aisé de voir que l'on a

$$\cos V = \cos V' \cos U' + \cos V'' \cos U'' + \cos V''' \cos U'''.$$

85. Trouver l'angle d'une droite et d'un plan.

$$\text{Soient } \left.\begin{array}{l} x = az + \alpha \\ y = bz + \beta \end{array}\right\} \text{ les équations de la droite,}$$

$$Ax + By + Cz + D = 0 \text{ l'équation du plan.}$$

L'angle que forme une droite avec un plan est le même que celui de cette droite avec sa projection sur ce plan ; par conséquent, si l'on mène une perpendiculaire au plan, l'angle qu'elle fera avec la droite proposée sera le complément de l'angle cherché.

Soient donc

$$\left.\begin{array}{l} x = a'z + \alpha' \\ y = b'z + \beta' \end{array}\right\} \text{ les équations de la perpendiculaire ;}$$

on aura pour les conditions de la perpendicularité (n° 82)

$$A = a'C, \quad B = b'C.$$

L'angle qu'elle fera avec la droite proposée aura pour cosinus

$$\frac{1 + aa' + bb'}{\sqrt{1 + a^2 + b^2}\,\sqrt{1 + a'^2 + b'^2}}.$$

En représentant l'angle cherché par V, ce sera la valeur de $\sin V$; mettant pour a' et b' leurs valeurs, on trouve

$$\sin V = \frac{Aa + Bb + C}{\sqrt{1 + a^2 + b^2}\,\sqrt{A^2 + B^2 + C^2}}.$$

C'est l'expression du sinus de l'angle que fait une droite

avec un plan. Si l'on introduit les conditions nécessaires pour que celui-ci soit un des plans coordonnés, on retrouvera les mêmes valeurs que dans l'article 67 ; et, si l'on suppose sin V $=$ o, on aura, comme dans l'article 81 ,

$$Aa + Bb + C = o$$

pour la condition que le plan et la droite soient parallèles.

Ces préliminaires suffisent pour résoudre toutes les questions de Géométrie relatives à la ligne droite et au plan.

De la discussion des Lignes courbes, et de la transformation des Coordonnées.

86. En généralisant les principes que nous venons d'exposer dans les chapitres précédens, on parvient à reconnaître, d'après l'équation d'une ligne courbe quelconque, la succession de ses points, et la trace qu'ils forment sur un plan ou dans l'espace.

Si l'équation de la courbe est entre deux variables y et x, on résout cette équation par rapport à une d'elles. On sait alors quelles valeurs cette coordonnée doit avoir, lorsque l'autre est prise à volonté, et l'on connaît ainsi la suite des points que l'équation désigne.

Mais, si la courbe est donnée par deux équations, chacune entre deux variables, c'est-à-dire si elle est donnée par ses projections sur deux des plans coordonnés, on opérera sur chacune de ses projections suivant la méthode précédente, et l'on reconnaîtra les valeurs de y et de z qui répondent à chaque valeur de x ; ce qui fixera encore la position successive de tous les points.

Il pourrait arriver que la courbe proposée fût donnée par deux équations entre les trois coordonnées y, x, z ; car deux équations de ce genre équivalent à deux équa-

tions en xy, xz ou yz; mais alors, en éliminant successivement une des variables entre les équations données,
on retomberait dans le cas précédent.

La supposition que nous examinons ici est celle où la
courbe proposée ne serait pas donnée par les intersec-
sections des deux surfaces cylindriques qui la projettent
sur les deux plans coordonnés, mais par deux surfaces
d'une autre nature, dont elle devrait aussi être l'intersection. Les équations de ces deux surfaces devant avoir
lieu simultanément, et pour les mêmes valeurs de x,
y, z, il suffirait de les combiner, et d'en éliminer successivement x, ou y, ou z, pour avoir les projections de
la courbe sur les plans coordonnés.

87. On a vu par ce qui précède, que la forme et la position d'une ligne courbe sont toujours exprimées par
les relations analytiques qui existent entre les coordonnées de ses différens points. C'est pourquoi on a classé
les courbes en différens *ordres*, d'après la forme de leurs
équations.

On les divise d'abord en *algébriques* et en *transcen-
dantes*, suivant que leur équation, *rapportée à des
coordonnées rectilignes*, est elle-même algébrique ou
transcendante.

On classe ensuite les courbes algébriques d'après le
degré de leur équation par rapport aux variables qui
représentent les coordonnées. L'ordre de la courbe est
marqué par l'exposant de ce degré.

Par exemple, la ligne droite dont nous nous sommes
occupés, est du premier ordre, parce que son équation
est du premier degré relativement aux variables x et y.

Classer ainsi une ligne courbe et déterminer sa position, sa nature et sa forme, d'après son équation, c'est
ce qu'on appelle la *discuter*.

88. Cette recherche peut être presque toujours ren-
due plus facile par des transformations analytiques qui

simplifient les équations, en faisant évanouir quel
ques-uns de leurs termes; préparation qui les met en
état d'être discutées plus aisément.

Représentées par la Géométrie, ces transformations
reviennent à placer la courbe, par rapport aux axes des
coordonnées, de la manière la plus favorable pour de-
viner les sinuosités de son cours. Par exemple, si une
circonférence de cercle est placée d'une manière quelconque par rapport à ces axes, l'équation qui liera les
abscisses et les ordonnées de ses différens points, ne
peut pas être aussi simple qu'elle le serait si le centre
de cette circonférence était placé à l'origine même des
coordonnées; car, dans ce cas, la courbe serait symétrique par rapport à chacun des axes, et il suffirait de
suivre son cours dans un des quadrans, pour le connaître dans les trois autres. Or, on conçoit que cette
simplification mettrait plus facilement à découvert la
forme de la courbe, sa marche, ses propriétés.

Les méthodes dont il faut faire usage pour arriver à
ces simplifications, doivent donc se réduire à changer
la position de l'origine et la direction des axes des coordonnées, pour les placer de manière qu'en y rapportant l'équation proposée, elle se réduise à la forme la
plus simple que comporte l'espèce de la courbe qu'elle
représente. Il suffit de reconnaître ensuite la position
des nouveaux axes par rapport aux anciens, pour connaître quelle était originairement la position de la
courbe par rapport à eux.

On peut encore, et de la même manière, rapporter
les courbes à des coordonnées qui ne soient pas rectangulaires : c'est ainsi, quoique pour un but différent,
que nous avons formé l'équation de la droite, dans
le n° 42.

89. Quand on veut passer ainsi d'un système de coordonnées à un autre, on cherche, pour un point quel-

conque, les valeurs des anciennes coordonnées en fonction des nouvelles : en substituant ces valeurs dans l'équation proposée, elle appartient toujours aux mêmes points de l'espace; mais ces points s'y trouvent rapportés aux nouveaux axes. Par conséquent, les propriétés de la courbe restent toujours les mêmes, et il n'y a de changement que dans la manière dont elles sont exprimées.

90. Ces relations des nouvelles coordonnées avec les anciennes sont bien faciles à établir, lorsqu'on ne veut que transporter l'origine des coordonnées, sans changer la direction des axes; et nous en avons déjà vu des exemples dans ce qui précède. En effet, soient A′ (fig. 25) la nouvelle origine; et A′X′, A′Y′, les nouveaux axes auxquels on veut rapporter les points du plan qui étaient précédemment rapportés aux axes parallèles AX, AY, et à l'origine A. Si l'on prend un point quelconque M situé dans l'angle X′A′Y′, on aura

$$AP = AB + BP, \quad PM = PP' + P'M = A'B + P'M.$$

AB et A′B doivent être donnés; ce sont les coordonnées de la nouvelle origine, et elles expriment sa position par rapport aux anciens axes. Si donc on fait. . . . . . . $AB = a$, $A'B = b$, qu'on représente par x, y, les anciennes coordonnées, et par x, y', les nouvelles, prises dans le même sens, on aura

$$x = a + x', \quad y = b + y'.$$

Pour que ces équations subsistent encore par rapport aux points situés dans l'angle Y′A′x, il faut que l'on y suppose x' négatif; car, pour un quelconque de ces points, tels que m, on a

$$Ap = AB - A'P', \quad \text{ou} \quad x = a - A'p';$$

et il faut alors retrancher la nouvelle abscisse de a, au lieu de l'ajouter à cette quantité. Il en sera de même

10..

des y', lorsqu'ils appartiendront à des points situés du côté de l'axe des X' opposé aux y' positifs : c'est ce que nous avons suffisamment développé dans l'art. 35.

Nous venons de supposer que la nouvelle origine A' était située dans l'angle YAX, et qu'ainsi ses coordonnées a et b, relatives aux anciens axes, étaient positives. Si nous voulons placer cette origine en A'' dans l'angle xAy, et prendre toujours les nouvelles coordonnées x' et y' dans le même sens, il suffira de changer les signes de a et de b dans les formules précédentes, et l'on aura

$$x = x' - a, \quad y = y' - b,$$

ainsi qu'on peut le trouver directement, en partant de leur position actuelle.

Ces considérations sont conformes aux principes que nous avons établis précédemment dans les n°s 35, 36 et 37. Elles se réduisent à cette règle générale, que lorsqu'on passe d'un système de coordonnées à un autre parallèle, au moyen des équations

$$x = a + x', \quad y = b + y',$$

il faut regarder la variation de signe de chaque espèce de coordonnées comme répondant aux changemens de position autour de l'origine qui lui est relative ; et les quantités a et b, qui sont les coordonnées d'une des origines par rapport à l'autre, peuvent être rapportées à celui des deux systèmes qu'on voudra.

C'est en considérant la position de la nouvelle origine par rapport à l'ancienne, que nous avons obtenu les équations précédentes. Réciproquement, ces équations étant données, on pourrait en déduire la position d'un quelconque des deux systèmes par rapport à l'autre ; car, en y faisant, par exemple, $x' = 0$, ce qui est le caractère de l'axe des y', on aurait

$$x = + a;$$

ce qui, en supposant a et b positifs, signifie que l'axe des y', auquel cette équation appartient, est situé du côté des x positifs, et à une distance a de leur origine. De même, en faisant $y' = 0$, ce qui est le caractère de l'axe des x', on aurait, relativement à cet axe,

$$y = b;$$

c'est-à-dire qu'il est situé du côté des y positifs, à une distance b de leur origine. En faisant, au contraire, $x = 0$, ou $y = 0$, on trouverait $x' = -a$, ou $y' = -b$, qui seraient les équations des axes des y et des x par rapport à l'origine des y' et des x'.

Ce que nous venons de dire a lieu, quel que soit l'angle formé par les axes des coordonnées ; et nous en conclurons que, pour passer d'un système quelconque de coordonnées planes, à un autre, parallèle au précédent, il suffit de faire

$$x = a + x', \quad y = b + y',$$

b et a étant les coordonnées d'une des origines par rapport à l'autre. En substituant ces valeurs dans une équation quelconque entre x et y, elle se trouvera rapportée aux nouvelles coordonnées x', et y'.

91. Passons maintenant au cas où l'on fait varier la direction des axes et l'angle qu'ils forment entre eux ; mais, pour plus de simplicité, supposons d'abord que l'origine ne varie pas, et qu'elle soit commune aux deux systèmes de coordonnées.

Soient donc AY, AX, deux axes des y et des x (fig. 26), que nous prendrons d'abord rectangulaires.

Soient AY', AX', deux autres axes qui font entre eux un angle quelconque ; on demande de passer du premier système de coordonnées au second.

D'un point quelconque M, menons les droites MP, MP', respectivement parallèles aux axes des y et des y', on aura

$$AP = x, \quad PM = y, \quad AP' = x', \quad P'M = y'.$$

Il faut, de plus, que la position des nouveaux axes soit donnée par rapport aux anciens.

Soient donc l'angle $X'AX = \alpha$, l'angle $Y'AX = \alpha'$.

Il s'agit de déterminer x et y en fonction de x', de y', et des quantités connues α et α'.

Cette détermination est extrêmement facile. En effet, par le point P', menez P'Q, P'R, respectivement parallèles aux anciens axes des x et des y, vous aurez

$$x = AP = AR + P'Q, \quad y = MP = MQ + P'R.$$

Or, les lignes AR, P'R, MQ, P'Q, sont les côtés des triangles rectangles AP'R, P'MQ, qui ont x', y' pour hypoténuses, et dans lesquels on connaît les angles P'AR égal à α, MP'Q égal à α'. Avec ces données, on peut calculer les valeurs de ces côtés en fonction des hypoténuses; et, en les substituant dans les seconds membres des expressions précédentes, il vient

$$x = x' \cos \alpha + y' \cos \alpha', \quad y = x' \sin \alpha + y' \sin \alpha'.$$

Telles sont les relations qu'ont entre elles les coordonnées dans les deux systèmes que nous considérons.

92. Si l'on voulait passer des coordonnées x' et y' aux coordonnées x et y, il suffirait de déduire les valeurs de x' et y' des équations précédentes. Or, en multipliant la première par $\sin \alpha'$, et en retranchant la seconde multipliée par $\cos \alpha'$, on aura x'; opérant d'une manière analogue par rapport à α, on aura y' : ces valeurs seront

$$x' = \frac{x \sin \alpha' - \cos \alpha'}{\sin (\alpha' - \alpha)}, \quad y' = \frac{y \cos \alpha - x \sin \alpha}{\sin (\alpha' - \alpha)}.$$

On aurait pu parvenir directement à ces résultats par les considérations trigonométriques. En effet, du point P, fig. 27, menez PQ', PR', respectivement parallèles aux nouveaux axes des x' et des y', et prolongez MP' jusqu'à sa rencontre avec la première de ces droites : vous aurez

$$x' = AP' = AR' - PQ', \quad y' = MP' = MQ' - PR'.$$

Or, les lignes AR', PR', MQ', PQ', sont les côtés des triangles APR', PMQ', dans lesquels AP est x, PM, y, et qui ont en outre les angles $PAR' = \alpha$, $APR' = 180° - \alpha'$, $PMQ' = 90° - \alpha'$, $MPQ' = 90° + \alpha$; par conséquent, $PR'A = PQ'M = X'AY' = \alpha' - \alpha$. On peut donc, au moyen de ces angles, calculer les côtés dont il s'agit en fonction de x et de y seuls ; après quoi, en les substituant dans les expressions précédentes, on trouve pour x' et y' les mêmes valeurs que l'élimination nous avait données.

Les formules

$$x = x' \cos \alpha + y' \cos \alpha', \quad y = x' \sin \alpha + y' \sin \alpha',$$

et celles-ci, qui s'en déduisent,

$$x' = \frac{x \sin \alpha' - y \cos \alpha'}{\sin (\alpha' - \alpha)}, \quad y' = \frac{y \cos \alpha - x \sin \alpha}{\sin (\alpha' - \alpha)},$$

suffisent pour passer d'un système de coordonnées rectangulaires x et y à un système de coordonnées obliques x' et y', et réciproquement, l'origine restant la même pour les deux systèmes.

93. Si les nouveaux axes des x' et des y' devaient être aussi rectangulaires comme les précédens, on aurait

$$\alpha' - \alpha = 90° ; \quad \text{conséquemment}, \quad \alpha' = 90° + \alpha ;$$

et par suite

$$\sin (\alpha' - \alpha) = 1 ; \quad \sin \alpha' = \cos \alpha ; \quad \cos \alpha' = - \sin \alpha.$$

En substituant ces valeurs, les relations des coordonnées deviendraient

$$x = x' \cos \alpha - y' \sin \alpha, \quad y = x' \sin \alpha + y' \cos \alpha.$$

Ce sont les formules nécessaires pour passer d'un système de coordonnées rectangulaires à un autre aussi rectangulaire, l'origine restant la même ; et il est facile de le vérifier *à posteriori*, en appliquant à ce cas particulier les considérations générales dont nous avons fait précédemment usage. En effet, la construction de la fig. 26 étant employée ici, devient telle que la représente la fig. 28, et donne

$$x = \mathrm{AP} = \mathrm{AR} - \mathrm{P'Q}, \quad y = \mathrm{MP} = \mathrm{MQ} + \mathrm{P'R},$$

et, en substituant aux lignes AR, P'R, MQ, P'Q, leurs valeurs en x' y', déduites des deux triangles rectangles AP'R, MP'Q, desquels on connaît les angles, il vient

$$x = x' \cos \alpha - y' \sin \alpha, \quad y = x' \sin \alpha + y' \cos \alpha,$$

comme nous l'avions conclu de la formule générale en y faisant $\alpha' = 90° + \alpha$. Cette valeur de α', surpassant 90°, fait tomber la nouvelle ordonnée MP' à droite de l'ancienne ordonnée MP, au lieu qu'elle tombait à gauche dans la fig. 26, où l'on avait représenté l'angle Y'AX' comme aigu; d'où il suit que, dans la supposition de la fig. 28, P'Q doit être soustrait de AR pour former x, au lieu qu'il devait lui être ajouté dans la fig. 27. Toutefois on vient de voir que les expressions de x, y, déduites de cette première construction, peuvent être considérées comme générales, et employées ainsi dans tous les cas possibles, pourvu que l'on y donne aux angles α, α', les valeurs particulières qu'on veut leur attribuer; parce qu'alors le seul jeu des signes positifs ou négatifs que les sinus et cosinus prennent selon les valeurs de ces angles, rétablit les résultats précisément tels qu'ils auraient été si l'on eût fait immédiatement la construction sur les valeurs assignées aux angles.

94. Si l'on forme les carrés des dernières expressions obtenues pour x, y, et qu'on les ajoute ensemble, on trouvera

$$x^2 + y^2 = x'^2 + y'^2.$$

En effet, les nouveaux axes étant rectangulaires comme les anciens, $\sqrt{x'^2 + y'^2}$ exprime la distance d'un point quelconque à l'origine des coordonnées; et, $\sqrt{x^2 + y^2}$ exprimant aussi la même distance à la même origine, ces deux valeurs doivent être égales.

95. On peut, au moyen de ce qui précède, passer d'un système de coordonnées obliques à un autre système de coordonnées obliques (fig. 29). En effet, soient AX', AY', les axes des x' et des y'; AX'', AY'', les nouveaux axes, dont les coordonnées seront x'', y''. Concevons, par la même origine, un troisième système d'axes AX, AY, rectangulaires entre eux, et dont les coordonnées seront x et y. Nommons α, α', β, β', les angles des x', des y', des x'' et des y^o, avec l'axe AX; nous aurons pour un même point, dont les coordonnées seront x et y par rapport au système rectangulaire,

$$x = x' \cos \alpha + y' \cos \alpha', \quad y = x' \sin \alpha + y' \sin \alpha'.$$
$$x = x'' \cos \beta + y'' \cos \beta', \quad y = x'' \sin \beta + y'' \sin \beta'.$$

En éliminant x et y entre ces équations, on aura celles qui déterminent les relations des coordonnées x' et y' avec les x'' et y'', et qui sont

$$x' \cos \alpha + y' \cos \alpha' = x'' \cos \beta + y'' \cos \beta'.$$
$$x' \sin \alpha + y' \sin \alpha' = x'' \sin \beta + y' \sin \beta'.$$

Si l'on multiplie la première par $\sin \alpha$, et qu'on la retranche de la seconde multipliée par $\cos \alpha$, on aura y'; en opérant d'une manière analogue, avec les facteurs $\sin \alpha'$ et $\cos \alpha'$, on aura x' : on trouvera ainsi

$$x' = \frac{x'' \sin (\alpha' - \beta) + y'' \sin (\alpha' - \beta')}{\sin (\alpha' - \alpha)},$$
$$y' = \frac{x'' \sin (\beta - \alpha) + y'' \sin (\beta' - \alpha)}{\sin (\alpha' - \alpha)}.$$

Or, on a

$$\alpha' - \beta = Y'AX'', \quad \alpha' - \beta' = Y'AY'',$$
$$\beta - \alpha = X'AX'', \quad \beta' - \alpha = X'AY'', \quad \alpha' - \alpha = Y'AX'.$$

Il n'entre donc dans les expressions précédentes que les angles formés par les axes des y' et des x' entre eux, et avec les nouveaux axes AX'', AY''; et tout ce qui était relatif au système rectangulaire que nous avons introduit a disparu. Alors, pour mettre en évidence ces seules données, désormais indispensables, nommons θ l'angle $Y'AX'$, inclinaison mutuelle des deux axes des x' et des y'. Désignons par γ, γ', les angles $X'AX''$, $X'AY''$, que l'axe des x'' et celui des y'' forment avec l'axe des x'; désignons de même par ϵ, ϵ', les angles $Y'AX''$, $Y'AY''$, que les mêmes axes forment avec celui des y'. En substituant ces élémens dans les équations précédentes, elles deviendront;

$$x' = \frac{x'' \sin \epsilon + y'' \sin \epsilon'}{\sin \theta}, \quad y' = \frac{x'' \sin \gamma + y'' \sin \gamma'}{\sin \theta}.$$

Ces formules serviront à passer d'un système de coordonnées obliques à un autre système de coordonnées obliques; l'origine étant la même pour tous deux. Si l'on supposait les axes des x' et des y' perpendiculaires entre eux, on aurait

$$\theta = 90°, \quad \epsilon + \gamma = 90°, \quad \epsilon' + \gamma' = 90°;$$

par conséquent,

$$\sin \theta = 1, \quad \sin \epsilon = \cos \gamma, \quad \sin \epsilon' = \cos \gamma';$$

et l'on retomberait sur les équations que nous avons déjà trouvées, pour passer d'un système de coordonnées rectangulaires à un système de coordonnées obliques.

96. Nous avons vu précédemment que, pour passer d'un système de coordonnées x et y à un autre système de coordonnées x', y', parallèles aux premières, il faut faire

$$x = a + x', \quad y = b + y'.$$

a et b étant les coordonnées de la nouvelle origine par rapport au premier système. Si l'on fait ensuite varier la direction des axes autour de cette nouvelle origine, on aura changé à la fois et la position de l'origine des coordonnées et la direction des axes. Il suffit donc d'ajouter, dans les formules précédentes, aux valeurs des coordonnées celles de la nouvelle origine, pour avoir les formules générales de la transformation des coordonnées. Comme elles sont d'un fréquent usage, je les ai réunies dans le tableau suivant.

1°. Pour passer d'un système de coordonnées rectangulaires x, y, à un système de coordonnées obliques x', y',

$$x = a + x' \cos \alpha + y' \cos \alpha', \quad y = b + x' \sin \alpha + y' \sin \alpha'.$$

2°. Pour passer d'un système de coordonnées obliques x', y', à un système de coordonnées rectangulaires x, y,

$$x' = \frac{(x - a) \sin \alpha' - (y - b) \cos \alpha'}{\sin (\alpha' - \alpha)},$$

$$y' = \frac{(y - b) \cos \alpha - (x - a) \sin \alpha}{\sin (\alpha' - \alpha)}.$$

3°. Pour passer d'un système de coordonnées rectangulaires x, y, à un système de coordonnées aussi rectangulaires x', y',

$$x = a + x' \cos \alpha - y' \sin \alpha, \quad y = b + x' \sin \alpha + y' \cos \alpha.$$

Dans ces équations, α, α' sont les angles des axes des x' et des y' avec l'axe des x ; a et b sont les coordonnées de la nouvelle origine par rapport au système rectangulaire.

4°. Pour passer d'un système de coordonnées obliques x, y, à un autre système de coordonnées obliques x', y',

$$x = a + \frac{x' \sin \varepsilon + y' \sin \varepsilon'}{\sin \theta}, \quad y = b + \frac{x' \sin \gamma + y' \sin \gamma'}{\sin \theta}.$$

γ, γ', sont les angles que les axes des x' et des y' font avec l'axe des x ; $\varepsilon, \varepsilon'$, les angles qu'ils font avec l'axe des y ; a et a' les coordonnées de la nouvelle origine par rapport aux axes obliques des x et des y, qui forment entre eux un angle θ.

97. En généralisant les considérations que nous venons d'exposer, on trouvera facilement les formules nécessaires pour effectuer la transformation des coordonnées en trois dimensions ou dans l'espace; car il suffit encore, dans ce cas, de trouver les expressions des anciennes coordonnées en fonction des nouvelles, ou réciproquement; et l'on peut y parvenir par les mêmes méthodes. D'abord, ces relations n'ont aucune difficulté lorsqu'on se propose seulement de transporter l'origine, en laissant les axes parallèles à eux-mêmes. Alors, en nommant a, b, c, les coordonnées de la nouvelle origine par rapport à l'ancienne, et désignant par x', y', z', les nouvelles coordonnées qui étaient précédemment représentées par x, y, z, on aura

$$x = a + x', \quad y = b + y', \quad z = c + z';$$

formules dans lesquelles il faut regarder les variations de signe de chaque espèce de coordonnées comme répondant aux changemens de position autour de l'origine qui lui est relative. Ces considérations sont conformes à celles de l'art. 90, et l'on en déduira de même les positions respectives des deux origines.

Maintenant, si nous voulons changer la direction des axes, la recherche des anciennes coordonnées en fonction des nouvelles et réciproquement sera encore un problème de Trigonométrie. Mais l'introduction des trois dimensions de l'espace complique nécessairement les constructions dont il faut faire usage. Heureusement, à l'aide d'un artifice ingénieux d'analyse, on peut éluder ces difficultés, et faire le calcul d'une manière élégante et facile, qui n'exige aucune construction.

Cet artifice consiste à prévoir d'avance la forme des relations qui doivent exister entre les anciennes et les nouvelles coordonnées. Car on peut prouver, en général, que, lorsqu'on passe d'un système quelconque de coordonnées à un autre, les anciennes coordonnées doivent toujours être une fonction linéaire des nouvelles, et réciproquement.

Cette proposition se trouve d'abord vérifiée pour les systèmes de coordonnées planes, puisque les relations que nous avons obtenues dans ce cas par les considérations trigonométriques, se sont en effet trouvées linéaires. Mais, pour montrer que cela doit être encore ainsi dans le cas de trois dimensions, concevons généralement les valeurs de x, y, z, exprimées par des fonctions quelconques de x', y', z', que nous désignerons par φ, π, ψ, en sorte qu'on ait

$$x = \varphi(x', y', z'), \quad y = \pi(x', y', z'), \quad z = \psi(x', y', z').$$

Si l'on substitue ces valeurs dans l'équation du plan qui est toujours de la forme

$$Ax + By + Cz + D = 0,$$

lorsque les coordonnées x, y, z, sont dirigées d'une manière quelconque, elle deviendra

$$A \cdot \varphi(x', y', z') + B \cdot \pi(x', y', z') + C\psi(x', y', z') + D = 0.$$

Or, nous avons vu, n° 72, que l'équation du plan reste toujours du premier degré, quelle que soit la direction des axes rectilignes auxquels on la rapporte. Il faudra donc que l'équation précédente se réduise d'elle-même à une expression de cette forme

$$A'x' + B'y' + C'z' + D' = 0,$$

dans laquelle A', B', C', D', seront des coefficiens qui ne contiendront ni x', ni y', ni z', mais seulement les constantes primitives A, B, C, D, ainsi que les angles et les distances qui déterminent les positions relatives des deux systèmes. En outre, il faudra que cette réduction s'opère toujours, quelles que soient les valeurs des coefficiens primitifs A, B, C, et sans qu'il en résulte entre eux aucune condition quelconque. D'après cela, il est évident que la réduction devra nécessairement exister dans les fonctions φ, π, ψ elles-mêmes; car s'il en était autrement, les termes de φ, qui sont multipliés par A, ne pourraient pas faire disparaître en général les termes de π ou de φ, qui sont multipliés par B ou C. Toute destruction mutuelle entre ces termes étant impossible, les puissances de x', y', z', supérieures à la première, resteraient nécessairement dans l'équation transformée, si elles existaient dans les fonctions φ, π, ψ, ces fonctions se trouvent donc limitées par la condition que les nouvelles coordonnées x', y', z', n'y existent qu'à la première puissance; et par conséquent, la forme la plus générale qu'on puisse leur supposer, sera

$$x = a + mx' + m'y' + m''z',$$
$$y = b + nx' + n'y' + n''z',$$
$$z = c + px' + p'y' + p''z',$$

les coefficiens des variables x', y', z', étant des constantes inconnues qu'il s'agit de déterminer. Or, puisque ce sont des constantes, leurs valeurs resteront toujours les mêmes, quels que soient x', y', z'. On pourra donc, pour simplifier le calcul, donner successivement telles valeurs que l'on voudra à ces variables, et les valeurs des coefficiens déterminées sur ces cas particuliers, serviront ensuite également pour tous les autres cas quelconques. Cherchons donc à effectuer ainsi ces déterminations.

D'abord, si l'on fait $x' = 0$, $y' = 0$, $z' = 0$, ce qui est le caractère de la nouvelle origine, il vient

$$x = a, \quad y = b, \quad z = c.$$

a, b, c, sont donc les coordonnées de cette origine, par rapport à l'ancienne : nous les supposerons nulles, pour plus de simplicité, ce qui revient à changer la direction des axes sans déplacer l'origine; il suffira ensuite de les ajouter aux résultats, pour transporter le nouveau système d'axes parallèlement à lui-même. Par cette supposition, les formules précédentes deviennent

$$x = mx' + m'y' + m''z',$$
$$y = nx' + n'y' + n''z',$$
$$z = px' + p'y' + p''z',$$

Les constantes qu'elles renferment se déterminent facilement par des suppositions particulières. Considérons, par exemple, les points situés sur l'axe des x', les équations de cet axe seront

$$y' = o, \quad z' = o.$$

On aura donc, pour les points qui y sont situés,

$$x = mx', \quad y = nx', \quad z = px'.$$

Soient AX' cet axe, M un quelconque de ses points (fig. 30), et supposons, pour plus de simplicité, que les anciens axes AX, AY, AZ, soient rectangulaires : alors AM sera x', MM' sera z, et le triangle AMM' donnera

$$z = x' \cos \text{AMM}'.$$

L'angle AMM' est celui que forme le nouvel axe des x avec l'ancien axe des z : nous le désignerons par Z. Si nous nommons pareillement X, Y, les angles formés par ce même axe AX' avec les axes AX, AY, nous aurons, pour les points qui y sont situés,

$$x = x' \cos X, \quad y = x' \cos Y, \quad z = x' \cos Z.$$

Ce résultat détermine n, m, p, et donne

$$m = \cos X, \quad n = \cos Y, \quad p = \cos Z.$$

Si nous considérons de même les points situés sur l'axe des y', dont les équations sont

$$x' = o, \quad z' = o,$$

on aura, relativement à ces points,

$$x = m'y', \quad y = n'y', \quad z = p'y'.$$

Ainsi, en désignant par X', Y', Z', les angles que forme cet axe avec ceux des x, y, z, on aura

$$m' = \cos X', \quad n' = \cos Y', \quad p' = \cos Z'.$$

Enfin la considération des points situés sur l'axe des z' déterminera les constantes m'', n'', p''; et en nommant X'', Y'', Z'', les angles que forme cet axe avec ceux des x, y, z, on aura

$$m'' = \cos X'', \quad n'' = \cos Y''; \quad p'' = \cos Z'';$$

d'où l'on tire pour x, y, z,

$$
\begin{aligned}
x &= x' \cos X + y' \cos X' + z' \cos X'', \\
y &= x' \cos Y + y' \cos Y' + z' \cos Y'', \qquad (1) \\
z &= x' \cos Z + y' \cos Z' + z' \cos Z''.
\end{aligned}
$$

Il faudra joindre à ces valeurs les équations de condition qui ont lieu entre les trois angles que fait une ligne droite avec les trois axes, et qui sont (n° 57)

$$
\begin{aligned}
\cos^2 X + \cos^2 Y + \cos^2 Z &= 1, \\
\cos^2 X' + \cos^2 Y' + \cos^2 Z' &= 1, \qquad (2) \\
\cos^2 X'' + \cos^2 Y'' + \cos^2 Z'' &= 1.
\end{aligned}
$$

Ces formules suffisent pour transformer les coordonnées, lorsque les angles des nouveaux axes entre eux doivent être quelconques; mais si ces angles sont donnés, il en résultera de nouvelles conditions entre les angles X, Y, Z, X'..., et il faudra les joindre aux équations précédentes.

En effet, si l'on nomme V l'angle que forment les x' avec les y', U l'angle des y' avec les z', et W l'angle des z' avec les x', on aura, par le n° 62,

$$
\begin{aligned}
\cos V &= \cos X \cos X' + \cos Y \cos Y' + \cos Z \cos Z', \\
\cos U &= \cos X' \cos X'' + \cos Y' \cos Y'' + \cos Z' \cos Z'', \quad (3) \\
\cos W &= \cos X \cos X'' + \cos Y \cos Y'' + \cos Z' \cos Z'';
\end{aligned}
$$

et ces équations étant jointes aux formules (1) et (2), suffiront, dans tous les cas, pour établir les conditions relatives aux nouveaux axes, en supposant les anciens rectangulaires.

98. Si, par exemple, on veut que le nouveau système soit pareillement rectangulaire, on aura

$$\cos V = 0, \quad \cos U = 0, \quad \cos W = 0;$$

et les seconds membres des équations (3) seront nuls : alors, en ajoutant les carrés de x, y, z, on trouve

$$x^2 + y^2 + z^2 = x'^2 + y'^2 + z'^2.$$

Cette condition doit être en effet remplie, lorsque les deux systèmes de coordonnées sont rectangulaires et ont la même origine, parce qu'alors la somme des carrés des trois coordonnées représente, dans l'un et dans l'autre, le carré de la distance de cette origine commune au point que l'on considère.

99. On peut aussi changer la direction de deux axes seulement, en conservant le troisième. Supposons, par exemple, que l'axe qui reste soit l'axe des z, et que les deux autres coordonnées, faisant entre elles un angle V, doivent toujours lui être perpendiculaires ; on aura, d'après ces conditions,

$$\cos U = 0, \quad \cos W = 0,$$

$$\cos X'' = 0, \quad \cos Y'' = 0, \quad \cos Z'' = 1;$$

valeurs qui, substituées dans les équations (3), donnent

$$\cos Z' = 0, \quad \cos Z = 0;$$

c'est-à-dire que les axes des x' et des y' sont dans le plan des xy ; de là et des équations (2) il résulte

$$\cos Y = \sin X, \quad \cos Y' = \sin X';$$

et les valeurs de x, y, deviennent

$$x = x' \cos X + y' \cos X', \quad y = x' \sin X + y' \sin X',$$

7ᵉ Edit.　　　11

qui sont précisément celles que l'on a trouvées dans l'art. 91, pour passer d'un système d'axes rectangulaires x et y à un système quelconque situé dans le même plan.

Des Coordonnées polaires.

100. Les coordonnées rectilignes ne sont pas les seules par lesquelles on puisse définir analytiquement les positions relatives des points de l'espace. On peut employer à cet usage tous systèmes de lignes droites ou courbes dont la construction suffit pour déterminer complètement ces positions.

Par exemple, si tous les points que l'on considère sont compris dans un même plan, on pourra (fig. 31) prendre pour coordonnées la distance AM de ces points à un point fixe A compris dans le plan, et l'angle MAX formé par cette distance avec une ligne aussi menée dans le plan. En effet, lorsque l'angle MAX sera donné, on connaîtra la direction de la ligne AM sur laquelle le point désigné se trouve; et si, de plus, on connaît AM, on aura la situation précise de ce point, et l'on pourra le construire. Ce mode de détermination, par un angle et une distance variables, constitue ce que l'on appelle un *système de coordonnées polaires*. La distance AM se nomme le *rayon vecteur*, et le point A, d'où elle se compte, prend le nom de *pôle*.

Quand on connaît l'équation d'une ligne courbe, rapportée à des coordonnées rectilignes, il est bien aisé de la transformer en coordonnées polaires; car, pour cela, comme dans tous les autres cas de transformation, il suffit de déterminer les valeurs des anciennes coordonnées en fonction des nouvelles, et de les substituer dans l'équation proposée.

Concevons, par exemple, que les anciennes coordonnées soient rapportées à des axes rectangulaires AX, AY, fig. 32; en sorte que, pour un point quelconque M, situé dans le plan de ces axes, AP, soit x, PM, y. Supposons qu'à ce système on veuille substituer un système polaire, dont les coordonnées soient la distance A'M, comptée du pôle A', et l'angle formé par cette distance avec l'axe AX. Il faudra que la position du pôle A' soit connue, par rapport aux anciens axes : représentons son abscisse AB par a, son ordonnée A'B par b. Maintenant, du même pôle, menons A'X' parallèle à l'axe des x; et, désignant l'angle MA'X' par v, le rayon vecteur A'M par r, nous aurons évidemment

$$AP = AB + A'Q, \quad PM = A'B + MQ.$$

Mettant donc pour AP, PM, AB, A'B les lettres qui les désignent, et remplaçant A'Q, MQ par leurs expressions tirées du triangle rectangle MA'Q, il vient

$$x = a + r \cos v, \quad y = b + r \sin v;$$

ce sont les relations demandées.

Si le pôle A' coïncide avec l'origine A elle-même (fig. 31), a et b seront nuls, et l'on aura simplement

$$x = r \cos v, \quad y = r \sin v;$$

relations dont la démonstration est évidente.

Si la ligne A'X', à partir de laquelle les angles v se comptent (fig. 32), ne devait pas être parallèle à l'ancien axe des x, mais former avec lui un angle donné α (fig. 33), la transformation serait également facile. En effet, par le pôle A', menez A'X'' parallèle à l'axe des x. Alors l'angle MA'X'' sera $v + \alpha$; et, en considérant les coordonnées MP, AP, menées d'un point quelconque M aux anciens axes, on aura, comme tout à l'heure,

$$AP = AB + A'Q, \quad PM = A'B + MQ,$$

ou en substituant les expressions algébriques

$$x = a + r \cos (v + \alpha), \quad y = v + r \sin (v + \alpha).$$

11..

Ici, il y a une remarque importante à faire : l'objet général de tout système de coordonnées, c'est d'exprimer analytiquement la position d'un point quelconque de l'espace, et de comprendre dans une même formule les positions relatives de tous ces points. Cette dernière condition détermine la loi des variations de signe qu'il faut attribuer aux diverses coordonnées, selon les parties de l'espace où se trouvent les points qu'elles doivent définir. Dans les systèmes précédens, par exemple, supposons que l'on compte les angles v, depuis zéro jusqu'à la circonférence entière. Alors, ce mode de variation suffira pour porter le rayon vecteur dans toutes les directions possibles autour du pôle A′ ; et, sur chaque direction, la position du point M ne dépendra plus que de la longueur du rayon vecteur r, laquelle pourra varier depuis zéro jusqu'à l'infini. Aussi, en introduisant les seules valeurs des angles v dans les expressions de x et de y obtenues tout à l'heure, les seuls changemens de signe des lignes trigonométriques se trouvent suffisans pour porter les valeurs de ces coordonnées dans tous les quadrans, et embrasser ainsi toutes les positions possibles des points situés dans ce plan. On voit clairement, par cette discussion, qu'en adoptant pour les angles v, le mode de variabilité que nous venons de supposer, il n'existe dans le plan aucun point pour lequel le rayon vecteur r doive avoir une valeur négative ; et, par conséquent, si un problème conduisait à de telles valeurs, il faudrait en conclure qu'il est impossible. Ceci est une condition qu'il faut toujours se rappeler, quand on emploie des systèmes de coordonnées polaires, où l'on donne aux angles la complette étendue de variation que nous leur avons attribuée.

101. On peut aussi étendre de pareils systèmes de coordonnées aux trois dimensions de l'espace, et l'on en fait fréquemment usage. Un des systèmes les plus

usités consiste à prendre pour cet usage les angles
MAM′ et M′AP (fig. 3o), le premier formé par le
rayon vecteur AM avec sa projection sur un des plans
rectangulaires, par exemple, sur le plan des xy; le second, formé par cette projection elle-même avec l'axe
des x.

Soient φ et θ ces angles, r le rayon vecteur, r' sa
projection, on aura

$$x = r' \cos\varphi, \qquad y = r' \sin\varphi, \qquad z = r \sin\theta ;$$

d'ailleurs
$$r' = r \cos\theta ;$$

on aura donc

$$x = r \cos\varphi \cos\theta, \qquad y = r \sin\varphi \cos\theta, \qquad z = r \sin\theta.$$

Pour embrasser dans ces formules tous les points de
l'espace, il suffira de faire varier l'angle φ ou M′AP
depuis o° jusqu'à 36o°, et l'angle θ ou M′AM depuis o
jusqu'à $\pm$ 9o°. Les signes que ces valeurs assigneront
aux lignes trigonométriques, détermineront complètement les signes que doivent avoir les coordonnées x, y, z,
selon le quadrans où sera situé le point auquel elles
appartiendront; et, puisqu'elles suffisent, il ne faudra
attribuer aucun changement de signe au rayon vecteur r. On devra se borner, comme précédemment, à
le faire varier depuis zéro jusqu'à l'infini.

Dans les équations précédentes, $\dfrac{x}{y}, \dfrac{y}{z}$ représentent
les tangentes trigonométriques des angles que forment
avec l'axe des z les projections du rayon vecteur sur
les plans des xz et des yz. En divisant ces équations
membre à membre, on en tire

$$\frac{x}{z} = \frac{\cos\theta \cos\varphi}{\sin\theta}, \qquad \frac{y}{z} = \frac{\cos\theta \sin\varphi}{\sin\theta}.$$

Ainsi, en représentant les équations du rayon vecteur

$$x = az, \qquad y = bz,$$

ce qui est la forme que nous avons adoptée généralement pour les équations des droites menées par l'origine des coordonnées, on aura

$$a = \frac{\cos\theta\,\cos\varphi}{\sin\theta}, \qquad b = \frac{\cos\theta\,\sin\varphi}{\sin\theta}.$$

Alors a et b représentent les tangentes trigonométriques des angles formés par l'axe des z avec la projection du rayon r sur les plans des xz et des yz. On connaîtra ainsi les valeurs de ces angles par les expressions précédentes, quand φ et θ seront données.

102. Ce que nous venons de reconnaître dans les exemples précédens, sur la constance de signe du rayon vecteur r, est une condition qui a généralement lieu dans tous les systèmes de coordonnées polaires, lorsqu'on fait varier les angles de manière à pouvoir porter indistinctement ce rayon dans toutes les directions. Alors les seules variations de signes des lignes trigonométriques, déterminées par les valeurs des angles auxquelles elles appartiennent, suffisent toujours pour déterminer et indiquer la position des points.

103. Les questions que nous venons de traiter dans ces préliminaires sont en quelque sorte les élémens de tous les problèmes qui concernent l'application de l'Algèbre à la Géométrie. Les formules que l'on en déduit sont autant de méthodes générales dont l'usage revient sans cesse, et que l'on ne suppléerait qu'imparfaitement par des constructions particulières qu'il faudrait recommencer pour tous les cas. Mais, pour sentir le prix de ces méthodes, il est nécessaire de se familiariser avec elles par l'usage : c'est pourquoi nous les appliquerons à la recherche des propriétés des courbes et des surfaces du second ordre ; et cet exemple qui fait l'objet du reste de cet Ouvrage, suffira pour montrer généralement comment on doit employer les procédés dont il s'agit.

CHAPITRE IV.

Des Sections du Cône.

104. LES courbes du second ordre sont aussi appelées sections coniques, parce qu'on peut les obtenir toutes en coupant un cône droit à base circulaire par des plans diversement inclinés. Comme ce mode de génération commun établit entre elles des analogies remarquables, nous l'emploierons pour former leur équation générale. Nous discuterons ensuite les diverses formes de courbes résultantes des modifications particulières que cette équation peut subir; et, quand nous les aurons ainsi reconnues avec détail, nous prouverons que toute courbe exprimée par une équation du second degré, est nécessairement identique avec une d'entre elles.

105. Soit (fig. 34) C le centre du cône, ZCO son axe; par un point quelconque O, pris sur cet axe à une distance donnée c du centre, concevons trois axes de coordonnées OX, OY, OZ, rectangulaires entre eux, et dont l'un, OZ, soit dirigé suivant l'axe du cône même; appelons v l'angle constant OCB formé avec cet axe par une quelconque des droites génératrices, et cherchons d'abord à déterminer l'équation du cône avec ces données.

D'après les définitions précédentes, les coordonnées du centre C sont $x = 0$, $y = 0$, $z = c$; ainsi, les équations d'une génératrice quelconque, menée par ce point, seront nécessairement de la forme

$$x = a'(z - c), \qquad y = b'(z - c),$$

les coefficiens a', b', étant constans pour la même génératrice, et variables d'une génératrice à une autre.

Maintenant, toute génératrice doit former l'angle constant ν avec l'axe du cône; donc, puisque cet axe est ici celui des coordonnées z, on aura par le n° 66,

$$\cos^2 \nu = \frac{1}{1 + a'^2 + b'^2};$$

ou en faisant disparaître le dénominateur du second membre,

$$(a'^2 + b'^2) \cos^2 \nu = \sin^2 \nu.$$

Cette condition subsiste pour chaque position de la droite génératrice; si l'on en chasse a' et b', en mettant au lieu de ces coefficiens leurs valeurs générales $\dfrac{x}{z-c}$, $\dfrac{y}{z-c}$, le résultat en x, y, z, ne sera plus particulier à aucune des positions de la droite génératrice, mais il appartiendra à tous les points qui peuvent se trouver sur cette droite lorsqu'elle forme l'angle donné ν avec l'axe OZ. Ce sera donc l'équation de la surface conique engendrée par son mouvement. Cette substitution donne

$$(y^2 + x^2) \cos^2 \nu = (z - c)^2 \sin^2 \nu;$$

équation qui convient à tous les points de la surface conique.

Si l'on voulait avoir l'intersection du cône par le plan même des xy, on n'aurait qu'à faire z nul, ce qui est le caractère de ce plan, et l'on aurait alors

$$(y + x^2) \cos^2 \nu = c^2 \sin^2 \nu,$$

ou, en divisant les deux membres par $\cos^2 \nu$,

$$y^2 + x^2 = c^2 \tang^2 \nu.$$

Cette équation ne convient plus qu'aux seuls points situés sur la courbe d'intersection. Elle montre que la distance de tous ces points à l'axe du cône est constante et égale à $c \tang \nu$; c'est-à-dire que l'intersection est un cercle décrit dans le plan des xy, autour du point O comme centre, avec c tang v pour rayon. En effet, CO étant représenté par c, et l'angle BCO par v, c tang v représente le côté OB du triangle générateur.

105. Prenons maintenant un mode d'intersection plus général. Par le point B, extrémité du rayon OB, concevons un plan coupant IBI, mené perpendiculairement au plan des xz, et formant un angle quelconque BSC, ou u avec l'axe du cône. Puis, cherchons l'équation de la courbe d'intersection IMBI.

L'équation du plan coupant ainsi mené sera la même que celle de sa trace BS sur le plan des xz (pages 106 et 134). Or, cette trace doit passer par le point B, dont les coordonnées sont $z=o$, $y=o$, $x=c$ tang v; de plus, elle doit faire l'angle u avec l'axe des z; son équation sera donc

$$x = c \text{ tang } v + z \text{ tang } u. \qquad (2)$$

Pour tous les points de l'intersection, cette relation devra subsister en même temps que l'équation du cône. Donc si, entre elles, on élimine z, la relation en x, y, qui en proviendra, appartiendra à la projection de l'intersection sur le plan des xy. Ce sera l'équation analytique de cette projection. De même si, au lieu d'éliminer z, on élimine x, le résultat en y, z, appartiendra à la projection de l'intersection sur le plan des zy.

Puisque notre plan coupant est mené par le point B, nous introduirons comme donnée la distance CB, que nous nommerons a. Alors, OB sera a sin v; OC ou c sera a cos v, et nos deux équations deviendront

$$(y^2 + x^2) \cos^2 v = (z - a \cos v)^2 \sin^2 v, \qquad (1)$$
$$x = a \sin v + z \text{ tang } u. \qquad (2)$$

La courbe d'intersection se trouve complètement déterminée par le système de ces deux équations, puisque, si l'on se donne à volonté une des coordonnées d'un de ses points, par exemple x, on en peut tirer aussitôt les valeurs de z et de y qui y correspondent. Mais afin d'étudier plus immédiatement les particularités de sa forme, nous allons la rapporter à des coordonnées rectangulaires prises dans son plan même. Pour cela, portons l'origine de ces nouvelles coordonnées au point B, et comptons la première x' à partir de ce point sur la trace BS, tandis que la seconde y', comprise dans le plan de la section, sera perpendiculaire à cette trace, et par conséquent parallèle à l'axe OY des coordonnées générales. Alors, si nous considérons un point quelconque de l'intersection, tel que M dont les coordonnées rectangulaires primitives sont OP, x; PQ, z, et QM, y; il faudra trouver les valeurs de ces anciennes coordonnées en fonction de BQ et de QM. Or, cela est très facile; car, d'abord, la direction des y n'étant pas changée, y est égal à y'; en outre, le triangle BPQ donne

$$BP = x' \sin u, \qquad PQ = x' \cos u;$$

et puisque OB est $a \sin v$, on aura

$$x = a \sin v - x' \sin u,$$
$$z = - x' \cos u,$$
$$y = y'.$$

Ces expressions de x et de z satisfont déjà à l'équation (2), parce que la construction même qui nous les a données, exprime que les points M, auxquels elles s'appliquent, sont situés dans le plan coupant IMBI, caractérisé par cette équation. Il ne reste donc plus qu'à les substituer dans l'équation (1), en écrivant aussi y' pour y, et l'on aura l'équation de la courbe d'intersection prise dans son plan même. Or, si l'on effectue cette substitution, et que l'on développe l'équation qui en résulte, il reste, après les réductions,

$$y'^2 \cos^2 v + x'^2 \sin(u+v) \sin(u-v) - a x' \sin 2v \sin(u+v) = 0. \qquad (3)$$

En faisant varier dans cette équation l'angle u, formé par le plan coupant avec l'axe du cône, on peut donner successivement à ce plan toutes les directions possibles, autour de l'arête BC, et reconnaître les diverses formes qui en résultent pour la courbe d'intersection. Mais la série de ces résultats sera plus facile à suivre encore si, au lieu de u ou CSB, on prend pour variable l'angle CBS, qui mesure immédiatement l'inclinaison du plan coupant sur l'arête CB. Cette transformation est très facile, car, en désignant ce nouvel angle par i, on a, dans le triangle CBS,

$$u + v + i = 180°; \quad \text{d'où} \quad u + v = 180° - i; \quad u - v = 180° - (i + 2v);$$

et, en substituant ces valeurs dans l'équation de l'intersection, elle devient

$$y'^2 \cos^2 v + x'^2 \sin i \sin(i + 2v) - ax' \sin 2v \sin i = 0. \quad (4)$$

Alors, pour donner successivement au plan coupant toutes les directions possibles autour du point B, il suffira de faire varier l'angle i depuis o jusqu'à 180°; la première valeur le dirigeant suivant BC, et la dernière le ramenant en BR, sur le prolongement de cette même droite après une demi-révolution entière.

Partons de la première supposition qui donne l'angle i nul; alors, les deux derniers termes affectés du facteur $\sin i$ disparaissent de l'équation de l'intersection; et celle-ci, réduite à son premier terme, donne

$$y' = o;$$

ce qui est l'équation de l'axe des x'. La courbe d'intersection se trouve donc alors réduite à cet axe, c'est-à-dire à la ligne BS ou BX', devenue coïncidente avec BC. Il est évident en effet que le plan d'intersection ne fait alors que toucher la surface conique suivant cette arête même.

Partons de cette position, et faisons croître l'angle i

comme le représente la fig. 35. Alors le plan IBI commencera à couper la nappe DCB de la surface conique suivant une courbe fermée ; et cette particularité se soutiendra tant que la trace BSX′ pourra aller couper l'arête indéfinie CD opposée à CB ; c'est-à-dire tant que l'angle i sera moindre que $180° - 2\nu$; car, à cette limite, la trace BX′ du plan coupant, et le plan coupant lui-même, deviendrait parallèle à l'arête CD. Jusque-là, les angles i et $i + 2\nu$, seront l'un et l'autre moindres que 180 degrés ; ainsi, leurs sinus seront positifs ; d'où l'on voit que, dans l'équation de la courbe d'intersection, les coefficiens des termes en y'^2 et x'^2, seront de même signe. Cette courbe prend alors le nom d'*ellipse* ; elle comprend, comme cas particulier, le cercle, qui s'obtient lorsque $i = 90° - \nu$; et elle se réduit à un simple point, lorsque a est nul ; c'est-à-dire quand le plan coupant est mené par le centre du cône même ; car alors, l'équation ne contenant plus que ses deux premiers termes, qui sont tous deux positifs, ne peut être satisfaite qu'en faisant x' et y' nuls tous deux à la fois ; ce qui est l'équation de l'origine.

Ceci nous conduit jusqu'à la limite où $i = 180° - 2\nu$. A ce terme, la trace BX′ du plan coupant devient parallèle à l'arête CD (fig. 35) ; et la courbe d'intersection ne trouvant rien qui la termine, s'étend indéfiniment dans ce sens ; mais elle est toujours située tout entière sur la même nappe du cône ; car le plan coupant étant parallèle à la génératrice extrême CD, ne rencontre pas la nappe opposée, qui est limitée par le prolongement de cette même génératrice. Dans ce cas, $\sin(i + 2\nu)$ devenant nul, le terme affecté de x'^2 disparaît dans l'équation de la courbe d'intersection ; et celle-ci prend alors le nom de *parabole*. Lorsque a est nul, c'est-à-dire lorsque le plan coupant est mené par le centre C du cône, elle se réduit à une simple ligne droite, qui est l'arête CD elle-même. En effet, dans ce cas, l'équation ne contenant plus que son premier terme, ne peut être satisfaite qu'en faisant $y' = 0$; ce qui est l'équation de l'axe des x'.

Enfin, le plan coupant continuant de s'incliner sur la génératrice BC, commence à rencontrer les deux nappes de la surface conique, fig. 36. Alors l'angle i surpassant $180° - 2\nu$, la somme $i + 2\nu$ surpasse $180°$, et par conséquent, son sinus est négatif. Le coefficient de x'^2 dans l'équation de l'intersection, se trouve ainsi négatif, par conséquent de signe contraire à celui de y'^2. Dans ce cas, la courbe d'intersection s'étend indéfiniment sur les deux nappes de la surface conique, et prend le nom d'*hyperbole*. La dernière limite de ce genre de courbe s'obtient lorsque $i = 180°$, ce qui dirige ce plan coupant suivant BR. Alors $\sin i$ devenant une seconde fois nul, l'équation de l'intersection se réduit à son premier terme, et donne

$$y' = 0;$$

c'est-à-dire qu'elle se réduit à l'arête BC elle-même, comme dans le premier cas que nous avons considéré au commencement de cette discussion.

Lorsque a devient nul, c'est-à-dire lorsque le plan coupant est mené par le centre du cône, les relations des angles i et ν étant toujours celles qui conviennent à des hyperboles, c'est-à-dire telles que le plan coupant rencontre les deux nappes de la surface conique, alors l'équation de l'intersection perd seulement son dernier terme; et le coefficient de x'^2 devenant négatif, elle se résout en deux facteurs linéaires réels, qui sont

$$y' \cos \nu - x' \sqrt{- \sin i \sin (i + 2\nu)} = 0,$$
$$y' \cos \nu + x' \sqrt{- \sin i \sin (i + 2\nu)} = 0.$$

Elle représente alors le système de deux droites menées par l'origine des x', y', qui se trouve être le centre même du cône. Ces deux droites sont les deux génératrices opposées, suivant lesquelles la surface conique est alors coupée par le plan de la section.

En résumant cette discussion, elle nous conduit à établir les conséquences suivantes.

Lorsque l'on coupe un cône droit à base circulaire, par des plans diversement inclinés sur son axe, on obtient pour intersection trois espèces de courbes distinctes; savoir, des courbes fermées et rentrantes sur elles-mêmes, qui s'appellent ellipses; des courbes indéfiniment étendues dans un seul sens, qui sont nommées paraboles; enfin, des courbes étendues indéfiniment dans deux sens opposés, et formées de deux branches séparées et distinctes; ces dernières reçoivent le nom d'hyperboles. Le premier genre d'intersection, l'ellipse, comprend, comme cas particulier, le cercle et le point; le second, la parabole, comprend une ligne droite unique, ou, pour parler plus exactement, la réunion de deux droites parallèles; enfin, le troisième genre, l'hyperbole, comprend le système de deux droites qui se coupent.

L'équation (3), qui représente ces divers genres d'intersection, donne des ellipses, des paraboles ou des hyperboles, selon que le coefficient de x^2 est positif, nul ou négatif, celui de y^2 étant positif. La nature de la courbe ne dépend que du signe de ce coefficient.

Nous allons maintenant discuter en particulier chacune de ces classes de courbes. Nous déduirons de l'équation générale, modifiée pour chacune d'elles, leur position, leur forme, leurs caractères, leurs particularités; nous les comparerons ensuite les unes aux autres, pour découvrir leurs propriétés communes.

Du Cercle.

105. En coupant un cône droit à base circulaire par un plan perpendiculaire à son axe, et mené à une distance c de son centre, nous avons eu pour l'équation de l'intersection

$$x^2 + y^2 = c^2 \tang^2 v,$$

ou, en représentant le produit c tang v par une seule lettre R,

$$x^2 + y^2 = R^2.$$

Dans cette équation, les coordonnées x, y, sont rectangulaires (fig. 38). Ainsi, $\sqrt{x^2 + y^2}$ exprime la distance d'un point quelconque de la courbe à l'origine des coordonnées. L'équation précédente montre que cette distance est constante; elle indique donc, par ce caractère, qu'en effet la courbe proposée est une circonférence de cercle dont le centre se trouve placé à l'origine des coordonnées : cette seule propriété suffirait pour décrire cette circonférence; mais on peut de même, d'après l'équation, déterminer toutes ses autres propriétés et toutes les circonstances de son cours.

Par exemple, si l'on veut connaître les points où elle coupe l'axe des x, il suffit de faire $y = 0$; ce qui est le caractère des points situés sur cet axe; alors l'équation donne

$$x = \pm R.$$

Ce qui nous apprend que la courbe coupe l'axe des x en deux points différens, situés de part et d'autre de l'origine des coordonnées, et à une distance R de l'axe des y.

De même, en faisant $x = 0$, on aura les points où la courbe coupe l'axe des y : cette supposition donne

$$y = \pm R.$$

Ainsi, ces points sont au nombre de deux, situés de part et d'autre, et à une distance R de l'axe des x.

Pour suivre la marche de la courbe dans les points intermédiaires, prenons en général la valeur de y; elle sera

$$y = \pm \sqrt{R^2 - x^2}.$$

Les deux valeurs de y étant égales et de signes contraires, la courbe est symétrique au-dessus et au-dessous de l'axe des x.

Si l'on suppose x positif, les valeurs tant positives que négatives de y iront en décroissant depuis $x = 0$, qui donne $y = \pm R$, jusqu'à $x = +R$, qui donne $y = 0$. Si l'on fait x plus grand que R, y devient imaginaire; ce qui montre que la courbe ne s'étend pas, du côté des x positifs, au-delà de l'abscisse $x = +R$.

Les mêmes résultats se reproduisent en sens contraire du côté des x négatifs; et l'on voit de même que la courbe ne s'étend pas, de ce côté, au-delà de l'abscisse $x = -R$. Elle est donc également symétrique de part et d'autre de l'axe des y, et elle est limitée sur les deux axes à la distance R de l'origine.

106. L'équation proposée peut se mettre sous cette forme

$$y^2 = (R + x)(R - x).$$

$R + x$ et $R - x$ sont les deux segmens dans lesquels l'ordonnée y coupe le diamètre : cette ordonnée est donc moyenne proportionnelle entre les deux segmens.

107. On trouve de même que deux cordes, menées des deux extrémités d'un diamètre à un même point de la courbe, sont perpendiculaires l'une à l'autre. En effet, si, par le point B', pour lequel $y = 0$ et $x = -R$, on mène une ligne droite inclinée d'une manière quelconque, elle aura pour équation

$$y = a(x + R).$$

Si par le point B, pour lequel $y = 0$ et $x = +R$, on mène une autre droite pareillement inclinée d'une manière quelconque, elle aura pour équation

$$y = a'(x - R).$$

Ces droites ainsi menées arbitrairement, pourraient se rencontrer dans un point quelconque; mais, si l'on veut que leur point d'intersection se trouve sur la circonférence du cercle, il faudra que leurs équations subsistent en même temps et avec celle de cette circonférence, c'est-à-dire qu'elles soient satisfaites par les mêmes valeurs de y et de x. Cette supposition donne trois équations entre ces deux variables, et par conséquent une de plus qu'il ne faut pour les déterminer. On pourra donc, en éliminant ces variables, parvenir à une équation qui ne les contiendra plus, et qui devra être satisfaite pour que les deux droites puissent se couper sur la circonférence : cette équation sera évidemment entre les quantités a et a', qui déterminent leur direction.

Pour l'obtenir, il faut donc combiner ensemble les trois équations

$$y = a\,(x + R),$$
$$y = a'(x - R),$$
$$y^2 = R^2 - x^2,$$

de manière à en chasser x et y. On y parviendrait sans doute en prenant les valeurs de ces deux variables dans les deux premières équations, et les substituant dans la troisième; mais on arrivera plus simplement au même but, en multipliant d'abord les deux premières équations membre à membre; ce qui donne

$$y^2 = aa'\,(x^2 - R^2).$$

Puis, divisant ce résultat membre à membre, par l'équation du cercle

$$y^2 = R^2 - x^2.$$

Alors les variables x, y, disparaissent, et il reste

$$aa' = -1, \quad \text{ou} \quad aa' + 1 = 0.$$

Or, d'après le n° 5o, cette relation entre les coefficiens a et a', est celle qui est nécessaire pour que deux droites menées dans un même plan soient perpendiculaires entre elles. Puis donc que cette relation a lieu entre les droites qui sont menées par les extrémités opposées

7ᵉ *Edition.* 12

d'un même diamètre, et qui se rencontrent sur la circonférence, on en doit conclure qu'elles sont perpendiculaires l'une à l'autre.

108. On voit, par cet exemple, que lorsqu'on doit combiner ensemble plusieurs équations pour en éliminer certaines quantités, il est quelquefois possible d'abréger l'opération par des procédés plus ou moins ingénieux ; mais, en profitant de ces artifices pour rendre les calculs plus élégans et plus simples, il ne faut jamais voir, dans les changemens qu'ils opèrent, que le résultat et l'effet de l'élimination.

Et comme les divers procédés que l'on peut employer pour éliminer, introduisent quelquefois des facteurs étrangers à la question, ou en font disparaître, il faudra s'assurer que l'on a réellement trouvé le nombre de facteurs convenable, ce qui sera toujours indiqué par le nombre et le degré des équations entre lesquelles on a dû éliminer.

109. Par exemple, dans le cas précédent, si l'on eût d'abord cherché directement les valeurs de y et de x, au moyen des deux premières équations qui appartiennent aux deux lignes droites, l'élimination aurait donné

$$x = \frac{a' + a}{a' - a} \cdot \mathrm{R}, \quad y = \frac{2aa'}{a' - a} \cdot \mathrm{R}.$$

En substituant ces valeurs dans l'équation du cercle, et réduisant tous les termes au même dénominateur, on trouve

$$aa' \, (aa' + 1) = 0.$$

Cette équation peut être satisfaite de plusieurs manières. D'abord, en faisant $aa' + 1 = 0$, ce qui donne le résultat que nous avons déjà obtenu par l'autre marche ; secondement, en faisant $a = 0$ ou $a' = 0$, ce qui signifie que, si l'une des deux lignes est dirigée suivant l'axe des x, l'autre ligne peut être menée suivant telle direction que l'on voudra. Il est visible, en effet, que dans cette dernière supposition, les deux droites se couperont toujours sur la circonférence du cercle, puisqu'elles se rencontreront à l'extrémité du diamètre; mais cette solution, quoique vraie, était étrangère à la propriété que nous voulions découvrir : c'est pourquoi nous avons pu nous dispenser d'y avoir égard.

110. En général, en suivant la marche que nous venons d'indiquer, on déduirait de la seule équation du cercle toutes les propriétés que démontre la Géométrie élémentaire; et la raison en est, que ces propriétés sont des résultats de sa définition, dont l'équation proposée n'est que la traduction analytique.

Réciproquement, en partant d'une des propriétés caractéristiques que nous avons démontrées, et reprenant d'une manière inverse la marche que nous ayons suivie, on retomberait sur l'équation du cercle, si cette propriété ne convenait qu'à lui seul ; auquel cas, elle serait équivalente à sa définition. Cela arriverait, par exemple, si l'on demandait que l'ordonnée fût moyenne proportionnelle entre les deux segmens, ou que les droites menées des deux extrémités de la ligne BB', fig. 38, se coupassent à angles droits sur la courbe; mais on ne reviendrait pas jusqu'au cercle, si l'on choisissait quelque autre propriété qui convînt en même temps à d'autres lignes. Par exemple, il ne suffirait pas de demander que la courbe fût symétrique au-dessus et au-dessous de l'axe des x, ou qu'elle passât par les quatre points B, B', D, D'; parce que, bien que ce soient là des propriétés du cercle, il peut y avoir, et il y a en effet, d'autres courbes qui en jouissent également.

111. La forme que nous venons d'examiner n'est pas la seule sous laquelle se présente l'équation du cercle ; elle change avec la position de l'origine des coordonnées. Si, par exemple, au lieu de compter les abscisses du

point A , nous voulions les compter de l'extrémité B′ du diamètre BB′, et toujours dans le même sens, alors, pour un point quelconque M , dont l'ancienne abscisse serait AP, la nouvelle serait B′P ; et, en nommant x' ces dernières, on aurait

$$x = x' - R.$$

Substituant cette valeur de x dans l'équation

$$y^2 + x^2 = R^2,$$

elle deviendra

$$y^2 + x'^2 - 2Rx' = 0.$$

Dans cette équation, $x' = 0$ donne $y = 0$, parce que l'origine des coordonnées est un point de la courbe. En suivant la marche des valeurs qui en résultent pour les coordonnées des autres points, on reconnaîtrait pareillement qu'elle représente une circonférence de cercle, et l'on en verrait naître les diverses propriétés.

Ainsi, $\sqrt{x'^2 + y^2}$ exprimant la distance MB′ d'un point de la courbe à la nouvelle origine B′ , et le carré de cette distance étant, d'après l'équation même, égal au produit du diamètre 2R par l'abscisse x' ou B′P, on reconnaît cette propriété de la corde, d'être moyenne proportionnelle entre le diamètre et l'abscisse correspondante.

La forme sous laquelle nous venons de mettre l'équation du cercle, est celle sous laquelle on la déduirait de l'équation générale dans laquelle nous avons embrassé toutes les sections du cône, page 171 ; car, dans cette équation, l'origine des coordonnées est pareillement placée sur un des sommets de la courbe. En effet, pour que l'intersection soit un cercle, il faut rendre le plan coupant perpendiculaire à l'axe du cône, ce qui exige que l'on fasse $i + v = 90°$, ou $i = 90° - v$ dans l'équation dont il s'agit; ainsi particularisée, elle devient

$$y'^2\cos^2 v + x'^2 \cos^2 v - ax' \sin 2v \cos v = 0.$$

Comme sin 2ν est égal à $2 \sin \nu \cos \nu$, tous les termes
sont divisibles par $\cos^2 \nu$; effectuant donc cette réduction, il reste

$$y'^2 + x'^2 - 2ax' \sin \nu = 0;$$

équation identiquement la même que celle à laquelle nous
venons d'arriver tout à l'heure; car, d'après la fig. 34,
a étant la distance CB, comptée sur l'arête extrême du
cône, laquelle forme l'angle ν avec son axe, le produit
$a \sin \nu$ représente évidemment le rayon OB de la section circulaire que nous avons désignée depuis par R.

112. L'équation d'une circonférence de cercle doit
toujours exprimer que la distance des points de la
courbe à un point donné est constante; elle doit toujours se rapporter à la formule que nous avons donnée
(n° 39), pour exprimer la distance de deux points. Si
donc x', y', représentent les coordonnées du centre de
la circonférence, R son rayon, et x, y, les coordonnées
d'un quelconque de ses points, on aura toujours

$$(x - x')^2 + (y - y')^2 = R^2.$$

Telle est par conséquent l'équation la plus générale
de la circonférence du cercle rapportée à des axes rectangulaires. L'origine des coordonnées ne se trouve plus
placée ici, comme dans les exemples précédens, au
centre même du cercle, ou sur un point de sa circonférence, mais en un point quelconque de son plan.

En faisant $y = 0$, pour avoir le point où la courbe
coupe l'axe des x, on trouve

$$x = x' \pm \sqrt{R^2 - y'^2};$$

et en faisant $x = 0$ pour avoir les points où elle coupe
l'axe des y, on trouve

$$y = y' \pm \sqrt{R^2 - x'^2}.$$

La première de ces expressions devient imaginaire

quand y' est plus grand que R, et la seconde, quand x' est plus grand que R. En effet, si les distances x', y', du centre du cercle aux axes des coordonnées surpassent le rayon de ce même cercle, il ne rencontre point ces axes; et, selon le signe propre des coordonnées x', y', de son centre, il se trouve placé, par rapport à eux, comme il l'est dans une des figures 39, 40, 41, 42.

113. En général, les diverses positions dans lesquelles une courbe peut être placée relativement à l'origine des coordonnées, font paraître son équation sous diverses formes, qui peuvent toujours se réduire les unes aux autres, puisqu'elles ne sont jamais que l'expression analytique de sa définition. Celle que nous venons de donner ici à l'équation du cercle, est non-seulement la plus générale, mais c'est encore la plus commode à employer, parce qu'elle fait immédiatement reconnaître les élémens nécessaires à la construction effective du cercle; savoir, les coordonnées de son centre et son rayon. Aussi, lorsqu'on veut voir si une équation du second degré se rapporte à un cercle, et à quel cercle elle se rapporte, il n'y a rien de mieux à faire que d'y compléter les carrés des termes qui contiennent les variables; et de voir si, par cette modification, on peut la ramener à la forme précédente. Par exemple, si l'on supposait l'équation

$$Ay^2 + By + Ax^2 + Cx = D,$$

on commencerait par diviser les deux membres par A, et, en complétant les carrés des termes variables, on verrait qu'elle peut se mettre sous la forme

$$\left(y + \frac{B}{2A}\right)^2 + \left(x + \frac{C}{2A}\right)^2 = \frac{B^2 + C^2 + 4AD}{4A^2}.$$

Alors, on en conclurait qu'elle représente un cercle ayant pour rayon $\sqrt{\dfrac{B^2 + C^2 + 4AD}{4A^2}}$, et dont le centre est placé en un point qui a pour abscisse $-\dfrac{C}{2A}$, pour

ordonnée $-\dfrac{B}{2A}$. Ce cercle se trouve donc ainsi défini par les valeurs numériques de ses élémens, puisque les coefficiens A, B, C, sont supposés des nombres connus ; et l'on pourra immédiatement le construire en appliquant à ces coefficiens ainsi qu'aux nombres inconnus x, y, les principes d'homogénéité établis dans le n° 6.

Ici, les deux coefficiens de y^2 et de x^2 étaient égaux : supposons maintenant qu'ils soient inégaux, et que l'on ait, par exemple,
$$Ay^2 + By + A'x^2 + Cx = D ;$$
alors, en considérant à part les termes en y qui peuvent se mettre sous la forme $A\left(y^2 + \dfrac{B}{A}y\right)$, on verra aisément qu'ils se changeront en un carré, si l'on ajoute entre les parenthèses $\dfrac{B^2}{4A^2}$; les termes en x, considérés de même, deviendront d'abord $A'\left(x^2 + \dfrac{C}{A'}x\right)$, et se changeront en un carré, si l'on ajoute entre les parenthèses $\dfrac{C^2}{4A'^2}$. Alors, par compensation, il faudrait ajouter au second membre les termes $A.\dfrac{B^2}{4A^2}$, ou $\dfrac{B^2}{4A}$, et $A'.\dfrac{C^2}{4A'^2}$, ou $\dfrac{C^2}{4A'}$; de sorte que l'équation ainsi transformée, deviendra
$$A\left(y + \dfrac{B}{2A}\right)^2 + A'\left(x + \dfrac{C}{2A'}\right)^2 = \dfrac{B^2}{4A} + \dfrac{C^2}{4A'} + D.$$
Or, soit qu'on divise les deux membres par A, A' ou par toute autre constante quelconque, on ne pourra jamais réduire le premier membre à exprimer que le carré de la distance de deux certains points, est constante, puisqu'il faudrait, pour cela, que les carrés

des termes en y et en x eussent un même coefficient qui pût être enlevé par la division. L'équation proposée ne peut donc pas représenter une circonférence de cercle; en effet, on verra plus tard qu'elle appartient à une ellipse, si les coefficiens A et A′ sont de même signe; à une hyperbole, s'ils sont de signe différens; enfin, à une parabole, si l'un d'eux devient égal à zéro.

114. Reprenons maintenant l'équation la plus simple du cercle,

$$x^2 + y^2 = \mathrm{R}^2,$$

et cherchons à former l'équation d'une droite qui lui soit tangente. Pour cela, nommons x'', y'', les coordonnées du point de tangence : on aura entre elles la relation

$$x''^2 + y''^2 = \mathrm{R}^2.$$

La tangente étant une ligne droite et passant par ce point, son équation sera de cette forme,

$$y - y'' = a(x - x'').$$

Il ne reste plus qu'à déterminer a.

Pour cela, nous considérerons la tangente comme une sécante dont les deux points d'intersection avec la courbe se réunissent en un seul, et nous emploierons cette propriété pour la définir.

Cherchons donc généralement les coordonnées d'intersection d'une sécante quelconque avec la circonférence : ces coordonnées doivent satisfaire simultanément pour x, y, aux trois équations précédentes; car les points auxquels elles appartiennent se trouvent en même temps sur la circonférence et sur la droite. Il faut donc combiner ces équations ensemble, pour en tirer les valeurs des coordonnées par l'élimination. Or, en retranchant la seconde de la première, il vient

$$y^2 - y''^2 + x^2 - x''^2 = 0,$$

ou $\quad (y + y'')(y - y'') + (x + x'')(x - x'') = 0.$

Mettant pour y sa valeur $y'' + a(x - x'')$, tirée de l'équation de la droite, on a

$$\{2ay'' + a^2 (x - x'') + x + x''\} (x - x'') = 0.$$

Cette équation donnera généralement deux valeurs de x, parce qu'il y a généralement deux points qui peuvent être communs à la droite et au cercle : une de ses racines est

$$x = x'' ;$$

valeur qui, étant substituée dans l'équation de la droite, donne

$$y = y'' ;$$

parce qu'en effet le point, dont les coordonnées sont x'' et y'', est déjà commun à la droite et au cercle : l'autre facteur étant égalé séparément à zéro, donnera

$$2ay'' + a^2 (x - x'') + x + x'' = 0.$$

Cette équation fera connaître l'autre valeur de x, c'est-à-dire l'abscisse du second point d'intersection ; mais il faudra, pour cela, que a soit donné, c'est-à-dire, que la direction de la sécante soit connue ; et l'on sent en effet que ces deux quantités sont dépendantes l'une de l'autre.

Dans la recherche qui nous occupe, nous ne connaissons pas la direction de la tangente, mais nous savons qu'elle doit être telle, que les deux points d'intersection se réunissent en un seul : en sorte que, si l'on connaissait la valeur de a qui lui est propre, et qu'on la substituât dans l'équation précédente, la seconde valeur de x, que cette équation détermine, serait certainement x'', comme la première. Par conséquent, si nous mettons x'' au lieu de x dans l'équation précédente, la valeur de a, qui en résultera, sera nécessairement celle qui convient à la tangente. Cette substitution fait disparaître le terme multiplié par a^2 ; l'équation se réduit ainsi au premier degré, et devient

$$2ay'' + 2x'' = 0 ; \quad \text{d'où} \quad a = -\frac{x''}{y''}.$$

Cette manière de déterminer a, en éludant la résolution de l'équation qui contient a^2, pourrait donner lieu, en apparence, à quelque difficulté; car si l'on résolvait directement cette équation qui est du second degré, en désignant par a' et a'' ses deux racines, on trouverait

$$a' = \frac{-y'' + \sqrt{y''^2 - (x + x'')(x - x'')}}{x - x''};$$

$$a'' = \frac{-y'' - \sqrt{y''^2 - (x + x'')(x - x'')}}{x - x''}.$$

Si, dans ces expressions, on suppose $x = x''$ pour les approprier particulièrement à la tangente, le numérateur et le dénominateur de a' deviennent nuls en même temps; ce qui donne $a' = \frac{0}{0}$. Mais, dans a'', le dénominateur seul devient nul; le numérateur se réduit à $-2y''$; et il en résulte $a'' = -\frac{2y''}{0}$; valeurs qui ne semblent pas s'accorder avec ce que nous avons trouvé par la première méthode.

Pour résoudre cette petite difficulté, occupons-nous d'abord de a'. Si nous multiplions le numérateur et le dénominateur de la fraction qui l'exprime, par le facteur $y'' + \sqrt{y''^2 - (x + x'')(x - x'')}$, cette multiplication ne changera rien à sa valeur ; or, par ce moyen, on trouve

$$a' = \frac{y''^2 - (x + x'')(x - x'') - y''^2}{\{x - x''\}\{y'' + \sqrt{y''^2 - (x + x'')(x - x'')}\}},$$

ou en réduisant

$$a' = \frac{-(x + x'')(x - x'')}{(x - x'')(y'' + \sqrt{y''^2 - (x + x'')(x - x'')})}.$$

Cette opération a donc fait disparaître les y'' du numérateur ; de plus, les deux termes sont devenus divi-

sibles par $x - x''$; effectuant cette division qui simpli-
fie a', il reste

$$\frac{- \{x + x''\}}{y'' + \sqrt{y''^2 - (x + x'')(x - x'')}}.$$

Si maintenant, dans cette expression, on fait $x = x''$, les deux termes de la fraction ne deviennent plus $\frac{0}{0}$, mais ils se réduisent à $- 2x''$ et $2y''$; de sorte que l'on a

$$a' = - \frac{x''}{y''}.$$

C'est précisément la valeur que nous avions trouvée par notre première méthode.

On voit, par cette analyse, que si la valeur de a' s'est d'abord présentée sous la forme $\frac{0}{0}$, c'est parce que le numérateur et le dénominateur de la fraction qui l'exprime, contenaient implicitement le facteur $x - x''$, qui s'évanouit quand $x = x''$. Mais, la transformation que nous avons fait subir à cette fraction, ayant mis le facteur $x - x''$ en évidence, nous avons pu l'en dégager; après quoi les deux termes de la fraction ne se sont plus évanouis. L'analyse offre souvent des exemples de quantités qui se présentent ainsi sous la forme de $\frac{0}{0}$; mais c'est toujours par l'effet d'une combinaison analytique pareille à celle que nous venons de développer. Et alors, comme dans le cas actuel, on ne peut obtenir la véritable valeur de ces quantités, qu'après en avoir dégagé les facteurs communs, qui leur font prendre cette forme en s'évanouissant.

Examinons maintenant la seconde valeur de a, que nous avons désignée par a''. Celle-ci se réduisant à $- \frac{2y''}{0}$ quand $x = x''$, il s'ensuit qu'alors $\frac{1}{a''}$ est nul. Or,

$\dfrac{1}{a''}$ est la cotangente de l'angle dont a'' est la tangente
trigonométrique. Cet angle ayant sa cotangente nulle,
est donc égal à 90°, et par conséquent la seconde valeur
de a'' appartient à une ligne droite perpendiculaire à
l'axe des x.

Ce résultat, quoique étranger à celui que nous nous
étions proposé d'obtenir, est cependant une conséquence
des conditions analytiques que nous avons établies. En
effet, nous avons écrit d'abord que la sécante était une
ligne droite menée par le point de la courbe dont les
coordonnées sont x'', y''. Et comme nous avons trouvé
que cette sécante avait encore avec la courbe un autre
point d'intersection, nous avons voulu que ce second
point coïncidât avec le premier. Mais nous n'avons écrit
cette coïncidence que pour les abscisses; car nous avons
dit que l'abscisse de ce second point était aussi égal
à x'', sans rien prononcer sur son ordonnée, qui n'entrait point dans notre équation. La résolution générale
de celle-ci devait donc, outre la tangente, nous donner
aussi une ligne droite perpendiculaire à l'axe des x,
puisque cette droite satisfait évidemment aux conditions
imposées, de passer par le point donné de la courbe dont
l'abscisse est x'', et de la couper encore dans un autre
point dont l'abscisse est encore cette même valeur.

Dans la première méthode, où nous évitions la résolution de l'équation du second degré, nous faisions disparaître le terme $a^2(x - x'')$, en faisant $x - x''$ nul.
Nous exprimions par là que la droite ou les droites que
nous voulions obtenir étaient celles qui satisfaisaient
aux conditions d'intersection exigées, et pour lesquelles
en outre la valeur de a n'était point infinie. Cette limitation restreignait l'équation aux seules valeurs de a,
qui pouvaient donner des tangentes à la courbe. Et le
résultat n'ayant donné qu'une valeur unique, il s'en-

suit que pour chaque point donné de la circonférence d'un cercle, la tangente est unique aussi. On voit, par cette discussion, que la première méthode était aussi exacte que l'autre ; mais elle était en même temps plus élégante et plus directe.

115. La valeur de a étant déterminée, il ne reste plus qu'à la substituer dans l'équation de la tangente, qui devient

$$y - y'' = -\frac{x''}{y''}(x - x'').$$

En la réduisant, et observant que les coordonnées x'', y'', appartiennent à un point de la circonférence du cercle, on peut lui donner cette forme très simple,

$$yy'' + xx'' = R^2.$$

La valeur que nous venons de trouver pour a étant unique, il s'ensuit qu'il n'y a, pour chaque point de la courbe, qu'une seule droite qui jouisse de la propriété par laquelle nous avons défini la tangente : on peut d'ailleurs s'assurer *à posteriori*, que cette définition est exacte : car la droite qui en résulte est tout entière hors du cercle, excepté dans le seul point qu'elle a de commun avec lui.

Cela se voit très simplement au moyen des équations
$$yy'' + xx'' = R^2,$$
$$y''^2 + x''^2 = R^2,$$
dont l'un appartient à la tangente, et dont l'autre signifie que le point de tangence est sur la circonférence du cercle. Si l'on double la première de ces équations, et qu'on la retranche de la seconde, il vient
$$y''^2 - 2yy'' + x''^2 - 2xx'' = -R^2.$$
En ajoutant $x^2 + y^2$ à chacun des deux membres, le résultat pourra se mettre sous la forme
$$(y - y'')^2 + (x - x'')^2 = x^2 + y^2 - R^2.$$

Le premier membre de cette équation nous donne ainsi la valeur de $x^2 + y^2 - R^2$ pour tous les points qui sont situés sur la tangente. Or, puisque cette valeur est la somme de deux carrés, elle est toujours positive, excepté lorsque ces carrés sont nuls; ce qui donne $x = x''$ et $y = y''$. Par conséquent, tous ces points, excepté celui de tangence, sont hors de la circonférence du cercle; car, dans l'intérieur de cette circonférence, on a $x^2 + y^2 - R^2 < 0$; sur la circonférence même, $x^2 + y^2 - R^2 = 0$; et au dehors, $x^2 + y^2 - R^2 > 0$.

116. Une ligne droite menée par le point de tangence perpendiculairement à la tangente, se nomme une *normale*. Si nous supposons pour son équation

$$y - y'' = a'(x - x'),$$

la condition d'être perpendiculaire à la tangente donnera

$$aa' + 1 = 0, \quad \text{ou} \quad a' = \frac{y''}{x''}.$$

Ainsi l'équation de la normale est pour le cercle,

$$y - y'' = \frac{y''}{x''}(x - x'');$$

ou en réduisant,

$$yx'' - y''x = 0.$$

Cette ligne passe donc par l'origine des coordonnées, qui est ici le centre du cercle; d'où l'on voit naître cette propriété connue dans les élémens de Géométrie, que la tangente à la circonférence est perpendiculaire à l'extrémité du rayon qui passe par le point de tangence donné sur la circonférence; regardons-le maintenant comme inconnu, et proposons-nous de le déterminer de manière que la tangente passe par un point donné hors du cercle. Soient x', y', les coordonnées de ce point; puisqu'il doit être sur la tangente, il doit satisfaire à l'équation de cette ligne; ce qui exige qu'on ait

$$y'y'' + x'x'' = R^2; \qquad (1)$$

on a , de plus,

$$y''^2 + x''^2 = R^2. \qquad (2)$$

Ces deux équations serviront à déterminer les coordonnées x'', y'', du point de tangence en fonction de R, et des coordonnées x', y', du point donné. En substituant ces valeurs dans l'équation de la tangente et dans celle de la normale, elles seront entièrement déterminées, et satisferont aux conditions demandées.

Les équations précédentes étant du second degré, donneront pour x'' et y'' deux valeurs. Il en résultera par conséquent deux points de tangence, et l'on pourra mener au cercle deux tangentes qui passeront par le point donné.

118. Mais, au lieu d'effectuer directement cette élimination, et de calculer les valeurs de x'' et de y'' par l'extraction des racines carrées, il sera plus élégant et plus simple de chercher à déduire des équations proposées d'autres équations équivalentes, mais faciles à représenter par la Géométrie, et dont la construction donne immédiatement les valeurs cherchées. En effet, c'est un principe d'Algèbre, que l'on peut substituer au système de deux équations deux autres équations qui s'en déduisent.

Or, si l'on retranche la première équation de la seconde, on trouve

$$y''^2 - y'y'' + x''^2 - x'x'' = 0;$$

résultat qui peut être mis sous la forme

$$\left(y'' - \frac{y'}{2}\right)^2 + \left(x'' - \frac{x'}{2}\right)^2 = \frac{x'^2 + y'^2}{4}.$$

En le comparant avec l'équation la plus générale du cercle trouvée dans l'article 112, on voit que le point de tangence qui a pour coordonnées x'', y'', se trouve sur une circonférence de cercle dont les coordonnées du centre sont $\dfrac{x'}{2}$, $\dfrac{y'}{2}$, et dont le rayon est $\sqrt{\dfrac{x'^2 + y'^2}{4}}$,

Cette circonférence a donc pour diamètre la distance du point donné au centre du cercle, ou $\sqrt{x'^2 + y'^2}$.

Or, le point de tangence doit se trouver sur la circonférence du cercle donné, et dont l'équation est

$$y''^2 + x''^2 = R^2.$$

Il se trouvera donc en même temps sur ces deux circonférences, et sera conséquemment donné par leur intersection ; ce qui est en effet la construction que l'on indique dans les élémens de Géométrie. De plus, les valeurs de x'' et de y'' seront doubles, puisque, d'après leurs positions, ces circonférences se couperont en deux points ; et ainsi, il y aura généralement deux points de tangence.

Cette construction indique même les cas où le problème devient impossible : ce sont ceux où le point d'où l'on propose de mener la tangente, serait intérieur à la circonférence du premier cercle, car alors les deux circonférences seraient intérieures l'une à l'autre, et par conséquent ne se couperaient pas.

Cette circonstance est également indiquée par l'analyse, car, si l'on élimine x'' entre les deux équations

$$(1) \qquad y'y'' + x'x'' = R^2, \qquad y''^2 + x''^2 = R^2, \qquad (2)$$

on trouve, pour déterminer y'', l'équation

$$y''^2(x'^2 + y'^2) - 2R^2 y'y'' = R^2(x'^2 - R^2),$$

qui, étant résolue par rapport à y'', donne, après les réductions,

$$y'' = \frac{R^2 y'}{x'^2 + y'^2} \pm \sqrt{\frac{R^2 x'^2(x'^2 + y'^2 - R^2)}{(x'^2 + y'^2)^2}} \ ;$$

ou, en faisant sortir les facteurs carrés de dessous le radical,

$$y'' = \frac{R^2 y'}{x'^2 + y'^2} \pm \frac{R x'}{x'^2 + y'^2} \sqrt{x'^2 + y'^2 - R^2};$$

et cette valeur étant substituée dans la première équation, entre x'' et y'', il en résulte

$$x'' = \frac{R^2 x'}{x'^2 + y'^2} \mp \frac{R y'}{x'^2 + y'^2} \sqrt{x'^2 + y'^2 - R^2}.$$

La quantité qui reste sous le signe radical sera réelle, nulle ou imaginaire, selon que l'on aura $x'^2 + y'^2 - R^2 > 0$, $x'^2 + y'^2 - R^2 = 0$, $x'^2 + y'^2 - R^2 < 0$. Dans le premier cas, il y aura deux points de tangence réels; dans le second, il n'y en aura qu'un seul, dont les coordonnées seront y' et x'; dans le troisième, il n'y en aura point du tout. Aussi, dans le premier cas, le point donné est extérieur au cercle proposé; dans le second, il est situé sur sa circonférence; dans le troisième, il lui est intérieur.

119. Si l'on eût ajouté les équations en y'' et x'' au lieu de les retrancher l'une de l'autre, on aurait encore trouvé pour le lieu du point de tangence l'équation d'un cercle; mais ce cercle aurait eu son centre placé au point dont les coordonnées sont $-\frac{1}{2} x'$, $-\frac{1}{2} y'$, et son rayon eût été $\sqrt{2R^2 + \dfrac{x'^2 + y'^2}{4}}$. Ce rayon eût donc été beaucoup moins simple à construire que celui de notre premier cercle. Ainsi, la combinaison qui a donné celui-ci, doit être évidemment préférée.

120. Cherchons maintenant l'équation de la corde qui passe par les deux points de tangence. Si nous représentons les coordonnées de ces points par x'', y''; x''', y''', la droite dont il s'agit devant les contenir, aura pour équation

$$y - y'' = \frac{y''' - y''}{x''' - x''} (x - x'').$$

Or, les coordonnées x'', x''', et y'', y''', ont pour valeur les expressions que nous venons de trouver dans le n° 118 en appliquant le signe supérieur des radicaux à un des points de tangence, par exemple, à M'', et le signe inférieur à l'autre, par exemple, à M'''. Donc, lorsqu'on formera leurs différences, le terme commun aux deux racines disparaîtra, et l'on aura

$$y'' - y''' = + \frac{2R x'}{x'^2 + y'^2} \sqrt{x'^2 + y'^2 - R^2},$$

$$x'' - x''' = - \frac{2R y'}{x'^2 + y'^2} \sqrt{x'^2 + y'^2 - R^2}$$

de là on tire

$$\frac{y'' - y'''}{x'' - x'''} = - \frac{x'}{y'};$$

et, en substituant cette valeur dans l'équation de la corde menée par les deux points, elle devient

$$y - y'' = - \frac{x'}{y'}(x - x'');$$

ou, en faisant disparaître le dénominateur du second membre,

$$yy' + xx' = y'y'' + x'x''.$$

Mais le point dont les coordonnées sont y'', x'', étant un point de tangence, ses coordonnées satisfont à l'équation (1), page 192. D'après cette équation, $y'y'' + x'x''$ est égal à R^2; ainsi, l'on a, pour l'équation de la corde,

$$yy' + xx' = R^2;$$

c'est-à-dire qu'elle est la même que celle de la tangente, en remplaçant dans celle-ci x'' par x, et y'' par y.

On aurait pu découvrir cette relation directement, et sans recourir aux valeurs effectives des coordonnées des points de tangence. Pour cela, représentons généralement l'équation de la corde par

$$y = ax + \beta,$$

α et β étant des constantes indéterminées ; si on la combine avec l'équation du cercle

$$x^2 + y^2 = \mathrm{R}^2,$$

elle devra donner, pour racines, les coordonnées des deux points de tangence qui lui sont communs avec le cercle ; ainsi, les valeurs de ces coordonnées, désignées ici généralement par x, y, devront être les mêmes que celles des x'', y'', données par les équations (1) et (2). Or, dans l'un et l'autre système, l'équation du cercle est de même forme. Donc, pour que les résultats de l'élimination s'accordent dans ces deux systèmes, il faudra que l'équation de la droite soit aussi de même forme, en changeant les x'' en x, et les y'' en y ; d'après cela, cette équation devra donc être

$$yy' + xx' = \mathrm{R}^2,$$

comme le calcul effectif nous l'avait donné.

On aurait pu encore parvenir à cette conclusion d'une manière plus analytique et plus directe ; en effet, puisque les équations

$$y'y'' + x'x'' = \mathrm{R}^2, \qquad (1)$$
$$x''^2 + y''^2 = \mathrm{R}^2, \qquad (2)$$

étant combinées par l'élimination, doivent donner pour x'' et y'' les coordonnées des deux points de tangence, il n'y a qu'à construire le lieu géométrique qui représente chacune d'elles, en y considérant x'', y'', comme variables, et les points cherchés seront déterminés par l'intersection de ces deux lieux. Or, en les considérant ainsi, la seconde représente le cercle même sur lequel en effet les deux points de tangence se trouvent toujours, et la première représente une ligne droite dans laquelle x'' et y'' sont les coordonnées d'un point quelconque. Cette droite est donc la corde même, supposée prolongée indéfiniment.

13..

Soient a et b les coordonnées d'un point quelconque situé sur cette corde; les valeurs de a et de b devront satisfaire à l'équation qui la représente, c'est-à-dire qu'on aura

$$by' + ax' = R^2. \qquad (3)$$

Maintenant, concevons que l'on fasse varier la position du point M' auquel les coordonnées x', y', appartiennent, et à partir duquel les deux tangentes sont menées. Il en résultera deux autres tangentes, deux autres points de tangence, et une autre corde différente de la précédente. Mais, parmi toutes les positions nouvelles que l'on peut ainsi donner au point M', il en est une infinité qui sont telles, que la corde menée par les points de tangence passera encore par le même point dont les coordonnées sont a et b; et ces positions sont toutes celles dont les coordonnées satisfont pour y', x', et à l'équation (3). Or, en y regardant y' et x' comme variables, et a et b comme constantes, cette équation représente une ligne droite qui rencontre l'axe des x à une distance de l'origine égale à $\dfrac{R^2}{b}$, et l'axe des y à une distance de l'origine égale à $\dfrac{R^2}{a}$; de sorte que l'on peut aisément la construire quand a et b sont connues. Donc, si de tous les points de cette droite on mène deux tangentes au cercle, et que, pour chaque couple pareil, on trace la corde qui passe par les deux points de tangence, toutes ces cordes se couperont au point dont les coordonnées sont a et b.

121. Si, par ce point d'intersection, et par le centre du cercle, on conçoit une ligne droite, l'équation de celle-ci sera

$$y = \frac{b}{a}\,x.$$

Or, dans l'équation (3), mise sous la même forme, le

coefficient de x' est $-\dfrac{a}{b}$; c'est-à-dire qu'il est l'inverse du précédent, avec un signe contraire; d'après ce
caractère, les deux droites que ces équations représentent, sont perpendiculaires l'une à l'autre.

De là résulte une construction bien simple pour
trouver la droite, qui contient les sommets des couples
de tangentes, quand on connaît le point de concours
des cordes, et réciproquement. En effet, soit O ce point
(fig. 43). S'il est donné, tirez du centre du cercle le
rayon CO, que vous prolongerez indéfiniment. Par le
point O, menez une corde perpendiculaire à ce rayon,
et par les deux points M″, M‴, où elle coupe le cercle,
menez deux tangentes qui iront couper en un point
quelconque M′, le prolongement du rayon CO. Ce point
M′ appartiendra évidemment à la droite cherchée LL;
alors il ne restera plus qu'à mener cette droite perpendiculairement à CO. On voit même qu'il suffit de mener
une seule des deux tangentes pour déterminer M′,
puisque ce point doit se trouver sur le prolongement
de CO.

Réciproquement, si la droite LL est donnée, me-
nez-lui la perpendiculaire CM′, à partir du centre. Puis,
du point M′, menez au cercle une tangente M′M″, et
par le point M″, menez la corde M″M‴, perpendiculaire
à CM′. Le point O, où elle coupera la droite CM′, sera
le point d'intersection des cordes, pour les couples de
tangentes menées de la droite LL.

Comme des propriétés analogues se retrouvent dans
toutes les lignes du second ordre, on a employé des
dénominations abrégées pour les exprimer. Le point O
où les cordes concourent, s'appelle le *pôle* de la
droite LL, d'où les tangentes sont menées, et réciproquement; cette droite se nomme la *ligne polaire* du
point O. Mais quand on emploie ces dénominations, il

faut bien prendre garde de ne pas les confondre avec celles que l'on emploie pour les coordonnées angulaires.

122. Nous venons de voir qu'en rapportant la circonférence du cercle à des coordonnées rectangulaires comptées de son centre, son équation ne renferme que les carrés des variables y et x, et est de la forme

$$y^2 + x^2 = R^2.$$

On peut se demander s'il existe d'autres systèmes d'axes rectangulaires ou obliques, par rapport auxquels cette équation ait encore la forme précédente.

Pour nous en assurer, transformons les coordonnées x et y, sans changer leur origine, et substituons-leur d'autres coordonnées x', y', dirigées d'une manière quelconque, en sorte que les angles des nouveaux axes avec l'axe des x soient α et α'; on aura généralement (n° 96)

$$x = x' \cos \alpha + y' \cos \alpha', \qquad y = x' \sin \alpha + y' \sin \alpha'.$$

En mettant ces valeurs de x et de y dans l'équation précédente de la circonférence du cercle, elle devient

$$y'^2(\cos^2\alpha' + \sin^2\alpha') + 2x'y'\cos(\alpha' - \alpha) + x'^2(\cos^2\alpha + \sin^2\alpha) = R^2;$$

ou, en réduisant,

$$y'^2 + 2x'y' \cos (\alpha' - \alpha) + x'^2 = R^2.$$

La forme de cette équation diffère de celle de la proposée, parce qu'elle contient un terme en $x'y'$: pour faire disparaître ce terme, il faut prendre les angles α et α', de manière que son coefficient soit nul; ce qui exige qu'on ait

$$\cos (\alpha' - \alpha) = 0;$$

d'où l'on tire

$$\alpha' = \alpha + 90°, \quad \text{ou} \quad \alpha' = \alpha + 270°.$$

Ces deux valeurs de α' nous indiquent également que les deux axes des x' et des y' doivent être perpendiculaires l'un à l'autre; et ainsi, il n'y a pas d'autre moyen pour que la condition proposée soit remplie.

123. Dans les courbes du second ordre, on appelle *diamètres conjugués* les systèmes d'axes qui ont la propriété de ramener les équations à ne contenir que les carrés des variables. Nous verrons bientôt que, dans l'ellipse et dans l'hyperbole, il existe de semblables systèmes, dans lesquels les axes sont inclinés les uns aux autres sous des angles obliques; mais on voit, par ce qui précède, que les diamètres conjugués dans le cercle sont toujours à angle droit.

Sur l'Equation polaire du Cercle.

124. Nous avons vu, page 162, qu'au lieu de rapporter les courbes à des coordonnées rectilignes, on pouvait les rapporter à des coordonnées polaires. Pour faire l'application de cette méthode au cercle, reprenons l'équation

$$x^2 + y^2 = R^2,$$

qui suppose le centre du cercle placé à l'origine des coordonnées x, y, fig. 44. Maintenant, plaçons le pôle des nouvelles coordonnées en un point quelconque O, dont CP', et P'O, ou a et b soient les coordonnées rectilignes; puis, ayant mené par ce point une ligne OX', qui forme avec l'axe primitif des x un angle α, prenons pour coordonnées angulaires le rayon vecteur OM ou r, et l'angle MOX' ou v, qu'il forme avec la ligne OX'; nous aurons, d'après l'article 100,

$$x = a + r\cos(v + \alpha), \quad y = b + r\sin(v + \alpha).$$

Ces valeurs étant substituées dans l'équation du cercle, elle devient, après les réductions faites,

$$r^2 + 2\{a\cos(v + \alpha) + b\sin(v + \alpha)\}r + a^2 + b^2 - R^2 = 0,$$

ou, en développant les sinus et cosinus,

$$r^2 + 2(a \cos \alpha + b \sin \alpha) \cos v \left.\right\} r + a^2 + b^2 - \mathrm{R}^2 = 0,$$
$$\left. + 2(b \cos \alpha - a \sin \alpha) \sin v \right\}$$

les coefficiens de $\cos v$ et de $\sin v$ peuvent aisément s'interpréter et se construire. Pour cela, par l'origine C des coordonnées a et b, menez une droite Cx' parallèle à la droite OX', et formant comme elle un angle α avec OX. Alors si, du pôle O, on abaisse OP' perpendiculaire sur cette ligne, les longueurs CP' et P'O pourront être considérées comme un nouveau système de coordonnées rectangulaires du point O; ainsi, en les nommant x' et y', il y aura entre elles et les anciennes coordonnées a et b, les relations générales établies pour de pareils systèmes dans l'article 93, page 151. Or si, de ces relations, on tire les valeurs des nouvelles coordonnées x', y', ce qui se fait aisément par l'élimination, on trouve, en remplaçant x par a, et y par b,

$$x' = a \cos \alpha + b \sin \alpha, \quad y' = b \cos \alpha - a \sin \alpha;$$

et, par suite,

$$x'^2 + y'^2 = a^2 + b^2.$$

Ces quantités sont précisément celles qui entrent dans l'équation en r; en les y substituant, il vient

$$r^2 + 2(x' \cos v + y' \sin v) r + x'^2 + y'^2 - \mathrm{R}^2 = 0;$$

c'est l'équation polaire la plus générale du cercle, dans laquelle il n'entre ainsi d'autres constantes que le rayon R, et les coordonnées relatives du centre et du pôle, prises parallèlement et perpendiculairement à la ligne d'où l'on compte les angles v. Cette équation étant du second degré, il s'ensuit que, pour chaque valeur de l'angle v, il y aura, généralement parlant, deux valeurs du rayon vecteur r, lesquelles seront, par conséquent, situées sur la même direction; mais si, comme nous l'avons supposé dans l'article 100, on convient de compter les angles v depuis zéro jusqu'à la circonférence entière, il ne faudra considérer comme applicables à la courbe que les seules valeurs de r, qui seront positives ; et exclure les négatives, comme indiquant des points qui n'existent pas.

Avec cette limitation, l'équation précédente caractérisera le cercle, et fera connaître ses propriétés tout aussi fidèlement que l'équation en coordonnées rectilignes.

125. En effet, supposons d'abord que le point pris pour pôle soit un des points mêmes de la circonférence ; il y aura alors entre les coordonnées x', y', la relation

$$x'^2 + y'^2 - R^2 = 0.$$

Ce terme s'évanouissant, l'équation en r se trouvera satisfaite quand on aura $r = 0$; c'est-à-dire qu'une des deux valeurs du rayon vecteur sera toujours nulle, quelle que soit sa direction ; résultat de toute évidence, puisque le pôle d'où les rayons partent, est sur la courbe. Supprimant ce facteur, il reste

$$r = -2(x' \cos v + y' \sin v) ;$$

d'où l'on déduira une seconde valeur de r pour chaque valeur de l'angle v, c'est-à-dire pour chaque direction assignée au rayon vecteur.

Afin de rendre cette expression plus facile à interpréter, concevons que le point de la circonférence que nous prenons pour pôle, soit le point A, fig. 45, situé sur l'axe des x' même, du côté des abscisses négatives ; les coordonnées rectilignes de ce point seront alors $y' = 0$, $x' = -R$, et la seconde racine de notre équation polaire se trouvera réduite à

$$r = 2R \cos v.$$

Or, cette valeur de r caractérise parfaitement la corde

AM du cercle, et ne convient qu'à elle seule; car, d'abord, elle donne des valeurs positives de r pour toutes les valeurs de v, dont le cosinus est positif; c'est-à-dire pour toutes celles qui sont comprises entre $0°$ et $90°$, ou entre $270°$ et $360°$; ce qui dirige toujours le rayon vecteur r vers le côté de l'axe AX' où le point b se trouve; ainsi, tout rayon r mené de ce côté dans une direction quelconque, soit au-dessus, soit au-dessous de l'axe AX', donnera un point réel de la courbe. Mais, pour toutes les autres valeurs de v comprises entre $90°$ et $270°$, leurs cosinus étant négatifs, elles donneront des valeurs négatives de r; et, par conséquent, la courbe n'aura aucun point réel sur leur direction. Ainsi, en menant par le point A une droite AY' perpendiculaire à l'axe AX', la courbe sera située tout entière du côté AB de cette droite, et ne s'étendra point au-delà. Maintenant, dans les limites où elle existe, l'expression de la corde AM est également fidèle; car elle signifie que cette corde est égale au produit de 2R ou AB, par le cosinus de l'angle BAM; d'où l'on voit que, si l'on joint le point M au point B, le triangle AMB sera rectangle en M; ce qui est en effet une propriété caractéristique de la circonférence décrite sur AB; et, puisque cette propriété résulte de l'expression r, il est évident que l'on en déduirait de même toutes les autres, qui sont des conséquences nécessaires de celle-là.

126. Reprenons maintenant l'équation générale en r, page 200, et résolvons-la par rapport à cette variable. Elle donne ces deux solutions :

$$r = -(x'\cos v + y'\sin v) + \sqrt{R^2 - x'^2 - y'^2 + (x'\cos v + y'\sin v^2)},$$
$$r = -(x'\cos v + y'\sin v) - \sqrt{R^2 - x'^2 - y'^2 + (x'\cos v + y'\sin v)^2}.$$

Si le point O pris pour pôle est intérieur au cercle (fig. 46), $R^2 - x'^2 - y'^2$ est une quantité positive. Alors, la partie commune aux deux racines se trouve nécessairement moindre que la partie radicale. Ainsi, dans ce cas, la seconde valeur de r devient constamment négative, et doit être rejetée. Mais la première est toujours positive et réelle, puisque la quantité affectée du radical est toute positive; et, par conséquent, elle donne toujours une valeur réelle de r et un point réel de la courbe pour toute valeur donnée de v. C'est, en effet, ce qui est évident de soi-même, puisque le cercle est une courbe fermée, et que le pôle O est supposé lui être intérieur.

127. Dans ce cas, si l'on donne successivement à v deux valeurs telles que v' et $180° + v'$, lesquelles répondront à deux rayons vecteurs OM, OM', situés sur une même ligne droite des deux côtés du pôle pris pour origine, les valeurs correspondantes de r seront

$$r' = -(x'\cos v' + y'\sin v') + \sqrt{R^2 - x'^2 - y'^2 + (x'\cos v' + y'\sin v')^2},$$
$$r'' = +(x'\cos v' + y'\sin v') + \sqrt{R^2 - x'^2 - y'^2 + (x'\cos v' + y'\sin v')^2}.$$

En effet,

$$\cos(180 + v') = -\cos v', \text{ et } \sin(180 + v') = -\sin v'.$$

Maintenant, si l'on multiplie ces valeurs de r' et de r'' l'une par l'autre, comme la seconde contient la somme de deux quantités dont la première est la différence, on voit que leur produit sera égal à la différence des carrés de ces quantités. Or, il arrive que cette multiplication fait disparaître les termes affectés de l'angle v', et il reste

$$r'r'' = R^2 - x'^2 - y'^2.$$

Le produit de deux rayons vecteurs OM, OM', ainsi opposés sur une même ligne droite, est donc indépendant de leur direction; et sa valeur est égale au produit de $R + \sqrt{x'^2 + y'^2}$ par $R - \sqrt{x'^2 + y'^2}$, c'est-à-dire au produit des deux segmens OA', OB', du diamètre mené par le point choisi pour pôle, ce qui est en effet la propriété connue des cordes qui se coupent dans l'intérieur d'une circonférence de cercle.

128. Supposons maintenant que le point O pris pour pôle soit extérieur (fig. 47). Dans ce cas, la quantité $R^2 - x'^2 - y'^2$ sera négative. Ainsi, lorsque la partie radicale de r sera réelle, sa valeur sera moindre que celle de la première partie commune aux deux racines. Si donc, dans cette supposition de réalité, les valeurs de l'angle v sont choisies de manière à rendre la partie hors du radical positive, l'une et l'autre valeur de r du n° 126 se trouvera positive aussi. Il y aura donc alors deux valeurs réelles OM, OM', du rayon vecteur, et, par conséquent, deux points réels de la courbe pour chaque valeur de l'angle v, qui remplira ces conditions; en outre, ces deux rayons ayant l'angle v commun, seront situés sur la même direction rectiligne, et d'un même côté du point O choisi pour pôle. Or, dans ce cas, si l'on multiplie les deux valeurs de r l'une par l'autre en les désignant, pour abréger, par r' et r'', leur produit, exprimé par le dernier terme de l'équation en r, sera

$$r'r'' = x'^2 + y'^2 - R^2.$$

Comme il est indépendant de l'angle v, il sera constant pour toutes les sécantes possibles menées du même pôle; et ainsi, sa valeur sera égale au produit des rayons vecteurs OA', OB', menés dans la direction même du centre du cercle; résultat connu et parfaitement conforme à celui que nous avions trouvé pour les points intérieurs.

Parmi toutes les directions que l'on peut donner à la sécante OMM', on peut choisir celle pour laquelle les deux valeurs de r sont égales entre elles; alors leur produit n'en demeure pas moins égal à $x'^2 + y'^2 - R^2$. Mais, par cette égalité, les points M, M', se réunissent en un seul, et la sécante se change dans la tangente OM'', ou OM''', menée du point O. Ceci donne donc le théorème

connu, que le produit d'une sécante entière quelconque, par sa partie extérieure, égale le carré de la
tangente menée du même point.

129. Nous venons de remarquer que toutes les valeurs
de v ne sont pas propres à rendre la partie radicale réelle.
La limite de cette propriété s'obtiendra en cherchant
la valeur de v, qui rendrait nulle la quantité soumise
au radical; on l'obtiendra donc par la condition

$$(x' \cos v + y' \sin v)^2 + R^2 - x'^2 - y'^2 = 0;$$

d'où l'on tire ces deux valeurs,

$$(1) \qquad x' \cos v + y' \sin v = + \sqrt{x'^2 + y'^2 - R^2},$$

$$(2) \qquad x' \cos v + y' \sin v = - \sqrt{x'^2 + y'^2 - R^2}.$$

Mais, de ces deux racines, la négative seule doit être
employée; car c'est la seule qui, étant introduite dans
les expressions générales du n° 126, donne pour r
des valeurs positives. Cette substitution faite, les deux
valeurs de r deviennent égales; et il reste

$$r = + \sqrt{x'^2 + y'^2 - R^2}.$$

Telle est donc la valeur du dernier rayon vecteur qui
limite la courbe. En effet, on y reconnaît la longueur
de la tangente OM'' ou OM''' menée du pôle O, dont les
coordonnées CP', P'O, sont x', y'.

Mais, puisque l'on peut ainsi mener du même point O
deux tangentes au cercle, l'équation de condition trouvée pour v doit indiquer deux valeurs de cet angle. C'est
aussi ce qui arrive, comme on peut s'en assurer, en
chassant $\cos v$ par sa valeur en $\sin v$ et réciproquement;
car l'équation résultante de cette substitution est du
second degré. Mais on obtiendra des expressions plus
faciles à interpréter, en remplaçant les constantes
x', y', coordonnées relatives du centre et du pôle, par
leurs valeurs en coordonnées angulaires, dont l'une
sera la distance OC ou D' du pôle au centre du cercle,

et l'autre sera l'angle X'OC ou u, formé par cette distance avec l'axe OX'; angle qu'il faudra compter encore dans le même sens que l'angle v. Alors, cet angle surpassant 180° dans la figure 47, où cependant x' et y' sont représentées comme positives, on aura évidemment

$$x' = -\mathrm{D}'\cos u, \quad y' = -\mathrm{D}'\sin u; \quad \text{d'où} \quad x'^2 + y'^2 = \mathrm{D}'^2.$$

Mettant ces valeurs dans l'équation en v, que nous avons désignée par (2), et qui donne pour r une valeur positive, elle devient

$$-\mathrm{D}'(\cos u \cos v + \sin u \sin v) = -\sqrt{\mathrm{D}'^2 - \mathrm{R}^2};$$

d'où l'on tire

$$\cos(v - u) = \frac{\sqrt{\mathrm{D}'^2 - \mathrm{R}^2}}{\mathrm{D}'};$$

et par suite,

$$\sin(v - u) = \pm \frac{\mathrm{R}}{\mathrm{D}'}.$$

Or, ici, la valeur positive de $v - u$ représente M″OC, pour lequel l'angle M″OX' ou v surpasse COX' ou u; et la valeur négative de $v - u$ représente l'angle M‴OC, pour lequel v est moindre que u. Ces deux angles, d'après l'équation précédente, ayant un sinus égal, sont donc égaux entre eux; et, de plus, la valeur de ces sinus étant $\frac{\mathrm{R}}{\mathrm{D}'}$, c'est-à-dire $\frac{\mathrm{CM}''}{\mathrm{CO}}$ ou $\frac{\mathrm{CM}'''}{\mathrm{CO}}$, il s'ensuit que les deux triangles COM″, COM‴, seront rectangles, l'un en M″, l'autre en M‴; ce qui est encore une propriété connue des deux tangentes menées au cercle, à partir d'un même point extérieur.

130. Maintenant, si l'on donne à v des valeurs positives ou négatives, telles que $(x'\cos v + y'\sin v)^2$ devienne moindre que la limite $x'^2 + y'^2 - \mathrm{R}^2$, le pôle O étant toujours extérieur au cercle, la quantité comprise sous le signe radical dans les expressions générales de r, deviendra imaginaire; et, par conséquent, les deux valeurs de r du

n° 126 seront imaginaires elles-mêmes. Ceci répond au cas où l'on voudrait mener du pôle O à la courbe des rayons vecteurs qui ne seraient pas compris dans l'angle M"OM"' des deux tangentes; et il est tout simple qu'alors les expressions de ces rayons deviennent impossibles à réaliser. Mais, malgré cette impossibilité, si l'on forme le produit analytique des deux valeurs de r, on trouve toujours qu'il est réel et égal à $x'^2 + y'^2 - R^2$. Cette propriété bien remarquable n'est pas particulière à l'exemple actuel; elle tient à ce que, dans toutes les équations qui ont un certain nombre de racines imaginaires, ces racines se présentent toujours par couples de la forme $A + B\sqrt{-1}$, et $A - B\sqrt{-1}$; de sorte que leur produit $A^2 + B^2$ est toujours une quantité réelle.

131. Dans la discussion précédente, lorsque nous avons voulu interpréter les divers résultats fournis par la résolution de l'équation générale en r, nous les avons spécialement appliqués aux fig. 46 et 47, où le pôle O était représenté comme situé dans le quadrans des x' et y' positifs; mais nous aurions pu également les appliquer à toute autre position de ce pôle, en ayant, selon nos conventions générales, l'attention de compter les angles v et u dans le même sens, et de 0° à 360°; c'est ce dont les commençans pourront aisément s'assurer, en plaçant le point O dans d'autres quadrans, et recommençant les calculs précédens pour cette nouvelle hypothèse. Cet exercice leur sera utile, en leur apprenant à suivre les formules analytiques dans toute la généralité de leurs applications. Tel est l'objet des figures 46 *bis* et 47 *bis*.

132. Puisque l'équation polaire du cercle le caractérise, elle doit pouvoir, lorsqu'elle est donnée, faire retrouver ses élémens géométriques, c'est-à-dire la position de son centre et son rayon; c'est aussi ce qui a lieu en effet; car si l'on donne une équation du second degré en r, qui appartienne à un cercle, cette équation

devra être réductible à celle que nous avons plus haut obtenue; ainsi, sa forme la plus générale sera

$$r^2 + 2(A\cos v + B\sin v)\,r + C^2 = 0;$$

et, en la comparant à l'équation générale

$$r^2 + 2(x'\cos v + y'\sin v)\,r + x'^2 + y'^2 - R^2 = 0,$$

elle donne

$$A = x', \quad B = y', \quad C^2 = x'^2 + y'^2 - R^2.$$

Les deux premières égalités feront connaître les coordonnées du centre relativement au pôle des coordonnées angulaires, et ensuite, la troisième fera connaître le rayon du cercle, dont l'expression sera

$$R = \sqrt{C^2 + A^2 + B^2}.$$

Seulement, il faudra se rappeler que, d'après les conventions sur lesquelles nous avons établi nos constructions, les valeurs de x' et de y' sont comptées du centre du cercle vers le point choisi pour pôle; en sorte qu'il faut changer leur signe si l'on veut les construire à partir de ce dernier point.

De l'Ellipse.

133. En prenant, sur une des génératrices d'un cône droit à base circulaire, une distance arbitraire a, comptée du centre, et menant par son extrémité un plan coupant, incliné de l'angle i sur la génératrice, nous avons trouvé pour l'équation générale de l'intersection

$$y^2\cos^2 v + x^2\sin i \sin(i + 2v) - ax\sin 2v \sin i = 0.$$

Lorsque l'angle i est compris entre $0°$ et $180° - 2v$, nous avons vu que le plan coupant rencontre seulement une des nappes de la surface conique, et donne généralement pour intersection une courbe fermée désignée sous la dénomination d'*ellipse*. Nous allons discuter en particulier les propriétés de ce genre de courbe.

134. Cherchons d'abord les points où elle rencontre l'axe des x, fig. 48. Pour les obtenir, il faut faire $y = 0$, ce qui donne

$$x^2 \sin i \sin (i + 2\nu) - ax \sin 2\nu \sin i = 0;$$

le facteur $\sin i$ multiplie tous les termes de cette équation. Comme il est constant, on peut le supprimer, et il reste

$$x^2 \sin (i + 2\nu) - ax \sin 2\nu = 0;$$

ce qui donne pour x ces deux valeurs

$$x = 0, \qquad x = \frac{a \sin 2\nu}{\sin (i + 2\nu)};$$

ceci nous apprend que la courbe coupe l'axe des x en deux points différens : l'un B, qui est celui que nous avions pris pour origine des coordonnées, l'autre B′, situé du côté des abscisses positives, à une distance $\dfrac{a \sin 2\nu}{\sin (i + 2\nu)}$. En effet, cette seconde valeur de x est positive dans les circonstances supposées ; car l'angle ν formé par les génératrices avec l'axe du cône, étant nécessairement moindre qu'un angle droit, 2ν est moindre que $180°$; ce qui rend $\sin 2\nu$ positif ; et, de plus, $\sin (i + 2\nu)$ est également positif, puisque i est supposé moindre que $180° - 2\nu$.

En faisant $x = 0$, on aura les points où la courbe coupe l'axe des y ; cette supposition donne

$$y^2 = 0,$$

c'est-à-dire que cette rencontre a lieu à l'origine même des coordonnées. De plus, l'équation $y^2 = 0$ donnant deux valeurs nulles pour y, on peut considérer l'axe des y comme rencontrant la courbe en deux points qui se confondent en un seul, c'est-à-dire qu'il lui est tangent.

7ᵉ *Édit.*   14

Pour suivre de plus près la marche de la courbe, prenons en général la valeur de y, nous aurons

$$y = \pm \frac{1}{\cos v} \sqrt{- x^2 \sin i \sin (i - 2v) + a x \sin 2v \sin i}.$$

Ces deux valeurs étant égales et de signes contraires, la courbe est symétrique de part et d'autre de l'axe des x.

Si l'on suppose x négatif, y devient imaginaire; car les coefficiens $\sin i \sin (i + 2v)$, et $\sin 2v \sin i$ étant des quantités positives, cette supposition rend négatifs tous les termes compris sous le radical. La courbe ne s'étend donc pas du côté des abscisses négatives, et elle est limitée, dans ce sens, par l'axe des y.

Lorsque l'on suppose, au contraire, y positif, les valeurs de y sont réelles tant que l'on a

$$x^2 \sin (1 + 2v) < a x \sin 2v;$$

ou
$$x < \frac{a \sin 2v}{\sin (i + 2v)}.$$

Mais elles deviennent imaginaires au-delà de cette limite; car, si l'on a

$$x > \frac{a \sin 2v}{\sin (i + 2v)},$$

on en tire

$$x^2 \sin i \sin (i + 2v) > a x \sin 2v \sin i;$$

ce qui rend la quantité soumise au radical, négative. Par conséquent, la courbe ne s'étend, du côté des abscisses positives, que depuis l'origine des coordonnées jusqu'à l'abscisse $\frac{a \sin 2v}{\sin (i + 2v)}$, où elle coupe l'axe des x. Alors les deux valeurs de y deviennent nulles en même temps, et l'ordonnée prolongée est tangente à la courbe. Ainsi, les deux branches qui la composent, après s'être jointes à l'origine B des coordonnées, s'étendent symétriquement l'une au-dessus, l'autre au-dessous de l'axe des abscisses, se rejoignent de nouveau sur cet axe, en B', et rentrent ensuite sur elles-mêmes ; de sorte que la courbe est fermée, comme le représente la fig. 48.

135. Transportons l'origine des coordonnées en A, au milieu de la ligne $\dfrac{a \sin 2\nu}{\sin (i + 2\nu)}$, à égale distance des deux sommets B, B', mais comptons les nouvelles abscisses positivement vers AB; alors, si AP est une de ces nouvelles abscisses, que nous représenterons par $+ x'$, l'ancienne abscisse sera BP, ou x, et l'on aura toujours

$$x = \frac{a \sin 2\nu}{2 \sin (i + 2\nu)} - x'.$$

Substituant pour x sa valeur dans l'équation de la courbe, il vient

$$y^2 \cos^2 \nu + x'^2 \sin i \sin(i + 2\nu) = \frac{a^2 \sin^2 \nu \cos^2 \nu \sin i}{\sin (i + 2\nu)}.$$

En faisant $y = 0$, on retrouve

$$x' = \pm \frac{a \sin \nu \cos \nu}{\sin (i + 2\nu)}, \quad \text{ou} \quad x' = \pm AB,$$

comme cela devait être : mais ici la courbe rencontre en deux points le nouvel axe des y, représenté par AY' dans la figure; car, en faisant $x' = 0$, on a

$$y = \pm a \sin \nu \sqrt{\frac{\sin i}{\sin (i + 2\nu)}}.$$

C'est la limite de la courbe dans le sens des ordonnées.

136. L'équation de l'ellipse prend une forme très élégante quand on y introduit les coordonnées des points B, B', C, C', dans lesquels elle coupe ainsi les nouveaux axes des x et des y. En effet, si l'on suppose

$$A^2 = \frac{a^2 \sin^2 \nu \cos^2 \nu}{\sin^2 (i + 2\nu)}, \quad B^2 = \frac{a^2 \sin^2 \nu \sin i}{\sin (i + 2\nu)},$$

14..

on n'aura qu'à multiplier tous les termes de l'équation en y et x' par

$$\frac{a^2 \sin^2 \nu}{\sin^2 (i + 2\nu)},$$

et, en supprimant l'accent de x', dont nous n'avons plus que faire, on trouvera

$$A^2 y^2 + B^2 x^2 = A^2 B^2.$$

Les quantités $2A$ et $2B$ se nomment *les axes*, et le point A *le centre* de l'ellipse. Lorsque son équation se trouve ramenée à cette forme, les coordonnées étant rectangulaires, on dit qu'elle est rapportée *au centre et à ses axes*. Si ces axes sont égaux, on a simplement

$$y^2 + x^2 = A^2,$$

équation d'un cercle. Le cercle est donc une ellipse dont les axes sont égaux. On voit même, d'après l'équation de l'ellipse, qu'elle est également symétrique, comme le cercle, dans les différens quadrans. A mesure que nous avancerons dans l'examen des propriétés de ces courbes, nous reconnaîtrons de plus en plus leur analogie.

137. Pour distinguer les deux axes de l'ellipse, on a coutume d'appeler l'un le premier ou le grand axe, et l'autre le second. Il suffirait de changer y en x, et réciproquement dans l'équation de cette courbe, pour que le premier axe devînt celui des ordonnées, et le second celui des abscisses; on aurait alors

$$A^2 x^2 + B^2 y^2 = A^2 B^2.$$

L'équation de l'ellipse ne change donc pas de forme lorsqu'on la rapporte à ses axes, quel que soit celui d'entre eux qu'on prenne pour l'axe des abscisses.

138. Toute droite, telle que mAM, menée par le centre de l'ellipse, et terminée de part et d'autre à cette courbe, se nomme un *diamètre* : il est aisé de voir

que les diamètres se trouvent tous divisés au centre, en deux parties égales. C'est une conséquence de la forme symétrique de la courbe.

139. La quantité $\dfrac{2B^2}{A}$ se nomme le *paramètre* de la courbe : c'est une troisième proportionnelle aux deux axes.

Si l'on se reporte à l'art. 105, page 172, et à la figure 35, qui représente la section elliptique dans le cône, on verra aisément que, dans le triangle CBB', formé par l'axe de l'ellipse avec les deux arêtes opposées du cône, qui passent par les sommets de cette courbe, l'angle au sommet du cône est égal à 2ν, et l'angle CBB' est égal à i. Ainsi, la distance CB étant a, le côté BB' de ce triangle est égal à $\dfrac{a \sin 2\nu}{\sin (i+2\nu)}$, ou $\dfrac{2a \sin \nu \cos \nu}{\sin (i+2\nu)}$; voilà pourquoi nous avons trouvé tout à l'heure que cette quantité, qui est égale à $2A$, représente la distance des sommets de l'ellipse.

140. En introduisant les expressions des axes A et B dans l'équation

$$y^2 \cos^2 \nu + x^2 \sin i \sin (i+2\nu) - ax \sin 2\nu \sin i = 0,$$

où l'origine des coordonnées est au sommet B de la courbe, ce qui s'opère à l'aide du même multiplicateur dont nous avons fait tout à l'heure usage, elle devient

$$A^2 y^2 + B^2 x^2 - 2B^2 A x = 0,$$

et peut se mettre sous la forme

$$y^2 = \frac{B^2}{A^2} (2Ax - x^2).$$

Si donc on désigne par x', y', x'', y'', les coordonnées de deux points quelconques de l'ellipse, on aura

$$\frac{y'^2}{y''^2} = \frac{x'}{x''} \frac{(2A - x')}{(2A - x'')} ;$$

c'est-à-dire que les *carrés des ordonnées sont entre eux comme les produits des distances* BP, B'P, *du pied de ces ordonnées aux sommets de la courbe.*

141. L'équation de l'ellipse, rapportée à son centre et à ses axes, peut être mise sous cette forme

$$y^2 = \frac{B^2}{A^2}(A^2 - x^2).$$

Si, du point A, comme centre avec un rayon AB égal à A (fig. 49), on décrit une circonférence de cercle, son équation sera

$$y^2 = A^2 - x^2.$$

Donc, en représentant par y et Y les ordonnées de l'ellipse et du cercle qui correspondent aux mêmes abscisses, on aura généralement

$$y = \frac{B}{A} Y.$$

Selon que B sera moindre ou plus grand que A, y sera moindre ou plus grand que Y. Par conséquent, si, du centre de l'ellipse, avec des rayons égaux à chacun de ses axes, on décrit deux circonférences de cercle, l'ellipse comprendra la plus petite, et sera comprise dans la plus grande (fig. 49).

Il suit de là que les deux axes de l'ellipse sont, l'un le plus grand, l'autre le plus petit de tous ses diamètres.

En vertu de la relation précédente, il suffit, pour trouver les ordonnées de l'ellipse, quand on connaît celles du cercle décrit sur un de ses axes, de diminuer ou d'augmenter ces dernières dans le rapport de B à A : cette propriété donne plusieurs moyens de décrire une ellipse par points, lorsque l'on connaît les deux axes.

142. Du point A, comme centre, et avec les rayons AB, AC, égaux aux deux demi-axes A et B, on décrira deux circonférences de cercle (fig. 49) ; ensuite on mènera un rayon quelconque ANM, et on abaissera du point M une perpendiculaire MP sur l'axe AP ; menant ensuite, du point N, NQ parallèle à AB, le point Q sera l'ellipse, car il est visible que l'on aura

$$PQ = \frac{AN}{AM} \, PM = \frac{B}{A} \, PM.$$

Seconde manière. D'un point quelconque D, pris sur le petit axe CC', fig. 50, et avec un rayon DO, égal à la différence A — B des deux demi-axes, on décrira un arc de cercle qui coupera BB' quelque part en O. Par les points O et D on mènera OD, et l'on fera DM = AB = A ; le point M sera à l'ellipse.

Car, si du point D, comme centre, l'on décrit le cercle ME, dont le rayon DM = A, on aura

$$MO = B \quad \text{et} \quad PM = \frac{MO}{DM} \, QM = \frac{B}{A} \, QM.$$

DM peut être une règle dont la longueur est A, et sur laquelle on marque un point O, tel que MO = B. En faisant mouvoir cette règle dans l'angle BAC', le point M décrira un quart de l'ellipse demandée : on aura les autres parties de l'ellipse en plaçant la règle dans les autres angles, et l'y faisant mouvoir suivant la même loi.

143. On vient de voir que, pour tous les points situés sur l'ellipse, la valeur de l'ordonnée y est donnée par l'équation

$$y^2 = \frac{B^2}{A^2} (A^2 - x^2) ;$$

pour un point situé hors de l'ellipse, mais relativement auquel l'abscisse x serait la même, la valeur de y^2 se-

rait plus grande : on pourrait donc la représenter par
l'expression

$$y^2 = \frac{B^2}{A^2}(A^2 - x^2) + n^2,$$

n^2 étant une quantité positive. Au contraire, pour
un point situé dans l'intérieur de l'ellipse, la valeur
de y^2 serait plus petite, et prendrait la forme

$$y^2 = \frac{B^2}{A^2}(A^2 - x^2) - n^2.$$

Ainsi, en faisant évanouir le dénominateur A^2, on voit
que l'on aura toujours

hors de l'ellipse , $A^2y^2 + B^2x^2 - A^2B^2 > 0$;

sur l'ellipse, $A^2y^2 + B^2x^2 - A^2B^2 = 0$;

au dedans de l'ellipse , $A^2y^2 + B^2x^2 - A^2B^2 < 0$.

Par conséquent, pour savoir si un point est extérieur
à l'ellipse, s'il est sur cette courbe, ou s'il lui est intérieur, il suffira d'observer le signe de la quantité
$A^2y^2 + B^2x^2 - A^2B^2$. Cette propriété nous sera fort
utile dans la suite.

144. Si, par le point B' (fig. 51), pour lequel $y = 0$,
et $x = -A$, on mène une ligne droite inclinée
d'une manière quelconque, elle aura pour équation
(n° 48)

$$y = a\,(x + A).$$

Si, par le point B, pour lequel $y = 0$, et $x = +A$,
on mène une autre ligne droite pareillement inclinée
d'une manière quelconque, son équation sera

$$y = a'\,(x - A).$$

Supposons que l'on demande que ces droites se coupent sur l'ellipse : il faudra, pour cela, que leurs
équations puissent subsister en même temps et avec

celle de cette courbe (n° 107). Or, en les multipliant membre à membre, elles donnent

$$y^2 = - aa' (A^2 - x^2);$$

et, pour que ce résultat s'accorde toujours avec l'équation

$$y^2 = \frac{B^2}{A^2} (A^2 - x^2),$$

il faut qu'on ait

$$aa' = - \frac{B^2}{A^2};$$

ce qui établit une relation constante entre les angles que forment avec le plus grand axe les cordes menées de ses extrémités. Cette relation ne dépend que du rapport des axes. Dans le cercle, qui est une ellipse dont les deux axes A et B sont égaux entre eux, on a

$$aa' = - 1;$$

et les *cordes supplémentaires* s'y coupent à angles droits, comme nous l'avons vu dans l'article 107.

Il est visible d'ailleurs qu'en effectuant directement l'élimination, comme dans l'art. 109, on trouverait de même, outre la condition précédente, l'équation $aa' = 0$, qui signifie que les deux droites pourraient encore se couper sur l'ellipse, si l'une d'elles coïncidait avec le grand axe ; mais cette relation, quoique vraie, est particulière à cette position : elle est par conséquent étrangère à la propriété générale que nous nous proposions de découvrir. C'est pourquoi nous pouvons nous dispenser d'y avoir égard.

Réciproquement, lorsque cette équation a lieu entre les angles que forment deux droites avec l'axe des abscisses, ces droites sont des *cordes supplémentaires* d'une ellipse dans laquelle le rapport des axes est égal à $\frac{A}{B}$, c'est ce qu'il est aisé de voir en reprenant le calcul précédent d'une manière inverse.

Ces considérations nous conduisent à une propriété assez curieuse de l'ellipse. Imaginons que, sur son grand axe, comme diamètre, on décrive une circonférence de cercle : cette circonférence sera extérieure à l'ellipse, et les lignes menées de ses points aux extrémités du grand axe formeront entre elles des angles droits. Par conséquent, les cordes supplémentaires menées d'un même point de l'ellipse, feront entre elles des angles obtus, puisque leur sommet sera intérieur à la circonférence.

En faisant la même construction sur le petit axe, les propriétés seront inverses, puisque la circonférence sera intérieure à l'ellipse ; tous les angles formés sur cet axe par les cordes supplémentaires seront aigus.

Il est facile de prouver que, de toutes les cordes supplémentaires que l'on peut mener aux extrémités des axes de l'ellipse, celles qui se coupent au sommet du petit axe forment entre elles l'angle le plus grand, et celles qui se coupent au sommet du plus grand axe forment l'angle le plus petit. Ces propriétés se démontreraient facilement en cherchant l'expression analytique de l'angle formé par deux cordes supplémentaires. Je laisse cette recherche à faire aux élèves qui voudront s'exercer.

145. A mesure que nous avançons dans l'examen des propriétés de l'ellipse, nous voyons paraître une analogie frappante entre cette courbe et la circonférence du cercle. Guidé par cette analogie, cherchons à la rendre complète en comparant de plus en plus ces deux courbes dans leurs diverses propriétés.

Le cercle en offre une bien remarquable, c'est que

les distances de tous ses points à son centre sont égales entre elles. Il est évident que cette propriété n'a plus lieu dans l'ellipse ; mais cependant on y retrouve quelque chose d'analogue. Si, sur le grand axe de cette courbe, de part et d'autre de son centre, on marque deux points F, F', dont les abscisses soient $\pm \sqrt{A^2 - B^2}$, fig. 52, la somme des distances de ces points à un même point de la courbe est toujours constante.

Cette propriété est bien facile à démontrer. En effet, soient généralement x, y, les coordonnées d'un point quelconque M de la courbe, et nommons x' l'abscisse positive ou négative des points assignés, laquelle sera ici $\pm \sqrt{A^2 - B^2}$: on aura, en appelant D^2 le carré de la distance MF' ou MF,

$$D^2 = y^2 + (x - x')^2.$$

En mettant pour y sa valeur en x tirée de l'équation de l'ellipse, et substituant pour x'^2 sa valeur $A^2 - B^2$, cette expression devient

$$D^2 = B^2 - \frac{B^2 x^2}{A^2} + x^2 - 2xx' + A^2 - B^2 = \frac{(A^2 - B^2)}{A^2} x^2 - 2xx' + A^2 ;$$

ou, en substituant, au lieu de $A^2 - B^2$, sa valeur x'^2,

$$D^2 = \frac{x^2 x'^2}{A^2} - 2xx' + A^2 = \left(A - \frac{xx'}{A} \right)^2 ;$$

le second membre étant un carré parfait, on peut extraire sa racine, et l'on a pour D ces deux valeurs

$$D = \pm \left(A - \frac{xx'}{A} \right) ;$$

l'extraction de la racine nous donne un double signe, parce qu'en effet, n'ayant pas introduit d'élément angulaire, il dépend de nous de considérer toutes les distances D comme des quantités positives ou comme des quantités négatives, pourvu que nous soyons toujours fidèles à la convention que nous aurons une fois adoptée. Comme ordinairement le signe — est employé pour marquer une opposition de direction, nous choisirons le signe +, ce qui donnera

$$D = A - \frac{xx'}{A}.$$

Maintenant il ne nous reste plus qu'à substituer successivement dans cette expression les deux valeurs données de x', c'est-à-dire $\pm \sqrt{A^2 - B^2}$; et en nommant D', D'', les deux valeurs de D, que cette substitution donne, nous aurons

$$D' = A - \frac{x\sqrt{A^2 - B^2}}{A}, \quad D'' = A + \frac{x\sqrt{A^2 - B^2}}{A};$$

ce sont les distances MF, MF′ d'un point quelconque de la courbe aux deux points assignés. La première, provenant de la substitution de $+\sqrt{A^2 - B^2}$ pour x', appartient au point F situé du côté des x' positifs; l'autre, provenant de la substitution de $-\sqrt{A^2 - B^2}$ pour x', appartient au point F′ situé du côté des x négatifs. On peut facilement vérifier cette distinction; car, en faisant $x = +A$, D' et D'' deviendront les distances des deux points F, F′, au sommet de l'ellipse qui est situé du côté des abscisses positives; or, dans ce cas, x' et x'' deviennent

$$D' = A - \sqrt{A^2 - B^2}, \quad D'' = A + \sqrt{A^2 - B^2},$$

valeurs qui sont évidemment conformes à l'interprétation que nous leur avons attribuée. En ajoutant les expressions générales de D' et de D'', la variable x disparaît, et l'on a

$$D'' + D' = 2A;$$

c'est-à-dire que la somme des distances D'', D' est égale au grand axe de l'ellipse, comme nous l'avons annoncé.

Les points F, F', ainsi choisis sur le grand axe, se nomment les *foyers* de l'ellipse. On leur a donné ce nom à cause d'une propriété physique dont ils jouissent, et que nous ferons connaître plus tard.

On voit, de plus, que la distance D', D'', de chacun de ces points à un point quelconque de la courbe est exprimée rationnellement en fonction de l'abscisse x. C'est une propriété qu'ils possèdent exclusivement et qui les caractérise.

146. En effet, si l'on se proposait de déterminer sur le plan de l'ellipse un point doué de cette propriété, en désignant par y' et x' ses coordonnées inconnues, et nommant toujours D sa distance à un point quelconque de l'ellipse, on aurait généralement

$$D^2 = (x-x')^2 + (y-y')^2,$$

ou, en développant les carrés et mettant pour y sa valeur $\sqrt{B^2 - \dfrac{B^2 x^2}{A^2}}$ tirée de l'équation de l'ellipse

$$D^2 = \frac{(A^2 - B^2)}{A^2} x^2 - 2xx' + x'^2 + y'^2 + B^2 - 2y' \sqrt{B^2 - \frac{B^2 x^2}{A^2}},$$

il est impossible que D devienne rationnelle en x, à moins que le radical $\sqrt{B^2 - \dfrac{B^2 x^2}{A^2}}$ ne disparaisse du second membre, car ce radical lui-même est irréductible, c'est-à-dire que l'on n'en peut pas dégager x. Or, pour qu'il disparaisse sans donner de valeur particulière à x, il n'y pas d'autre parti à prendre que de rendre son coefficient nul. C'est-à-dire que le point, ou en général les points qui satisfont à la question, ne peuvent être situés que sur l'*un des axes* de l'ellipse. Avec cette modification il vient

$$D^2 = B^2 + x'^2 + \frac{(A^2 - B^2)}{A^2}\, x^2 - 2xx';$$

il nous reste encore x d'indéterminée ; ainsi nous pouvons en disposer de manière à rendre le second membre un carré parfait et positif. C'est même la seule manière de remplir la condition exigée, que D soit rationnelle en x et réelle. Pour cela, il faut assimiler ce second membre au carré d'un binome, tel que $a + bx$; c'est-à-dire à $a^2 + 2abx + b^2x^2$; alors, en comparant les termes semblables, nous aurons

$$b^2 = \frac{A^2 - B^2}{A^2}, \quad 2ab = -2x', \quad a^2 = B^2 + x'^2 ;$$

la seconde condition donne $a^2 = \dfrac{x'^2}{b^2}$, et en éliminant b au moyen de la première, il en résulte $a^2 = \dfrac{A^2 x'^2}{A^2 - B^2}$; substituant dans la troisième, il vient

$$\frac{A^2 x'^2}{A^2 - B^2} = B^2 + x'^2.$$

Faisant évanouir les dénominateurs, et réduisant, on obtient

$$x' = \pm \sqrt{A^2 - B^2};$$

c'est-à-dire que les points cherchés sont au nombre de deux, situés sur le *grand axe* de l'ellipse, à des distances de son centre égales entre elles, et exprimées par $\pm \sqrt{A^2 - B^2}$. Cette quantité s'appelle ordinairement l'*excentricité* ; et comme elle est constante pour chaque ellipse, nous la désignerons en général par la lettre c,

à laquelle nous conserverons désormais cette signification. Pour qu'elle soit réelle, on voit qu'il faut que A
surpasse B ; c'est-à-dire que les points F, F', soient pris
sur le plus grand des axes.

147. Cette valeur de c ou de x', qui exprime la distance
des points F, F', à l'origine, est très facile à construire ; il suffit (fig. 52) de décrire, de l'extrémité C du
petit axe, comme centre, une circonférence de cercle
dont le rayon CF soit égal au demi-grand axe A de l'ellipse.
Cette circonférence coupera le grand axe en deux points,
qui seront évidemment F et F' : ces points se nomment
les *foyers de l'ellipse* ; leur distance c au centre de la
courbe se nomme l'*excentricité*. Quand A = B, la valeur de c est nulle ; les deux foyers se réunissent en un
seul, placé au centre de la courbe, et l'ellipse se réduit
à un cercle.

Il est facile de voir qu'en faisant $x = \pm \sqrt{A^2 - B^2}$
dans l'équation de l'ellipse, on trouve $y = \pm \dfrac{B^2}{A}$:
c'est-à-dire que, dans l'ellipse, la double ordonnée, qui
passe par le foyer, est égale au paramètre.

148. Les propriétés précédentes donnent un moyen
simple et commode pour décrire une ellipse quand on
connaît son grand axe et la position de ses foyers.

On prendra du point B (fig. 53), une longueur
quelconque BK sur l'axe BB' ; du point F, comme
centre, avec BK pour rayon, on décrira un arc de
cercle ; du point F', comme centre, avec B'K pour
rayon, on décrira un autre arc de cercle ; le point
M, où ces arcs se coupent, appartient à l'ellipse.

Il est avantageux de décrire les arcs de cercle au-
dessus et au-dessous de l'axe : par ce moyen, on
trouve à chaque opération deux points de l'ellipse,
et l'on en obtient quatre quand on porte successivement la même ouverture de compas à chacun des foyers.

Cette méthode est la plus expéditive que l'on connaisse pour décrire l'ellipse par points : il est visible qu'on peut l'employer lorsque l'on connaît les deux axes, puisqu'alors on trouve aisément la position des foyers.

Elle a cependant un léger inconvénient, c'est de ne pas donner les points de l'ellipse pour des abscisses déterminées; ce qui est quelquefois nécessaire : mais alors on peut trouver ces points par les autres procédés que nous avons décrits.

Lorsque l'ellipse doit être fort grande, comme cela a lieu quand on opère sur le terrain, on fixe aux foyers FF′ les extrémités d'un cordeau dont la longueur est égale au grand axe, et que l'on tend par le moyen d'un piquet; on fait glisser ce piquet de manière que le cordeau soit toujours tendu, et la courbe se trouve tracée quand il a fait ainsi une révolution tout entière.

149. Occupons-nous maintenant de mener une tangente à l'ellipse, dont l'équation est

$$A^2y^2 + B^2x^2 = A^2B^2.$$

Soient x'', y'', les coordonnées du point de tangence; elles vérifieront la relation

$$A^2y''^2 + B^2x''^2 = A^2B^2.$$

La tangente étant une ligne droite, et devant passer par ce point, son équation sera de cette forme

$$y - y'' = a(x - x'').$$

Il ne reste plus qu'à déterminer a.

Pour y parvenir, nous chercherons les points où cette droite, considérée comme une sécante, rencontre la courbe; et nous écrirons qu'ils se réunissent en un seul. Dans ces points, les trois équations précédentes ont lieu en même temps : retranchant les deux premières l'une de l'autre, on a

$$A^2(y-y'')(y+y'')+B^2(x-x'')(x+x'')=0.$$

En mettant pour y sa valeur $y''+a(x-x'')$, tirée de l'équation de la droite, on trouve

$$(x-x'')\left\{A^2[2ay''+a^2(x-x'')]+B^2(x+x'')\right\}=0.$$

Une des racines de cette équation est

$$x=x'', \quad \text{et donne} \quad y=y'',$$

parce que le point donné est commun à la tangente et à la courbe : supprimant le facteur $(x-x'')$, il reste

$$A^2[2ay''+a^2(x-x'')]+B^2(x+x'')=0.$$

Pour que la droite soit tangente, il faut que la seconde valeur de x soit x'', comme la première, ce qui exige qu'on ait

$$A^2ay''+B^2x''=0; \quad \text{d'où} \quad a=-\frac{B^2x''}{A^2y''}.$$

En substituant cette valeur dans l'équation de la tangente à l'ellipse, elle devient

$$y-y''=-\frac{B^2x''}{A^2y''}(x-x'');$$

ou, en réduisant,

$$A^2yy''+B^2xx''=A^2B^2.$$

Comme il n'y a qu'une seule valeur de a, on ne peut mener par chaque point de l'ellipse qu'une seule tangente à cette courbe.

150. On peut ici, comme dans le cercle, prouver que la droite ainsi déterminée est tout entière hors de l'ellipse; car, si l'on reprend les équations

$$A^2yy''+B^2xx''=A^2B^2,$$
$$A^2y''^2+B^2x''^2=A^2B^2,$$

et qu'on retranche de la seconde le double de la première, le résultat pourra être mis sous la forme

$$A^2 (y - y'')^2 + B^2 (x - x'')^2 = A^2 y^2 + B^2 x^2 - A^2 B^2.$$

La quantité $A^2 y^2 + B^2 x^2 - A^2 B^2$ est donc constamment positive pour tous les points de la droite, excepté pour celui dont les coordonnées sont x'' et y'' : tous ces points, excepté celui de tangence, sont donc situés hors de l'ellipse.

151. Si, par le centre et par le point de tangence on mène un diamètre, son équation sera de la forme

$$y = a'x.$$

La condition de passer par le point de tangence donnera

$$y'' = a'x'';$$

d'où
$$a' = \frac{y''}{x''}.$$

On vient de voir que la valeur de a, qui convient à la tangente, est

$$a = - \frac{B^2}{A^2} \frac{x''}{y''}.$$

En multipliant l'une par l'autre les valeurs de a et de a', on trouve

$$aa' = - \frac{B^2}{A^2}.$$

Ce résultat étant conforme à la condition obtenue dans l'art. 144, nous apprend (fig. 54) que la tangente MT, et le diamètre AM, qui passe par le point de tangence, ont la propriété d'être les cordes supplémentaires d'une ellipse dont le rapport des axes est $\frac{A}{B}$, comme dans l'ellipse proposée.

Ceci fournit un moyen très simple pour déterminer

la direction de la tangente ; car , si l'on tire deux cordes supplémentaires quelconques, et qu'on désigne par α, α', les tangentes trigonométriques des angles qu'elles font avec l'axe , on aura toujours entre elles la relation

$$\alpha\alpha' = -\frac{B^2}{A^2}.$$

On peut mener une de ces cordes parallèle au diamètre qui passe par le point de tangence, alors on aura

$$\alpha' = a';$$

d'où résulte aussitôt

$$\alpha = a;$$

c'est-à-dire que l'autre corde sera parallèle à la tangente.

152. Ainsi, pour mener une tangente à l'ellipse par un point M donné sur cette courbe (fig. 54), il faut mener, de ce point au centre, le diamètre AM : par l'extrémité B' de l'axe BB', tirer la corde B'N parallèle à AM ; MT, parallèle à BN, sera la tangente demandée.

On voit, par cette construction même, que, si l'on mène le diamètre AM' parallèle à la corde BN ou à la tangente MT, la tangente de l'ellipse au point M' sera parallèle à la corde B'N, ou au diamètre AM.

Il est évident que le même procédé peut servir pour mener une tangente à l'ellipse, parallèlement à une droite donnée ; car soit DE cette droite ; par l'extrémité B du premier axe, on mènera une corde BN qui lui soit parallèle ; puis on joindra B'N ; et par le centre, menant AM parallèle à B'N, M sera le point de tangence cherché. Il ne restera donc plus qu'à mener par ce point une droite MT, parallèle à la ligne donnée DE, ce sera la tangente demandée ; et, comme on peut répéter la même opération de l'autre côté de l'axe de l'ellipse, il est évident qu'il y aura deux tangentes parallèles qui satisferont également à la question.

15..

153. Lorsque deux diamètres sont disposés, comme AM, AM′, fig. 54, de manière que chacun d'eux soit parallèle à la tangente menée à l'extrémité de l'autre, on les nomme *conjugués*. L'angle MAM′, formé par deux diamètres conjugués, est évidemment égal à celui des deux cordes supplémentaires BN, B′N, qui leur seraient respectivement parallèles.

La dénomination que nous donnons ici à ces diamètres, s'accorde avec les conditions énoncées dans l'art. 123; car nous prouverons tout à l'heure que l'équation de l'ellipse, lorsqu'elle leur est rapportée, conserve la même forme que par rapport à ses axes.

154. L'équation de l'ellipse étant symétrique relativement à ses deux axes, les propriétés que nous venons de démontrer seront communes à l'un et à l'autre, et l'on pourra leur appliquer la même construction relativement aux cordes supplémentaires.

155. Pour avoir le point où la tangente rencontre l'axe des x (fig. 55), il faut supposer $y = 0$ dans son équation; qui donne alors

$$x = \frac{A^2}{x^n};$$

c'est la valeur de AT. Si l'on en retranche AP ou x'', on aura la distance PT, du pied de l'ordonnée au point où la tangente rencontre l'axe des abscisses. Cette distance se nomme *Soutangente*; son expression est ici.

$$PT = \frac{A^2 - x''^2}{x''}.$$

Cette valeur est indépendante du second axe B; elle est donc la même pour toutes les ellipses qui ont le même premier axe A, et qui sont concentriques avec celle que nous considérons : elle convient par conséquent encore au cercle décrit du point A, comme centre, avec un rayon égal au demi-grand axe. Ainsi, en prolongeant l'ordonnée MP de l'ellipse jusqu'à sa rencontre avec le cercle en M', et menant à ce point la tangente M'T, MT sera la tangente à l'ellipse au point M.

Cette construction s'appliquerait également au second axe, sur lequel l'expression de la soutangente serait indépendante de la valeur du premier.

156. Les formules précédentes peuvent encore être employées lorsque la tangente doit être menée par un point extérieur à l'ellipse, et dont les coordonnées sont connues. En effet, en les supposant représentées par x', y', elles doivent vérifier l'équation de la tangente; ce qui donne

$$(1) \qquad A^2 y' y'' + B^2 x' x'' = A^2 B^2.$$

On a de plus, le point de tangence étant sur l'ellipse,

$$(2) \qquad A^2 y''^2 + B^2 x''^2 = A^2 B^2.$$

En regardant x'', y'', comme inconnues, ces deux équations suffiront pour les déterminer, et on substituera ensuite leurs valeurs dans l'équation trouvée ci-dessus pour la tangente. Il est facile de déduire de ces formules un résultat analogue à celui que nous avons obtenu pour le cercle dans l'art. 118. De plus, en éliminant y'' entre elles, on trouve

$$(A^2 y'^2 + B^2 x'^2) x''^2 - 2 A^2 B^2 x' x'' - A^4 (y'^2 - B^2) = 0.$$

Cette équation, qui est du second degré, donnera pour x'' deux valeurs; et ces valeurs seront réelles lorsque la quantité

$$A^4 B^4 x'^2 + A^4 \left\{ (y'^2 - B^2)(A^2 y'^2 + B^2 x'^2) \right\},$$

qui entrerait sous le signe radical, sera positive. Or, en réduisant cette quantité, elle devient

$$A^4 y'^2 (A^2 y'^2 + B^2 x'^2 - A^2 B^2).$$

Ainsi, les deux valeurs de x'' seront réelles lorsque la

quantité $A^2y'^2 + B^2 x'^2 - A^2B^2$ sera positive ou nulle, c'est-à-dire lorsque le point donné sera situé hors de l'ellipse, ou sur cette courbe même. Dans ce cas, chaque valeur réelle de x'' donnera une valeur de y'' également réelle : il y aura donc deux points de tangence. Ainsi, par un point M' donné hors de l'ellipse, on peut toujours mener deux tangentes à cette courbe, et on n'en peut mener davantage. Nous aurons bientôt des moyens faciles pour les construire géométriquement.

157. Occupons-nous maintenant de mener une normale à l'ellipse : puisque cette normale est une ligne droite qui passe par le point de tangence, son équation sera de la forme

$$y - y'' = a' (x - x'').$$

Mais, de plus, elle doit être perpendiculaire à la tangente, pour laquelle on a

$$a = - \frac{B^2}{A^2}, \; \frac{x''}{y''}.$$

Il faut donc qu'il existe entre a et a' la relation

$$aa' + 1 = 0,$$

qui donne

$$a' = \frac{A^2}{B^2} \cdot \frac{y''}{x''}.$$

Alors l'équation de la normale devient

$$y - y'' = \frac{A^2}{B^2} \cdot \frac{y''}{x''} (x - x'').$$

Pour avoir le point où elle rencontre l'axe des x, il faut supposer y nul ; et elle donne alors (fig. 56)

$$x = \frac{A^2 - B^2}{A^2} \cdot x''.$$

C'est la valeur de AN : en la retranchant de AP, qui est

représenté par x'', on aura la distance du pied de l'ordonnée au pied de la normale. Cette distance se nomme *Sounormale*; et, d'après l'expression précédente, on trouve pour sa valeur

$$PN = \frac{B^2\, x''}{A^2}$$

On aurait obtenu immédiatement ce résultat, en prenant la valeur de $x - x''$ dans l'équation de la normale, après y avoir fait y nul. Cette valeur est positive ou négative, en même temps que x'', et le signe qu'elle prend indique sa position par rapport à l'origine. Cette remarque s'applique aussi à la soutangente.

158. Les directions de la tangente et de la normale dans l'ellipse ont un rapport remarquable avec celles des lignes menées des deux foyers aux points de tangence. Nous allons examiner ces propriétés.

Si du foyer F, pour lequel $y = o$, et $x = \sqrt{A^2 - B^2}$ (fig. 56), on mène une ligne droite au point de tangence, son équation sera de la forme

$$y - y'' = \alpha (x - x'').$$

Si l'on fait, pour plus de simplicité, $\sqrt{A^2 - B^2} = c$, la condition de passer par le foyer donnera

$$\alpha = -\frac{y''}{c - x''}.$$

La tangente à l'ellipse ayant pour équation ($n° 149$)

$$y - y'' = a (x - x''), \text{ dans laquelle } a = -\frac{B^2\, x''}{A^2 y''},$$

l'angle FMT, qu'elle forme avec la droite menée du foyer, aura pour tangente trigonométrique ($n° 5o$)

$$\frac{a - \alpha}{1 + a\alpha};$$

où, en mettant pour a et α leurs valeurs,

$$\frac{A^2 y''^2 + B^2 x''^2 - B^2 c x''}{A^2 c y'' - (A^2 - B^2) x'' y''};$$

cette quantité se réduit à

$$\frac{B^2}{c y''},$$

en observant que le point de tangence est sur l'ellipse, et que $A^2 - B^2 = c^2$.

Pareillement, si de l'autre foyer F′, pour lequel $y = o$ et $x = -c$, on mène au point de tangence une ligne droite, elle aura pour équation

$$y - y'' = \alpha' (x - x''), \qquad \alpha' = \frac{y''}{c + x''}.$$

L'angle F′MT de cette droite avec la tangente à l'ellipse, aura pour tangente trigonométrique

$$\frac{a - \alpha'}{1 + a \alpha'}, \text{ qui se réduit à } -\frac{B^2}{c y''}$$

quand on y met pour a et α' leurs valeurs.

Les angles FMT, F′MT, ayant leurs tangentes trigonométriques égales et de signes contraires, sont supplémens l'un de l'autre : ce qui donne

$$\text{FMT} + \text{F′MT} = 180°;$$

et comme on a aussi

$$\text{F′MT} + \text{F′M}t = 180°,$$

il en résulte

$$\text{FMT} = \text{F′M}t.$$

Ce qui nous apprend que, *dans l'ellipse, les droites menées du point de tangence aux deux foyers, font avec la tangente, et du même côté de cette ligne, des angles égaux.*

Il suit de là *que la normale divise en deux parties*

égales l'angle formé par les deux rayons vecteurs menés des foyers à un même point de la courbe.

159. Cette propriété fournit une construction très simple pour mener une tangente à l'ellipse par un point donné.

Supposons d'abord que ce point soit sur l'ellipse.

On mènera les rayons vecteurs FM, F′M (fig. 57); on prolongera l'un des deux, par exemple, F′M, d'une quantité MK égale à FM. Joignant K et F, la ligne MT, perpendiculaire à FK, sera la tangente demandée; car, d'après cette construction, les angles TMF, TMK, F′M*t*, sont égaux entre eux.

On peut aisément s'assurer qu'en effet la droite MT ne rencontre la courbe qu'au point M; car, pour tout autre point *t* de cette tangente, on aurait F*t* = *t*K, et par suite

$$Ft + F't > F'MK ;$$

et comme F′MK = 2A, le point *t* n'appartient pas à l'ellipse.

Si le point donné, d'où l'on doit mener la tangente, est extérieur à l'ellipse, et situé, par exemple, en *t*; alors du point F′, comme centre avec un rayon F′K égal au grand axe 2A, on décrira un arc de cercle; du point *t*, comme centre avec un rayon *t*F, on décrira un autre arc de cercle qui coupera le premier en K. Menant F′K, le point M sera le point de tangence; et, joignant M et *t* par une ligne droite, on aura la tangente demandée.

En effet, d'après cette construction, *t*F = *t*K, de plus, F′M + MF = 2A, et F′M + MK = 2A : on a donc

$$MF = MK.$$

La ligne M*t* est donc perpendiculaire sur le milieu de FK : donc les angles FMT, F′M*t*, sont égaux, et la droite *t*MT est tangente à l'ellipse.

Les cercles décrits des points F′ et t, comme centres, se coupent généralement en deux points. Cette construction donnera donc les deux tangentes tM, tM′, que l'on peut mener à l'ellipse par un point extérieur.

160. En transportant ici les raisonnemens que nous avons fait (n° 120) sur les intersections des cordeś qui joignent les points de tangence correspondans à un même point extérieur, on en verra naître des propriétés absolument analogues à celles que nous avons trouvées alors pour le cercle.

En effet, pour chaque point extérieur M′, fig. 58, d'où l'on mène deux tangentes à l'ellipse, les coordonnées x'', y'', des deux points de tangence M″, M‴, sont déterminées par la combinaison des équations

$$(1)\quad \text{A}^2 y' y'' + \text{B}^2 x' x'' = \text{A}^2\text{B}^2, \quad \text{A}^2 y''^2 + \text{B}^2 x''^2 = \text{A}^2\text{B}^2. \quad (2)$$

On peut donc obtenir ces coordonnées par l'intersection des deux lieux géométriques que ces équations représentent, en y considérant x'' et y'' comme variables, et y', x', coordonnées du point M′, comme des constantes données. Alors, la seconde est l'ellipse même à laquelle on mène les tangentes; et la première étant linéaire, appartient nécessairement à la droite qui passe les points de tangence simultanés.

Si l'on veut que cette corde passe par un point donné O dont les coordonnées soient a et $b|$, il faudra que ces cordonnées, étant prises pour x'' et y'', satisfassent à son équation, de sorte que l'on ait

$$\text{A}^2 b y' + \text{B}^2 a x' = \text{A}^2\text{B}^2. \quad (3)$$

Maintenant si, sans changer a et b, on fait varier y' et x' coordonnées de M′, de manière que cette condition soit soujours remplie, il est clair que la corde qui en résultera passera toujours par le point dont les coordonnées sont a et b. Or, ce mode de variation place le point M′ sur la ligne droite représentée par l'équation (3), en y regardant y' et x' comme variables. Donc, si, de tous les points de cette droite que l'on peut construire d'après son équation, on mène deux tangentes à l'ellipse, et que, pour chaque couple pareil, on trace la corde qui passe par les deux points de tangence, toutes ces cordes se couperont en un même point O, qui sera celui dont les coordonnées sont a et b.

Si, par ce point d'intersection et le centre de l'ellipse, on conçoit une ligne droite AO, que nous nommerons rayon vecteur, son équation sera

$$y = \frac{b}{a}\,x.$$

En combinant cette équation avec celle de l'ellipse

$$A^2 y^2 + B^2 x^2 = A^2 B^2,$$

on aura les coordonnées des points N, N′, où elle rencontre cette courbe. Désignons-les par x_1, y_1 : leurs valeurs seront

$$x_1 = \pm \frac{a\,AB}{\sqrt{A^2 b^2 + B^2 a^2}}, \qquad y_1 = \pm \frac{b\,AB}{\sqrt{A^2 b^2 + B^2 a^2}}.$$

Maintenant, si l'on substitue ces valeurs pour x'' et y'' dans l'équation générale de la tangente, laquelle est

$$A^2 y\,y'' + B^2 x\,x'' = A^2 B^2,$$

on aura l'équation particulière de la tangente menée à l'ellipse par le point d'intersection N ou N′ que l'on aura considéré. Ce sera évidemment

$$A^2 by + B^2 ax = AB \sqrt{A^2 b^2 + B^2 a^2}.$$

Or, si l'on compare cette équation avec l'équation (3), on voit que les coefficiens des variables x, y, x', y', sont les mêmes dans toutes deux. Par conséquent, les deux droites que ces équations représentent, sont parallèles l'une à l'autre.

On a vu plus haut qu'en considérant y'', x'', comme variables, les deux points de contact des tangentes menées d'un point quelconque M′, sont situés sur la corde dont l'équation est

$$A^2 y'y'' + B^2 x'x'' = A^2 B^2. \qquad (1)$$

Or, si le point M′ était choisi de manière qu'il se trouvât sur le prolongement du rayon mené du centre au point dont les coordonnées sont a et b, le rapport $\dfrac{y'}{x'}$ deviendrait égal à $\dfrac{b}{a}$, et la corde représentée par l'équation (1) deviendrait parallèle à la droite, représentée par l'équation (3); elle serait donc également parallèle à la tangente menée à l'ellipse par le point d'intersection de cette courbe avec le rayon vecteur que nous venons de désigner.

De là résulte une construction bien simple pour trouver la droite qui contient les sommets des couples de tangentes quand on connaît le point de concours des cordes, et réciproquement : car si ce point est donné et désigné par O, fig. 58, menez d'abord du centre A le rayon vecteur AO, que vous prolongerez indéfiniment; ensuite, par le point N, où ce rayon rencontre l'ellipse, menez une tangente à cette courbe; puis, par le point donné O, menez une corde parallèle à cette tangente; enfin, par l'un des points M″ où cette corde coupe l'ellipse, menez à cette courbe une nouvelle tangente, qui ira rencontrer en M′ le prolongement du rayon vecteur AO. Le point M′ sera situé sur la droite, dont O est le pôle, en prenant ce terme dans l'acception que nous lui avons donnée (nº 121). Alors, par le point M′ ainsi déterminé, menez une ligne LM′L parallèle à la tangente, ce sera la droite cherchée.

Réciproquement, si la droite LL est donnée, il faudra mener à l'ellipse une tangente TAT′, qui lui soit parallèle; ce qui se fera par le moyen des lignes supplémentaires (nº 152). Le point de tangence N étant ainsi connu, on lui mènera du centre de l'ellipse le rayon vecteur AN, qui, prolongé, ira couper la droite en un point M', duquel on mènera à l'ellipse une tangente M'M''; enfin, du point de contact de cette tangente avec la courbe, on tirera le corde M''M''', parallèle à la droite donnée M'L; et le point O, où elle coupera le rayon vecteur AMM', sera le point d'intersection des cordes pour les couples de tangentes menées de la droite LML'.

Cette construction s'accorde évidemment avec celle que nous avons trouvée pour ce cercle dans le n° 121; car la ligne LM L' étant alors perpendiculaire au rayon COM', se trouvait par cela même parallèle à la tangente menée du point N à l'intersection du cercle avec le rayon vecteur.

De l'Ellipse rapportée à ses Diamètres conjugués.

161. On peut trouver une infinité de systèmes de coordonnées obliques relativement auxquels l'équation de l'ellipse conserve la même forme qu'elle vient de nous offrir en la rapportant à ses axes; c'est-à-dire qu'en nommant x', y' ces nouvelles coordonnées, l'équation transformée ne contienne, comme l'équation primitive, que les carrés des variables x'^2, y'^2, avec un terme constant. En supposant d'abord conditionnellement une telle réduction possible, il est facile de voir que tous les systèmes dont il s'agit, devront avoir leur origine placée au centre même de l'ellipse; car si l'on considère un point quelconque de cette courbe, dont les coordonnées ainsi exprimées soient $+ x'$ et $+ y'$, puisque l'équation transformée ne doit contenir que les carrés de ces variables, elle se trouvera également satisfaite par les points dont les coordonnées seraient $- x'$, $+ y'$; $- x'$, $- y'$;

$+ x'$, $— y'$; c'est-à-dire par les points qui seraient situés d'une manière symétrique dans les autres angles formés par les axes des coordonnées. Ainsi, toute ligne droite menée par cette origine, sera coupée des deux côtés par la courbe à des distances égales ; propriété qui, dans l'ellipse, n'appartient généralement qu'au centre, seul point autour duquel elle est symétriquement disposée.

Les axes de coordonnées obliques dont nous supposons ici l'existence, couperont donc toujours l'ellipse suivant deux diamètres inclinés l'un sur l'autre d'un certain angle convenable pour la réduction dont il s'agit. Les diamètres qui se combinent ainsi ensemble, sont dits *conjugués*.

Pour reconnaître si l'ellipse a plusieurs systèmes de diamètres conjugués, et quelles sont leurs positions, reprenons son équation rapportée au centre et aux rectangulaires, laquelle est

$$A^2 y^2 + B^2 x^2 = A^2 B^2 ;$$

de plus, puisque les diamètres conjugués, s'il en existe, doivent se couper au centre de l'ellipse, il suffira d'employer les formules

$$x = x' \cos \alpha + y' \cos \alpha', \quad y = x' \sin \alpha + y' \sin \alpha',$$

qui servent à passer d'un système de cordonnées rectangulaires à des coordonnées quelconques qui ont la même origine. En substituant ces valeurs de x et de y dans l'équation de l'ellipse, qui est

$$A^2 y^2 + B^2 x^2 = A^2 B^2,$$

elle devient

$$\left\{ \begin{aligned} &(A^2 \sin^2 \alpha' + B^2 \cos^2 \alpha') y'^2 + (A^2 \sin^2 \alpha + B^2 \cos^2 \alpha) x'^2 \\ &\quad + 2(A^2 \sin \alpha \sin \alpha' + B^2 \cos \alpha \cos \alpha') x' y' \end{aligned} \right\} = A^2 B^2.$$

Pour que cette équation soit de même forme que celle qui est relative aux axes, il faut qu'elle ne contienne point le rectangle $x' y'$ des coordonnées. Il faut donc profiter de l'indétermination de α et de α' pour faire disparaître ce terme, en rendant son coefficient nul, ce qui donne la condition

$$A^2 \sin \alpha \sin \alpha' + B^2 \cos \alpha \cos \alpha' = o, \qquad (1)$$

et l'équation de la courbe se réduit à

$$(A^2\sin^2\alpha' + B^2\cos^2\alpha')y'^2 + (A^2\sin^2\alpha + B^2\cos^2\alpha)x'^2 = A^2B^2.$$

162. Cherchons à interpréter les résultats que nous venons d'obtenir. La condition qui existe entre α et α' ne suffit pas pour déterminer ces deux angles; elle fait seulement connaître l'un d'eux quand l'autre est connu. On peut donc prendre l'un des deux à volonté, et par conséquent il existe une infinité de systèmes de coordonnées obliques tels que ceux que nous cherchons.

Un de ces systèmes est celui même des axes de l'ellipse; car la relation de α et de α' est satisfaite quand on suppose $\sin \alpha = o$, et $\cos \alpha' = o$; ce qui fait coïncider les x' avec les x, et les y' avec les y. Aussi, par ces suppositions, retombe-t-on sur l'équation aux axes. On satisferait encore aux conditions données, en faisant $\sin \alpha' = o$, $\cos \alpha = o$; ce qui donnerait encore l'équation aux axes, avec cette seule différence, que les x' coïncideraient avec les y, et les y' avec les x.

Ce sont là les seuls systèmes de diamètres conjugués qui puissent être rectangulaires. En effet, supposons qu'il y en ait d'autres, ils devront, ainsi que les précédens, satisfaire à la condition

$$\alpha' - \alpha = 90°, \qquad \text{ou} \qquad \alpha' = 90° + \alpha;$$

ce qui donne

$$\sin \alpha' = \sin 90° \cos\alpha + \cos 90° \sin\alpha = + \cos \alpha,$$
$$\cos \alpha' = \cos 90° \cos\alpha - \sin 90° \sin\alpha = - \sin \alpha;$$

or, ces valeurs étant substituées dans l'équation de condition

$$A^2 \sin \alpha \sin \alpha' + B \cos \alpha \cos \alpha' = o,$$

elle devient

$$(A^2 - B^2) \sin \alpha \cos \alpha = 0;$$

et comme on ne peut pas disposer des quantités A et B qui sont données par la nature de l'ellipse que l'on considère, on ne peut y satisfaire qu'en faisant $\sin \alpha = 0$, ou $\cos \alpha = 0$; suppositions qui nous ramènent précisément aux deux cas que nous venons d'examiner, et qui nous conduisent toujours à l'équation aux axes.

Si l'ellipse se changeait en un cercle, on aurait $A = B$, et l'équation de condition se trouverait satisfaite d'elle-même, quelque valeur que l'on voulût donner à l'angle α. Ainsi, dans le cercle, tous les systèmes de diamètres conjugués sont rectangulaires, au lieu que dans l'ellipse, les axes seuls jouissent de cette propriété.

163. On pourrait voir également, par la seule analyse, que les systèmes des coordonnées qui peuvent réduire l'équation de l'ellipse à contenir seulement les carrés des variables, ont nécessairement leur origine à son centre. Car si l'on prenait les formules de transformations les plus générales, on trouverait que les termes qui transportent l'origine, introduisent dans la transformée les premières puissances des variables, et doivent nécessairement être nuls pour que ces puissances disparaissent.

164. En faisant successivement $y' = 0$, $x' = 0$, on aura les distances de l'origine des coordonnées aux points dans lesquels la courbe coupe les diamètres auxquels elle est rapportée. Si l'on représente ces distances par A' et B', la première étant comptée sur l'axe des y', on trouve

$$A'^2 = \frac{A^2 B^2}{A^2 \sin^2 \alpha + B^2 \cos^2 \alpha}, \qquad B'^2 = \frac{A^2 B^2}{A^2 \sin^2 \alpha' + B^2 \cos^2 \alpha'};$$

et l'équation de la courbe devient

$$A'^2 y'^2 + B'^2 x'^2 = A'^2 B'^2,$$

$2A'$, $2B'$, représentant les longueurs des deux diamètres

conjugués. On appelle paramètre d'un diamètre une troisième proportionnelle à ce diamètre et à son conjugué : d'après cela, $\dfrac{2B'^2}{A'}$ est le paramètre du diamètre $2A'$, et $\dfrac{2A'^2}{B'}$ est celui de son conjugué $2B'$. Nous ne ferons pas un usage particulier de ces quantités, et nous n'en parlons que parce qu'elles sont fréquemment employées dans les traités synthétiques.

165. Si l'on multiplie l'une par l'autre les valeurs de A'^2 et de B'^2, il vient

$$A'^2 B'^2 = \frac{A^4 B^4}{A^4 \sin^2\alpha' \sin^2\alpha + A^2 B^2 (\sin^2\alpha \cos^2\alpha' + \cos^2\alpha \sin^2\alpha') + B^4 \cos^2\alpha \cos^2\alpha'}$$

résultat qui peut se mettre sous la forme

$$A'^2 B'^2 = \frac{A^4 B^4}{(A^2 \sin\alpha' \sin\alpha + B^2 \cos\alpha' \cos\alpha)^2 + A^2 B^2 \sin^2(\alpha' - \alpha)}.$$

La première partie du dénominateur s'évanouit en vertu de la relation qui existe entre α' et α; et, en réunissant les autres termes, on a simplement

$$A'^2 B'^2 = \frac{A^2 B^2}{\sin^2(\alpha' - \alpha)},$$

qui donne

$$AB = A'B' \sin(\alpha' - \alpha).$$

$\alpha' - \alpha$ est l'expression de l'angle $B'AC'$ que forment les deux diamètres conjugués entre eux (fig. 59). Par conséquent, $A'B' \sin(\alpha' - \alpha)$ exprime l'aire du parallélogramme $AC'R'B'$: cette aire est donc égale au rectangle $ACRB$ formé sur les axes; d'où résulte ce théorème que, *dans l'ellipse, le parallélogramme construit sur deux diamètres conjugués quelconques, est équivalent au rectangle construit sur les axes.*

7ᵉ *Édit.*   16

166. L'équation de condition entre les angles α, α', étant divisée par $\cos\alpha \cos\alpha'$, devient

$$A^2 \tang\alpha \tang\alpha' + B^2 = 0. \qquad (1)$$

Avec son secours, on peut aisément éliminer l'angle α' de l'expression de B'^2, ou l'angle α de l'expression de A'^2; pour cela, il n'y a qu'à transformer ces expressions de manière à y introduire les tangentes des arcs au lieu de leurs sinus et cosinus, ce qui est facile, puisqu'on a toujours

$$\sin^2\alpha = \frac{\tang^2\alpha}{1 + \tang^2\alpha}; \qquad \cos^2\alpha = \frac{1}{1 + \tang^2\alpha},$$

$$\sin^2\alpha' = \frac{\tang^2\alpha'}{1 + \tang^2\alpha'}; \qquad \cos^2\alpha' = \frac{1}{1 + \tang^2\alpha'}.$$

Ces valeurs substituées dans A'^2 et B'^2, donnent

$$A'^2 = \frac{A^2 B^2 (1 + \tang^2\alpha)}{A^2 \tang^2\alpha + B^2}; \qquad B'^2 = \frac{A^2 B^2 (1 + \tang^2\alpha')}{A^4 \tang^2\alpha' + B^2}.$$

Maintenant, si l'on veut éliminer α' de la seconde, il n'y a qu'à y remplacer $\tang\alpha'$ par sa valeur, déduite de l'équation (1); et, après les réductions, il vient

$$B'^2 = \frac{A^4 \tang^2\alpha + B^4}{A^2 \tang^2\alpha + B^2};$$

de sorte que le dénominateur est le même que celui de A'^2. Or, si l'on ajoute ces quantités ensemble, le numérateur commun

$$A^2 B^2 + A^2 B^2 \tang^2\alpha + A^4 \tang^2\alpha + B^4$$

peut se mettre sous cette forme,

$$B^2(A^2 + B^2) + A^2 \tang^2\alpha(B^2 + A^2),$$

ou enfin $\qquad (A^2 + B^2)(A^2 \tang^2\alpha + B^2).$

Cette somme prend donc alors pour facteur commun le dénominateur même; et faisant partir celui-ci par la division, il reste

$$A'^2 + B'^2 = A^2 + B^2;$$

c'est-à-dire que, *dans l'ellipse, la somme des carrés de deux diamètres conjugués est toujours égale à la somme des carrés des deux axes.*

167. Les trois équations

$$A^2 \, \text{tang } \alpha \, \text{tang } \alpha' + B^2 = 0,$$
$$AB = A'B' \sin (\alpha' - \alpha),$$
$$A^2 + B^2 = A'^2 + B'^2$$

suffisent pour déterminer trois quelconques des six quantités

$$A, \ B, \ A', \ B', \ \alpha, \ \alpha',$$

lorsque les trois autres sont connues : elles peuvent par conséquent servir à résoudre toutes les questions relatives à la recherche des diamètres conjugués, quand on connaît les axes, et réciproquement.

168. En comparant la première de ces équations avec la relation trouvée dans l'art. 144, pour que deux droites menées des deux extrémités du grand axe se coupent sur l'ellipse, on voit que les angles α, α', satisfont à cette condition. Il est donc toujours possible de mener, par les deux extrémités du grand axe, deux droites qui se coupent sur l'ellipse, et qui soient parallèles à deux diamètres conjugués donnés ; ce qui s'accorde avec ce qu'on a vu dans l'art. 153.

De là il résulte un moyen très simple de trouver deux diamètres conjugués qui fassent entre eux un angle donné, en supposant que l'on connaisse les axes de l'ellipse.

Sur l'un de ces axes on décrira un arc de cercle capable de l'angle donné. Par un des points où cet arc coupera l'ellipse, on mènera aux extrémités de l'axe des cordes supplémentaires ; elles seront parallèles aux diamètres cherchés. Ainsi, en leur menant des parallèles par le centre de l'ellipse, on aura ces diamètres.

On fera cette construction sur le grand axe, si l'angle

16..

donné est obtus; sur le petit, s'il est aigu. Lorsque cet angle sortira des limites assignées pour les diamètres conjugués, le problème sera impossible, et l'arc de cercle ne coupera pas la courbe.

Il est visible que cette construction s'accorde avec les équations précédentes et avec les considérations de l'article 144. On pourrait aisément la traduire en analyse; et, en la combinant avec l'équation de l'ellipse, on trouverait le nombre des solutions et les conditions d'impossibilité. Je laisse cette recherche à faire aux élèves qui voudront s'exercer.

169. Si l'on demandait que les diamètres conjugués cherchés fussent égaux entre eux, on n'aurait qu'à égaler les valeurs de A'^2 et de B'^2, trouvées dans l'art. 166, en fonction de $\tang^2 \alpha$; et, après avoir divisé toute l'égalité par le facteur commun $A^2 - B^2$, il restera

$$A^2 \tang^2 \alpha = B^2; \quad \text{d'où} \quad \tang \alpha = \pm \frac{B}{A}.$$

Cette valeur étant substituée dans l'équation de condition entre les deux tangentes, il en résultera

$$\tang \alpha' = \mp \frac{B}{A}.$$

On voit ainsi que les tangentes des deux angles cherchés sont égales et de signes contraires; l'un des signes étant relatif à un des diamètres, et l'autre à son conjugué. Si donc, par les extrémités des axes de l'ellipse, on mène des cordes BC, B'C (fig. 60), les diamètres parallèles à ces cordes seront conjugués et égaux.

L'ellipse rapportée à ces diamètres a pour équation

$$y'^2 + x'^2 = A'^2,$$

qui est analogue à celle du cercle entre les coordonnées rectangulaires.

170. Parmi toutes les cordes menées des extrémités

B, B' de l'axe à un même point de la courbe (fig. 60), BC
et B'C sont celles qui comprennent le plus grand angle :
par conséquent, l'angle obtus, formé par les diamètres
conjugués égaux, est le plus grand de tous ceux qui
sont formés par deux diamètres conjugués.

171. Reprenons maintenant l'équation

$$A'^2 y'^2 + B'^2 x'^2 = A'^2 B'^2.$$

Pour plus de simplicité, nous supprimerons les accens
des variables x', y', en nous rappelant toutefois qu'elles
se comptent sur des axes obliques, et nous écrirons

$$A'^2 y^2 + B'^2 x^2 = A'^2 B'^2.$$

Cette relation étant absolument de même forme que
celle qui est relative aux axes, toutes les propriétés indépendantes de l'inclinaison des ordonnées seront communes aux axes de l'ellipse et à ses diamètres conjugués.

Ainsi, chaque diamètre divisera en deux parties égales
les ordonnées parallèles à son conjugué; mais comme ils
ne sont pas à angle droit l'un sur l'autre, la courbe ne
sera pas symétrique de part et d'autre de chacun d'eux.

De plus, la valeur de y^2 étant

$$y^2 = \frac{B'^2}{A'^2} (A'^2 - x^2),$$

on aura, en nommant y'', x'', les coordonnées d'un
autre point de la courbe,

$$\frac{y^2}{y''^2} = \frac{(A' + x)(A' - x)}{(A' + x'')(A' - x'')}.$$

$A' + x$, $A' - x$, sont les distances du pied de l'ordonnée MP aux extrémités B, b, du diamètre bAB (fig. 61) :
les *carrés des ordonnées aux diamètres conjugués sont
donc proportionnels aux produits des segmens qu'elles
forment sur ces diamètres.*

172. On tire de là un moyen fort simple de décrire

une ellipse, lorsque l'on connaît deux de ses diamètres conjugués 2A′, 2B′, et l'angle qu'ils font entre eux. Sur le premier Bb, par exemple, on décrira une ellipse dont les axes soient 2A′ et 2B′; ensuite on inclinera les ordonnées NP, N′P′ sous l'angle donné, sans changer leur longueur, et les points M, M′, trouvés par ce procédé, appartiendront à la courbe cherchée.

173. L'équation de la ligne droite étant de même forme entre des coordonnées obliques qu'entre des coordonnées rectangulaires, la combinaison de la ligne droite et de l'ellipse rapportée à des diamètres conjugués, dépendra des mêmes formules que dans le cas où cette courbe est rapportée à ses axes; et l'on obtiendra, par conséquent, dans ces deux systèmes, des résultats analogues.

Nommons β l'angle que forment entre eux les diamètres conjugués 2A′ et 2B′ (fig. 62). Si, par le point D, pour lequel $y = 0$, et $x = $ A′, on mène une ligne droite qui fasse avec l'axe AX un angle α, il résulte de l'art. 43, que son équation sera de cette forme,

$$y = a\,(x - \mathrm{A}'), \quad a = \frac{\sin \alpha}{\sin (\beta - \alpha)}.$$

Si, par le point D′, pour lequel $y = 0$, et $x = -$A′, on mène une autre droite dont α' soit l'angle avec l'axe des x, on aura

$$y = a'\,(x + \mathrm{A}'), \quad a' = \frac{\sin \alpha'}{\sin (\beta - \alpha')}.$$

Pour que ces droites se coupent sur l'ellipse, il faudra combiner leurs équations avec la suivante,

$$\mathrm{A}'^2 y^2 + \mathrm{B}'^2 x^2 = \mathrm{A}'^2\,\mathrm{B}'^2,$$

qui appartient à cette courbe : mais le système de ces équations étant le même que dans l'art. 144, le résultat entre a et a' sera aussi le même, et il viendra

$$\mathrm{A}'^2\,a a' + \mathrm{B}'^2 = 0$$

pour la condition que les droites se coupent sur l'ellipse. Seulement ici a et a' ne désignent plus les tangentes trigonométriques des angles que ces droites font avec l'axe des x; elles expriment les rapports des sinus des angles qu'elles font avec les deux axes des coordonnées.

174. Si l'on veut mener une tangente à l'ellipse par un de ses points, en nommant x'', y'', ses coordonnées rapportées aux diamètres, on aura

$$A'^2 y''^2 + B'^2 x''^2 = A'^2 B'^2.$$

La tangente étant une ligne droite, et devant passer par ce point, son équation sera de cette forme,

$$y - y'' = a\,(x - x''),$$

a étant une constante qu'il s'agit de déterminer.

Pour y parvenir, on combinera les deux équations précédentes avec celle de l'ellipse, qui est

$$A'^2 y^2 + B'^2 x^2 = A'^2 B'^2.$$

en raisonnant comme dans l'art. 149; mais le système des formules employées étant aussi le même, on trouvera, comme dans ce cas,

$$a = -\frac{B'^2}{A'^2}\,\frac{x''}{y''};$$

et l'équation de la tangente deviendra

$$y - y'' = -\frac{B'^2}{A'^2} \cdot \frac{x''}{y''}\,(x - x''),$$

ou, en réduisant

$$A'^2 yy'' + B'^2 xx'' = A'^2 B'^2;$$

c'est-à-dire qu'elle aura la même forme que dans le cas des axes. Il est visible que l'expression de la soutangente qui s'en déduit sera aussi la même.

Si, par le centre de l'ellipse, qui est aussi l'origine des coordonnées, on mène une ligne droite son équation sera de cette forme,

$$y = a'\,x.$$

Si cette droite passe par le point de tangence, il faudra que l'on ait

$$y'' = a'x''; \quad \text{d'où} \quad a' = \frac{y''}{x''}.$$

Cette valeur de a' étant multipliée par celle de a, qui convient à la tangente, il vient

$$aa' = -\frac{B'^2}{A'^2}.$$

En comparant cette relation avec le résultat de l'article précédent, on voit que le point de tangence est sur une ellipse rapportée à des diamètres conjugués parallèles à ceux de la proposée, et dont le rapport est le même. Cette ellipse passant par l'origine des coordonnées et par le point où la tangente rencontre l'axe des x, un de ces diamètres est la distance de ce point à l'origine.

175. Ceci fournit un moyen de mener une tangente à l'ellipse par un point pris sur cette courbe, sans connaître ses axes (fig. 63); pour cela, de ce point M, menez au centre le diamètre AM; et alors, par l'extrémité D′ d'un autre diamètre quelconque, tel que DD′, menez D′N parallèle à AM : MT parallèle à DN, sera la tangente demandée. Cela se prouve aisément en appliquant ici le raisonnement dont nous avons fait usage dans l'art. 152.

Les données employées dans cette construction sont un diamètre DD′ et le centre A. Or, ces deux choses sont faciles à déterminer, lorsque l'ellipse est donnée; car, à travers cette ellipse, tracez deux parallèles quelconques terminées à la courbe; et, par le milieu de ces lignes, menez une droite : ce sera un diamètre qui passera conséquemment par le centre. Menez deux autres parallèles dans une autre direction, vous aurez un second diamètre, qui passera aussi par le centre; et ainsi le centre sera déterminé par l'intersection de ces diamètres.

176. Si l'on mène le diamètre AM′, fig.63, parallèlement à la tangente MT, la tangente au point M′ sera parallèle à D′N, et par conséquent à AM : les deux diamètres AM, AM′, seront donc conjugués l'un à l'autre, et l'angle M′AM, compris entre eux, sera égal à l'angle D′ND formé par les deux cordes supplémentaires qui leur sont respectivement parallèles.

Ainsi, pour avoir deux diamètres conjugués qui fassent entre eux un angle donné, il faut, sur un diamètre quelconque DD′, décrire un arc de cercle capable de cet angle (fig. 65). Par le point N, où l'arc coupera l'ellipse, on mènera aux extrémités du diamètre les cordes DN, D′N, qui seront respectivement parallèles aux diamètres cherchés : on pourra donc mener ceux-ci, puisque le centre de l'ellipse est d'ailleurs connu.

177. Si les diamètres demandés sont les deux axes de l'ellipse, leur angle est droit, et l'arc de cercle devient concentrique à la courbe (fig. 66). Ainsi, pour trouver les axes d'une ellipse donnée, lorsque l'on connaît son centre, il faut, sur un quelconque de ses diamètres, décrire une circonférence de cercle; par un des points d'intersection mener des cordes aux extrémités du diamètre, et, par le centre, des parallèles à ces cordes : ce seront les axes demandés.

178. Il serait facile, en suivant la marche que nous avons tenue, de revenir de l'équation

$$A'^2 y^2 + B'^2 x^2 = A'^2 B'^2,$$

relative aux diamètres conjugués, à celle qui appartient aux axes : on retomberait ainsi sur les relations que nous venons d'établir, et il devient par conséquent inutile que nous nous y arrétions plus long-temps.

Sur l'Equation polaire de l'Ellipse, et sur la mesure de sa surface.

179. L'ellipse n'est pas, comme le cercle, une courbe symétrique dans tous les sens autour de son centre. C'est pourquoi, lorsque nous la rapportons à des coordonnées polaires, composées d'un rayon vecteur r et d'un angle v formé par ce rayon avec une droite fixe, nous pouvons prévoir que l'équation ainsi transformée, devra, outre les élémens propres à l'ellipse même, renfermer des termes qui dépendront de la position de ses axes par rapport à la droite fixe, d'où l'on compte les angles v. Le mélange de ces deux sortes de données fait qu'il devient avantageux pour la simplicité de ne pas introduire les coordonnées polaires dans l'équation de l'ellipse rapportée à ses axes, mais dans l'équation relative à deux diamètres conjugués, dont l'un soit parallèle à la droite d'où l'on veut compter les angles v.

Soit donc (fig. 67) OX′, cette ligne, et CA′, CB′, deux diamètres conjugués, dont le premier lui est parallèle : l'angle B′CA′, sera déterminé par la nature de l'ellipse : nous le nommerons ω. Du point O choisi pour pôle, menons OP′ parallèle à CB′, et nommons x', y', les longueurs CP′, P′O; ce seront les coordonnées rectilignes du pôle relativement aux deux diamètres. En répétant la même construction pour un point quelconque M de l'ellipse, nous formerons de même ses coordonnées rectilignes CP, PM, que nous désignerons généralement par x, y, et l'on aura ainsi en général

$$CP = CP' + QO, \quad PM = OP' + QM.$$

Or, QO et QM sont les côtés du triangle obliquangle OQM, dans lequel l'angle O est v, l'angle Q est $180° - \omega$, et le côté OM est r; ce qui donne

$$MQ = \frac{r \sin \nu}{\sin \omega}, \qquad QO = \frac{r \sin (\omega - \nu)}{\sin \omega}.$$

En substituant ces valeurs dans les relations précédentes, et remplaçant les autres lignes par les expressions analytiques que nous leur avons attribuées, il vient

$$x = x' + \frac{r \sin (\omega - \nu)}{\sin \omega}, \qquad y = y' + \frac{r \sin \nu}{\sin \omega};$$

ce sont les valeurs des coordonnées parallèles aux diamètres conjugués, en fonction des coordonnées polaires r et ν. Il ne reste plus qu'à les substituer dans l'équation de l'ellipse rapportée à ces diamètres. En représentant CA' par A', et CB' par B', cette équation est

$$A'^2 y^2 + B'^2 x^2 = A'^2 B'^2.$$

180. Avant d'effectuer la substitution, il est bon de nous rappeler que les valeurs de A', de B', et de ω, sont liées avec les longueurs et la position des axes de l'ellipse, au moyen des trois relations trouvées n° 167; car ω est représenté dans ces équations par $\alpha' - \alpha$, c'est-à-dire par la différence des angles que le premier axe de l'ellipse forme avec les deux diamètres conjugués que l'on considère. On pourrait donc, à l'aide de ces relations, déterminer les trois quantités A', B', ω, si l'on connaissait les longueurs A et B des deux demi-axes de l'ellipse et l'angle α, que le premier de ces axes forme avec la droite OX', d'où l'on compte les angles ν. Or, réciproquement, on obtiendra A et B et α, si A', B', et ω étaient données. En effet, dans ce cas, les deux dernières relations citées, détermineraient A et B; et en éliminant α' de la première, au moyen de sa valeur $\alpha' = \alpha + \omega$, elle donne

$$A^2 \tan^2 \alpha + (A^2 - B^2) \tan \alpha \tan \omega + B^2 = 0;$$

ce qui fera connaître tang α, et par suite, l'angle α lui-même.

181. Ceci convenu, chassons les coordonnées rectilignes x, y, de l'équation de l'ellipse, en les remplaçant par leurs

valeurs en r et v. Le résultat, ordonné suivant les puissances de v, cst

$$\left.\begin{array}{l} A'^2\sin^2 v \\ + B'^2\sin^2(\omega - v) \end{array}\right\} \dfrac{r^2}{\sin^2 \omega} + \left.\begin{array}{l} 2A'^2 y'\sin v \\ + 2B'^2 x'\sin(\omega - v) \end{array}\right\} \dfrac{r}{\sin \omega} + \left.\begin{array}{l} A'^2 y'^2 \\ + B'^2 x'^2 \\ - A'^2 B'^2 \end{array}\right\} = 0.$$

Si l'ellipse se changeait en un cercle d'un rayon R, on aurait généralement $A' = B' = R$, et l'angle ω des deux diamètres conjugués deviendrait égal à 90°, ce qui donnerait $\sin \omega = 1$, et $\sin(\omega - v) = \cos v$. Alors le coefficient de r^2 deviendrait égal à 1, et l'équation divisée par A'^2, se réduirait à

$$r^2 + 2\left(y'\sin v + x'\cos v\right) r + y'^2 + x'^2 - R^2 = 0;$$

ce qui est, en effet, le résultat trouvé, n° 124, pour l'équation polaire du cercle. On voit que, dans ce cas, il ne reste plus aucune trace de l'angle ω, qui, dans l'ellipse, sert à déterminer la position du premier axe, relativement à la ligne d'où l'on compte les angles v; et, en effet, en vertu de la forme symétrique du cercle, la direction de cet axe est absolument indéterminée, puisqu'il est le même partout autour du centre.

Mais, à cette seule modification près, qui dépend de la différence des deux courbes, on peut appliquer en tout point à l'équation générale trouvée ci-dessus pour l'ellipse, le mode de discussion que nous avons suivi pour l'équation polaire du cercle, page 200 et suiv. On pourra en déduire de même la marche de cette courbe, ses limites et toutes ses propriétés relatives au point choisi pour pôle, soit que ce pôle se trouve situé sur le contour même de l'ellipse, ou dans l'intérieur, ou au dehors. Les élèves feront bien de s'exercer à développer cette analyse.

182. Je me bornerai ici à l'examen d'un cas qui présente des résultats particulièrement propres à l'ellipse. C'est

celui où le point choisi pour pôle serait un des foyers mêmes de cette courbe, les angles v étant comptés à partir du premier axe AB, fig. 68.

Dans ce cas, les deux diamètres conjugués A', B', sur lesquels se comptent les coordonnées rectilignes x', y' du pôle, deviennent les axes mêmes de l'ellipse, que nous désignerons par A et B; de plus, leur angle ω est droit, et l'équation (1) ainsi modifiée, devient

$$\left. \begin{array}{l} A^2\sin^2 v \\ + B^2\cos^2 v \end{array} \right\} r^2 + \left. \begin{array}{l} 2A^2 y'\sin v \\ + 2B^2 x'\cos v \end{array} \right\} r + A^2 y'^2 + B^2 x'^2 = A^2 B^2.$$

Il reste encore à exprimer que le pôle coïncide avec un des foyers de l'ellipse. Or, pour cela, il faut savoir dans lequel des deux foyers on veut le placer. Car, ayant pris, par supposition, les x' et les x positifs du même côté du centre où les angles v commencent, c'est-à-dire vers AX, l'abscisse du foyer F, située de ce côté, sera positive, et celle du foyer F', situé de l'autre côté du centre, sera négative; en sorte que, si c'est F que l'on veut choisir, les coordonnées du pôle seront

$$y' = 0, \quad x' = +\sqrt{A^2 - B^2};$$

et, si c'est F', elles seront

$$y' = 0, \quad x' = -\sqrt{A^2 - B^2}.$$

Quelle que soit celle de ces deux valeurs qu'on adopte, le carré de x' sera toujours le même; et, en y joignant la condition de y' nul, l'équation (1) deviendra

$$(A^2 \sin^2 v + B'^2 \cos^2 v) r^2 + 2B^2 x'\cos v . r = B^4.$$

Si on la résout par rapport à r, on trouve sous le radical la quantité

$$B^4 (A^2 \sin^2 v + B^2 \cos^2 v) + B^4 x'^2 \cos^2 v,$$

qui, en mettant pour x'^2 sa valeur $A^2 - B^2$, se réduit à

$$A^2 B^4 (\sin^2 v + \cos^2 v) \quad\text{ou}\quad A^2 B^4;$$

ce qui donne pour r ces deux valeurs rationnelles,

$$r = -\frac{B^2(x'\cos v - A)}{A^2\sin^2 v + B^2\cos^2 v}, \text{ et } r = -\frac{B^2(x'\cos v + A)}{A^2\sin^2 v - B^2\cos^2 v}.$$

Ces deux valeurs peuvent encore être mises sous une forme plus simple; car on a

$$A^2\sin^2 v + B^2\cos^2 v = A^2 - (A^2 - B^2)\cos^2 v = A^2 - x'^2\cos^2 v.$$

Or, la quantité $A^2 - x'^2\cos^2 v$ est le produit des deux facteurs $A - x'\cos v$, $A + x'\cos v$, et chacun de ces facteurs se trouve aussi au numérateur dans l'une ou l'autre des expressions précédentes de r; ainsi, en le supprimant, on aura pour r ces deux expressions plus simples,

$$r = \frac{B^2}{A + x'\cos v}, \qquad r = -\frac{B^2}{A - x'\cos v}.$$

Il faut maintenant discuter ces valeurs dans les deux suppositions où l'on prendrait pour pôle le foyer F situé du côté des x' positifs, ou le foyer F′, situé du côté des x' négatifs.

183. Commençons par le premier cas : x' étant positif et moindre que A, le produit de x' par cos v, qui est toujours une fraction, sera également positif et moindre que A; ainsi, quelque changement de signe que cos v subisse dans les différens quadrans, les deux dénominateurs $A + x'\cos v$, $A - x'\cos v$, resteront toujours positifs; or, le carré B^2 qui forme le numérateur des deux racines, est toujours positif par lui-même; ainsi, la première valeur de r où il est affecté du signe $+$, sera toujours positive, et donnera des points réels de la courbe; tandis que la seconde, qui a un numérateur négatif $- B^2$, donnera toujours des valeurs négatives, et ne devra pas être employée. Tous les points de la courbe seront donc alors donnés par la première valeur de r.

La même chose arrivera encore dans le second cas où le pôle est placé au foyer F'. Alors x' est négatif; mais le produit $x' \cos v$ est toujours moindre que A; de sorte que ces deux dénominateurs restent positifs. La première valeur de r est donc encore la seule positive, par conséquent la seule qui donne des points réels de la courbe. Ainsi, elle est, dans tous les cas, la seule qu'il faille employer, quand on compte les angles v continûment de o à 360°, comme nous sommes convenus de le faire.

184. Si, pour plus de simplicité, on fait

$$\frac{A^2 - B^2}{A^2} = e^2,$$ on aura $B^2 = A^2(1 - e^2)$, et $x' = \pm Ae$,

les deux signes $+$ et $-$ répondent aux deux positions du pôle en F ou en F'; ces valeurs étant substituées dans l'expression positive de r, elle devient

$$r = \frac{A(1 - e^2)}{1 + e \cos v}, \qquad \text{ou bien} \qquad r = \frac{A(1 - e^2)}{1 - e \cos v}.$$

La première répond au cas où les angles v sont comptés depuis le sommet de l'ellipse le plus voisin du foyer qui sert de pôle, et la seconde répond au cas où les angles v sont comptés, toujours dans le même sens, à partir du sommet le plus éloigné. L'une et l'autre forme est souvent usitée en Astronomie pour le mouvement des planètes, parce que ces astres décrivent des ellipses dont le soleil occupe un des foyers.

185. La forme générale que nous avons trouvée plus haut pour l'équation polaire de l'ellipse, peut servir à reconnaître si une équation donnée entre r et v, appartient à une ellipse; et, dans le cas où cela a lieu, elle peut servir à déterminer les élémens de l'ellipse, c'est-à-dire les valeurs des axes, leurs positions, et celle du centre, relativement au point choisi pour pôle. C'est une recherche sur laquelle les élèves pourront s'exercer.

186. Dans ce qui précède, nous avons déduit de la seule équation de l'ellipse toutes les circonstances de son cours; réciproquement, une seule de ces circonstances qui serait particulière à l'ellipse, suffirait pour faire retrouver son équation.

Proposons-nous, par exemple, de trouver une courbe telle, que la somme des distances de chacun de ses points à deux points donnés, soit constante et égale à 2A.

Soient F, F', les deux points donnés, fig. 68. Plaçons l'origine des abscisses en A, au milieu de la ligne FF', que nous représenterons par $2c$; puis, supposant que M soit un point de la courbe, nommons AP, x, PM, y, et désignons par r, r', les distances FM et F'M : nous aurons, pour les équations du problème,

$$r^2 = y^2 + (c - x)^2, \quad r'^2 = y^2 + (c + x)^2,$$
$$r + r' = 2A.$$

Ajoutons et retranchons successivement les deux premières équations membre à membre, il viendra

$$r^2 + r'^2 = y^2 + x^2 + c^2, \quad r'^2 - r^2 = 4cx.$$

La seconde de celles-ci peut se mettre sous cette forme,

$$(r' + r)(r' - r) = 4cx.$$

Substituant pour $r' + r$ sa valeur tirée de l'équation

$$r' + r = 2A,$$

il vient

$$r' - r = \frac{2cx}{A},$$

d'où, en vertu de la précédente, on tire

$$r' = A + \frac{cx}{A}, \quad r = A - \frac{cx}{A}.$$

Mettant ces valeurs dans l'équation qui donne $r'^2 + r^2$, il vient

$$A^2 + \frac{c^2 x^2}{A^2} = y^2 + x^2 + c^2,$$

ou
$$A^2(y^2 + x^2) - c^2 x^2 = A^2 (A^2 - c^2).$$

Lorsqu'on fait x nul, cette équation donne

$$y^2 = A^2 - c^2.$$

C'est le carré de l'ordonnée de la courbe à l'origine. Comme c est nécessairement moindre que A, d'après les données de la question, cette ordonnée est réelle, et en la représentant par B, on a

$$B^2 = A^2 - c^2.$$

Si l'on tire de ce résultat la valeur de c, et qu'on la substitue dans l'équation de la courbe, cette équation devient

$$A^2 y^2 + B^2 x^2 = A^2 B^2,$$

qui est l'équation d'une ellipse rapportée au centre et à ses axes.

187. Avant qu'on eût éliminé les quantités r et r', l'ellipse était caractérisée par l'une ou l'autre des équations

$$r' = A + \frac{cx}{A}, \qquad r = A - \frac{cx}{A},$$

aussi bien qu'elle l'a été ensuite par l'équation en coordonnées rectangulaires à laquelle nous sommes parvenus; car les distances r et r étant variables en même temps que l'abscisse x, peuvent convenir successivement à tous les points de la courbe, et servir à les déterminer lorsque x est connu. On peut donc regarder les variables r et x, ou r' et x, comme formant un véritable système de coordonnées qui ne sont plus rectangulaires; mais il faudra se rappeler que l'origine des rayons vecteurs est différente dans ces deux systèmes; car ils partent de F', lorsque l'on prend l'équation

17

$$r' = A + \frac{c\,x}{A};$$

et de F, lorsque l'on emploie la seconde

$$r = A - \frac{c\,x}{A}.$$

188. Si l'on veut aussi compter les abscisses x, non plus comme nous l'avons fait, à partir du centre, mais à partir du même point, que l'on prend pour l'origine des r ou r', il faudra faire une nouvelle transformation; par exemple, si l'on veut que ce soit à partir du point F', en nommant x' une nouvelle abscisse positive telle que F'P, on aura

$$x' = c + x;$$

ce qui donne

$$r' = A + c\,\frac{(x' - c)}{A}.$$

Dans le second cas, si l'on nomme x' une nouvelle abscisse positive, telle que FP, on aura

$$x' = x - c;$$

ce qui donne

$$r' = A - c\,\frac{(x' + c)}{A}.$$

Les x' positifs de la première de ces suppositions donnent pour r' les mêmes valeurs que les x' négatifs de la seconde, et réciproquement; en effet, cette correspondance est une conséquence nécessaire de la forme symétrique de l'ellipse par rapport à ses deux foyers; car la portion de cette courbe située à droite du foyer F, est identique avec celle qui est à gauche du foyer F', et de même pour les parties opposées.

189. Ces équations où l'origine est à l'un des foyers, prennent une forme très élégante, lorsqu'on y introduit, au lieu de l'abscisse x', les angles MFP ou MF'P, formés

par le rayon r ou r' avec l'axe. En effet, soit ν l'angle
MFP, on aura dans la dernière équation où l'origine est
au foyer F,

$$x' = r \cos \nu.$$

Si, de plus, on fait

$$c = Ae,$$

e sera le rapport de l'excentricité au demi-grand axe,
et par la substitution de ces valeurs, l'équation devient

$$r = A - e\,(r \cos \nu + Ae);$$

ou, en tirant la valeur de r,

$$r = \frac{A\,(1 - e^2)}{1 + e \cos \nu};$$

si l'on fait la même transformation dans l'autre formule,
en appelant ν' l'angle MF'P, on aura également

$$x' = r' \cos \nu',$$

et, en faisant de même

$$c = Ae,$$

il viendra

$$r' = \frac{A(1 - e^2)}{1 - e \cos \nu'},$$

équation qui ne diffère de la précédente que par le
signe du terme où e entre à la première puissance. Ces
deux formules sont les mêmes que nous avons déjà trouvées dans l'article 184, où nous les avons déduites immédiatement de l'équation de l'ellipse transformée en
coordonnées polaires.

190. Pour ne rien omettre de ce qui peut intéresser
relativement aux propriétés de l'ellipse, je vais donner

ici la mesure de la surface, quoique cette recherche nous écarte un peu du but analytique que nous nous sommes généralement proposé.

Nous avons vu (n° 141) que si, du centre de l'ellipse, avec un rayon égal au demi-grand axe, on décrit une circonférence de cercle, en nommant y et Y les coordonnées de ces deux courbes, qui correspondent à la même abscisse, on a toujours

$$y = \frac{B}{A}\, Y, \quad \text{ou} \quad \frac{y}{Y} = \frac{B}{A}.$$

Les aires de l'ellipse et du cercle sont aussi dans le même rapport que ces ordonnées.

Pour le faire voir, inscrivons à la circonférence BMM′B′ un polygone quelconque, et de chacun de ses angles menons des perpendiculaires à l'axe BB′ (fig. 69) : en joignant les points où ces droites rencontrent l'ellipse, on formera un polygone intérieur à cette courbe. Or un quelconque des trapèzes PNP′N′ de ce polygone aura pour mesure

$$\frac{(PN + P′N′)}{2}\, PP', \quad \text{ou} \quad (x - x')\frac{(y + y')}{2}.$$

Le trapèze correspondant PMP′M′ dans le cercle, aura pour mesure

$$\frac{(PM + P′M′)}{2}\, PP', \quad \text{ou} \quad (x - x')\frac{(Y + Y')}{2}.$$

Ces trapèzes seront donc entre eux dans le rapport constant de B à A. Les surfaces des polygones inscrits dans les deux courbes seront aussi dans le même rapport; et comme cela a lieu, quel que soit le nombre des côtés de ces polygones, ce rapport sera encore celui de leurs limites; d'où il suit qu'en désignant par s et S les aires de l'ellipse et du cercle, on aura

$$\frac{s}{S} = \frac{B}{A};$$

c'est-à-dire que l'aire de l'ellipse est à celle du cercle circonscrit comme le second axe est au premier.

En désignant par π la demi-circonférence dont le rayon égale 1, πA^2 sera l'aire du cercle décrit sur le grand axe. On aura donc, pour l'aire de l'ellipse, l'expression suivante :

$$s = \pi . AB,$$

et les aires de deux ellipses quelconques seront entre elles dans le rapport des rectangles construits sur leurs axes. On parviendrait au même résultat, en considérant la circonférence décrite sur le second axe.

La même démonstration pourrait s'appliquer à deux courbes quelconques dont les ordonnées, correspondantes aux mêmes abscisses, auraient entre elles un rapport constant; et il en résulte que ce rapport serait aussi celui de leurs aires entre les mêmes limites.

De la Parabole.

191. En prenant sur une des génératrices d'un cône droit à base circulaire, une distance arbitraire a, comptée du centre, et menant par son extrémité un plan coupant, incliné de l'angle i sur la génératrice dont il s'agit, nous avons trouvé pour l'équation générale de l'intersection

$$y^2 \cos^2 v + x^2 \sin i \sin (i + 2v) - ax \sin 2v \sin i = 0.$$

Lorsque l'angle i égale $180° - 2v$, le plan sécant devient parallèle à la génératrice opposée; et, s'étendant à l'infini sur une des nappes du cône, il donne pour intersection une courbe illimitée, qui se trouve tout entière sur cette seule nappe, et qui a reçu le nom de *parabole.* L'équation particulière de ce genre de courbes s'obtiendra donc en faisant $i = 180° - 2v$ dans l'équation générale. Alors, le terme en x^2 disparaît, parce que le facteur $\sin(i + 2v)$ qui entre dans son coefficient, devient nul. Les autres termes se trouvent divisibles par $\cos^2 v$; et en supprimant le facteur commun, qui ne peut être supposé nul en général, puisque l'angle v est déterminé par l'ouverture du cône, il reste

$$y^2 - 4ax \sin^2 v = 0.$$

Pour avoir les points où elle coupe l'axe des x (fig. 70), faisons $y = 0$, il viendra

$$x = 0;$$

c'est-à-dire que cela a lieu dans un seul point, qui est l'origine des coordonnées.

En faisant $x = 0$, on aura les points où elle rencontre l'axe des y. Cette supposition donne

$$y^2 = 0;$$

c'est-à-dire que cela n'a lieu qu'à l'origine.

Ainsi, la courbe n'a qu'un point de commun avec les axes des x et des y : ce point est l'origine des coordonnées, et l'on voit qu'elle y est touchée par l'axe des y.

En résolvant son équation par rapport à y, il vient

$$y = \pm \sqrt{4ax \sin^2 v}.$$

Ces deux valeurs étant égales et de signes contraires, la courbe est donc symétrique au-dessus et au-dessous de l'axe des x.

x négatif donne toujours y imaginaire, puisque a est une quantité positive, ainsi que $\sin^2 v$: la courbe ne s'étend donc pas du côté des abscisses négatives, et elle est limitée, dans ce sens, par l'axe des y.

x étant positif, les valeurs de y sont toujours réelles, et d'autant plus grandes que x est plus grand. La courbe s'étend donc indéfiniment de ce côté de l'axe des x, et elle a la forme représentée fig. 70. Puisqu'il n'y a d'ordonnées réelles que dans ce sens, nous supposerons désormais x toujours positif.

Le rapport du carré de l'ordonnée y^2 à l'abscisse x étant, d'après l'équation précédente, le même pour tous les points de la courbe, il s'ensuit que, *dans la parabole, les carrés des ordonnées sont entre eux comme les abscisses correspondantes.*

192. La ligne indéfinie AX se nomme *l'axe* de la parabole; le point A en est le *sommet,* et le coefficient constant $4a \sin^2 2v$ s'appelle le *paramètre.*

Pour abréger, nous écrirons dorénavant $2p$ au lieu de $4a \sin^2 v$; et l'équation de la parabole sera ainsi

$$y^2 = 2px.$$

193. Nous venons de voir que l'axe AX coupe en deux parties égales toutes les cordes que l'on peut mener dans la courbe parallèlement aux y. Mais il serait impossible de trouver une ligne droite qui coupât en deux parties égales les cordes parallèles aux x, puisque ces cordes sont toutes infinies en longueur. Il n'en est donc pas ici comme dans l'ellipse, qui avait deux axes rectangulaires doués de cette propriété et passant par son centre; la parabole n'en a qu'un seul parallèle aux x; ou, si l'on veut, l'autre parallèle aux y; est infiniment éloigné.

194. En se rappelant la marche que nous avons suivie dans l'art. 143, relativement à l'ellipse, on prouvera aisément que la quantité $y^2 - 2px$ est positive hors de la parabole, nulle sur cette courbe, et négative dans son intérieur.

195. On peut décrire très simplement la parabole

de la manière suivante (fig. 71). On portera sur l'axe AX, du côté des abscisses négatives, et à partir de l'origine, une distance AB égale à $2p$, ou au paramètre de la parabole. D'un point quelconque C, pris sur le même axe pour centre, et d'un rayon égal à CB, on décrira une circonférence de cercle. Du point P, extrémité de son diamètre, on élèvera la perpendiculaire indéfinie PM; et, menant par le point Q la parallèle QM à l'axe des x, le point M sera à la parabole.

Car, par cette construction,

$$PM = AQ, \text{ et } AQ^2 = AB.AP, \quad \text{d'où} \quad MP^2 = 2p.AP.$$

196. On a vu, en traitant des sections du cône, que la parabole n'est qu'une ellipse infiniment allongée. Comme cette analogie peut nous être fort utile pour prévoir avec facilité les propriétés de cette courbe, il importe de la vérifier.

Considérons donc une ellipse dont les axes soient 2A, 2B (fig. 72). En plaçant l'origine au sommet A et en comptant les x positives vers AX, son équation sera

$$y^2 = \frac{B^2}{A^2}(2Ax - x^2).$$

La distance CF du centre de l'ellipse à ses foyers est $\sqrt{A^2 - B^2}$; en la retranchant du demi-grand axe A, on a la longueur AF, dont l'expression est

$$AF = A - \sqrt{A^2 - B^2}.$$

C'est la distance CF du sommet de la courbe au foyer le plus proche. Introduisons cette quantité comme une constante que nous représenterons par $\frac{p}{2}$, il viendra

$$A^2 - B^2 = \left(A - \frac{p}{2}\right)^2;$$

d'où l'on tire

$$B^2 = Ap - \frac{p^2}{4}.$$

Substituant cette valeur dans l'équation de l'ellipse, elle devient

$$y^2 = \frac{\left(Ap - \dfrac{p^2}{4}\right)}{A^2}\,(2\,Ax - x^2);$$

ou, en développant

$$y^2 = 2px - \frac{p}{A}\left(x^2 + \frac{px}{2}\right) + \frac{p^2\,x^2}{4\,A^2}.$$

Si, dans cette équation, nous donnons successivement à A différentes valeurs, p restant toujours le même, nous aurons une suite d'ellipses dont les grands axes seront tous différens, mais qui auront toutes la même position du foyer F, et la même distance du foyer au sommet de la courbe. Or, en augmentant ainsi le grand axe, l'ellipse s'allonge de plus en plus, sans que les ordonnées de ses différens points augmentent dans le même rapport. En effet, considérons un de ces points dont l'abscisse soit x, x étant une quantité finie, et voyons quels sont les changemens de l'ordonnée correspondante. A mesure que A augmente, x restant le même, les termes qui se trouvent divisés par A et par A^2, dans la valeur de y^2, diminuent; enfin, lorsque l'on suppose A infini, x restant fini, ces termes deviennent plus petits que toute quantité donnée, et la valeur de y^2 se réduit à son premier terme, qui est indépendant de A : on a donc alors

$$y^2 = 2px,$$

équation d'une parabole. Les ordonnées de cette parabole approchent donc de plus en plus d'être égales à celles des ellipses, à mesure que A augmente; et l'on peut prendre A si grand, que la différence, mesurée à une distance quelconque du sommet de la courbe, soit moindre que toute quantité donnée.

197. D'après cela, il devient naturel de penser que le foyer commun de toutes ces ellipses jouit, dans la parabole, de quelques propriétés analogues, autant toutefois que peut le permettre la correspondance de leur forme : c'est ce que le calcul va confirmer, comme on le verra tout à l'heure. Aussi ce point se nomme-t-il le *foyer de la parabole;* sa distance au sommet de la courbe est $\frac{p}{2}$, c'est-à-dire qu'elle est égale au quart du paramètre.

198. En cherchant les propriétés de ce point, il est visible qu'il ne faut s'attacher qu'à celles qui sont compatibles avec les modifications que les ellipses subissent pour dégénérer en parabole. Par exemple, on ne doit plus chercher la propriété relative à la somme des distances, puisque le second foyer se trouve éloigné indéfiniment; mais on peut se proposer de voir si la distance du foyer aux divers points de la courbe est encore exprimée, en fonction de l'abscisse, d'une manière rationnelle. Or, il est facile de s'en assurer; car FM étant cette distance (fig. 73), on a

$$\overline{\text{FM}}^2 = y^2 + \left(x - \frac{p}{2}\right)^2 = 2px + x^2 - px + \frac{p^2}{4} = \left(x + \frac{p}{2}\right)^2;$$

d'où l'on tire

$$\text{FM} = x + \frac{p}{2}.$$

La distance d'un point quelconque de la parabole au foyer est donc exprimée, comme dans l'ellipse, par une fonction rationnelle de l'abscisse. De plus, sa valeur est égale à l'abscisse du point que l'on considère, augmentée de la distance du foyer au sommet de la courbe.

Par conséquent, tous les points de la parabole sont à égale distance du foyer et d'une ligne BL menée parallèlement à l'axe des y, à une distance $\frac{p}{2}$ du sommet : cette droite se nomme la *directrice de la parabole.*

199. De là résulte un second moyen de décrire une parabole dont le paramètre est connu.

De part et d'autre du point A (fig. 73), on portera sur l'axe AX les longueurs AB, AF, égales entre elles et au quart du paramètre de la parabole : le point F en sera le foyer. Par un point quelconque P de l'axe, on élèvera une perpendiculaire indéfinie PM, puis, prenant la distance BP, du point F comme centre, avec cette distance pour rayon, l'on décrira un arc de cercle qui coupera la droite PM en deux points M, m; ces points seront à la parabole.

En effet, d'après cette construction, on a

$$FM = AP + AB = x + \frac{p}{2}.$$

200. On peut aussi, d'après la même propriété, décrire une parabole par un mouvement continu, comme le représente la fig. 74.

Pour cela, on placera contre la directrice BL une équerre mobile EQR : puis, prenant un fil d'une longueur constante, égale à QE, on fixera une de ses extrémités en E, et l'autre en F, au foyer de la parabole; on tendra ensuite ce fil par le moyen d'un style qu'on appliquera contre la ligne QE ; alors en faisant glisser l'équerre le long de la directrice, le syle glissera le long de QE, et décrira la parabole.

En effet, on aura toujours

$$FM + ME = QM + ME, \quad \text{ou} \quad QM = MF.$$

201. Il est également facile de s'assurer que la double

ordonnée qui passe par le foyer de la parabole est égale à $2p$, c'est-à-dire au paramètre.

202. Cherchons maintenant à mener une tangente à la parabole, dont l'équation est

$$y^2 = 2\,px.$$

Soient x'', y'', les coordonnées du point de tangence qui est supposé donné, on aura

$$y''^2 = 2\,px\,;$$

et la tangente devant passer par ce point, son équation sera de cette forme,

$$y - y'' = a\,(x - x'').$$

Il s'agit de déterminer a.

Cherchons les points où cette droite, considérée comme sécante, rencontre la courbe. Pour ces points, les trois équations précédentes doivent subsister en même temps. Retranchant les deux premières l'une de l'autre, il vient

$$(y - y'')(y + y'') = 2p\,(x - x'').$$

Mettant pour y sa valeur tirée de l'équation de la droite, le résultat est

$$\{2ay'' + a^2\,(x - x'') - 2p\}\,(x - x'') = 0.$$

Cette équation est satisfaite quand $x - x'' = 0$, parce que le point qui a pour coordonnées x'', y'', est une des intersections de la droite avec la courbe : supprimant ce facteur, il reste

$$2ay'' + a^2\,(x - x'') - 2p = 0.$$

Les deux intersections de la tangente avec la courbe devant se confondre en une seule, la seule valeur de x doit encore être x'', comme la première. L'équation précédente doit donc être satisfaite quand $x = x''$, et $y = y''$; ce qui exige qu'on ait

$$a = \frac{p}{y''};$$

et l'équation de la tangente devient

$$y - y'' = \frac{p}{y''}(x - x'').$$

En faisant disparaître le dénominateur y'', et observant que

$$y''^2 = 2px'',$$

on peut lui donner cette forme

$$yy'' = p(x + x'').$$

Si l'on double cette équation, et qu'on la retranche de la précédente, on trouve

$$y''^2 - 2yy'' = -2px;$$

ou, en ajoutant de part et d'autre y^2,

$$(y - y'')^2 = y^2 - 2px.$$

La quantité $y^2 - 2px$ est donc constamment positive pour tous les points de la tangente, excepté pour celui dont l'ordonnée est y''. Tous ces points, excepté celui de tangence, sont donc extérieurs à la parabole (n° 194).

203. A l'aide de ces formules, on peut mener une tangente à la parabole par un point quelconque dont les coordonnées seraient x', y', et qui ne serait pas pris sur cette courbe.

Car, ce point devant être sur la tangente, il faudrait qu'il satisfît à cette équation; ce qui donnerait

$$y'y'' = p(x' + x'');$$

en y joignant la relation

$$y''^2 = 2px'',$$

on pourra, au moyen de ces deux équations, dé-terminer les inconnues x'', y'', c'est-à-dire les coordon-nées du point de tangence, qui seront en général du second degré; puis, en les substituant dans l'équation de la tangente, celle-ci se trouvera déterminée, et passera par le point donné. L'élimination de x'' entre les deux équations précédentes donne

$$y''^2 - 2y'y'' = -2p x'.$$

y'' aura donc en général deux valeurs, qui seront réelles, si la quantité

$$y'^2 - 2px'$$

est positive. Cette condition sera satisfaite toutes les fois que le point donné sera extérieur à la parabole; et l'on pourra alors mener deux tangentes. Si le point est sur la parabole même, il n'y en aura qu'une seule; enfin, s'il lui est intérieur, il n'y en aura plus du tout, et le problème sera impossible. Nous donnerons plus loin des moyens géométriques très simples pour tracer les deux tangentes dans les cas où elles sont réelles.

204. Pour avoir le point où la tangente rencontre l'axe des x, il faut faire $y = 0$, dans l'équation

$$yy'' = p(x + x''),$$

ce qui donne

$$x = -x''.$$

C'est la valeur de AT (fig. 75) : en lui ajoutant l'abscisse AP, abstraction faite du signe, nous aurons la sou-tangente

$$PT = 2x'';$$

c'est-à-dire que, *dans la parabole, la soutangente est double de l'abscisse*. Ceci fournit un procédé très simple pour mener une tangente à cette courbe, quand on connaît le point de tangence ou seulement son abscisse AP.

La valeur de PT étant susceptible de croître indéfiniment, le point T s'éloigne de plus en plus du sommet de la courbe, à mesure que x'' augmente.

205. Si l'on voulait tenir compte du signe de AT quand on cherche la valeur de la soutangente PT, il semble, au premier coup d'œil, que l'on aurait

$$PT = AT + AP = -x'' + x'' = 0;$$

ce qui donnerait la soutangente constamment égale à zéro, résultat absurde : mais ce n'est là qu'une erreur de signe qui vient de ce qu'en ajoutant AP à AT dans la figure, pour avoir PT, on ne tient pas compte de la position de ces lignes par rapport à l'origine commune, tandis que, dans l'expression analytique, cette position est observée. Cette contradiction cesse lorsque l'on fait abstraction du signe — dans la quantité $-x''$, qui exprime la valeur analytique de AT, eu égard à sa situation par rapport à l'origine des coordonnées, et voilà pourquoi on parvient ainsi au résultat véritable.

Ces modifications, qu'il faut quelquefois faire subir aux expressions analytiques, pour en déduire les valeurs absolues des quantités géométriques, ne tiennent pas, comme on vient de le voir, à une imperfection de l'analyse ; elles sont, au contraire, une suite nécessaire de sa grande généralité ; car, l'analyse do nant à la fois les valeurs absolues et leurs positions relatives qui sont indiquées par les signes + et —, il faut la dépouiller de cette propriété, et faire abstraction de ces signes, quand on veut combiner les valeurs absolues des quantités indépendamment de leur situation par rapport à l'origine commune.

206. Occupons-nous maintenant de mener une nor

male à la parabole. Cette normale étant une ligne droite, et devant passer par le point de tangence, son équation sera de la forme

$$y - y'' = a'(x - x'').$$

Mais, de plus, elle doit être perpendiculaire à la tangente, pour laquelle on a

$$a = \frac{p}{y''}.$$

Il faut donc qu'il existe entre a et a' la relation

$$aa' + 1 = 0,$$

qui donne

$$a' = -\frac{y''}{p}.$$

Alors l'équation de la normale devient

$$y - y'' = -\frac{y''}{p}(x - x'').$$

En y faisant y nul, et prenant la valeur de $x - x''$, on aura la sounormale, qui sera

$$x - x'' = p;$$

d'où l'on voit que, *dans la parabole, la sounormale est constante et égale à la moitié du paramètre.* Cette propriété fournit encore un autre moyen de mener une tangente à cette courbe, quand on donne le point de tangence ou seulement l'abscisse de ce point.

207. Les directions de la tangente et de la normale ont, dans la parabole comme dans l'ellipse, des rapports remarquables avec celles des lignes menées du foyer au point de tangence : nous allons examiner ces analogies. Pour cela, du foyer F, où $y = 0$, et $x = \frac{p}{2}$ (fig. 75), menons une ligne droite

qui passe par le point de tangence, son équation
sera de cette forme

$$y - y'' = \alpha (x - x'');$$

et la condition de passer par le foyer, dont les coordonnées sont o et $\frac{p}{2}$, donnera

$$\alpha = \frac{-y''}{\frac{p}{2} - x''}.$$

L'angle FMT, que cette droite fait avec la tangente à la parabole, a pour tangente trigonométrique

$$\frac{a - \alpha}{1 + a\alpha}.$$

En substituant, dans cette expression, pour a sa valeur qui est $\frac{p}{y''}$, et pour α celle que nous venons de
trouver, observant de plus, que

$$y''^2 = 2px'',$$

elle se réduit à $\frac{p}{y''}$ ou à a; d'où il suit que, *dans la
parabole, l'angle formé par la tangente avec une
droite menée du foyer au point de tangence, est égal à
l'angle de la tangence avec l'axe;* de sorte que le
triangle FMT est toujours isocèle. Conséquemment,
lorsque le point de tangence M est donné, on n'a qu'à
prendre sa distance MF au foyer de la parabole, puis la
porter sur l'axe de F vers T, et mener TM; ce sera la
tangente demandée.

208. Si, par le point de tangence M, on mène une
droite MF' parallèle à l'axe, la tangente fera avec cette
droite le même angle MTF qu'elle forme avec l'axe

7ᵉ Édit.   18

en T; d'où il suit que, *dans la parabole, les droites menées du point de tangence au foyer, et parallèlement à l'axe, font avec la tangente des angles égaux,* propriété qui devait naturellement résulter de ce que la parabole est une ellipse dont le grand axe est infini, et dont les foyers sont par conséquent infiniment éloignés l'un de l'autre.

209. De là résulte un moyen très simple de mener une tangente à la parabole par un point extérieur.

Soient (fig. 75) G le point donné, F le foyer de la parabole, BL sa directrice. Du point G comme centre, avec un rayon égal à GF, on décrira une circonférence de cercle qui coupera la directrice en L et L'. De ces points on mènera LM, L'M' parallèles à l'axe; M, M' seront les points de tangence, et GM, GM' les deux tangentes que l'on peut mener du point donné.

Car, par la nature de la parabole, ML = MF; de plus, par construction, GF = GL : donc la droite MG a tous ses points également éloignés des points F, L, et ainsi elle est perpendiculaire à la ligne FL. Par conséquent l'angle LMG, ou son opposé *t*MF', égale l'angle GMF : donc la droite MG est tangente au point M. La démonstration est la même pour GM'.

Si l'on avait seulement besoin de la direction de la tangente, et que le point M dût être très éloigné, il serait plus commode de mener, du point donné G la droite GT, perpendiculaire à FL; ce serait la tangente demandée.

Si l'on rapproche cette méthode de celle que nous avons donnée (n° 159), pour mener une tangente à l'ellipse par un point extérieur, on verra qu'elles ne diffèrent l'une de l'autre qu'en ce que, dans la parabole, le second foyer doit être considéré comme infiniment éloigné du premier; ce qui rend parallèles à l'axe les lignes qui lui sont menées. La distance AB du sommet de la parabole à la directrice BL n'est autre chose que la différence des lignes F'B, F'A de l'ellipse (fig. 72), la première étant égale au grand axe AA'; et voilà pourquoi AB = AF. La directrice BL de la fig. 75 représente donc, dans la parabole, la circonférence de cercle, qui serait décrite dans l'ellipse du point F', comme centre. Avec le grand axe pour rayon, circonférence qui devient une ligne droite, quand le point F' est infiniment éloigné. Alors le point L, où la circonférence décrite du point G, comme centre, avec GF pour rayon, rencontre la directrice BL, répond au point dans lequel cette même circonférence coupait la précédente dans l'ellipse; et la ligne droite, menée par le point L parallèlement à l'axe, répond à celle que, dans l'ellipse, on mène au second foyer F'.

210. La propriété énoncée n° 207 peut servir encore pour mener à la parabole une tangente parallèle à une droite donnée; car cette droite étant connue, on aura l'angle qu'elle forme avec l'axe de la parabole : représentons-le par i; alors si MT (fig. 75) est la tangente cherchée, l'angle MTF devra aussi être égal à i. Mais, le triangle MFT étant isoscèle, l'on aura encore TMF = i. Conséquemment l'angle supplémentaire MFX, sera égal à $2i$, comme extérieur au triangle MTF. Cet angle sera donc connu; et, en le construisant, on aura la direction du rayon vecteur MF, qui, par son intersection avec la courbe, donnera le point de tangence M.

211. Si l'on considère les cordes qui joignent les points où la parabole est touchée par chaque couple de tangentes menées d'un même point extérieur, les intersections de ces cordes offrent des propriétés absolument analogues à celles que nous avons trouvées pour le cercle et pour l'ellipse dans les n°s 121 et 160.

18.

En effet, pour chaque couple de tangentes menées d'un même point extérieur, dont les coordonnées sont x', y' (fig. 76), les coordonnées x'', y'' des deux points de tangence sont déterminées par la combinaison des équations

$$(1) \qquad y'y'' = p(x'' + x'), \qquad y''^2 = 2px. \qquad (2)$$

On peut donc obtenir ces coordonnées par l'intersection des lieux géométriques que ces équations représentent, en y considérant y'' et x'' comme variables : alors la seconde est la parabole même à laquelle les tangentes sont menées ; et la première, qui est linéaire, appartient nécessairement à la droite indéfinie qui passe par les deux points de tangence.

Si l'on veut quec ette droite passe aussi par un point donné O, dont les coordonnées soient a et b, il faudra que ces coordonnées étant prises pour x'' et y'', satisfassent à son équation, de sorte que l'on ait

$$by' = p(a + x'). \qquad (3)$$

Maintenant, si, sans changer a et b, on fait varier x' et y', de manière que cette condition soit toujours remplie, il est sûr que la corde qui en résultera passera toujours par le point donné, dont les coordonnées sont a et b. Or, ce mode de variation place le point de départ des tangentes sur la ligne droite représentée par l'équation (3), en y regardant x' et y' comme variables. Donc, si de tous les points de cette droite, que l'on peut construire d'après son équation, on mène deux tangentes à la parabole, et que, pour chaque couple pareil, on trace la corde qui passe par les deux points de tangence, toutes ces cordes se couperont en un même point, qui sera celui dont les coordonnées sont a et b.

Si, par ce point commun d'intersection, l'on mène

une droite OM, parallèle à l'axe de la parabole, son
équation sera

$$y = b;$$

en la combinant avec l'équation de cette courbe, qui
est

$$y^2 = 2px,$$

on aura les coordonnées du point M où elle la coupe.
Désignons-les par x, y, il vient

$$x = \frac{b^2}{2p}, \qquad y = b.$$

Maintenant si l'on substitue ces valeurs pour x'', y'' dans
l'équation générale de la tangente

$$yy'' = p(x + x''),$$

on aura l'équation particulière de la tangente TMT',
menée à la parabole par le point M. Or cette équation
sera

$$by = p\left(x + \frac{b^2}{2p}\right).$$

Si on la compare avec l'équation (3), on trouve que
les coefficiens des variables x et y sont les mêmes
dans l'une et dans l'autre. Par conséquent, la droite
polaire que l'équation (3) représente, est parallèle à la
tangente TMT'.

On a vu plus haut qu'en considérant y'', x'' comme
variables, les deux points de contact des tangentes
menées d'un point quelconque extérieur à la parabole
sont situés sur la corde dont l'équation est

$$y'y'' = p(x'' + x'). \qquad (1)$$

Or, si ce point extérieur était choisi de manière qu'il
se trouvât en M', sur le prolongement de la droite OM
dont l'équation est $y = b$, alors, y' serait égal à b; et
ainsi la corde M''M''', représentée par l'équation (1),

deviendrait parallèle à la droite polaire représentée par l'équation (3). Cette corde $M''M'''$ serait donc également parallèle à la tangente TMT', ce qui suffit pour la construire, puisqu'on sait d'ailleurs qu'elle doit passer par le point O.

De là résulte une construction bien simple pour trouver la droite qui contient les sommets des couples de tangentes, quand on connaît le point de concours des cordes, et réciproquement. Car, si ce point est donné et désigné par O (fig. 76), menez d'abord la droite indéfinie OM, parallèlement à l'axe de la parabole; ensuite, par le point M où cette parallèle rencontre la courbe, menez à celle-ci une tangente TMT'; puis, par le point donné O, menez une corde $M''M'''$, parallèle à cette tangente; enfin, par l'un des points M'', M''', où cette corde coupe la parabole, menez à cette courbe une nouvelle tangente qui ira rencontrer la droite OM quelque part en M'; alors, par le point M' ainsi déterminé, menez une droite $LM'L$ parallèle à la tangente TT', ce sera la droite cherchée dont O est le *pôle*, en prenant ce mot de pôle dans l'acception qui lui a été donnée n° 121.

Réciproquement, si la droite LL est donnée, il faudra mener à la parabole une tangente qui lui soit parallèle, ce qui se fera par le procédé indiqué n° 210. Le point de tangence M étant connu, on mènera par ce point une parallèle indéfinie MM' à l'axe de la parabole, et par le point M', où elle coupera LL, on mènera à la parabole une tangente $M'M''$. Enfin, du point de tangence M'', on mènera une corde parallèle à la droite donnée LL, et le point O, où cette corde coupera la droite $M'M$ indéfiniment prolongée, sera le point commun d'intersection des cordes pour tous les couples de tangentes qui auront leur sommet sur la ligne LL.

Cette construction s'accorde évidemment avec celles que nous avons trouvées dans les n°s 121 et 160, soit pour le cercle, soit pour l'ellipse, et elle n'est que le développement des analogies qui existent entre ces courbes et la parabole.

Lorsque le point de concours O est donné sur l'axe de la parabole, la tangente TT', la corde M″M‴, et par conséquent la droite polaire LL, deviennent perpendiculaires à cet axe. Alors la sous-tangente étant double de l'abscisse, le point M′ se trouve à une distance du sommet de la parabole, égale à l'abscisse du point O. Il suit de là que la directrice de la parabole est la ligne polaire de son foyer.

De la Parabole rapportée à ses diamètres.

212. Nous allons maintenant chercher les systèmes de coordonnées obliques, relativement auxquels l'équation de la parabole conserve la même forme que lorsqu'elle est rapportée à son axe. Pour cela, il faut reprendre les formules générales

$$x = a + x'\cos\alpha + y'\cos\alpha', \quad y = b + x'\sin\alpha + y'\sin\alpha';$$

car il ne suffirait pas, comme on le verra tout à l'heure, de changer la direction des coordonnées sans déplacer l'origine. Ces valeurs étant substituées dans l'équation

$$y^2 = 2px,$$

elle devient

$$\left. \begin{array}{l} y'^2\sin\alpha' + 2x'y'\sin\alpha\sin\alpha' + x'^2\sin^2\alpha + b^2 - 2ap \\ \quad + 2(b\sin\alpha' - p\cos\alpha')y' + 2(b\sin\alpha - p\cos\alpha)x' \end{array} \right\} = 0.$$

Pour qu'elle conserve la forme qu'elle avait d'abord il faut qu'on ait

$$\sin\alpha'\sin\alpha = 0, \ \sin^2\alpha = 0, \ b\sin\alpha' - p\cos\alpha' = 0, \ b^2 - 2ap = 0$$

elle se réduit alors à

$$y'^2 = \frac{2p}{\sin^2 \alpha'} . x'.$$

La seconde des équations précédentes nous apprend que $\sin \alpha = 0$, c'est-à-dire que l'axe des x' est parallèle à l'axe des x. *Tous les diamètres de la parabole sont donc parallèles à son axe.*

Les deux autres équations donnent

$$b^2 = 2ap, \qquad \tang \alpha' = \frac{p}{b}.$$

La première (fig. 77) montre que les coordonnées a et b de la nouvelle origine A' satisfont à l'équation de la parabole. Cette origine est donc elle-même un point de la courbe.

La seconde détermine l'inclinaison de l'axe des y', relativement à l'axe des x; elle fait voir que cet axe est tangent à la parabole au point A'.

Pour plus de simplicité, nous supprimerons les accens des variables x' et y', en nous rappelant toutefois qu'elles représentent des coordonnées obliques : nous ferons, de plus, $\frac{p}{\sin^2 \alpha'} = p'$; $2p'$ sera le paramètre du diamètre auquel la courbe est rapportée, et l'on aura

$$y^2 = 2p'x.$$

213. Les deux valeurs de y, pour la même abscisse, étant égales et de signes contraires, chaque diamètre divise les ordonnées qui lui correspondent en deux parties égales.

214. La valeur précédente de $\tang \alpha'$ donne

$$\sin^2 \alpha' = \frac{p^2}{p^2 + b^2} = \frac{p}{2a + p},$$

En substituant ce résultat dans l'expression de p', on trouve

$$p' = 2a + p,$$

ou
$$2p' = 4\left(a + \frac{p}{2}\right).$$

Or, on a vu, dans l'article 198, que $a + \frac{p}{2}$ est la distance du foyer de la parabole au point de la courbe dont l'abscisse, comptée du sommet sur l'axe, est égale à a. Ainsi, *dans la parabole, le paramètre d'un diamètre quelconque est quadruple de la distance du foyer à l'origine de ce diamètre.* Cette propriété subsiste également pour l'axe.

214. L'équation de la parabole étant de la même forme par rapport à ses diamètres que par rapport à son axe, les propriétés indépendantes de l'inclinaison des coordonnées seront communes dans ces différens systèmes.

Ainsi, pour décrire une parabole lorsque l'on connaît le paramètre d'un de ses diamètres et l'inclinaison des ordonnées correspondantes, on décrira une autre parabole sur ce diamètre pour axe avec le paramètre donné, et ensuite on inclinera convenablement les ordonnées de cette courbe, sans changer leur longueur.

215. Si x'', y'', sont les coordonnées d'un point quelconque de la courbe, on aura

$$y''^2 = 2p'x'';$$

et l'équation de la tangente à ce point sera de cette forme

$$y - y'' = a\left(x - x''\right).$$

Le système de ces formules est le même que dans l'art. 202; et, comme il faut les combiner de la même manière, on en déduira un résultat analogue, qui sera

$$a = \frac{p'}{y''}, \quad \text{ou} \quad a = \frac{y''}{2x''};$$

et l'équation de la tangente deviendra

$$yy'' = p'\,(x + x'').$$

Elle aura donc la même forme que lorsque la courbe est rapportée à son axe. Il en sera de même de l'expression de la soutangente, et l'on en déduira, comme dans le n° 204, qu'*elle est double de l'abscisse correspondante*. L'abscisse est alors comptée sur le diamètre, à partir du point où il coupe la courbe.

Il suit de là que pour mener, par un point donné M de la parabole, une tangente à cette courbe (fig. 78), il faut construire l'ordonnée PM au diamètre A'X', qui peut être quelconque, puis prendre A'T = A'P, et mener MT' : ce sera la tangente demandée.

En prenant une marche inverse de celle que nous avons suivie, il serait facile de rapporter la parabole à son axe quand on a son équation rapportée à un de ses diamètres. Comme cela n'a aucune difficulté, nous ne nous y arréterons pas.

Sur l'Equation polaire de la Parabole, et sur la mesure de la surface.

216. Tous les diamètres de la parabole étant parallèles à son axe, on ne gagnerait rien à la rapporter à l'un d'eux, plutôt qu'à l'axe, avant de la transformer en coordonnées angulaires. Reprenons donc son équation relative à l'axe, qui est

$$y^2 = 2px;$$

puis, représentons par x', y', les coordonnées rectilignes AP', P'O du point O (fig. 79), où l'on veut placer le pôle des coordonnées angulaires. De ce pôle, menons à un point quelconque de la courbe, un rayon vecteur OM, que nous nommerons r, et désignons par v l'angle MOX' formé par ce rayon avec une ligne fixe et donnée OX′, laquelle forme elle-même un angle α avec l'axe AX de la parabole. Les formules générales de l'article 100, deviendront applicables à ces constructions, et donneront pour les valeurs des anciennes coordonnées x, y, en fonction des nouvelles,

$$x = x' + r \cos (v + \alpha), \quad y = y' + r \sin (v + \alpha).$$

Substituant dans l'équation de la courbe, il vient

$$\sin^2(v+\alpha)r^2 + 2[y'\sin(v+\alpha) - p\cos(v+\alpha)]r + y'^2 - 2px' = 0.$$

C'est l'équation polaire la plus générale de la parabole. Ainsi, en lui comparant terme à terme une équation polaire du second degré, qui serait supposée appartenir à cette courbe, on verrait si l'identité est réelle; et dans le cas où elle aurait lieu, la comparaison des coefficiens déterminerait x', y', α, et p, c'est-à-dire les coordonnées du sommet de la parabole, la direction de son axe par rapport à la ligne fixe OX′ et son paramètre : cette comparaison est tellement facile, que nous ne nous y arrêterons point, et nous chercherons plutôt à appliquer l'équation à quelques cas simples, dont la discussion achève de compléter ce que nous avons déjà dit précédemment sur l'emploi des coordonnées polaires.

217. Nous choisirons pour un de ces cas celui où la ligne OX′, à partir de laquelle les angles se comptent, serait parallèle à l'axe même de la parabole (fig. 80). Dans ce cas, α est nul, et l'équation en r et v devient simplement

$$r^2 \sin^2 v + 2 (y' \sin v - p \cos v) r + y'^2 - 2px' = 0.$$

Si le pôle est sur la courbe même, on a

$$y'^2 - 2px' = 0;$$

alors une des valeurs de r est nulle, et l'autre devient

$$r = \frac{2 (p \cos v - y' \sin v)}{\sin^2 v}.$$

Si cette seconde valeur de r était nulle, le rayon vecteur serait tangent à la courbe; pour cela, il faudrait qu'on fît

$$p \cos v - y' \sin v = 0, \quad \text{ou} \quad \text{tang } v = \frac{p}{y'};$$

en effet, ceci est la relation trouvée dans le n° 202 pour l'inclinaison de la tangente sur l'axe.

Reprenons l'équation générale en r^2, et supposons que l'on y fasse seulement $y' = 0$; le pôle sera alors placé sur l'axe de la parabole, et l'équation en r deviendra

$$r^2 \sin^2 v - 2p \cos v \cdot r = 2px',$$

qui donne pour r ces deux valeurs,

$$= \frac{p \cos v \pm \sqrt{2px' \sin^2 v + p^2 \cos^2 v}}{\sin^2 v}.$$

La quantité comprise sous le radical peut se mettre sous la forme

$$p^2 + (2px' - p^2) \sin^2 v;$$

elle ne peut pas devenir indépendante de v, à moins que l'on ne fasse

$$2px' - p^2 = 0, \quad \text{ou} \quad x' = \frac{p}{2};$$

ce qui met l'origine des rayons vecteurs au foyer de la parabole. C'est donc dans ce cas seulement que le rayon vecteur peut être exprimé rationnellement en fonction de l'abscisse. Alors, la partie radicale de r devient $\sqrt{p^2 \sin^2 v + p^2 \cos^2 v}$, ou $\sqrt{p^2}$; ce qui rend l'extraction possible, et il en résulte ces deux racines :

$$r = \frac{p (\cos v + 1)}{\sin^2 v}, \qquad r = \frac{p (\cos v - 1)}{\sin^2 v}.$$

C'est à quoi l'on aurait pu parvenir directement, en mettant tout de suite dans l'équation générale relative aux coordonnées angulaires, les valeurs $y = 0$, $x' = \dfrac{p}{2}$,

qui placent l'origine de ce système au foyer de la courbe. Maintenant, de ces deux valeurs de r, la seconde doit être rejetée; car toutes les valeurs possibles d'un cosinus étant moindres que 1, $\cos v - 1$ sera toujours négatif, et donnera son signe au rayon vecteur r. Reste donc la première valeur. Pour celle-ci, on voit, par le même principe, qu'elle donnera toujours r positif, quel que soit v. On peut la simplifier en observant que $\sin^2 v$ est égal à $1 - \cos^2 v$, ou à $(1 + \cos v)(1 - \cos v)$; de sorte qu'en supprimant le facteur commun $1 + \cos v$, il reste

$$ r = \frac{p}{1 - \cos v}; $$

c'est l'équation polaire de la parabole, en plaçant l'origine au foyer de cette courbe, et comptant les angles v, à partir de l'axe, du côté où il s'étend indéfiniment. Aussi $v = 0$ donne-t-il r infini, parce que le rayon vecteur r se confondant alors avec cette partie infinie de l'axe, ne rencontre pas la courbe. Mais toute autre valeur de v, depuis $0°$ jusqu'à $360°$, donnera des valeurs finies pour r. Quand $v = 90°$, $\cos v$ est nul, et $r = p$; quand $v = 180°$, $\cos v = -1$, et $r = \dfrac{p}{2}$. En effet, dans le premier cas, le rayon vecteur est l'ordonnée qui passe par le foyer, et que nous avons vu être égale au demi-paramètre. Dans le second, r est la distance du foyer au sommet de la courbe; distance que nous avons vu être égale à $\dfrac{p}{2}$ ou au quart de ce même paramètre.

En général, l'équation polaire renferme toutes les propriétés de la courbe, et les donnerait par la discussion.

218. Cette équation aurait pu se déduire de l'équation

polaire de l'ellipse convenablement modifiée. En effet, en plaçant l'origine des rayons vecteurs au foyer, et comptant les angles ν, à partir du sommet le plus éloigné de l'ellipse, nous avons trouvé, n° 184

$$r = \frac{A\,(1 - e^\nu)}{1 - e\cos\nu}.$$

Pour faire coïncider cette équation avec celle de la parabole, il suffit de faire

$$p = A\,(1 - e^2),$$

et de supposer ensuite A infini, et $e = 1$; ce qui alonge indéfiniment l'ellipse. En effet, la quantité $A\,(1 - e^2)$ est le produit des deux facteurs $A\,(1 - e)$, et $1 + e$; dont le premier (n° 196), représente la distance du sommet de l'ellipse au foyer le plus proche. Ainsi quand on suppose A infini et $e = 1$, dans le produit $A(1 - e^2)$, on obtient simplement le double de cette distance dans la parabole; ce qui donne encore une quantité finie.

219. Jusqu'à présent nous avons tiré de la seule équation de la parabole les propriétés qui la caractérisent : réciproquement, ces propriétés nous conduiraient à l'équation de cette courbe.

Proposons-nous, par exemple, de trouver une courbe telle, que les distances de chacun de ses points à une droite et à un point donné soient égales entre elles.

Soient (fig. 81) F le point donné, BL la droite donnée. Prenons pour axe des abscisses la ligne FB, perpendiculaire à BL, et plaçons l'origine au point A, milieu de BF, que nous ferons égal à p; les ordonnées seront parallèles à la droite BL.

Pour chaque point M qui appartiendra à la courbe cherchée, nous aurons, en nommant r la ligne FM,

$$r^2 = y^2 + \left(x - \frac{p}{2}\right)^2, \qquad r = x + \frac{p}{2}.$$

Éliminant ν, il viendra

$$y^2 = 2\,px,$$

équation à la parabole.

Cette courbe était également caractérisée par l'équation

$$r = x + \frac{p}{2};$$

car les distances r étant variables en même temps que l'abscisse x, peuvent convenir successivement à tous ses points, et se détermineront pour chacun d'eux dès que x sera connu.

220. Si nous transportons l'origine des x au foyer F, pour lequel

$$y = 0, \quad x = \frac{p}{2},$$

il faudra, en nommant x' les nouvelles abscisses, qu'on ait

$$x = x' + \frac{p}{2};$$

valeur qui, étant substituée pour x, donne

$$r = x' + p.$$

221. Si l'on introduit, au lieu de l'abscisse x', l'angle MFX que forme le rayon vecteur avec l'axe du côté où celui-ci s'étend à l'infini, on aura

$$x' = r \cos \nu,$$

et l'équation précédente devient

$$r = p + r \cos \nu;$$

d'où l'on tire

$$r = \frac{p}{1 + \cos \nu},$$

C'est la même équation que nous avons déjà obtenue plus haut.

222. Quoique l'aire totale comprise entre les branches de la parabole soit indéfinie, on peut cependant évaluer d'une manière algébrique une portion quelconque de cette aire comprise entre les limites données.

Considérons, en effet (fig. 82), le segment parabolique APM terminé par l'abscisse AP comptée sur l'axe, et par l'ordonnée PM ou y. Si l'on mène les droites MQ, AQ, la première parallèle, la seconde perpendiculaire à l'axe, on formera le rectangle APQM, dans lequel l'aire du segment parabolique APM se trouvera comprise, et cette aire sera égale aux deux tiers du rectangle, comme nous allons le démontrer.

Pour cela, concevons un polygone rectiligne quelconque MM'M''... inscrit à la parabole; des sommets de ce polygone, menons des parallèles aux lignes AP et PM, elles représenteront les abscisses et les ordonnées de ces sommets : ces lignes, prolongées, formeront les rectangles PP'pM', P'P''p'M''... qui seront intérieurs à la parabole, et les rectangles QQ'qM', Q'Q''q'M''... qui lui seront extérieurs. En représentant les premiers par P, P', P''..., les derniers par p, p', p''..., on aura

$$P = y'(x - x'), \qquad p = x'(y - y') ;$$

ce qui donne

$$\frac{P}{p} = \frac{y'(x - x')}{x'(y - y')} ;$$

or les points MM'.... appartiennent à la parabole : ainsi on a

$$y^2 = 2px, \qquad y'^2 = 2px' ;$$

ce qui donne

$$x - x' = \frac{y^2 - y'^2}{2p}, \qquad x' = \frac{y'^2}{2p} ;$$

en substituant ces valeurs, le rapport de P à p devient

$$\frac{P}{p} = \frac{y'(y^2 - y'^2)}{y'^2(y - y')} = \frac{y + y'}{y'}.$$

Les mêmes raisonnemens pouvant s'appliquer successivement à tous les côtés du polygone, on aura cette suite d'équations

$$\frac{P}{p} = \frac{y+y'}{y'},$$

$$\frac{P'}{p'} = \frac{y'+y''}{y''},$$

$$\frac{P''}{p''} = \frac{y''+y'''}{y'''}, \text{ etc.....}$$

Le polygone MM'M''... étant absolument arbitraire, on peut espacer ses sommets de manière qu'en désignant par ω une constante quelconque prise à volonté, on ait toujours

$$y - y' = \omega y',$$
$$y' - y'' = \omega y'',$$
$$y'' - y''' = \omega y''',$$

et ainsi de suite ; cela revient à faire décroître y, y', y''...., suivant une progression géométrique. D'après cette supposition très permise, les rapports précédens deviennent

$$\frac{P}{p} = 2 + \omega,$$

$$\frac{P'}{p'} = 2 + \omega,$$

$$\frac{P''}{p''} = 2 + \omega,$$

c'est-à-dire qu'ils seront tous égaux entre eux, quelle que soit la valeur de ω : on aura donc aussi, en composant ces rapports

$$\frac{P+P'+P''+ \ldots \text{etc.}}{p+p'+p''+ \ldots \text{etc.}} = 2 + \omega,$$

7e *Edit.*

19

Le numérateur du premier membre est la somme des rectangles inscrits à la parabole ; le dénominateur est la somme des rectangles circonscrits. A mesure que ω diminue, le rapport de ces quantités approche de plus en plus d'être égal à 2 ; et l'on peut prendre ω si petit, que la différence soit moindre que toute quantité donnée : mais en même temps la somme des rectangles approche de plus en plus d'être égale aux segmens curvilignes inscrits et circonscrits à la parabole. Par conséquent, la limite de leur rapport est égale au rapport des segmens ; et, en représentant le premier de ceux-ci par S, le second par s, on aura

$$\frac{S}{s} = 2 \, ;$$

ce qui donne

$$\frac{S+s}{s} = 3 \, ,$$

et enfin, en divisant ces équations membre à membre,

$$S = \frac{2}{3}(S + s).$$

$S + s$ est la somme des segmens inscrits et circonscrits à la parabole : c'est par conséquent la surface du rectangle APMQ. *Ainsi l'aire du segment parabolique* APM *est les deux tiers du rectangle construit sur l'abscisse* AP *et l'ordonnée* PM.

223. Les courbes, qui sont telles que l'on peut assigner ainsi algébriquement la valeur d'une portion quelconque de leur aire, se nomment *courbes quarrables*. On voit que la parabole est de ce nombre. Il n'en est pas de même de l'ellipse, dont l'aire renferme l'expression de la circonférence du cercle.

De l'Hyperbole.

224. En prenant sur une des génératrices d'un cône droit, à base circulaire, une distance arbitraire a, à partir du centre, et menant par ce point un plan coupant incliné de l'angle i sur la génératrice, nous avons trouvé pour l'équation de l'intersection

$$y^2\cos^2\nu + x^2\sin i \sin(i + 2\nu) - ax \sin 2\nu \sin i = 0.$$

Lorsque l'angle i surpasse $180 - 2\nu$, ce qui rend $i + 2\nu$ plus grand que $180°$ et $\sin(i + 2\nu)$ négatif, nous avons vu que le plan coupant rencontre les deux nappes de la surface conique, et donne généralement pour intersection une courbe appelée *hyperbole*, laquelle est composée de deux branches séparées, qui se tendent indéfiniment sur chaque nappe du cône. Nous allons discuter en particulier les propriétés de ce genre de courbe.

Pour avoir les points où elle coupe l'axe des x, faisons $y = 0$: le premier terme disparaît ; tous les autres sont divisibles par $\sin i$; et, en supprimant ce facteur, il reste

$$x^2\sin(i + 2\nu) - ax \sin 2\nu = 0 ;$$

ce qui donne pour x deux valeurs

$$x = 0, \qquad x = \frac{a \sin 2\nu}{\sin(i + 2\nu)} ;$$

c'est-à-dire que cela a lieu dans deux points différens, dont l'un B (fig. 85) est l'origine même des coordonnées ; et l'autre B′ est situé sur l'axe des abscisses, à une distance de cette origine égale à....

$$\frac{a \sin 2\nu}{\sin(i + 2\nu)}, \text{ et par conséquent négative, puisque}$$

$\sin(i + 2\nu)$ est négatif dans les limites de direction que nous avons assignées au plan coupant.

En faisant $x = 0$, on aura les points où la courbe coupe l'axe des y : cette supposition donne

$$y^2 = 0 \, ;$$

c'est-à-dire que cela n'a lieu que dans un seul point, qui est l'origine des coordonnées : mais comme les deux ordonnées s'y réunissent, l'axe des y est tangent à la courbe.

Résolvons maintenant l'équation par rapport à y, nous aurons

$$y = \pm \frac{1}{\cos \nu} \sqrt{- x^2 \sin i \sin (i + 2\nu) + ax \sin 2\nu \sin i}.$$

Les valeurs de y étant égales et de signe contraire, la courbe est symétrique au-dessus et au-dessous de l'axe des x.

Comme le facteur $\sin (i + 2\nu)$ est négatif, le terme $- x^2 \sin i \sin (i + 2\nu)$ sera toujours positif, quel que soit x ; mais le signe du second terme pourra varier. Cependant, lorsque x sera positif, ce terme sera également positif ; ainsi la quantité radicale sera alors réelle, quel que soit x, et la courbe s'étendra dans ce sens indéfiniment. Mais il n'en sera pas de même du cône des x négatifs. En effet, lorsque x deviendra négatif, et commencera à croître dans ce nouveau sens, vers BX', le terme $ax \sin i \sin 2\nu$, devenu négatif, l'emportera sur le terme $- x^2 \sin i \sin (i + 2\nu)$, qui reste toujours positif ; de sorte que la partie radicale de l'expression de y deviendra imaginaire. Pour bien voir les limites dans lesquelles cela aura lieu, il n'y a qu'à mettre cette expression sous la forme suivante,

$$y = \pm \frac{1}{\cos \nu} \sqrt{- \sin i \sin(i + 2\nu)\, x \left[x - \frac{a \sin 2\nu}{\sin(i + 2\nu)} \right]}.$$

Dans la supposition actuellement faite sur $i + 2v$,
le produit $-\sin i \sin(i + 2v)$ a toujours une valeur
constante et positive; il suffira donc de considérer les variations de signe qui peuvent provenir des autres facteurs. Or le premier de ces facteurs étant x lui-même,
devient négatif avec cette variable; mais quant au second, comme $-\dfrac{a \sin 2v}{\sin(i + 2v)}$ est une quantité positive, il ne peut devenir négatif, à moins que la valeur
négative attribuée à x ne surpasse cette quantité; et
pour toutes les valeurs plus petites de x, il sera positif, ce qui rendra toute la quantité affectée du radical
négative, et y imaginaire. On voit donc que cette imaginarité subsistera du côté des abscisses négatives depuis

$$x = 0, \qquad \text{jusqu'à} \qquad x = \frac{a \sin 2v}{\sin(i + 2v)},$$

c'est-à-dire depuis B jusqu'à B'. Mais pour toutes
les valeurs négatives de x, plus grandes que cette
seconde limite, les deux facteurs variables qui entrent
sous le radical seront tous deux négatifs, et donneront par conséquent un produit positif; de sorte que
y redeviendra réelle pour toutes ces valeurs. Ainsi, à
partir de ce terme, qui répond au point B', la courbe
s'étendra indéfiniment, tant au-dessus qu'au dessous
de l'axe des abscisses, comme elle le faisait du côté
des x positifs, à partir du point B.

Il résulte de cette discussion que l'hyperbole est
une courbe composée de deux parties séparées, telle
que la représente la figure 85, où l'origine des coordonnées est supposée placée au point B. Nous avions,
en effet, prévu cette forme, d'après la disposition
du plan coupant dans le cône (fig. 36 et 37).

Si l'on considère, dans ces mêmes figures, le
triangle BB'C, où la ligne BB' est la partie de l'axe

des x comprise entre les deux nappes du cône, il est évident que l'on a l'angle $CBB' = 180 - i$, et l'angle $BCB' = 180° - 2\nu$; conséquemment le troisième angle $CB'B = i + 2\nu - 180°$. De plus, nous avons désigné par a le côté CB de ce même triangle. On pourra donc obtenir BB', en établissant la proportion des sinus aux côtés opposés, et en le faisant, on trouvera

$$BB' = -\frac{a\sin 2\nu}{\sin(i + 2\nu)}.$$

Ce qui est précisément la valeur trouvée plus haut, pour la distance des deux sommets de la courbe; cette distance se nomme le premier axe, ou l'axe réel de l'hyperbole.

225. Transportons l'origine des coordonnées en A au milieu de l'axe BB' fig. 85. Soit AP une nouvelle abscisse quelconque, que nous nommerons $+ x'$, et qui sera comptée positivement dans le même sens que les premières BP, nous aurons

$$x = x' + \frac{a\sin 2\nu}{2\sin(i + 2\nu)};$$

et en remplaçant x par cette valeur, il viendra après les réductions

$$y^2\cos^2\nu + \sin i \sin(i + 2\nu)x'^2 = \frac{a^2\sin i \sin^2\nu \cos^2\nu}{\sin(i + 2\nu)},$$

équation précisément pareille à celle que nous avons trouvée n° 135, pour l'ellipse, avec cette seule différence que le produit $\sin i \sin(i + 2\nu)$, qui forme le coefficient de x'^2, était alors positif, comme celui de y^2, tandis que dans le cas actuel il est négatif.

En faisant $y = 0$, on trouve

$$x' = \pm \frac{a\sin\nu\cos\nu}{\sin(i + 2\nu)},$$

ou , ce qui est la même chose ,

$$x' = \pm \frac{a \sin 2\nu}{2\sin (i + 2\nu)} ;$$

valeur égale à la moitié de la distance BB′, comme on devait évidemment le prévoir ; mais , en faisant $x' = 0$, on trouve

$$y = \pm\, a \sin \nu \sqrt{\frac{\sin i}{\sin (i + 2\nu)}} ;$$

valeurs nécessairement imaginaires, puisque $\sin (i + 2\nu)$ est une quantité négative, et que $\sin i$, au contraire, est toujours positif dans toutes les positions du plan coupant. Ce résultat pouvait encore se prévoir aisément, puisque nous avons reconnu tout à l'heure que la courbe n'a pas d'ordonnées réelles entre les points B et B′, fig. 85. Malgré cette circonstance, l'équation de l'hyperbole prend , comme celle de l'ellipse, une forme très élégante lorsqu'on fait

$$\mathrm{A}^2 = \frac{a^2 \sin^2\nu \cos^2\nu}{\sin^2(i + 2\nu)} , \quad \text{et} \quad \mathrm{B}^2 = - \frac{a^2 \sin^2\nu \sin i}{\sin (i + 2\nu)} ;$$

car en multipliant les deux membres de l'équation par le facteur

$$\frac{a^2 \sin^2\nu}{\sin^2(i + 2\nu)} ,$$

on trouve, après avoir supprimé les accens devenus désormais inutiles ,

$$\mathrm{A}^2 y^2 - \mathrm{B}^2 x^2 = - \mathrm{A}^2 \mathrm{B}^2.$$

Les quantités $2\mathrm{A}$, $2\mathrm{B}$, se nomment les axes de l'hyperbole, quoiqu'en effet cette courbe ne détermine réellement , par son intersection, que le premier d'entre eux. Le point A est le centre de la courbe. Lorsque l'équation de l'hyperbole se trouve ramenée à cette forme, les coordonnées étant rectangulaires, on dit qu'elle est rapportée au centre et à ses axes. Toute ligne menée par le centre, et terminée à la courbe, se nomme *diamètre*, et il résulte de la forme symétrique de l'hyperbole, que tous les diamètres se trouvent divisés par le centre en deux parties égales.

226. L'équation de l'ellipse, rapportée aussi à ses axes et au centre, est

$$A^2 y^2 + B^2 x^2 = A^2 B^2.$$

En la comparant à celle de l'hyperbole, on voit que, *pour passer de l'une à l'autre, il suffit de changer* B *en* B$\sqrt{-1}$; cela est en effet évident d'après la comparaison des valeurs que nous avons attribuées à B^2 dans ces deux courbes, puisqu'elles ne diffèrent l'une de l'autre que par le signe; mais cette analogie très simple est importante par la facilité qu'elle donne pour passer des propriétés de l'ellipse à celles de l'hyperbole, et réciproquement.

Ce que nous avons vu relativement à la marche des ordonnées dans les deux courbes, est une suite de cette loi; car, si l'on considère une hyperbole et une ellipse dont les axes seraient les mêmes, et qu'on superpose ces axes, l'ellipse se trouvera comprise tout entière dans les limites entre lesquelles l'hyperbole devient imaginaire; et réciproquement, l'hyperbole aura des ordonnées réelles pour toutes les abscisses auxquelles l'ellipse ne s'étend point.

Lorsque les deux axes de l'hyperbole sont égaux entre eux, son équation devient

$$y^2 - x^2 = -A^2 :$$

on dit alors qu'elle est *équilatère*.

Lorsque les deux axes de l'ellipse sont égaux, son

équation devient

$$y^2 + x^2 = A^2,$$

et elle se réduit à un cercle. L'hyperbole équilatère est donc, entre les hyperboles ordinaires, ce qu'est le cercle entre les ellipses.

227. Si par le point B′, pour lequel $y = 0$, et $x = -A$ (fig. 86), on mène une ligne droite inclinée d'une manière quelconque, elle aura pour équation

$$y = a(x + A).$$

Si par le point B, pour lequel $y = 0$, et $x = +A$, on mène une ligne droite pareillement inclinée d'une manière quelconque, elle aura pour équation

$$y = a'(x - A).$$

Pour que ces deux droites se coupent sur l'hyperbole, il faut que leurs équations puissent subsister en même temps, et avec celle de cette courbe. Or, en les multipliant membre à membre, elles donnent

$$y^2 = aa'(x^2 - A^2);$$

et, pour que ce résultat s'accorde avec l'équation de l'hyperbole mise sous cette forme

$$y^2 = \frac{B^2}{A^2}(x^2 - A^2),$$

il faut qu'on ait

$$aa' = \frac{B^2}{A^2};$$

ceci établit donc une relation constante entre les angles que forment avec le grand axe les lignes menées des deux sommets de la courbe à un de ses points. Il en résulte que ces angles ont toujours leurs tangentes trigonométriques de même signe.

Lorsque l'hyperbole est équilatère, $A = B$, il vient alors

$$aa' = 1;$$

c'est-à-dire que, dans l'hyperbole équilatère, *les droites menées du même point de la courbe aux extrémités du grand axe, font avec lui des angles aigus, dont l'ouverture est dirigée dans le même sens, et dont la somme est égale à un angle droit.*

Les droites, menées de la même manière dans le cercle, font aussi avec l'axe des angles aigus dont la somme est égale à un droit; mais leurs ouvertures sont dirigées dans des sens contraires.

228. Si l'on introduit les expressions des axes A et B dans l'équation de l'hyperbole du n° 224, où l'origine était au sommet, en prenant pour A la valeur positive $-\dfrac{a \sin v \cos v}{\sin (i + 2v)}$, elle devient

$$y^2 = \frac{B^2}{A^2} (x^2 + 2\,Ax),$$

et peut se mettre sous la forme

$$y^2 = \frac{B^2}{A^2} (x + 2A)\,x.$$

x et $x + 2\,A$ sont les distances du pied de l'ordonnée PM aux sommets B et B' de la courbe (fig. 85). On voit donc, par cette équation, *que les carrés des ordonnées sont entre eux comme les produits de ces distances.* On aurait pu tirer directement ce résultat de l'équation rapportée au centre; car, soient x, y; x', y', les coordonnées de deux points quelconques situés sur la même hyperbole; on aura, pour le premier,

$$y^2 = \frac{B^2}{A^2} (x^2 - A^2),$$

pour le second,

$$y'^2 = \frac{B^2}{A^2} (x'^2 - A'^2).$$

Divisant ces équations membre à membre, on aura

$$\frac{y'^2}{y^2} = \frac{x'^2 - A^2}{x^2 - A^2},$$

ou, ce qui est la même chose,

$$\frac{y'^2}{y'} = \frac{(x' + A)(x' - A)}{(x + A)(x - A)},$$

qui exprime la propriété que nous venons de démontrer en transportant l'origine au sommet de la courbe.

229. En changeant les x en y, et les y en x, dans l'équation

$$A^2 y^2 - B^2 x^2 = - A^2 B^2.$$

elle devient

$$A^2 x^2 - B^2 y^2 = - A^2 B^2,$$

ou

$$B^2 y^2 - A^2 x^2 = A^2 B^2.$$

Cette transformation n'influant que sur le choix des axes, l'équation précédente doit encore appartenir à la même hyperbole; et l'on peut aisément le vérifier en la discutant. Mais, ici, la supposition de $x = 0$ donne y réelle; et $y = 0$ donne x imaginaire, parce que la courbe rencontre le nouvel axe des ordonnées, et ne rencontre point l'axe des abscisses : elle est alors placée comme le représente la courbe ponctuée de la figure 86, son premier axe étant bb'. Dans cette situation, on dit qu'elle est rapportée à son second axe, parce que c'est sur celui-ci que les abscisses sont comptées. On voit qu'il n'en est pas de l'hyperbole comme de l'ellipse, dont l'équation garde la même forme, quel que soit celui de ses axes qu'on prenne pour axe des abscisses, et cela vient de ce que l'ellipse est symétrique par rapport à ses deux axes, au lieu que l'hyperbole ne l'est pas relativement aux siens, puisqu'elle n'en rencontre qu'un seul.

230. L'analogie de ces deux courbes nous conduit

naturellement à chercher s'il n'existe pas dans l'hyperbole des points correspondans aux foyers de l'ellipse.
Pour les découvrir, rappelons-nous que, dans l'éllipse,
leur abscisse avait pour valeur $\pm \sqrt{A^2 - B^2}$: ce sera donc
$\pm \sqrt{A^2 + B^2}$ pour l'hyperbole, en changeant B en
$B\sqrt{-1}$. En effet, si l'on suppose, pour plus de simplicité,

$$c = \sqrt{A^2 + B^2},$$

et qu'on prenne deux points F, F' sur l'axe (fig. 87), à
cette distance du centre de l'hyperbole, on trouve

$$FM^2 = y^2 + (x - c)^2 = \frac{B^2}{A^2}(x^2 - A^2) + x^2 - 2cx + c^2;$$

d'où l'on tire, après les réductions faites;

$$FM = \frac{A}{cx} - A.$$

On trouve de même

$$F'M = \frac{cx}{A} + A;$$

c'est-à-dire *que les distances* FM, F'M, *sont exprimées
en fonction de l'abscisse* x *d'une manière rationnelle.* En
retranchant ces équations l'une de l'autre, on trouve

$$F'M - FM = 2A;$$

c'est-à-dire *que la différence de ces distances est égale
au premier axe de l'hyperbole.* A cause de ces propriétés, les points F, F' déterminés par la valeur précédente de c, se nomment les foyers de l'hyperbole.

En faisant $x = \pm \sqrt{A^2 + B^2}$ dans l'équation de la
courbe, on aura l'ordonnée qui passe par le foyer, et
sa valeur sera

$$y = \pm \frac{B^2}{A}.$$

Le double de cette ordonnée, ou $\frac{2B^2}{A}$, s'appelle le *paramètre* de l'hyperbole. C'est une troisième proportionnelle aux deux axes.

231. Pour trouver géométriquement la position des foyers F, F', fig. 87, on élèvera à l'une des extrémités du premier axe BB' une perpendiculaire BE, égale à la moitié du second axe B. On mènera l'hypoténuse AE; puis, du point A, comme centre avec cette ligne pour rayon, on décrira une circonférence de cercle, qui coupera l'axe en deux points F, F'. Ce seront les foyers de l'hyperbole.

On prouvera facilement que *la double ordonnée qui passe par ces foyers est égale au paramètre de la courbe.*

232. Les propriétés précédentes fournissent, pour la description de l'hyperbole, un procédé analogue à celui que nous avons employé pour l'ellipse, dans l'art. 148.

Du foyer F, comme centre (fig. 88) avec un rayon quelconque BO, ou décrira une circonférence de cercle. De l'autre foyer F' comme centre, avec B'O ou BB' + BO pour rayon, on décrira une autre circonférence de cercle : les points M, M' où elle coupera la précédente appartiendront à l'hyperbole; car, d'après cette construction, on aura toujours

$$\text{F'M} - \text{FM} = 2\,\text{A}.$$

En opérant de même de l'autre côté de l'origine, on aura la seconde branche de la courbe, et l'on peut appliquer ici les remarques que nous avons faites sur la construction de l'ellipse par le procédé analogue.

On peut aussi, d'après cette propriété, décrire l'hyperbole, comme l'ellipse, par un mouvement continu : pour cela, on fixe au foyer F' une règle F'M, qui peut tourner autour de ce point. A l'extrémité M et à l'autre foyer F est attaché un fil MF, tel que F'M — FM soit égal au grand axe BB'; glissant ensuite un piquet le long du fil, on le force à s'appliquer toujours contre la règle qui tourne autour du point F'; et le piquet, par ce mouvement, décrit une portion de l'hyperbole demandée.

233. Occupons-nous maintenant de mener une tangente à l'hyperbole, dont l'équation est

$$A^2 y^2 - B^2 x^2 = - A^2 B^2.$$

Soient x'', y'', les coordonnées du point de tangence; elles vérifieront la relation

$$A^2 y''^2 - B^2 x''^2 = - A^2 B^2.$$

La tangente étant une ligne droite, et devant passer par ce point, son équation sera de cette forme

$$y - y'' = a (x - x'').$$

Il ne reste plus qu'à déterminer a.

Pour y parvenir, il faudra opérer sur ces trois équations comme sur celles de l'art. 149, qui étaient relatives à l'ellipse; mais ces dernières sont les mêmes que les précédentes, en changeant B en $B\sqrt{-1}$. Le résultat sera donc aussi le même avec cette modification et l'on aura

$$a = \frac{B^2}{A^2} \frac{x''}{y''}.$$

L'équation de la tangente sera

$$y - y'' = \frac{B^2}{A^2} \frac{x''}{y''} (x - x'');$$

ou, en réduisant

$$A^2 y y'' - B^2 x x'' = - A^2 B^2.$$

On aura de même, pour l'équation de la normale,

$$y - y'' = - \frac{A^2 y''}{B^2 x''} (x - x'').$$

On prouve facilement que tous les points de la tangente, excepté celui de tangence, sont hors de l'hyperbole. Pour cela, prenons la valeur de A^2y^2 dans l'équation de l'hyperbole, nous aurons

$$A^2y^2 = B^2x^2 - A^2B^2;$$

cette valeur de A^2y^2 convient aux points situés sur la courbe même. Pour les points situés hors de la courbe, la valeur de y correspondante au même x, sera nécessairement plus grande; par conséquent, les valeurs de y^2 et de A^2y^2 seront plus grandes aussi : on aura donc alors

$$A^2y^2 > B^2x^2 - A^2B^2;$$

au contraire, pour les points intérieurs à la courbe, la valeur de l'ordonnée y sera plus petite que sur la courbe même, la valeur de x étant égale: il en sera de même pour A^2y^2; on aura donc alors

$$A^2y^2 < B^2x^2 - A^2B^2,$$

en transposant ces inégalités dans un seul membre, on en déduit les trois conditions suivantes :

Pour les points extérieurs $\qquad A^2y^2 - B^2x^2 + A^2B^2 > 0,$

Pour les points situés sur la courbe $A^2y^2 - B^2x^2 + A^2B^2 = 0,$

Pour les points intérieurs $\qquad A^2y^2 - B^2x^2 + A^2B^2 < 0.$

Maintenant, il faut prouver que tous les points de la tangente, excepté le point de tangence même, satisfont à la première de ces inégalités. Or il est facile de voir que le signe négatif du terme affecté de x^2 empêche que la démonstration employée n° 150, pour l'ellipse ne soit ici praticable; il n'y a donc d'autre ressource que de calculer directement la quantité $A^2y^2 - B^2x^2 + A^2B^2$ en fonction de x seul. Pour cela, il n'y a qu'à tirer la valeur de y de l'équation de la tangente, cette valeur era

$$y = \frac{B^2(xx' - A^2)}{A^2y''},$$

et en la substituant dans la quantité............
$A^2y^2 - B^2x^2 + A^2B^2$, on aura

$$A^2y^2 - B^2x^2 + A^2B^2 = \frac{B^4(xx'' - A^2)^2}{A^4y''^2} - B^2x^2 + A^2B^2.$$

En réduisant le second membre au même dénominateur, et mettant au numérateur, au lieu de $A^4y''^2$, sa valeur $B^2x''^2 - A^2B^2$, tirée de l'équation de l'hyperbole, ce numérateur devient

$$B^4(xx'' - A^2)^2 + (B^2x''^2 - A^2B^2)(A^2B^2 - B^2x^2),$$

et les produits étant développés et réduits, donnent enfin

$$A^2y^2 - B^2x^2 + A^2B^2 = \frac{A^2B^4(x - x'')^2}{A^4y''^2},$$

le second membre étant un carré est essentiellement positif; ainsi l'on a toujours sur la tangente....... $A^2y^2 - B^2x^2 + A^2B^2 > o$, ce qui prouve que tous ses points sont extérieurs à la courbe; il n'y a d'exception que pour la valeur $x - x'' = o$, qui rend cette quantité nulle; mais cette valeur nous ramène au point de tangence : lui seul est donc sur l'hyperbole.

234. La valeur de a devient infinie quand y'' est nulle, car $x'' = o$ donnerait y'' imaginaire ; et y'' infini donnerait x'' infinie : ainsi, aux extrémités du premier axe de l'hyperbole, la tangente est parallèle aux ordonnées, et elle ne peut jamais devenir parallèle aux abscisses.

235. Si par le centre et par le point de tangence on mène une ligne droite, son équation sera de la forme

$$y' = a'x,$$

et la condition de passer par le point de tangence donnera

$$a' = \frac{y''}{x''}.$$

Cette valeur, étant multipliée par celle de a qui convient à la tangente, donne

$$aa' = \frac{B^2}{A^2};$$

et, en comparant ce résultat avec celui de l'article 227, on voit (fig. 89) que le point de tangence M est sur une hyperbole, dont le premier axe est AT, et le rapport des axes $\frac{B}{A}$: d'où il suit que, pour mener une tangente à l'hyperbole par un point M donné sur cette courbe, il faut mener, de ce point au centre, le diamètre AM; puis, par l'extrémité B' du premier axe BB' mener la corde B'N parallèle à AM; MT, parallèle à BN, sera la tangente demandée.

Il résulte de cette construction et de la forme symétrique de l'hyperbole, que les tangentes MT, mt, aux extrémités d'un même diamètre, sont parallèles entre elles. Si donc on mène par le centre A une parallèle à ces tangentes, elle ne rencontrera jamais la courbe : cependant, par analogie avec l'ellipse, on prend sur cette parallèle une quantité qui s'appelle le diamètre conjugué du diamètre AM, et qui se détermine comme on le verra plus bas. Ici, comme dans l'ellipse, l'angle EAM, formé par deux diamètres conjugués, est égal à l'angle B'NB des deux cordes qui leur sont respectivement parallèles, et qui sont menées des deux extrémités du premier axe à un même point de la courbe.

236. En faisant $y = o$ dans l'équation de la tangente, on trouvera

$$x = \frac{A^2}{x''}.$$

C'est la valeur de AT (fig. 90) : en la retranchant de AP, on aura la soutangente

7e *Edit.* 20

$$PT = \frac{x''^2 - A^2}{x''}.$$

On trouvera de même la sounormale

$$PN = \frac{B^2 x''}{A^2}.$$

237. Les formules précédentes peuvent encore servir pour mener des tangentes à l'hyperbole par un point extérieur; car, en représentant ses coordonneés par x', y', elles devront satisfaire à l'équation de la tangente; ce qui donnera

$$A^2 y' y'' - B^2 x' x'' = - A^2 B^2 \qquad (1).$$

On aura, de plus,

$$A^2 y''^2 - B^2 x''^2 = - A^2 B^2 \qquad (2),$$

puisque le point de tangence est sur la courbe. Ces deux équations suffisent pour déterminer les coordonnées x'', y'', qui seront en général doubles pour le même point; et il est facile de s'assurer que ces valeurs seront toujours réelles, lorsque le point donné sera hors de l'hyperbole (233).

En appliquant ici les considérations dont nous avons fait usage (n° 160) pour l'ellipse, on trouvera de même qu'en regardant les coordonnées x'', y'', comme variables dans l'équation (1), cette équation est celle de la droite qui passe par les points de contact des deux tangentes menées du point extérieur, dont les coordonnées sont x', y'. En assujétissant cette droite à passer par un point donné, dont les coordonnées sont a et b, elle deviendra

$$A^2 b y' - B^2 a x' = - A^2 B^2 \qquad (3);$$

et alors, en y regardant x', y', comme variables, elle représentera une droite telle que, si d'un quelconque de ses points, on mène à l'hyperbole deux tangentes, la corde qui joindra les deux points de tangence passera par le point donné, dont les coordonnées sont a et b.

En continuant de suivre, dans les calculs, l'analogie des deux courbes, on arrivera à une construction pareille, pour déterminer la droite qui contient les sommets des couples de tangentes, quand on connaîtra le point de concours des cordes, et réciproquement. La similitude est si parfaite, qu'il n'est pas besoin d'expliquer ici l'application de cette méthode, et qu'il suffira, pour s'en rendre compte, de jeter les yeux sur la fig. 91.

238. L'extension indéfinie des branches de l'hyperbole, introduit dans la direction de ses tangentes une loi très remarquable qui lui est particulière. Pour la découvrir, reprenons l'équation

$$y^2 = \frac{B^2}{A^2}(x^2 - A^2).$$

Les deux valeurs de y, qui en résultent, peuvent se mettre sous la forme

$$y = \pm \frac{Bx}{A}\left(1 - \frac{A^2}{x^2}\right)^{\frac{1}{2}}.$$

Développons le radical en série par le théorème du binome, il deviendra

$$1 - \frac{1}{2}\frac{A^2}{x^2} - \frac{1}{8}\frac{A^4}{x^4} - \frac{1}{16}\frac{A^6}{x^6}, \text{ etc.,}$$

et en effectuant la multiplication par $\frac{Bx}{A}$, il viendra

$$y = \pm \left(\frac{Bx}{A} - \frac{1}{2}\frac{BA}{x} - \frac{1}{8}\frac{BA^3}{x^3} - \frac{1}{16}\frac{BA^5}{x^5} \text{ etc.}\right).$$

A mesure que x augmente, A et B restant les mêmes, les

termes $\dfrac{BA}{x}$, $\dfrac{BA^2}{x^2}$, etc., diminuent, parce qu'ils sont divisés par les puissances successives de x; et les valeurs de y approchent de plus en plus de se réduire à $\pm\dfrac{Bx}{A}$: on peut même, comme x est indéfini, le prendre assez grand pour que la différence soit plus petite que toute quantité quelconque donnée. Par conséquent, si l'on construit deux lignes droites, dont les équations soient

$$y = +\frac{Bx}{A}, \qquad y = -\frac{Bx}{A},$$

ces droites seront les limites des deux branches supérieure et inférieure de l'hyperbole, qui s'en approchera sans cesse sans pouvoir les atteindre; et c'est ce qu'il est bien facile de voir, car on aura toujours

$$y^2 = \frac{B^2 x^2}{A^2} - B^2 \qquad \text{sur l'hyperbole,}$$

$$y^2 = \frac{B^2 x^2}{A^2} \qquad\qquad \text{sur les droites;}$$

de sorte que les ordonnées correspondantes aux mêmes abscisses seront constamment plus petites sur la courbe. Cette propriété a fait donner le nom d'*Asymptotes* aux deux lignes droites déterminées par ces équations.

On peut aisément prouver, d'après les expressions précédentes, qu'en effet ces droites s'approchent continuellement de l'hyperbole; car, bien que la différence entre les carrés de leurs ordonnées et les carrés des ordonnées de cette courbe soit constante, cependant la différence des ordonnées elles-mêmes va toujours en diminuant, de manière à devenir enfin plus petite que toute quantité donnée. Pour le faire voir, retranchons les deux équations précédentes l'une de l'autre, en désignant par y' les ordonnées des asymptotes, afin de les distinguer de celles de la courbe, qui continueront d'être représentées par y; nous aurons ainsi

$$y'^2 - y^2 = B^2,$$

ou
$$(y' - y)(y' + y) = B^2;$$

d'où l'on tire

$$y' - y = \frac{B^2}{y' + y};$$

$y' - y$ est la différence des ordonnées. La fraction qui l'exprime a son numérateur constant; mais son dénominateur est variable, et augmente continuellement avec les ordonnées y, y', à mesure que l'on s'éloigne du centre de l'hyperbole. Ainsi, cette fraction diminue sans cesse. Et comme il n'y a pas de limite à l'accroissement des ordonnées y' et y, il n'y en a pas non plus à la diminution de la fraction. La différence des deux ordonnées $y' - y$ peut donc devenir aussi petite que l'on voudra, et plus petite que toute quantité donnée.

239. Pour construire les asymptotes de l'hyperbole, on mènera à l'extrémité du premier axe une perpendiculaire, sur laquelle on prendra deux ordonnées de signes contraires, égales toutes deux au demi-second axe B; puis, par les extrémités de ces ordonnées et par le centre de l'hyperbole, on mènera deux lignes droites. Ces lignes faisant avec le premier axe un angle dont la tangente trigonométrique est $\pm \dfrac{B}{A}$, seront évidemment les asymptotes demandées. Il est visible que l'hyperbole sera comprise tout entière dans l'angle formé par leurs directions.

240. On voit aussi, par ces résultats, que si une ellipse et une hyperbole sont construites sur les mêmes axes, les diamètres égaux de la première formeront, étant prolongés, les asymptotes de la seconde.

241. Si l'hyperbole est équilatère, on a $B = A$; les asymptotes font avec l'axe des angles de 45°, et sont perpendiculaires entre elles.

242. Il est facile de voir que les asymptotes sont aussi la limite de toutes les tangentes. En effet, l'équation d'une de ces dernières étant

$$A^2 yy'' - B^2 xx'' = - A^2 B^2,$$

le point où elle rencontre l'axe réel de l'hyperbole a pour abscisse

$$x = \frac{A^2}{x''}.$$

C'est la distance de ce point au centre de la courbe. Sa position autour de ce centre dépend du signe de x'', c'est-à-dire de l'abscisse du point de tangence; mais, en ne considérant que sa longueur, on voit qu'elle diminue à mesure que x'' augmente, et qu'elle ne peut devenir nulle qu'en supposant x'' infini. Dans cette supposition, la valeur de y'' devient aussi infinie et égale à $\pm \dfrac{Bx''}{A}$;

de sorte qu'en la substituant dans la valeur de a qui convient à la tangente, et qui est

$$a = \frac{B^2 x''}{A^2 y''},$$

on trouve

$$a = \pm \frac{B}{A}.$$

C'est précisément la valeur de a qui convient aux asymptotes; ainsi, les tangentes de l'hyperbole s'approchent de plus en plus des asymptotes, à mesure que le point de tangence s'éloigne du centre.

243. Les directions de la tangente et de la normale dans l'hyperbole ont aussi des rapports remarquables avec les lignes menées des foyers aux divers points de la courbe : cherchons à les découvrir.

Si, du foyer F, pour lequel $y=0$, et $x=\sqrt{A^2+B^2}$ (fig. 92), on mène une ligne droite FM à un point quelconque de l'hyperbole ayant pour coordonnées x'', y'', l'équation de cette droite sera

$$y-y''=\alpha\,(x-x'').$$

La condition de passer par le foyer donne, en faisant $\sqrt{A^2+B^2}=c$,

$$\alpha=\frac{-y''}{c-x''}.$$

La tangente au même point de l'hyperbole a pour équation (n° 233)

$$y-y''=a\,(x-x''),\qquad a=\frac{B^2x''}{A^2y''}.$$

L'angle FMT, ou fMt, qu'elle fait avec la droite FM, a pour tangente trigonométrique

$$\frac{\alpha-a}{1+a\alpha},$$

qui se réduit à

$$+\frac{B^2}{cy''},$$

en mettant pour a et α leurs valeurs, et observant que

$$A^2y''^2-B^2x''^2=-A^2B^2,$$

puisque le point x'', y'', est sur l'hyperbole.

Pareillement, si, du second foyer F', pour lequel $y=0$, et $x=-c$, on mène au point de tangence une ligne droite, son équation sera

$$y-y''=\alpha'\,(x-x''),$$

et l'on aura

$$\alpha'=\frac{y''}{c+x''}.$$

L'angle F'MT, ou $f'Mt$, que fait cette droite avec la tangente MT de l'hyperbole, à pour tangente trigonométrique

$$\frac{a - \alpha}{1 + a\,\alpha'},$$

qui se réduit à

$$+ \frac{B^2}{cy''},$$

quand on met pour a et α' leurs valeurs. Les angles FMT et F'MT, ayant même tangente, sont égaux entre eux; d'où résulte cette propriété, que, dans l'*hyperbole*, *les droites menées du point de tangence aux deux foyers font avec la tangente, et de part et d'autre de cette ligne, des angles égaux.*

Il suit de là que *la normale* MN *divise en deux parties égales l'angle* FMt *formé par les rayons vecteurs menés des foyers à un même point de la courbe.*

Ces propriétés existent aussi dans l'ellipse, et il n'y a de différence que dans ce qui tient à la situation de la tangente par rapport à ces deux courbes.

244. Ceci fournit la construction suivante pour mener une tangente à l'hyperbole par un point donné.

Supposons-le d'abord sur la courbe.

On mènera les rayons vecteurs FM, F'M (fig. 92); on prendra sur celui-ci, à partir du point M, MG $=$ MF; puis, joignant GF, et lui menant la perpendiculaire MT, ce sera la tangente demandée.

En effet, par cette construction, les angles FMT, F'MT, sont égaux entre eux. On pourrait démontrer ici, comme dans l'ellipse, que la droite MT n'a que le point M de commun avec l'hyperbole.

Supposons le point donné t extérieur à la courbe.

De ce point t, comme centre, avec un rayon égal à Ft, on décrira une circonférence de cercle. Du foyer F' comme centre, et avec un rayon égal au premier axe BB' de l'hyperbole, on décrira une autre circonférence qui coupera la précédente en G. Menant F'G qui rencontre la courbe en M, le point M sera le point de tangence, et *t*MT sera la tangente demandée.

Car, si l'on mène *t*G, on aura par construction G*t* = F*t*; de plus, le point M étant sur l'hyperbole, et F'G étant égal au premier axe, on a MG = MF : donc la ligne M*t* est perpendiculaire à GF, et divise l'angle F'MF en deux parties égales; donc elle est la tangente demandée.

Les circonférences décrites des points F' et *t*, comme centres, se coupant en deux points, cette construction donnera les deux tangentes que l'on peut mener à l'hyperbole par un point extérieur. Si ce point est compris entre les asymptotes et une des branches hyperboliques, les deux points de tangence seront sur cette branche; mais s'il est hors de cet angle, les deux points de tangence seront situés sur les deux branches opposées. Dans tous les cas, les deux points de tangence seront réels; car, pour tous les points situés hors de l'hyperbole, la différence de leurs distances aux deux foyers est moindre que la longueur du premier axe, comme il est aisé de le voir; de sorte que les cercles décrits des points F' et *t* comme centres, se couperont toujours, tant que le point *t* sera extérieur.

Des Propriétés de l'Hyperbole par rapport à ses diamètres conjugués.

245. Les propriétés de l'hyperbole par rapport à ses diamètres, peuvent se déduire avec une extrême facilité de celles qui appartiennent à l'ellipse.

En effet, l'équation de l'hyperbole, rapportée à ses axes et au centre, est

$$A^2 y^2 - B^2 x^2 = - A^2 B^2.$$

Les abscisses sont alors comptées sur celui de ces axes qui rencontre la courbe.

En faisant

$$x = x' \cos \alpha + y' \cos \alpha', \qquad y = x' \sin \alpha + y' \sin \alpha',$$

on pourra établir entre α et α' la relation nécessaire pour que le terme affecté de $x'y'$ disparaisse : mais on peut, sans effectuer le calcul, parvenir sur-le-champ à ce résultat; car les équations précédentes se déduisent de celles de l'art. 161, qui sont relatives à l'ellipse, en changeant B en $B\sqrt{-1}$ dans ces dernières; et, par conséquent, les résultats auxquels elles conduisent, ont entre eux la même relation. On aura donc pour l'hyperbole

$$(A^2\sin^2\alpha' - B^2\cos^2\alpha')y'^2 + (A^2\sin^2\alpha - B^2\cos^2\alpha)x'^2 = -A^2B^2$$

$$A^2 \sin\alpha \sin\alpha' - B^2 \cos\alpha \cos\alpha' = 0,$$

ou bien

$$A^2 \operatorname{tang}\alpha \operatorname{tang}\alpha' - B^2 = 0.$$

En faisant successivement $x' = 0$ et $y' = 0$, on aura les distances de l'origine aux points dans lesquels la courbe coupe les diamètres auxquels elle est rapportée. Si l'on représente par A'^2 et B'^2 les carrés de ces distances, il viendra comme dans l'article 164

$$A'^2 = \frac{-A^2B^2}{A^2\sin^2\alpha - B^2\cos^2\alpha}, \qquad B'^2 = \frac{-A^2B^2}{A^2\sin^2\alpha' - B^2\cos^2\alpha'}.$$

En multipliant ces deux quantités l'une par l'autre, comme dans l'art. 165, le résultat pourra se mettre sous la forme

$$A'^2B'^2 = \frac{A^4 B^4}{(A^2\sin\alpha\sin\alpha' - B^2\cos\alpha\cos\alpha')^2 - A^2B^2\sin^2(\alpha' - \alpha)}.$$

La première partie du dénominateur s'évanouit en vertu de la relation qui existe entre α' et α; il reste simplement

$$A'^2B'^2 = -\frac{A^2B^2}{\sin^2(\alpha' - \alpha)};$$

d'où il suit qu'une des quantités A', B', est imaginaire :

et, par conséquent, l'hyperbole ne rencontre jamais en même temps ses deux diamètres conjugués, propriété que nous avions déjà reconnue précédemment.

246. Nous pouvons à volonté supposer réelle l'une ou l'autre des quantités A', B', et ce choix déterminera quel est celui des axes des coordonnées qui rencontre la courbe. Supposons que ce soit l'axe des x', alors A' sera réel; et, pour éviter les imaginaires, nous représenterons par $-B'^2$ la quantité que nous avions nommée B'^2; ce qui donnera

$$A'^2 = -\frac{A^2 B^2}{A^2 \sin^2 \alpha - B^2 \cos^2 \alpha}, \qquad B'^2 = \frac{A^2 B^2}{A^2 \sin^2 \alpha' - B^2 \cos^2 \alpha'},$$

Alors l'équation de l'hyperbole deviendra

$$A'^2 y'^2 - B'^2 x'^2 = -A'^2 B'^2,$$

qui se déduit de celle que nous avons trouvée, art. 164, pour l'ellipse, en changeant B' en $B\sqrt{-1}$ dans cette dernière. Les quantités $2A'$, $2B'$, sont appelées, par analogie, diamètres conjugués de l'hyperbole, quoique le premier soit le seul qui soit terminé par la courbe. $\dfrac{2B'^2}{A'}$ est le paramètre du premier diamètre, et $\dfrac{2A'^2}{B'}$ est le paramètre du second. Pour plus de simplicité, nous supprimerons les accens des variables x' et y', en nous rappelant toutefois qu'elles appartiennent à des coordonnées obliques, et il viendra

$$A'^2 y^2 - B'^2 x^2 = -A'^2 B'^2.$$

On déduira facilement de cette équation que *les carrés des ordonnées aux diamètres conjugués sont entre eux comme les produits des distances du pied de ces ordonnées aux sommets de la courbe;* d'où il suit que, pour décrire une hyperbole dont on connaît deux diamètres conjugués, il faut décrire une autre hyperbole sur ces diamètres pour axes, et incliner convenablement les ordonnées de cette dernière, sans changer leur longueur.

247. A l'équation précédente, il faudra joindre les suivantes :

$$A'^2 - B'^2 = A^2 - B^2,$$
$$A' B' \sin (\alpha' - \alpha) = AB,$$
$$A^2 \tang \alpha \tang \alpha' - B^2 = 0.$$

qui se déduisent de celles de l'art. 167, qui appartiennent à l'ellipse, en y changeant B et B' en $B \sqrt{-1}$ et $B' \sqrt{-1}$. Ces trois équations suffisent pour résoudre toutes les questions relatives à la recherche des diamètres conjugués de l'hyperbole.

La première signifie que *la différence des carrés construits sur les diamètres conjugués est toujours égale à la différence des carrés construits sur les axes.* Il résulte de cette propriété, que toutes les hyperboles n'ont pas des diamètres conjugués égaux ; car la supposition de $A' = B'$ donne $A = B$, et réciproquement. *L'hyperbole équilatère est donc la seule qui ait des diamètres conjugués égaux, et tous les siens le sont deux à deux.*

La seconde des équations précédentes signifie que *le parallélogramme construit sur les diamètres conjugués est toujours équivalent au rectangle des axes,* propriété qui a également lieu pour l'ellipse.

Enfin la relation

$$A^2 \tang \alpha \tang \alpha' - B^2 = 0,$$

étant comparée à celle de l'art. 227, signifie que l'on peut mener, par les extrémités du premier axe de l'hyperbole, deux cordes qui se coupent sur cette courbe, et qui soient respectivement parallèles à deux diamètres conjugués quelconques, dont la direction serait connue ; ce qui permet d'appliquer à l'hyperbole le moyen que nous avons donné (n° 168) pour trouver deux diamètres conjugués de l'ellipse qui fassent entre eux un angle donné.

248. Si, par les extrémités du diamètre sur lequel les abscisses sont comptées, on mène deux droites dirigées d'une manière quelconque, elles auront pour équations

$$y = a\,(x + A'), \qquad y = a'\,(x - A'),$$

a et a' étant les rapports des sinus des angles qu'elles font avec ces deux diamètres. Pour que ces droites se coupent sur l'hyperbole, il faudra qu'on ait

$$A'^2\,aa' - B'^2 = 0\,;$$

ce qui établit pour les diamètres une condition analogue à celle qui existe pour les axes.

249. Si, par un point pris sur l'hyperbole, et dont les coordonnées, par rapport aux diamètres conjugués, seront x'', y'', on mène une tangente à cette courbe, il faudra combiner ensemble les trois équations

$$A'^2 y^2 - B'^2 x^2 = - A'^2 B'^2,$$
$$A'^2 y''^2 - B'^2 x''^2 = - A'^2 B'^2,$$
$$y - y'' = a\,(x - x''),$$

a étant le rapport des sinus des angles que fait la tangente cherchée avec les diamètres conjugués auxquels la courbe est rapportée. L'analogie que nous avons remarquée entre l'ellipse et l'hyperbole, s'applique encore à ces équations, et en les comparant aux expressions trouvées n° 174, elle donne

$$a = \frac{B'^2}{A'^2}\,\frac{x''}{y''}\,;$$

et l'équation de la tangente devient

$$A'^2 yy'' - B'^2 xx'' = - A'^2 B'^2.$$

Celle d'une droite menée par le centre de l'hyperbole et le point de la tangence étant

$$y = a'x,$$

on aura

$$a' = \frac{y''}{x''}.$$

Multipliant cette valeur par celle de a, il vient

$$aa' = \frac{B'^2}{A'^2}, \quad \text{ou} \quad A'^2 aa' - B'^2 = 0,$$

d'où il suit que le point de tangence est sur une hyperbole rapportée à des diamètres conjugués parallèles à ceux de la proposée, et dont le rapport est le même. Cette hyperbole passant à l'origine des coordonnées, et par le point où la tangente rencontre l'axe des x, un de ces diamètres est la distance de ce point à l'origine (fig. 93). Par conséquent, pour mener, d'un point M de l'hyperbole, une tangente à cette courbe, on mènera par ce point et le centre le diamètre AM; par l'extrémité D′ d'un diamètre quelconque DAD′, on tirera D′N parallèle à AM; MT, parallèle à DN, sera la tangente demandée. Cette construction est précisément celle qui nous a servi pour l'ellipse (n° 175) : on pourra donc appliquer à l'hyperbole toutes les conséquences que nous en avons déduites relativement à la recherche des diamètres conjugués et des axes, lorsque la courbe est décrite, et que son centre est connu.

Des Propriétés de l'Hyperbole rapportée à ses asymptotes.

250. L'équation de l'hyperbole prend une forme très remarquable, lorsque l'on choisit ses asymptotes pour axes de coordonnées. A cet effet, il faut se rappeler que ces lignes font, avec le premier axe, des angles dont la tangente trigonométrique est $\pm\dfrac{B}{A}$. Ainsi, en reprenant les formules générales de transformation

$$x = x' \cos\alpha + y' \cos\alpha', \quad y = x' \sin\alpha + y' \sin\alpha',$$

il faudra supposer

$$\tang \alpha = -\frac{B}{A}, \qquad \tang \alpha' = \frac{B}{A}.$$

Alors les coordonnées x', y', seront parallèles aux asymptotes. Or, en substituant ces valeurs de x et de y dans l'équation de l'hyperbole

$$A^2 y^2 - B^2 x^2 = - A^2 B^2,$$

elle devient, comme dans le n° 245,

$$(A^2\sin^2\alpha' - B^2\cos^2\alpha')y'^2 + (A^2\sin^2\alpha - B^2\cos^2\alpha)x'^2$$
$$+ 2(A^2\sin\alpha\sin\alpha' - B^2\cos\alpha\cos\alpha')x'y' \Big\} = - A^2 B^2.$$

Les coefficiens de y'^2 et de x'^2 sont nuls d'eux-mêmes, en vertu des valeurs précédentes de $\tang \alpha$ et de $\tang \alpha'$; celui de $x'y'$ se réduit à $-\dfrac{4A^2B^2}{A^2+B^2}$; et, en vertu de ces valeurs, l'équation de la courbe devient

$$x'y' = \frac{A^2 + B^2}{4}.$$

251. Réciproquement, il serait facile de prouver que les asymptotes sont les seuls axes de coordonnées qui puissent la réduire à cette forme. Il suffit, pour s'en assurer, de substituer les valeurs générales de x et de y dans l'équation aux axes, et de déterminer α et α' par la condition que les carrés des coordonnées y'^2 et de x'^2 disparaissent; car on retombe ainsi sur les valeurs précédentes de $\tang \alpha$ et de $\tang \alpha'$.

252. Dans cette forme nouvelle de l'équation de l'hyperbole, on reconnaît aisément la propriété caractéristique des asymptotes, de s'approcher sans cesse de la courbe. En effet, si l'on considère la valeur de y', qui est

$$y' = \frac{A^2 + B^2}{4x'},$$

on voit que cette valeur diminue à mesure que x' augmente, c'est-à-dire que la ligne PM, menée de l'asymptote à la courbe, devient de plus en plus petite, et est nulle à l'infini (fig. 94). Il en est de même des valeurs de x' comparées à celles de y'; et, comme ces deux variables doivent toujours être de même signe pour que le produit $x'y'$ reste toujours positif, ces résultats sont les mêmes pour les deux branches de la courbe, il n'y a que le signe de changé.

253. Si l'on prend la ligne B'B (fig. 95) pour représenter le premier axe de l'hyperbole, et que AX', AY', soient les nouveaux axes des x' et des y', c'est-à-dire les asymptotes de la courbe, BE parallèle à AX' sera égale à $\sqrt{\overline{A^2+B^2}}$. Or, si par le sommet B de la courbe, on mène l'ordonnée BK terminée aux asymptotes, d'après la construction de ces droites, BK sera égale à AE ou au second axe B; par conséquent, AK sera aussi égal à BE, et par suite l'on aura AD $=$ BD. En répétant la même construction de l'autre côté de l'axe AB, relativement à l'autre asymptote, la symétrie de la figure montre que ADBD' sera un losange, dont le côté

AD moitié de AK sera $\sqrt{\dfrac{A^2+B^2}{4}}$. Soit β l'angle X'AY'

formé par les asymptotes entre elles; l'équation précédente de l'hyperbole, multipliée par $\sin \beta$, donne

$$x'y' \sin \beta = \frac{A^2+B^2}{4} . \sin \beta.$$

Le premier membre représente l'aire du parallélogramme APMQ construit sur les deux coordonnées AP, PM, d'un point quelconque de la courbe. Le second membre représente l'aire du parallélogramme ADBD' formé sur les coordonnées AD', D'B, du point B qui en est le sommet; et l'équation précédente fait voir que ces quantités sont constamment égales entre elles. Le

grand losange BBEE' quadruple de ADBD', se nomme
la puissance de l'hyperbole.

254. Lorsque l'hyperbole est équilatère, l'angle des
asymptotes est droit sin $\beta = 1$; le losange ADBD'
devient un carré qui est toujours égal au rectangle des
coordonnées.

Pour plus de simplicité, nous supprimerons les accens des variables x' y', en nous rappelant toutefois
qu'étant comptées sur les asymptotes, elles sont en général obliques. De plus, nous ferons $\dfrac{A^2 + B^2}{4} = M^2$, et
il viendra

$$xy = M^2.$$

255. Soient x'', y'', les coordonnées d'un point, quelconque de l'hyperbole; on aura

$$x'' y'' = M^2.$$

Si par ce point on lui mène une tangente, elle aura
pour équation

$$y - y'' = a\,(x - x'').$$

Il s'agit de déterminer a.

Pour cela, nous considérerons d'abord cette droite
comme une sécante; et, pour trouver les points où elle
rencontre l'hyperbole, nous combinerons les trois équations précédentes. Or, les deux premières étant retranchées l'une de l'autre, donnent

$$xy - x'' y'' = 0,$$

qui peut se mettre sous la forme

$$x\,(y - y'') + y''\,(x - x'') = 0;$$

ou, en mettant pour $y - y''$ sa valeur tirée de l'équation de la droite,

$$(x - x'')\,(ax + y'') = 0.$$

Cette relation est satisfaite quand $x = x''$; ce qui donne
$y = y''$, parce que x'', y'', sont les coordonnées du pre-
     7ᵉ *Édit.*   21

mier point d'intersection. L'autre facteur, égalé à zéro, donne

$$ax + y'' = \mathrm{o}.$$

Si la droite est tangente, cette relation devra encore être satisfaite quand $x = x''$, et $y = y''$; ce qui donne

$$ax'' + y'' = \mathrm{o}, \quad \text{ou} \quad a = -\frac{y''}{x''};$$

et, d'après cette valeur, l'équation de la tangente devient

$$y - y'' = -\frac{y''}{x'}(x - x'').$$

256. En faisant $y = \mathrm{o}$ dans cette équation, on aura l'abscisse du point où la tangente rencontre l'axe des x, et $x - x''$ sera la valeur de la soutangente. On trouve ainsi

$$x - x'' = x'';$$

c'est-à-dire que, lorsque l'hyperbole est rapportée à ses asymptotes, la soutangente pour chaque point est égale à l'abscisse qui lui correspond. Ainsi, pour mener cette tangente MT, fig. 95, il faut prendre sur l'asymptote, à partir du pied de l'ordonnée PM, une longueur $PT = AP = x''$; MT sera la tangente demandée.

On voit, par cette construction même, que, si l'on prolonge la droite MT jusqu'à sa rencontre avec l'autre asymptote en t, on aura $Mt = MT$. La portion de la tangente qui est comprise entre les asymptotes, se trouve donc coupée au point de tangence en deux parties égales.

257. Du centre à un point quelconque M de l'hyperbole, menons un diamètre AM que nous nommerons A'; et appelons β l'angle Y'AX' formé par les deux asymptotes (fig. 95) : les triangles AMP, TMP, donneront, quel que soit β,

$$AM^2 = y^2 + x^2 + 2xy \cos \beta,$$
$$TM^2 = y^2 + x^2 - 2xy \cos \beta;$$

d'où l'on tire

$$AM^2 - MT^2 = 4xy \cos \beta. \qquad (1)$$

L'angle Y'AB, X'AB, formé par les asymptotes et l'axe réel de la courbe, a pour tangente trigonométrique $\dfrac{B}{A}$ on aura donc, en le nommant θ,

$$\sin \theta = \frac{B}{\sqrt{A^2 + B^2}}, \qquad \cos \theta = \frac{A}{\sqrt{A^2 + B^2}}.$$

L'angle $\beta = 2\theta$: donc

$$\cos \beta = \cos^2 \theta - \sin^2 \theta,$$

qui donne

$$\cos \beta = \frac{A^2 - B^2}{A^2 + B^2}.$$

L'équation de l'hyperbole donne

$$4xy = A^2 + B^2.$$

Substituant dans l'équation (1), il vient

$$AM^2 - MT^2, \quad \text{ou} \quad A'^2 - MT^2 = A^2 - B^2.$$

Or, si l'on nomme B' la longueur du demi-diamètre conjugué à A', on a toujours $A'^2 - B'^2 = A^2 - B^2$, donc MT $=$ B'; c'est-à-dire que MT est le conjugué de AM, et TMt de MAm : ainsi, lorsque l'on connaît un premier diamètre mAM de l'hyperbole, son conjugué est la portion TMt de la tangente menée à son extrémité, et terminée aux asymptotes.

258. On vient de voir n° 255 que, si d'un point quelconque M'' pris sur l'hyperbole (fig. 96), et dont les coordonnées sont x'', y'', on mène une ligne droite qui ait pour équation

$$y - y'' = a (x - x''),$$

l'autre point M''', dans lequel elle rencontre la courbe, est déterminé par l'équation

$$ax + y'' = 0;$$

d'où

$$x = -\frac{y''}{a}.$$

C'est la valeur de l'abscisse AP''. Mais, si l'on fait $y = 0$ dans l'équation de la droite, elle donne aussi

$$x - x'' = -\frac{y''}{a}.$$

Alors x représente l'abscisse AQ'' du point où la droite rencontre l'axe AX, et $x - x''$ est la valeur de $P''Q''$; il résulte donc de ces expressions que $P''Q'' = AP'''$. Par conséquent, si l'on mène $M''' Q'$ parallèle à AX, les triangles $P'' M'' Q''$, $Q' M''' Q'''$, seront égaux, et les lignes $M'' Q''$, $M''' Q'''$, seront égales entre elles.

C'est-à-dire que, si d'un point quelconque de l'hyperbole on mène une droite quelconque terminée aux asymptotes, les portions de cette droite comprises entre les asymptotes et la courbe seront égales entre elles. Cela a encore lieu quand la droite est tangente, comme on l'a vu précédemment.

Ceci fournit un moyen très simple de décrire une hyperbole dont on connaît un seul point M'', avec la position des asymptotes; car en menant de ce point une droite quelconque $Q'' M'' Q'''$ terminée à ces lignes, on portera $Q'' M''$ de Q''' en M'''; M''' sera un nouveau point de la courbe. En répétant cette construction, on trouvera autant de points que l'on voudra.

Pour le tracé, il est plus commode de ne pas mener toutes les lignes d'un seul point M; et de faire successivement servir à cet usage quelques-uns de ceux que l'on détermine. On évite ainsi la confusion qui résulterait d'un grand nombre de lignes passant par un même point.

On peut employer cette construction dès que l'on connaît les deux axes de l'hyperbole et son centre; car il est alors facile de déterminer ses asymptotes.

Sur l'Equation polaire de l'Hyperbole, et la mesure de sa surface.

259. Reprenons l'équation de l'hyperbole rapportée à des coordonnées rectangulaires,

$$A^2 y^2 - B^2 x^2 = - A^2 B^2,$$

et proposons-nous de la transformer en coordonnées angulaires, ayant leur pôle en un point quelconque, dont les coordonnées soient x', y'. Pour cela, soit r le rayon vecteur mené de ce pôle, et v l'angle qu'il forme avec une droite fixe parallèle à l'axe des x, du côté des x positifs. D'après ces conventions, on aura, n° 100,

$$x = x' + r \cos v, \quad y = y' + r \sin v;$$

et ces valeurs étant substituées dans l'équation précédente, elle devient

$$\left. \begin{matrix} A^2 \sin^2 v \\ - B^2 \cos^2 v \end{matrix} \right\} r^2 + \left. \begin{matrix} 2A^2 y' \sin v \\ - 2B^2 x' \cos v \end{matrix} \right\} r + A^2 y'^2 - B^2 x'^2 = - A^2 B^2.$$

Je ne chercherai point à discuter cette équation sous sa forme générale, la marche que nous avons suivie n° 182 pour l'ellipse s'appliquant ici littéralement; mais je passerai tout de suite au cas où l'on place le pôle des nouvelles coordonnées à un des foyers, par exemple, à celui qui est situé du côté des x positifs, fig. 97. Pour cela, il faudra faire

$$y = 0, \quad x' = + \sqrt{A^2 + B^2},$$

puisque ce sont là les coordonnées du foyer F dont il s'agit. En substituant ces valeurs dans l'équation précédente, elle devient

$$\{ A^2 \sin^2 v - B^2 \cos^2 v \} r^2 - 2B^2 x' \cos v . r = B^4;$$

et si, après l'avoir résolue par rapport à r, on traite les deux racines comme nous avons fait n° 182, dans le cas de l'ellipse, on trouvera d'abord ces deux valeurs ,

$$r = \frac{B^2(x' \cos \nu + A)}{A^2 \sin^2 \nu - B^2 \cos^2 \nu}, \qquad r = \frac{B^2(x' \cos \nu - A)}{A^2 \sin^2 \nu - B^2 \cos^2 \nu},$$

qui, en changeant la forme du dénominateur et faisant disparaître les facteurs communs, deviennent

$$r = \frac{B^2}{A - x' \cos \nu}, \qquad r = - \frac{B^2}{A + x' \cos \nu}.$$

Discutons d'abord la première. Si l'on y fait d'abord $\nu = 0$, le rayon vecteur sera dirigé sur l'axe AX même, du côté où il s'étend à l'infini. Alors $\cos \nu$ étant égal à l'unité , le dénominateur de r devient $A - x'$, ou $A - \sqrt{A^2 + B^2}$, quantité essentiellement négative ; r est donc aussi négatif dans cette circonstance, et ne peut pas être construit. Ainsi, la courbe n'a pas de points réels dans cette direction.

Il est aisé de voir qu'il en sera ainsi jusqu'à ce que la valeur de $\cos \nu$ soit devenue assez petite pour que le produit $x' \cos \nu$ qui est affecté du signe —, devienne moindre que le terme positif A. Cette condition commencera à être remplie quand on aura

$$A - x' \cos \nu = 0; \quad \text{d'où} \quad \cos \nu = \frac{A}{x'} = \frac{A}{\sqrt{A^2 + B^2}}.$$

Cette valeur de l'angle ν est précisément l'inclinaison des asymptotes sur l'axe; alors, en effet, le rayon vecteur r commence à devenir réel, et de plus il est infini.

Pour toutes les valeurs de ν plus grandes que cette limite, mais moindres que $90°$, $x' \cos \nu$ est positif et moindre que A ; quand ν surpasse $90°$, $x \cos \nu$ devient négatif et $- x' \cos \nu$ est positif. Dans tous ces cas, le dénominateur $A - x' \cos \nu$ est donc positif, ainsi que r; et, par conséquent, la courbe a toujours un point réel sur chacune de ces directions.

La série de tous ces points constitue la branche de

l'hyperbole qui est située du côté des abscisses positives, et ainsi, l'on voit que notre première racine appartient à cette branche exclusivement.

Mais en discutant de même l'autre racine, on verra qu'elle appartient à la seconde branche, située du côté des abscisses négatives. En effet, elle donne des valeurs imaginaires pour toutes les valeurs de $\cos \nu$, comprises entre $\cos \nu = 1$ et $\cos \nu = -\dfrac{A}{x'}$, dont la première dirige le rayon vecteur sur l'axe du côté des abscisses positives, et l'autre le rend parallèle aux asymptotes de la seconde branche de la courbe. Pour toutes les autres valeurs de ν, plus grandes que celle de la dernière limite, r reste constamment positif; et enfin il se dirige au sommet B' de la courbe, lorsque $\nu = 180°$.

Pour mettre les expressions précédentes sous la forme que nous avons adoptée pour l'ellipse, nous introduirons la quantité e qui exprime le rapport de l'excentricité au demi-grand axe, ce qui donne

$$e = \frac{x'}{A}, \quad \text{ou} \quad e = \frac{\sqrt{A^2 + B^2}}{A},$$

et nos deux valeurs de r deviendront

$$r = -\frac{A\left(1 - e^2\right)}{1 - e \cos \nu}, \qquad r = +\frac{A\left(1 - e^2\right)}{1 + e \cos \nu}.$$

D'après ce que nous venons de voir, ces deux équations appartiendront chacune à une seule branche de l'hyperbole ; avec cette différence que, dans la première, l'origine des rayons vecteurs r se trouve placée au foyer intérieur, tandis que dans la seconde, cette origine se trouve placée au foyer extérieur. Quand nous avons transformé l'équation de l'ellipse en coordonnées polaires, nous avons obtenu aussi deux valeurs du rayon vecteur, séparées et rationnelles, relativement à $\cos \nu$. Mais l'une de ces racines donnait constamment des rayons vecteurs négatifs; tandis que l'autre, constamment réelle, donnait à elle seule tous les points de la courbe. Dans l'hyperbole nous trouvons également deux valeurs de r séparées et rationnelles; mais chacune d'elles représente une des deux branches de la courbe, et donne tantôt des valeurs réelles, tantôt des valeurs imaginaires. Ce rapport et ces différences entre l'ellipse et l'hyperbole méritent d'être remarqués.

260. Si dans la première des équations précédentes, où l'origine est au foyer intérieur, on voulait compter les angles ν à partir du sommet de la courbe, il suffirait de changer ν en $180° - \nu$, ce qui changerait seulement le signe de $\cos \nu$, et l'on aurait alors

$$r = - \frac{A\left(1 - e^2\right)}{1 + e \cos \nu};$$

cette expression de r donncrait également tous les points réels de cette branche, en faisant varier ν depuis $\nu = 0$ ou $\cos \nu = 1$, qui donnerait le sommet de la courbe, jus-

qu'à $\cos \nu = - \dfrac{1}{e}$ qui rend le rayon vecteur parallèle aux

asymptotes; or, en opérant de même sur l'ellipse dans le n° 184, c'est-à-dire en plaçant l'origine de r à l'un des foyers, et comptant les angles ν depuis le sommet le plus voisin de la courbe, nous avons vu que l'on avait

$$r = \frac{A\left(1 - e^2\right)}{1 + e \cos \nu}.$$

Cette équation est donc absolument de même forme pour les deux courbes; seulement dans l'ellipse e est moindre que 1, tandis qu'il est plus grand que 1 dans l'hyperbole; et en outre, le signe de A se trouve changé. Maintenant supposons que l'on fasse $e = 1$; mais e représentant le rapport de l'excentricité au demi-grand axe, faisons en même temps le grand axe A infini, en sorte que le produit $A(1-e^2)$, qui représente toujours le demi-paramètre de la section conique, ne s'évanouisse point et reste égale à une constante p : nous aurons

$$r = \frac{p}{1 + \cos v} :$$

c'est l'équation polaire de la parabole. On voit d'après cela que l'équation polaire

$$r = \frac{A(1-e^2)}{1 + e \cos v}$$

peut représenter en général toutes les sections coniques, pourvu que A et e y soient modifiés convenablement. Sous cette forme elle est fort employée dans l'Astronomie.

261. En reprenant ici la même marche que nous avons suivie pour l'ellipse, nous pouvons déduire l'équation de l'hyperbole d'une seule des circonstances qui la caractérisent.

Proposons-nous, par exemple, de trouver une courbe telle, que la différence des distances de chacun de ses points à deux points donnés soit constante et égale à $2A$.

Soient F, F', les points donnés (fig. 97). Plaçons l'origine en A, au milieu de la droite FF', que nous ferons égale à $2c$; et, supposant que M soit un point de la courbe dont les coordonnées AP, PM, seront représentées par x et y, on aura, en nommant r et r', les distances FM, $F'M$;

$$r^2 = y^2 + (x-c)^2, \quad r'^2 = y'^2 + (x+c)^2,$$
$$r' - r = 2A.$$

En opérant ici comme dans l'ellipse, on trouvera d'abord

$$r^2 + r'^2 = 2(y^2 + x^2 + c^2), \quad r'^2 - r^2 = 4cx,$$

et par suite

$$r' = A + \frac{cx}{A}, \quad r = -A + \frac{cx}{A}.$$

Substituant ces valeurs de r et r' dans $r^2 + r'^2$, il vient

$$\mathrm{A}^2 + \frac{c^2 x^2}{\mathrm{A}^2} = y^2 + x^2 + c^2,$$

qui peut se mettre sous la forme

$$\mathrm{A}^2 (y^2 + x^2) - c^2 x^2 = \mathrm{A}^2 (\mathrm{A}^2 - c^2).$$

Cette forme est la même que celle que nous avons trouvée précédemment pour l'ellipse n° 186. En supposant x nul, elle donne

$$y^2 = \mathrm{A}^2 - c^2.$$

C'est le carré de l'ordonnée y qui passe par l'origine. Mais, dans le cas actuel, où c est nécessairement plus grand que A, cette ordonnée est imaginaire, et peut être représentée par $\mathrm{B} \sqrt{-1}$, B étant une quantité réelle. On a donc, par cette substitution,

$$c^2 = \mathrm{A}^2 + \mathrm{B}^2;$$

et il en résulte l'équation

$$\mathrm{A}^2 y^2 - \mathrm{B}^2 x^2 = - \mathrm{A}^2 \mathrm{B}^2,$$

qui est celle de l'hyperbole rapportée au centre et à ses axes.

262. On pourrait, au moyen de ce qui précède, et en plaçant l'origine des x à l'un des foyers, former pour l'hyperbole une équation polaire analogue à celle que nous avons obtenue précédemment. En effet, si l'on reprend l'équation

$$r = - \mathrm{A} + \frac{cx}{\mathrm{A}},$$

et que l'on transporte l'origine des x au foyer F, d'où les rayons r émanent, on aura, en substituant $x' + c$ pour x

$$r = - \mathrm{A} + c\, \frac{(x' + c)}{\mathrm{A}}.$$

Les nouvelles abscisses x' sont comptées, à partir du

foyer F, dans le même sens que les précédentes, c'est-à-dire qu'elles sont positives dans le sens FX[1], en s'éloignant du sommet de la courbe, et négatives dans le sens opposé. Introduisons, au lieu de l'abscisse x' l'angle MFP formé par le rayon vecteur FM, et le prolongement du grand axe du côté des abscisses positives : en nommant cet angle v, le triangle MFP rectangle en F, donnera

$$x' = r \cos v.$$

Substituons maintenant cette valeur dans l'équation

$$r = -A + \frac{c(x'+c)}{A},$$

et faisons comme pour l'ellipse $\frac{c}{A} = e$, ce qui rendra ici e plus grand que l'unité, puisque c est plus grand que A dans l'hyperbole ; nous aurons alors

$$r = -\frac{A(1-e^2)}{1 - e \cos v}.$$

Cette équation est analogue à celle que nous avons trouvée n° 189 pour l'ellipse ; mais cependant avec cette différence remarquable, que l'équation polaire de l'ellipse donnait tous les points de cette courbe, en substituant à l'angle v toutes les valeurs, depuis o jusqu'à 360° ; au lieu que, dans le cas de l'hyperbole, l'équation polaire que nous venons d'obtenir n'appartient qu'à la branche MBM que nous avions considérée, et qui est située du côté des abscisses positives.

263. Nous avons vu que l'hyperbole équilatère est, par rapport aux autres hyperboles, ce qu'est le cercle par rapport aux ellipses. En appliquant ici ce que nous avons dit à la fin de l'article 190, on pourra comparer l'aire d'une portion déterminée d'hyperbole quelconque à l'aire correspondante d'une hyperbole équilatère qui

aurait le même premier axe; et il en résulte que ces aires, comprises entre les mêmes ordonnées, sont entre elles dans le rapport du second axe au premier. Il suit de là que, pour toutes les hyperboles qui ont le même premier axe, ces aires sont dans le rapport des seconds; mais leur mesure absolue ne peut s'obtenir que par le moyen des logarithmes, et la méthode qu'il faut suivre pour y arriver ne saurait trouver place ici.

Discussion des Équations.

264. Nous venons de discuter avec détail les équations particulières de l'ellipse, de la parabole et de l'hyperbole. Nous avons vu comment on peut en déduire la forme de ces lignes, la direction de leurs branches, celles des droites qui les touchent, en un mot, toutes leurs propriétés. Mais les équations des lignes courbes ne se présentent pas toujours sous une forme aussi simple; elles sont le plus souvent composées d'un grand nombre de termes qui masquent les résultats les plus remarquables, ou ceux que l'on aurait le plus d'intérêt de découvrir. Il est donc utile de savoir dégager ces résultats simples de la complication qui les enveloppe; et l'on y réussit toujours en suivant la marche générale que nous venons d'indiquer dans les chapitres précédens; mais, comme l'usage de cette méthode deviendra plus facile par quelques exemples, nous allons l'appliquer à la discussion de l'équation générale du second degré, à deux indéterminées; ce qui réunira sous un seul point de vue tous les cas que nous avons considérés jusqu'à présent.

265. Prenons donc l'équation générale

$$A y^2 + B xy + C x^2 + D y + E x + F = o,$$

dans laquelle, pour plus de simplicité, nous supposerons

que x et y désignent des coordonnées rectangulaires (1),
et cherchons la situation et la forme des courbes qu'elle
représente, suivant les différentes valeurs des coefficiens
A, B, C, D, E, F.

Pour cela, nous la résoudrons par rapport à y, ce qui
donnera

$$y = -\frac{Bx+D}{2A} \pm \frac{1}{2A} \sqrt{(B^2-4AC)x^2+2(BD-2AE)x+D^2-4AF}.$$

A cause du double signe du radical, il y a en général
deux valeurs de y; c'est-à-dire que, généralement parlant, il y a deux ordonnées qui correspondent à la même
abscisse. On pourra calculer et construire ces ordonnées
lorsque les valeurs données à x rendront le radical réel :
si elles le rendent nul, il n'y aura qu'une valeur de y,
et il n'y aura qu'une ordonnée ; enfin, si elles le rendent
imaginaire, il n'y en aura point du tout, et la courbe
ne passera pas au-dessus de l'abscisse que l'on aura
considérée.

Ainsi, pour connaître l'étendue et les limites de la
courbe parallèlement à l'axe des abscisses, il faut chercher l'étendue et les limites des valeurs de x qui rendent la partie radicale réelle, nulle, ou imaginaire.

266. Mais comme tout ce que nous allons dire porte
sur la résolution de l'équation relativement à y, il faut
d'abord supposer que cette résolution est possible, c'est-à-
dire, que le terme y^2 ne manque point dans l'équation, ce

---

(1) La perpendicularité des coordonnées offre toujours de l'avantage dans les constructions géométriques, par la simplicité qu'elle
apporte dans les expressions des distances des points, qui se trouvent
alors données par des triangles rectangles. C'est pourquoi il faut
adopter de préférence ce système, lorsqu'on peut le faire. Mais, à
cela près, le mode de discussion que nous employons ici, s'appliquerait également, si le système des coordonnées était oblique, sans
qu'il soit besoin de rien changer aux raisonnemens.

qui exige que A ne soit point nul. Si A était nul sans que C fût nul, l'équation contiendrait encore le carré de x. On pourrait donc la résoudre relativement à x; et l'on appliquerait aux x tout ce que nous allons dire des y dans le premier cas. Mais, si A et C étaient tous deux nuls, il n'y aurait aucune résolution à faire, et par conséquent ce cas particulier demande à être traité par une méthode différente; or c'est ce qui est très facile: en effet, l'équation générale se trouve alors réduite à cette forme,

$$ Bxy + Dy + Ex + F = 0; $$

transportons l'origine des coordonnées, sans changer la direction des axes, en faisant

$$ x = a + x', \quad y = b + y'. $$

Ces valeurs de x et de y substituées dans notre équation, lui donneront la forme suivante :

$$ Bx'y' + (Ba+D)y' + (Bb+E)x' + Bab + Db + Ea + F = 0. $$

Or, les coordonnées a et b de la nouvelle origine étant indéterminées, on peut en disposer de manière à faire évanouir les termes affectés des premières puissances de y' et de x' ; ce qui donne

$$ Ba + D = 0, \quad Bb + E = 0, $$

par conséquent $a = -\dfrac{D}{B}, \quad b = -\dfrac{E}{B};$

et d'après cette détermination, l'équation en $x'y'$, se réduit à cette forme,

$$ Bx'y' - \frac{DE}{B} + F = 0, \quad \text{ou} \quad x'y' = \frac{DE - BF}{B^2}. $$

On voit alors qu'elle représente une hyperbole dont les axes des x' et des y' sont les asymptotes, et dont le centre est placé à l'origine nouvelle. Si le système des premières coordonnées xy est rectangulaire, le second système l'est aussi, puisqu'il lui est parallèle ; et alors l'hyperbole est équilatère, puisque ses asymptotes sont à angles droits.

On aurait pu parvenir directement à ces résultats, en remarquant que l'équation primitive en xy, peut se mettre sous cette forme,

$$\mathrm{B}\left(x+\frac{\mathrm{D}}{\mathrm{B}}\right)\left(y+\frac{\mathrm{E}}{\mathrm{B}}\right)-\frac{\mathrm{DE}}{\mathrm{B}}+\mathrm{F}=0\,;$$

car alors il est évident qu'elle coïncidera avec celle de l'hyperbole rapportée aux asymptotes si l'on fait

$$x+\frac{\mathrm{D}}{\mathrm{B}}=x',\quad y+\frac{\mathrm{E}}{\mathrm{B}}=y',$$

x', y', étant de nouvelles coordonnées parallèles aux premières, et ayant leur origine au point dont les coordonnées, rapportées à l'ancien système, sont $-\dfrac{\mathrm{D}}{\mathrm{B}}$, $-\dfrac{\mathrm{E}}{\mathrm{B}}$.

267. Enfin il se pourrait que les coefficiens A, B, C, qui contiennent les produits de seconde dimension des variables fussent tous les trois nuls. Alors l'équation se trouvant réduite au premier degré, ne représenterait plus qu'une simple ligne droite, et il n'y aurait plus lieu à la résoudre par les méthodes du second. Ces cas particuliers n'offrant aucune difficulté, doivent être exclus d'une discussion générale ; c'est pourquoi, dans ce qui va suivre, nous supposerons toujours que y représente la coordonnée dont le carré reste dans l'équation que l'on se propose de discuter, ou, en d'autres termes, nous supposerons que le coefficient A n'est pas nul.

268. Alors les diverses circonstances qui déterminent la réalité de y, et la possibilité ou l'impossibilité de la courbe, dépendent du signe de la quantité

$$(\mathrm{B}^2-4\,\mathrm{AC})\,x^2+2\,(\mathrm{BD}-2\,\mathrm{AE})\,x+\mathrm{D}^2-4\,\mathrm{AF}.$$

Or, on démontre en Algèbre que, dans une expression de ce genre, on peut toujours prendre x assez grand pour que le signe de tout le polynome ne dépende plus que de celui de son premier terme, qui est ici . . . . $(B^2 - 4 AC) x^2$; et comme le carré x^2 est toujours positif par lui-même, ce signe sera déterminé par celui de la quantité $B^2 - 4 AC$. Il est visible d'ailleurs qu'il ne changera plus au-delà de cette limite, lorsque l'on prendra pour x des valeurs de plus en plus grandes, parce que le premier terme $(B^2 - 4 AC) x^2$ surpassera toujours de plus en plus la somme de tous les autres; d'où résultent les conséquences suivantes.

Lorsque $B^2 - 4 AC$ sera négatif, il y aura des valeurs de x au-delà desquelles l'ordonnée y deviendra toujours imaginaire, soit que l'on prenne x positif ou négatif. La courbe sera donc limitée dans le sens des x tant positifs que négatifs.

Lorsque $B^2 - 4 AC$ sera nul, le polynome affecté du signe radical perdra son premier terme. Alors, si la quantité $BD - 2 AE$ est positive, on pourra prendre x positif aussi grand que l'on voudra; y sera toujours réel : mais, si on le prend négatif, y finira par devenir imaginaire. Ce sera le contraire lorsque $BD - 2 AE$ sera une quantité négative. Ainsi, dans ces deux cas, la courbe s'étendra indéfiniment du côté des x positifs, ou du côté des x négatifs, et elle sera limitée dans le sens opposé. Cette définition ne s'applique point au cas particulier où $BD - 2 AE$ serait nul en même temps que $B^2 - 4 AC$; mais il est évident qu'alors l'équation proposée représente deux droites.

Enfin, lorsque $B^2 - 4 AC$ sera positif, il y aura des valeurs positives et négatives de x, au-delà desquelles l'ordonnée y sera toujours réelle. La courbe s'étendra indéfiniment dans le sens des x tant positifs que négatifs.

En résolvant l'équation générale par rapport à x, au

lieu de la résoudre par rapport à y, on trouverait pour l'axe des y des indications analogues. Il est même facile de s'assurer qu'elles rentreraient dans les précédentes; car le coefficient de y^2, sous le radical, sera encore.... $B^2 - 4AC$; et, selon que ce coefficient sera négatif, nul ou positif, la courbe sera limitée dans le sens des y, ou elle s'étendra indéfiniment dans un seul sens, parallèlement à cet axe, ou enfin elle s'étendra indéfiniment dans les deux sens, du côté des y positifs et négatifs.

269. Nous sommes ainsi conduits à partager les courbes du second ordre, d'après l'étendue et la direction de leurs branches, en trois classes distinctes, savoir :

Courbes limitées dans tous les sens; caractère, $\left.\right\}B^2 - 4AC < 0,$

Courbes indéfinies dans un sens, et limitées dans un sens opposé; $\left.\right\}B^2 - 4AC = 0,$

Courbes indéfinies dans tous les sens; $B^2 - 4AC > 0.$

L'ellipse, telle que nous l'avons discutée, est comprise dans la première classe; la parabole, dans la seconde; l'hyperbole, dans la troisième. Mais nous ne savons pas encore si elles sont les seules qui s'y trouvent renfermées; c'est une question que nous examinerons par la suite.

Nous allons maintenant discuter en particulier les trois classes de courbes dont nous venons de reconnaître l'existence, afin de déterminer précisément leur forme et leur situation.

PREMIÈRE CLASSE. *Courbes limitées dans tous les sens.*

Caractère, $B^2 - 4AC < 0.$

270. Pour discuter cette classe de courbes, reprenons

la valeur générale de y, qui est

$$y = -\frac{Bx + D}{2A} \pm \frac{1}{2A}\sqrt{(B^2-4AC)x^2+2(BD-2AE)x+D^2-4AF}$$

Cette expression nous apprend que, pour trouver les points de la courbe, il faut construire pour chaque abscisse AP (fig. 98) une ordonnée égale à $-\left\{\dfrac{Bx+D}{2A}\right\}$, ce qui déterminera un certain point tel que N, au-dessus et au-dessous duquel on devra ensuite porter la quantité que le radical représente; d'où il suit que chacun de ces points N, divise en deux parties égales la droite correspondante MM′ qui se termine à la courbe.

Cette quantité $-\left\{\dfrac{Bx+D}{2A}\right\}$, qui varie avec chaque valeur de x, est l'ordonnée d'une ligne droite qui aurait pour équation

$$y = -\left\{\frac{Bx+D}{2A}\right\}.$$

Par conséquent, cette droite est le lieu de tous les points N que nous venons de considérer; ainsi elle divise en deux parties égales toutes les droites menées parallèlement à l'axe des y, et terminées à la courbe. On peut donc, à cause de cette propriété, lui donner le nom de *diamètre*. Ce résultat s'étend à toutes les courbes du second ordre.

271. Cherchons maintenant la limite de la courbe dans le sens des x. Pour cela, il est très utile de décomposer en facteurs le polynome qui est sous le signe radical. Or, on peut écrire ainsi la valeur de y

$$y = -\frac{(Bx+D)}{2A} \pm \frac{1}{2A}\sqrt{(B^2-4AC)\left(x^2+2\frac{(BD-2AE)}{B^2-4AC}x+\frac{D^2-4AF}{B^2-4AC}\right)}$$

et si l'on représente par x' et x'' les deux racines de l'équation

$$x^2 + 2\frac{(BD - 2AE)}{B^2 - 4AC}\,x + \frac{D^2 - 4AF}{B^2 - 4AC} = 0,$$

on pourra ensuite lui donner cette forme

$$y = -\frac{(Bx + D)}{2A} \pm \frac{1}{2A}\sqrt{(B^2 - 4AC)(x - x')(x - x'')}.$$

Alors on voit que la réalité ou l'impossibilité de y dépendra uniquement des signes que prendront les facteurs $x - x'$, $x - x''$; et par conséquent les limites de la courbe dépendront des valeurs de x' et de x''.

Or, ces racines peuvent être réelles et inégales, ou réelles et égales, ou enfin toutes deux imaginaires. Nous allons discuter successivement ces trois cas.

272. Si elles sont réelles et inégales, lorsque les valeurs de x tomberont entre x' et x'', les facteurs $x - x'$, $x - x''$, seront de signe contraire, et leur produit..... $(x - x')(x - x'')$ sera négatif; et comme $B^2 - 4AC$ est aussi négatif, la quantité $(B^2 - 4AC)(x - x')(x - x'')$ sera positive; par conséquent, l'ordonnée y aura deux valeurs réelles.

Lorsqu'on fera $x = x'$ ou $x = x''$, le radical s'évanouira, et les deux valeurs de y se confondront en une seule, qui sera réelle et égale à $-\dfrac{Bx + D}{2A}$. Dans ce cas, il n'y aura rien à porter au-dessus du diamètre pour avoir les ordonnées de la courbe; et, par conséquent, les abscisses x' et x'' appartiennent aux points où la courbe rencontre son diamètre.

Enfin, lorsque l'on prendra x positif ou négatif, mais plus grand que x' et que x'', les deux facteurs $x - x'$, $x - x''$, seront positifs aussi bien que leur produit.... $(x - x')(x - x'')$; et, à cause de $B^2 - 4AC$ négatif, la quantité $(B^2 - 4AC)(x - x')(x - x'')$ sera négative : ce qui rend les deux valeurs de y imaginaires.

On voit donc, par cette discussion, que la courbe est continue entre les abscisses x' et x'', et qu'elle ne s'étend pas au-delà. Si, aux extrémités de ces abscisses, on élève des perpendiculaires indéfinies sur l'axe des x, ces droites comprendront la courbe, et même elles lui seront tangentes, puisque l'on peut les considérer comme des sécantes dont les deux points d'intersection se confondent en un seul.

En résolvant l'équation proposée, par rapport à x, au lieu de la résoudre par rapport à y, on arriverait à des conclusions semblables, pourvu toutefois que le carré de x^2 y entre ; on trouverait la courbe limitée entre deux valeurs de y, aux extrémités desquelles on pourrait mener deux droites parallèles à l'axe des abscisses, et qui renfermeraient la courbe en la touchant.

On aura donc ainsi quatre points de la courbe ; et, si l'on veut, on en pourra trouver un plus grand nombre entre les limites où elle s'étend. Par exemple, si l'on veut connaître les points où elle coupe l'axe des x, on fera y nul dans l'équation proposée ; ce qui donnera

$$Cx^2 + Ex + F = 0.$$

Les racines de cette équation seront les abscisses des points d'intersection ; et, suivant qu'elles seront réelles et inégales, ou réelles et égales, ou imaginaires, la courbe coupera l'axe des x en deux points, ou le touchera en un seul, ou ne le rencontrera pas.

De même, en faisant $x = 0$, on aura

$$Ay^2 + Dy + F = 0,$$

et les racines de cette équation donneront les points où la courbe rencontre l'axe des y.

Cette courbe sera donc toujours fermée, comme l'ellipse ; mais sa position par rapport aux axes des coordonnées dépendra des valeurs particulières des coefficiens $AB\ldots$; et, d'après ce qui précède, on pourra aisément la découvrir dans chaque cas particulier. Pour ne laisser aucune incertitude à cet égard, nous avons formé ici le tableau de ces diverses conditions.

CONDITIONS GÉOMÉTRIQUES.	CONDITIONS ENTRE LES COEFFICIENS.	
Courbe fermée du genre de l'ellipse.	$B^2 - 4AC < 0,$	(1)
Réalité des racines x' et x''.	$(BD - 2AE)^2 - (D^2 - 4AF)(B^2 - 4AC) > 0,$	(2)
Deux points d'intersection avec l'axe des x.	$E^2 - 4CF > 0,$	(3)
Un point de contact avec l'axe des x.	$E^2 - 4CF = 0,$	(4)
Aucun point d'intersection avec l'axe des x.	$E^2 - 4CF < 0,$	(5)
Deux points d'intersection avec l'axe des y.	$D^2 - 4AF > 0,$	(6)
Un point de contact avec l'axe des y.	$D^2 - 4AF = 0,$	(7)
Aucun point d'intersection avec l'axe des y.	$D^2 - 4AF < 0.$	(8)

Lorsque l'on voudra discuter une équation particulière, dans laquelle les coefficiens AB.... seront des nombres, il ne faudra pas chercher à rappeler dans sa mémoire les conditions précédentes, pour chercher ensuite numériquement celles auxquelles satisfait l'exemple proposé, car on ne tarderait pas à les oublier; mais il faudra reprendre le raisonnement général et la marche directe de la discussion. On sera ainsi conduit à ces résultats immédiatement, et sans aucun effort.

Voici quelques exemples qui suffiront pour éclaircir ce qui précède, et sur lesquels les élèves feront bien de s'exercer :

$$y^2 - 2xy + 2x^2 - 2y + 2x = 0$$

satisfait aux conditions (1) (2) (3) (6) (fig. 99);

$$y^2 - 2xy + 2x^2 - 2x = 0$$

satisfait aux conditions (1) (2) (3) (7) (fig. 100);

$$y^2 - 2xy + 2x^2 + 2y + x + 3 = 0$$

satisfait aux conditions (1) (2) (5) (8) (fig. 101).

273. Il existe un cas particulier compris dans les conditions précédentes, mais sur lequel il est cependant bon d'être prévenu, parce qu'il conduit à un résultat fort simple; c'est celui où l'on a A = C, et B = 0. Alors l'équation générale devient

$$Ay^2 + Ax^2 + Dy + Ex + F = 0,$$

ou, en divisant par A,

$$y^2 + x^2 + \frac{D}{A} y + \frac{E}{A} x + \frac{F}{A} = 0.$$

Si l'on ajoute dans les deux membres la quantité $\frac{D^2 + E^2}{4A^2}$, l'équation pourra être mise sous la forme

$$\left\{ y + \frac{D}{2A} \right\}^2 + \left\{ x + \frac{E}{2A} \right\}^2 = \frac{D^2 + E^2 - 4AF}{4A^2};$$

alors, si les coordonnées x, y sont rectangulaires, sa forme sera la même que celle du n° 112; elle exprimera donc que la distance de tous les points de la courbe au point dont les coordonnées sont $-\frac{D}{2A}$, $-\frac{E}{2A}$ est constante; ainsi elle représentera un cercle qui aura pour coordonnées de son centre $-\frac{D}{2A}$, $-\frac{E}{2A}$, et pour rayon $\frac{\sqrt{D^2 + E^2 - 4AF}}{2A}$. Pour que ce cercle soit réel, il faut que la quantité $D^2 + E^2 - 4AF$ soit positive; ce qui dans le cas actuel, revient à dire que la condition (2) est satisfaite. Si cette quantité était nulle, le cercle se réduirait à un point. Au reste, la forme précédente ne donne le cercle que dans le cas où les coordonnées x, y sont rectangulaires, parce que c'est le seul où la somme des deux carrés qui composent le premier membre exprime le carré de la distance de deux points. Si le système des coordonnées était oblique, cette même forme représenterait une ellipse.

174. Venons maintenant à la seconde supposition que les valeurs de x' et de x'' soient égales entre elles : alors le produit $(x - x')(x - x'')$ sera un carré $(x - x')^2$, et l'on aura pour la valeur générale de y

$$y = -\frac{Bx + D}{2A} \pm \frac{(x - x')}{2A} \sqrt{B^2 - 4AC}.$$

Quelque valeur que l'on donne à x, tant que $x - x'$ ne sera pas nul, la valeur de y sera imaginaire, à cause de $B^2 - 4AC < 0$; mais, si l'on fait $x = x'$, elle se réduit à une seule valeur, qui est réelle et égale à $-\left\{\frac{Bx' + D}{2A}\right\}$. Ainsi, dans ce cas, la courbe se réduit à un point unique, situé sur le diamètre, et dont les coordonnées sont

$$x = x', \qquad y = -\left\{\frac{Bx' + D}{2A}\right\}.$$

Pour que ce résultat puisse avoir lieu, et que les valeurs de x' et de x'' soient égales entre elles, il faut que la partie radicale de leur expression, tirée de l'équation qui les donne, s'évanouisse d'elle-même, ce qui exige qu'on ait

$$(BD - 2AE)^2 - (B^2 - 4AC)(D^2 - 4AF) = 0 \quad (9).$$

Cette condition, jointe à la première $B^2 - 4AC < 0$, détermine les cas où la courbe se réduit à un point.

Il est facile de voir *à posteriori* à quoi tient ce résultat;

car, en faisant disparaître le radical de la valeur résolue de y, on obtient, dans le cas actuel, l'équation

$$(2 Ay + Bx + D)^2 - (B^2 - 4AC)(x - x')^2 = 0,$$

qui est équivalente à la proposée. Or, $B^2 - 4AC$ étant négatif, le premier membre est la somme de deux quantités positives, et ne peut jamais devenir nul, à moins que chacune de ces quantités ne soit nulle séparément, ce qui ramène aux valeurs que nous venons d'obtenir.

Voici quelques exemples de ce cas, sur lesquels les élèves pourront s'exercer :

$$x^2 + y^2 = 0, \qquad y^2 + x^2 - 2x + 1 = 0.$$

275. Considérons enfin le cas où les deux racines x' et x'' sont imaginaires ; alors le polynome $(x - x')(x - x'')$ ne pourra jamais changer de signe, quelque valeur que l'on donne à x. Cette proposition est démontrée dans les élémens d'Algèbre. Or, on peut toujours prendre x assez grand pour que ce polynome devienne positif, puisque son premier terme est $+ x^2$. Ainsi, il restera toujours positif ; et, comme le facteur $B^2 - 4AC$, qui le multiplie sous le radical, est négatif dans la supposition présente, il s'ensuit que la valeur de y sera toujours imaginaire, quel que soit x : de sorte qu'il n'y aura pas de courbe.

Cela arrivera lorsque la quantité qui entre sous le signe radical, dans les valeurs de x' et de x'', sera négative ; c'est-à-dire qu'il faudra qu'on ait

$$B^2 - 4AC < 0, \quad (BD - 2AE)^2 - (B^2 - 4AC)(D^2 - 4AF) < 0.$$

En introduisant ces conditions dans l'équation générale, on voit facilement pourquoi elle n'admet pas de solution réelle. En effet, la seconde inégalité peut être remplacée par l'équation

$$\frac{D^2 - 4AF}{B^2 - 4AC} = \frac{(BD - 2AE)^2}{(B^2 - 4AC)^2} + K^2,$$

K^2 désignant une quantité essentiellement positive. En

substituant cette valeur de $\dfrac{D^2-4AF}{B^2-4AC}$ dans l'expression générale de y, celle-ci devient

$$y=-\frac{Bx+D}{2A}\pm\frac{1}{2A}\sqrt{(B^2-4AC)\left\{x^2+2\frac{(BD-2AE)}{B^2-4AC}x+\frac{(BD-2AE)^2}{(B^2-4AC)^2}+K^2\right\}}.$$

Elle peut se mettre sous la forme

$$y=-\frac{Bx+D}{2A}\pm\frac{1}{2A}\sqrt{(B^2-4AC)\left\{\left(x+\frac{BD-2AE}{B^2-4AC}\right)^2+K^2\right\}};$$

et, en faisant évanouir le radical, on en tire

$$(2Ay+Bx+D)^2-(B^2-4AC)\left\{x+\frac{BD-2AE}{B^2-4AC}\right\}^2-(B^2-4AC)K^2=0,$$

équation équivalente à la proposée : mais B^2-4AC étant négatif, elle est composée de trois quantités positives dont la somme ne peut être nulle, à moins que chacune d'elles ne soit nulle séparément. On peut bien remplir cette condition pour les deux premières, en posant les équations

$$2Ay+Bx+D=0,\qquad x+\frac{BD-2AE}{B^2-4AC}=0,$$

qui détermineront x et y. Mais la troisième quantité K^2, qui ne contient que les coefficiens ABC, ne peut être nulle d'elle-même, du moins en général, et c'est ce qui rend l'équation impossible.

Si cependant la quantité K était nulle, on aurait alors deux équations du premier degré pour déterminer x et y, et l'équation représenterait un point; mais cette supposition exige qu'on ait entre les coefficiens ABC... la relation

$$(BD-2AE)^2-(B^2-4AC)(D^2-4AF)=0;$$

ce qui nous ramène au cas que nous venons de discuter

précédemment, et dans lequel les valeurs de x' et de x'' étaient égales entr' elles.

Voici quelques exemples dans lesquels l'équation proposée est impossible :

$$y^2 + xy + x^2 + \tfrac{1}{2}x + y + 1 = 0, \quad y^2 + x^2 + 2x + 2 = 0.$$

On voit en effet que ces équations peuvent être mises sous la forme

$$(2y + x + 1)^2 + 3x^2 + 3 = 0, \quad y^2 + (x+1)^2 + 1 = 0.$$

Jusqu'ici nous n'avons résolu l'équation proposée que par rapport à y ; mais on trouverait des résultats absolument analogues en la résolvant par rapport à x, et l'on arriverait aux mêmes conditions. C'est ce que l'on pourrait aisément vérifier *à posteriori*, mais on peut le voir immédiatement, d'après la forme même de la quantité

$$(BD - 2AE)^2 - (B^2 - 4AC)(D^2 - 4AF),$$

à laquelle se rapportent toutes les conditions précédentes ; car cette quantité étant développée, réduite et divisée par 4A, devient

$$AE^2 + CD^2 + FB^2 - BDE - 4AFC.$$

Et, sous cette forme, on voit qu'elle reste la même, quand on y change A en C, et D en E ; ce qui revient à changer y en x dans l'équation générale.

276. Il résulte de la discussion précédente que les courbes du second ordre, comprises dans la première classe, pour laquelle $B^2 - 4AC$ est négatif, sont en général des courbes fermées comme l'ellipse. Mais les conditions secondaires donnent lieu à trois variétés, qui sont le point isolé, la courbe imaginaire, et le cercle.

En admettant que ces courbes soient réellement des ellipses, ce qui en effet sera démontré plus bas, on peut

facilement tirer de l'équation proposée toutes les données nécessaires pour les construire géométriquement.

Le moyen le plus simple d'y parvenir consiste à déterminer le centre de la courbe, ainsi que la direction et
la grandeur de deux diamètres conjugués. On a vu dans
l'article 172 que ces données suffisent pour construire
géométriquement une ellipse ; or, on peut aisément les
obtenir en résolvant l'équation proposée, comme nous
l'avons fait dans les articles 270 et 271.

D'abord, rien de plus facile que de trouver le centre ;
il est placé au milieu de tous les diamètres : or, d'après
l'article 270, nous connaissons déjà un diamètre situé
sur la droite indéfinie, dont l'équation est

$$y = - \frac{(Bx + D)}{2A} ;$$

les extrémités de ce diamètre ont pour abscisse $x'x''$,
n° 271 : ce sont les limites de la courbe dans le sens des x ;
les ordonnées correspondantes $y'y''$ ont donc pour valeurs

$$y' = - \frac{(Bx' + D)}{2A}, \quad y'' = - \frac{(Bx'' + D)}{2A} ;$$

la longueur de ce diamètre est la distance des deux
points dont les coordonnées sont x', y' ; x'', y'' ; elle est
donc exprimée par $\sqrt{(x'' - x')^2 + (y'' - y')^2}$, du moins
en supposant les coordonnées rectangulaires. Si l'on met
dans cette expression, au lieu de y' et y'' leurs valeurs
en x' et x'', elle se réduit à

$$\frac{(x'' - x')}{2A} \sqrt{B^2 + 4A^2} :$$

le centre est au milieu de ce diamètre. En désignant ses
coordonnées par X et Y, on aura

$$X = \frac{x' + x''}{2}, \quad Y = \frac{y' + y''}{2} :$$

on connaîtra donc ces coordonnées. Nous avons vu,

article 272, qu'aux extrémités de ce diamètre la tangente de la courbe est parallèle à l'axe des y. Par conséquent, si nous menons par le centre un diamètre parallèle à cet axe, il se trouvera conjugué au précédent. Les ordonnées de la courbe aux extrémités de ce nouveau diamètre seront les valeurs de y correspondantes à l'abscisse du centre, c'est-à-dire à X, et par conséquent on les obtiendra en mettant pour X sa valeur $\dfrac{x' + x''}{2}$, dans l'expression générale de y de l'article 271 : on aura ainsi

$$y = -\frac{B(x'' + x') + 2D}{4A} \pm \frac{(x'' - x')}{4A} \sqrt{4AC - B^2};$$

la différence de ces coordonnées sera

$$\frac{(x'' - x')}{2A} \sqrt{4AC - B^2};$$

c'est la longueur du second diamètre parallèle aux y et conjugué au précédent. Avec ces données on construira l'ellipse; si x'' et x' sont imaginaires, les deux diamètres seront imaginaires aussi, et il n'y aura pas de courbe; si $x'' = x'$, les longueurs des deux diamètres seront nulles, et la courbe se réduira à un point; enfin, si $4AC - B^2 = B^2 + 4A^2$, les deux diamètres conjugués seront égaux entre eux. Ces diverses modifications répondent ainsi aux mêmes conditions analytiques que nous avons déjà remarquées.

Si l'on désigne par α l'angle que le premier diamètre conjugué forme avec l'axe des x, on aura, d'après son équation,

$$\tan g\,\alpha = -\frac{B}{2A}, \qquad \cos \alpha = \frac{2A}{\sqrt{4A^2 + B^2}}.$$

Puisque le second diamètre est perpendiculaire à l'axe des x, si l'on désigne par ω l'angle qu'il fait avec le premier, on aura

$$\omega = 90 - \alpha.$$

par conséquent

$$\sin \omega = \cos \alpha = \frac{2A}{\sqrt{4A^2 + B^2}}.$$

Or, on a vu dans l'article 165 que le rectangle des deux axes est égal à celui de deux diamètres conjugués multiplié par le sinus de l'angle ω. Ici le rectangle des deux diamètres est

$$\frac{(x'' - x')^2}{4A^2} \cdot \sqrt{4AC - B^2} \cdot \sqrt{4A^2 + B^2};$$

ainsi en nommant $2a$, $2b$, les deux axes de l'ellipse, et mettant pour $\sin \omega$ sa valeur, on aura

$$ab = \frac{(x'' - x')^2}{8A} \sqrt{4AC - B^2}.$$

On a vu, de plus, dans le même article, que la somme des carrés des axes est égale à celle des carrés des diamètres conjugués; ici cette dernière somme se trouve égale à

$$\frac{(x'' - x')^2}{4A^2} (4A^2 + B^2) + \frac{(x'' - x')^2}{4A^2} (4AC - B^2);$$

on aura donc

$$a^2 + b^2 = \frac{(x'' - x')^2}{4A} (A + C);$$

ces deux équations suffisent pour qu'on puisse calculer les longueurs des deux axes, et l'on en tire

$$4a^2 = \frac{(x'' - x')^2}{2A} \left\{ A + C + \sqrt{B^2 + (A - C)^2} \right\},$$

$$4b^2 = \frac{(x'' - x')^2}{2A} \left\{ A + C - \sqrt{B^2 + (A - C)^2} \right\},$$

si l'on a $B = 0$ et $A = C$, les deux axes de l'ellipse sont égaux, et par conséquent elle se réduit à un cercle.

SECONDE CLASSE. *Courbes limitées dans un sens,
et indéfinies dans l'autre.*

Caractère, $B^2 - 4AC = 0$.

277. Considérons maintenant la seconde classe de
courbes du second ordre, pour lesquelles $B^2 - 4AC$ est
nul. Dans ce cas, la valeur générale de y devient

$$y = -\frac{(Bx+D)}{2A} \pm \frac{1}{2A} \sqrt{2(BD-2AE)x + D^2 - 4AF} \,;$$

et, en faisant, pour plus de simplicité,

$$\frac{D^2 - 4AF}{2(BD-2AE)} = -x',$$

elle peut se mettre sous la forme

$$y = -\frac{(Bx+D)}{2A} \pm \frac{1}{2A} \sqrt{2(BD-2AE)(x-x')}.$$

Si $BD-2AE$ est positif, tant que l'on fera x plus
grand que x', le facteur $x-x'$ sera positif, et le radical
sera réel; il deviendra nul, quand x sera égal à x';
enfin, quand x sera moindre que x', le facteur $x-x'$
deviendra négatif, et le radical sera imaginaire. La
courbe s'étend donc à l'infini dans le sens des x positifs, depuis l'abscisse $x = x'$. L'ordonnée correspondante à cette abscisse servira de limite, et touchera
la courbe.

Les résultats seront contraires, lorsque $BD-2AE$
sera une quantité négative. La courbe s'étendra indéfiniment dans le sens des x négatifs, et sera limitée dans
le sens opposé.

Dans ces deux cas, la ligne droite qui a pour équation

$$y = -\frac{(Bx+D)}{2A}$$

sera un *diamètre* de la courbe, en donnant à cette expression le sens que nous lui avons attribué dans l'article 270.

278. On arriverait à des résultats semblables, en résolvant l'équation par rapport à x; l'équation du diamètre serait alors

$$x = - \frac{(By + E)}{2C},$$

ou, en tirant la valeur de y,

$$y = - \frac{2Cx}{B} - \frac{E}{B}.$$

Or, $B^2 - 4AC$ étant nul, on a

$$\frac{2C}{B} = \frac{B}{2A}.$$

Ainsi l'équation de ce diamètre devient

$$y = - \frac{Bx}{2A} - \frac{E}{B};$$

c'est-à-dire qu'il est parallèle à l'autre diamètre

$$y = - \frac{Bx}{2A} - \frac{D}{2A}$$

que l'on avait trouvé en résolvant l'équation proposée par rapport à y : nouvelle analogie de la courbe que nous examinons avec la parabole dont tous les diamètres sont parallèles entre eux.

279. Quant à la position particulière de cette courbe, et à sa situation par rapport aux axes, elle dépendra des valeurs des coefficiens AB.... On la découvrira en suivant la marche que nous avons appliquée dans le n° 272, aux courbes du genre de l'ellipse, et on arrivera à des conséquences analogues.

280. Au reste, la condition caractéristique du genre

de courbe que nous considérons ici est très facile à reconnaître; car, lorsque B^2-4AC est nul, les trois premiers termes $Ay^2+Bxy+Cx^2$ de l'équation **générale** forment un carré parfait, qui est celui de la quantité $y\sqrt{A}+x\sqrt{C}$.

281. Voici quelques exemples sur lesquels on pourra s'exercer :

$$y^2 - 2xy + x^2 + x = 0, \qquad (\text{fig. } 102)$$
$$y^2 - 2xy + x^2 + 2y = 0, \qquad (\text{fig. } 103.)$$
$$y^2 - 2xy + x^2 + 2y + 1 = 0, \qquad (\text{fig. } 104)$$
$$y^2 - 2xy + x^2 - 2y - 1 = 0, \qquad (\text{fig. } 105)$$
$$y^2 - 2xy + x^2 - 2y - 2x = 0, \qquad (\text{fig. } 106).$$

282. Si la quantité $BD-2AE$, qui multiplie x sous le radical, était nulle, la valeur de y deviendrait

$$y = - \left\{ \frac{Bx+D}{2A} \right\} \pm \frac{1}{2A}\sqrt{D^2 - 4AF}.$$

Alors la courbe dégénère en deux lignes droites parallèles entre elles ; et, selon que la quantité D^2-4AF est positive, nulle ou négative, ces droites sont toutes deux réelles, ou se confondent et se réduisent à une seule, ou enfin deviennent toutes deux imaginaires.

Dans ce cas, l'équation générale est décomposable en facteurs du premier degré, et peut se mettre sous la forme

$$\left\{ 2Ay+Bx+D+\sqrt{D^2-4AF} \right\}\ \left\{ 2Ay+Bx+D-\sqrt{D^2-4AF} \right\} = 0.$$

En voici quelques exemples :

$$y^2-2xy+x^2-1=0\ldots\ldots \left.\right\} \text{ Deux lignes } \left\{\begin{matrix}(\text{Fig. } 107),\end{matrix}\right.$$
$$y^2+4xy+4x^2-4=0\ldots\ldots \left.\right\} \text{ droites. } \left\{\begin{matrix}(\text{Fig. } 108).\end{matrix}\right.$$
$$y^2-2xy+x^2+2y-2x+1=0 \left.\right\} \text{ Une seule } \left\{\begin{matrix}(\text{Fig. } 109),\end{matrix}\right.$$
$$y^2-4xy+4x^2=0\ldots\ldots\ldots \left.\right\} \text{ ligne droite. } \left\{\begin{matrix}(\text{Fig. } 110).\end{matrix}\right.$$
$$y^2+2xy+x^2+1=0\ldots\ldots \left.\right\} \text{ Deux droites } \left\{\begin{matrix}(\text{Fig. } 111),\end{matrix}\right.$$
$$y^2+y+1=0\ldots\ldots\ldots \left.\right\} \text{ imaginaires. } \left\{\begin{matrix}(\text{Fig. } 112).\end{matrix}\right.$$

283. Il résulte de cette discussion, que les courbes du second ordre, comprises dans la seconde classe, pour laquelle B²—4AC est nul, sont en général indéfinies dans un seul sens, comme la parabole, mais peuvent cependant donner comme variétés deux lignes droites parallèles, ou une seule droite, ou deux droites imaginaires.

En admettant que ces courbes soient réellement des paraboles, ce qui en effet sera démontré plus bas, on peut se proposer, comme nous l'avons fait pour l'ellipse, de tirer de l'équation générale toutes les données nécessaires à la construction géométrique. Mais ici nous ne pouvons plus employer la considération du centre, puisque celui de la parabole est infiniment éloigné de tous les points de son périmètre; et par conséquent il faut y suppléer par quelque autre propriété tirée de la nature de cette courbe, qui permette d'arriver facilement et promptement à sa description. Or, il en est une qui remplit parfaitement ces conditions, c'est que, *dans la parabole, lorsque deux tangentes sont perpendiculaires l'une à l'autre, la ligne droite menée par les deux points de tangence passe par le foyer, et le point d'intersection des deux tangentes est sur la directrice.* Cette propriété n'ayant pas encore été remarquée, du moins à ma connaissance, je vais la démontrer d'abord.

Soit M'AM″ (fig. 113), une parabole dont A est le sommet, AX l'axe, F le foyer. En appelant $2p$ son paramètre, et la supposant rapportée à des coordonnées rectangulaires x et y, dont la première soit prise sur l'axe à partir du sommet A, son équation sera

$$y^2 = 2px,$$

et la distance du foyer F au sommet de la courbe sera égale à $\frac{p}{2}$ ou au quart du paramètre. Cela posé, si par

7ᵉ Edit.

23

le foyer F nous menons une ligne droite quelconque, l'équation de cette droite sera de la forme

$$y = a\left(x - \frac{p}{2}\right),$$

a étant la tangente trigonométrique de l'angle qu'elle forme avec l'axe de la parabole. Pour avoir les points d'intersection de cette droite et de la courbe, il faut combiner leurs équations; et d'abord, en éliminant x, on aura, pour les y communs,

$$y^2 - \frac{2p}{a}\, y - p^2 = 0;$$

les deux racines de cette équation sont les deux ordonnées des deux points d'intersection; en les désignant par y', y'', leur produit sera égal au terme indépendant de y; on aura donc

$$y'y'' = -p^2.$$

Or, si par chacun de ces points, marqués M' et M'' dans la figure, on conçoit une tangente à la parabole, et que l'on désigne par a' et a'' les tangentes trigonométriques des angles que ces droites forment avec l'axe AX, on aura par l'article 202,

$$a' = \frac{p}{y'}, \qquad a'' = \frac{p}{y''}.$$

Par conséquent

$$a'a'' = \frac{p^2}{y'y''}.$$

Si, dans ce résultat, on met pour $y'y''$ sa valeur $-p^2$, il vient

$$a'a'' = -1;$$

ce qui signifie que les deux tangentes ainsi menées aux deux points d'intersection sont perpendiculaires l'une à l'autre.

La réciproque de cette proposition est également vraie; c'est-à-dire que toutes les fois que deux tangentes à la parabole sont perpendiculaires l'une à l'autre, la corde qui joint les points de tangence passe par le foyer. En effet, s'il en était autrement, par un quelconque de ces deux points, tel que M' ou M'', menez une corde qui passe par le foyer : elle ira couper la courbe en un autre point M''', dont la tangente sera perpendiculaire à la tangente menée par M'', si c'est M'' que l'on a choisi. Donc, puisque la tangente menée par M' est supposée jouir aussi de cette propriété, il faut que les points M''' et M' coïncident; car, dans la parabole, jamais deux tangentes ne peuvent être parallèles l'une à l'autre sans coïncider.

Maintenant il reste à démontrer la seconde partie de la proposition, c'est-à-dire que, lorsque deux tangentes de la parabole sont perpendiculaires l'une à l'autre, leur point d'intersection est situé sur la directrice. Pour cela, désignons par x', y', x'', y'', les coordonnées des deux points de tangence; les équations des deux tangentes seront

$$yy' = p(x + x'), \qquad yy'' = p(x + x'').$$

Dans le point où ces lignes se coupent, les y et les x leur sont communs; ainsi on aura les coordonnées de ce point en combinant les équations précédentes. Or si on les divise membre à membre, y disparaît, et il vient

$$\frac{y''}{y'} = \frac{x + x''}{x + x'},$$

d'où l'on tire

$$x = \frac{x''y' - x'y''}{y'' - y'};$$

c'est l'abscisse du point d'intersection des deux tangentes. Mais elle peut être simplifiée en considérant que les deux points de tangence sont sur la parabole; car

23..

l'équation de cette courbe leur étant appliquée, donne

$$y'^2 = 2px', \quad y''^2 = 2px'';$$

tirant de là x' et x'' en fonction de y' et y'', puis, les substituant dans l'expression de x, le facteur $y'' - y'$ devient commun aux deux termes du second membre. On peut donc le faire disparaître, après quoi il reste

$$x = \frac{y'y''}{2p}.$$

Cette expression est générale pour tous les couples de tangentes quels qu'ils puissent être; mais ici les deux tangentes que nous considérons sont perpendiculaires l'une à l'autre; ce qui, comme on l'a vu tout à l'heure, donne

$$y'y'' = -p^2.$$

Faisant donc usage de cette relation pour particulariser l'expression précédente, elle se réduit à

$$x = -\frac{p}{2},$$

c'est-à-dire qu'alors l'abscisse du point d'intersection est située hors de la parabole, à une distance du sommet de cette courbe égale à $-\frac{p}{2}$, ce qui est précisément la distance de la directrice à ce même sommet. Ainsi l'intersection des deux tangentes perpendiculaires s'opère sur la directrice comme nous l'avions annoncé.

284. Pour appliquer ces propriétés à la construction de l'équation générale, dans le cas où elle exprime une parabole, fig. 114, il faut considérer que, lorsqu'on résout cette équation par rapport à y, on obtient un diamètre dont les ordonnées sont parallèles aux y, et qu'en la résolvant par rapport à x, on obtient un autre diamètre dont les ordonnées sont parallèles aux x, c'est-à-

dire perpendiculaires aux précédentes, du moins lorsque le système des coordonnées x et y est rectangulaire, ainsi que nous le supposons en général dans cette discussion ; or les tangentes à l'origine des diamètres sont parallèles à ces ordonnées ; par conséquent elles sont aussi perpendiculaires entre elles ; et ainsi la ligne qui joint les points de tangence contient le foyer de la parabole.

Les coordonnées de ces deux points de tangence sont faciles à calculer, car ce sont les limites de la courbe dans ces différens sens ; d'abord pour celui dont la tangente est parallèle aux y, nous avons trouvé dans l'article 277

$$x' = - \frac{(D^2 - 4AF)}{2(BD - 2AE)},$$

ce qui donne

$$y' = - \frac{(Bx' + D)}{2A}.$$

En résolvant l'équation relativement à x, on trouvera de même les coordonnées de l'extrémité de l'autre diamètre où la tangente est parallèle aux x, et l'on aura

$$y'' = - \frac{(E^2 - 4CF)}{2(BE - 2CD)},$$

ce qui donne

$$x'' = - \frac{(By'' + E)}{2C}.$$

Quand on aura ainsi déterminé ces deux points, on les joindra par une ligne droite, et elle devra contenir le foyer.

On mènera ensuite par le premier d'entre eux une ligne droite parallèle aux y, par le second une ligne droite parallèle aux y. Ces droites rectangulaires seront tangentes à la parabole cherchée. Comme elles sont respectivement parallèles aux axes des y et des x, leur point d'intersection N aura pour coordonnées x' et y''.

Il sera donc connu, et de plus ce sera un point de la directrice. En menant de ce point une droite perpendiculaire à la direction commune des diamètres que la résolution de l'équation de la courbe fait immédiatement connaître, on aura la directrice elle-même. Et enfin prenant la distance perpendiculaire d'un des points de tangence à la directrice, ce sera la distance de ce même point de tangence au foyer. Ainsi l'on connaîtra le foyer en portant cette distance sur la corde qui joint les deux points de tangence. Alors du foyer menant une perpendiculaire à la directrice, ce sera l'axe de la parabole. Connaissant ainsi le foyer, la directrice et l'axe, on construira aisément la courbe entière.

TROISIÈME CLASSE. *Courbes indéfinies dans tous les sens.*

Caractère, $B^2 - 4AC > 0$.

285. La discussion de cette classe de courbes est extrêmement facile, après ce qui précède; car elle se fait précisément par la même marche et par les mêmes procédés dont nous avons fait usage pour les courbes de la première division. Si l'on reprend la valeur générale de y, qui est

$$y = -\left\{\frac{Bx+D}{2A}\right\} \pm \frac{1}{2A}\sqrt{(B^2-4AC)\left\{x^2+2\frac{(BD-2AE)}{(B^2-4AC)}x+\frac{D^2-4AF}{B^2-4AC}\right\}}$$

et que l'on représente par x' et x'' les deux racines de l'équation

$$x^2 + 2\frac{(BD-2AE)}{(B^2-4AC)}x+\frac{D^2-4AF}{B^2-4AC}=0,$$

on pourra lui donner cette forme

$$y = -\frac{(Bx+D)}{2A} \pm \frac{1}{2A}\sqrt{(B^2-4AC)(x-x')(x-x'')};$$

et, si l'on suppose que x' et x'' soient des quantités réelles, comme $B^2 - 4AC$ est une quantité positive, on verra facilement que la courbe est toujours imaginaire entre les abscisses x' et x'', mais qu'elle est toujours réelle hors de ces limites, où elle se trouve touchée par ses ordonnées : forme tout-à-fait analogue à celle de l'hyperbole (fig. 115).

La condition de la réalité des racines x' et x'' est

$$(BD - 2AE)^2 - (B^2 - 4AC)(D^2 - 4AF) > 0.$$

Nous l'avions déjà obtenue page 341, pour la réalité des courbes du genre de l'ellipse. On voit donc que le signe seul de la quantité $B^2 - 4AC$ détermine la courbe à être fermée et limitée, ou composée de deux branches séparées et indéfinies.

On voit d'ailleurs que les abscisses x' et x'', entre lesquelles la courbe devient imaginaire, répondent à son intersection avec le diamètre qui a pour équation

$$y = - \frac{(Bx + D)}{2A}.$$

Voici quelques exemples sur lesquels on pourra s'exercer :

$$y^2 - 2ty - x^2 + 2 = 0, \qquad (\text{Fig. } 116).$$
$$y^2 - x^2 + 2x - 2y + 1 = 0, \qquad (\text{Fig. } 117).$$
$$y^2 - 2xy - x^2 - 2y + 2x + 3 = 0, (\text{Fig. } 118).$$
$$y^2 - 2x^2 - 2y + 6x - 3 = 0. \qquad (\text{Fig. } 119).$$

On trouverait, comme dans la page 341, les conditions nécessaires pour que la courbe coupe les axes des x et des y, ou les touche en un seul point, ou enfin ne les rencontre pas.

286. Dans tous ces exemples l'équation contient les carrés y^2, x^2, des deux variables. Si l'un des deux man-

quait, il faudrait résoudre l'équation par rapport à celui qui reste comme nous l'avons dit plus haut; enfin, si les deux carrés manquaient, on ramènerait immédiatement la courbe à ses asymptotes, comme nous l'avons montré n° 266. Cette réduction est également praticable lorsque les deux carrés x^2, y^2 se trouvent tous deux dans l'équation, ainsi que nous le verrons à la fin de ce chapitre; mais alors elle exige une analyse particulière; et c'est pourquoi, avant de nous en occuper, nous achèverons de développer les résultats que l'on peut réduire par la résolution immédiate.

287. Un des cas qu'il nous faut aussi considérer, est celui où x' et x'' sont égales entr'elles; alors le produit $(x - x')(x - x'')$ devient un carré égal à $(x - x')^2$; et l'on a

$$y = -\left\{\frac{Bx + D}{2A}\right\} \pm (x - x')\,\frac{1}{2A}\sqrt{B^2 - 4AC}.$$

L'équation représente alors deux lignes droites qui sont toujours réelles, puisque $B^2 - 4AC$ est une quantité positive. La condition de cette égalité des racines exige qu'on ait

$$(BD - 2AE)^2 - (B^2 - 4AC)(D^2 - 4AF) = 0.$$

Comme le coefficient de x n'est pas le même dans les équations des deux droites, il s'ensuit qu'elles ne sont pas parallèles.

Cette condition est la même que nous avons obtenue dans l'article 274, page 343.

Dans ce cas, l'équation proposée peut se mettre sous la forme

$$\left\{2Ay + Bx + D - (x - x')\sqrt{(B^2 - 4AC)}\right\} \times$$
$$\left\{2Ay + Bx + D + (x - x')\sqrt{B^2 - 4AC}\right\} = 0.$$

Elle est donc décomposable en rationnels facteurs du

premier degré, et peut être satisfaite en égalant séparément à zéro chacun de ces facteurs.

288. Généralement, lorsque l'équation proposée se
trouve multipliée tout entière par des facteurs rationnels en x et en y, il faut avoir grand soin de les discuter
successivement, et chacun en particulier; car, puisqu'on
satisfait à l'équation en les égalant à zéro, ils offrent autant de solutions, qu'il n'est pas permis de négliger.

289. Voici quelques exemples du cas précédent :

$$y^2 - 2x^2 + 2y + 1 = 0, \qquad \text{(Fig. 120)}.$$
$$y^2 - x^2 = 0, \qquad \text{(Fig. 121)}.$$
$$y^2 + xy - 2x^2 + 3x - 1 = 0. \qquad \text{(Fig. 122)}.$$

290. Venons enfin au cas où les deux racines x' et x''
sont imaginaires : alors le polynome $(x - x')(x - x'')$
ne peut jamais changer de signe; et, comme son premier terme est x^2, il reste toujours positif; de plus,
$B^2 - 4AC$ est aussi positif. Ainsi, quelque supposition
qu'on fasse pour x, la valeur de y sera toujours réelle,
et chaque abscisse donnera des points de la courbe. Cependant cette courbe sera encore composée de deux
branches séparées (fig. 123); car chaque ordonnée est
divisée en deux parties égales par le diamètre dont
l'équation est

$$y = - \frac{(Bx + D)}{2A};$$

et, comme le radical $\sqrt{(B^2 - 4AC)(x - x')(x - x'')}$
ne peut jamais devenir nul, ce diamètre ne coupe pas
la courbe, qui s'étend ainsi indéfiniment au-dessus de lui
et au-dessous. Cette circonstance est tout-à-fait analogue
à celle que présente le second axe de l'hyperbole.

Les conditions particulières à ce cas sont

$$B^2 - 4AC > 0, (BD - 2AE)^2 - (B^2 - 4AC)(D^2 - 4AF) > 0.$$

En voici quelques exemples :

$$y^2 - 2xy - x^2 - 2 = 0, \qquad \text{(Fig. 124)}.$$
$$y^2 + 2xy - x^2 + 2x + 2y - 1 = 0, \quad \text{(Fig. 125)}.$$
$$y^2 - 2xy - x^2 - 2x - 2 = 0, \qquad \text{(Fig. 126)}.$$

291. Si $A = -C$, et $B = 0$, l'équation générale devient

$$Ay^2 - Ax^2 + Dy + Ex + F = 0;$$

ou

$$y^2 - x^2 + \frac{D}{A}y + \frac{E}{A}x + \frac{F}{A} = 0.$$

Elle peut, par conséquent, se mettre sous la forme

$$\left\{ y + \frac{D}{2A} \right\}^2 - \left\{ x - \frac{E}{2A} \right\}^2 = \frac{D^2 - E^2 - 4AF}{4A^2} ;$$

alors on voit que, si les coordonnées y et x sont rectangulaires, elle représente une hyperbole équilatère, qui a pour coordonnées du centre $-\dfrac{D}{2A}$, $+\dfrac{E}{2A}$ et pour puissance $\dfrac{D^2 - E^2 - 4AF}{4A^2}$. Ce cas est analogue à celui du cercle, dans la première classe des courbes, article 273.

292. Il résulte de cette discussion que les courbes du second ordre, dans lesquelles $B^2 - 4AC$ est positif, sont toujours des courbes indéfinies composées de deux branches séparées : elles comprennent comme variétés deux lignes droites qui se coupent, et l'hyperbole équilatère.

293. On voit, par ce qui précède, comment il est possible de déduire de l'équation d'une ligne courbe sa forme, son étendue, ses limites, et toutes les sinuosités de son cours ; la marche que nous venons de suivre est générale, et s'appliquerait également à toutes les

courbes algébriques. Il est donc très utile de s'en bien pénétrer, et de s'en rendre l'usage familier par des exemples. Mais aussi c'est tout ce qu'il faut retenir; car il serait inutile, et même nuisible, de fixer dans sa mémoire les conditions particulières qui ont lieu entre les coefficiens suivant les différens cas, et il faut plutôt se laisser naturellement conduire à ces conditions par la suite des raisonnemens.

294. En admettant que les courbes comprises dans cette classe soient réellement des hyperboles, comme nous allons tout-à-l'heure le prouver, il est facile de les construire géométriquement d'après leur équation; car on peut ici, comme pour les ellipses, déterminer très simplement leur centre, ainsi que la direction et la longueur de deux diamètres conjugués.

Il n'est pas même besoin pour cela d'aucun nouveau calcul; il suffit d'opérer ici comme nous l'avons fait alors, en ayant égard à l'analogie qui existe entre l'ellipse et l'hyperbole, ainsi qu'aux différences qui les séparent. En résolvant d'abord l'équation, par rapport à y, on obtiendra un premier diamètre dont la longueur sera

$$\frac{(x'' - x')}{2A} \sqrt{B^2 + 4A^2}.$$

Ensuite, en la résolvant par rapport à x, on aura le second diamètre parallèle aux y, lequel aura pour longueur

$$\frac{(x'' - x')}{2A} \sqrt{4AC - B^2}.$$

Celui-ci sera imaginaire, car nous supposons $B^2 - 4AC$ positif, comme cela doit en effet avoir lieu dans l'hyperbole. Si donc on représente la moitié de ce diamètre par $B'\sqrt{-1}$, et la moitié du premier par A', ces données suffiront pour construire l'hyperbole; car l'angle des deux diamètres est connu, et en le représentant par ω

on aura ici comme dans l'ellipse

$$\sin \omega = \frac{2A}{\sqrt{4A^2 + B^2}}.$$

On pourra de même obtenir les valeurs des deux axes de l'hyperbole; car en les représentant par a et $b\sqrt{-1}$, puisque l'un d'entre eux doit être imaginaire, on aura également

$$ab\sqrt{-1} = \frac{(x''-x')^2}{8A}\sqrt{4AC-B^2};$$

$$a^2 - b^2 = \frac{(x''-x')^2}{4A}(A+C);$$

ce qui donne

$$4a^2 = \frac{(x''-x')^2}{2A}\left\{A+C+\sqrt{B^2+(A-C)^2}\right\},$$

$$4b^2 = \frac{(x''-x')^2}{2A}\left\{A+C-\sqrt{B^2+(A-C)^2}\right\},$$

expressions absolument pareilles à celles que nous avons trouvées pour l'ellipse, page 349.

295. Mais on peut aussi construire, pour ce cas, l'équation générale en y mettant les asymptotes en évidence; en effet reprenons la valeur résolue

$$y = -\left\{\frac{Bx+D}{2A}\right\} \pm \frac{1}{2A}\sqrt{(B^2-4AC)\left\{x^2+\frac{2(BD-2AE)}{(B^2-4AC)}x+\frac{(D^2-4AF)}{B^2-4AF}\right\}},$$

B^2-4AC étant par supposition une quantité positive différente de zéro, faisons la sortir de dessous le radical général avec le facteur x^2, en écrivant l'équation de la manière suivante,

$$y = -\left\{\frac{Bx+D}{2A}\right\} \pm \frac{x}{2A}\sqrt{B^2-4AC}\sqrt{1+\frac{2(BD-2AE)}{(B^2-4AC)x}+\frac{D^2-4AF}{(B^2-4AC)x^2}};$$

maintenant développons le second radical en série par la

formule du binome appliquée à l'exposant $\frac{1}{2}$ (*); et ordonnons le résultat par rapport aux puissances de $\frac{1}{x}$; il est aisé de voir que les premiers termes seront

$$1 + \frac{(BD - 2AE)}{(B^2 - 4AC)x} + \frac{(D^2 - 4AF)}{2(B^2 - 4AC)x^2} + \frac{(BD - 2AE)^2}{2(B^2 - 4AC)^2 x^2} + \text{etc.,}$$

et tous les termes qui suivront ceux que nous avons écrits, contiendront au dénominateur des puissances de x de plus en plus grandes. Or, en effectuant sur tous ces termes la multiplication par le facteur commun $\frac{x}{2A}\sqrt{B^2 - 4AC}$, le premier 1 donnera un produit qui aura pour facteur x, le second qui est déjà divisé par x, donnera une quantité constante; et tous les autres qui sont divisés par des puissances de x supérieures à la première, garderont encore en dénominateur des puissances de x de plus en plus grandes. Ainsi, en ordonnant toute la série relativement à ces

---

(*) Pour cela, il faut se rappeler que l'on a en général, n étant quelconque,

$$(1 + z)^n = 1 + nz + \frac{n.n-1}{1.2} z^2 + \frac{n.n-1.n-2}{1.2.3} z^3 - \text{etc.}$$

Ainsi, dans le cas où n sera $\frac{1}{2}$, on aura

$$(1 + z)^{\frac{1}{2}} = 1 + \frac{1}{2}z - \frac{1}{8}z^3 + \frac{1}{16}z^3 - \text{etc.}$$

Dans le cas actuel, la quantité qui représente z est. . . . .
$\frac{2(BD - 2AE)}{(B^2 - 4AC)x} + \frac{(D^2 - 4AF)}{(B^2 - 4AC)x^2}$, ou $\frac{2}{x}\left\{\frac{(BD - 2AE)}{(B^2 - 4AC)} + \frac{(D^2 - 4AF)}{2(B^2 - 4AC)x}\right\}$;
de sorte que ses diverses puissances contiennent toujours au dénominateur les puissances successives de $\frac{1}{x}$ En la substituant donc pour z et se bornant aux trois premiers termes, on aura le résultat énoncé dans le texte.

trois sortes de termes, on aura

$$y = \frac{1}{2A}\left\{-D \pm \frac{(BD-2AE)}{\sqrt{B^2-4AC}}\right\} + \frac{x}{2A}\left\{-B \pm \sqrt{B^2-4AC}\right\}, \qquad (1)$$

$$\pm \frac{1}{4Ax\sqrt{B^2-4AC}}\left\{D^2-4AF + \frac{(BD-2AE)^2}{(B^2-4AC)}\right\} \qquad (2)$$

$$\pm \text{ etc.}$$

Maintenant, à mesure que l'abscisse x deviendra plus grande, soit qu'on la prenne positive ou négative, les termes qui la contiennent en dénominateur, deviendront de plus en plus petits, tandis que le premier terme qui en est indépendant restera constant; et que le second terme qui la contient en numérateur, acquierra une valeur de plus en plus considérable. Ainsi, à mesure que cet accroissement de x aura lieu, l'ordonnée y de la courbe approchera de plus en plus de se réduire à ses deux premiers termes, c'est-à-dire de se confondre avec l'une ou l'autre des deux droites qui auraient pour équation

$$y = \frac{1}{2A}\left\{-D - \frac{(BD-2AE)}{\sqrt{B^2-4AC}}\right\} + \frac{x}{2A}\left\{-B - \sqrt{B^2-4AC}\right\}, \qquad (1)$$

ou bien

$$y = \frac{1}{2A}\left\{-D + \frac{(BD-2AE)}{\sqrt{B^2-4AC}}\right\} + \frac{x}{2A}\left\{-B + \sqrt{B^2-4AC}\right\}. \qquad (2)$$

Ces droites sont donc les deux asymptotes de l'hyperbole que l'équation représente. Elles ne peuvent être réelles qu'autant que B^2-4AC est positif; car s'il était négatif, le radical qu'elles contiennent deviendrait imaginaire. Aussi avons-nous vu que, dans ce dernier cas, l'équation appartient à une ellipse, courbe qui n'a pas d'asymptotes.

296. On ne pourrait pas non plus appliquer ces formules au cas ou B^2-4AC serait nul; parce qu'alors les termes

de la série qui contiennent toutes les puissances successives de cette quantité en dénominateur devenant infinis, la série de ces termes serait infinie elle-même au lieu d'être convergente, et ainsi cette forme de développement cesserait d'être possible. Aussi en remontant, pour ce cas, à l'expression primitive de y avant qu'elle fût développée, on voit que la supposition de $B^2 - 4AC$ nul fait disparaître le terme en x^2 et réduit cette expression à

$$y = -\frac{(Bx+D)}{2A} \pm \frac{1}{2A}\sqrt{2(BD-2AE)x+D^2-4AF},$$

or le radical peut bien encore se développer en série ordonnée suivant les puissances inverses de x; car il suffit pour cela de mettre le terme $\sqrt{2(BD-2AE)x}$ en facteur commun, et de réduire en série le radical

$$\sqrt{1+\frac{D^2-4AF}{2(BD-2AE)x}},$$

au moyen de la formule du binome; mais comme x ne sort pas de dessous le premier radical, parce qu'il s'y trouve seulement à la première puissance, il s'ensuit que les premiers termes de la série, qui contiendront les puissances ascendantes de x, ne représenteront pas des lignes droites, mais des lignes courbes dont l'équation sera

$$y = -\frac{(Bx+D)}{2A} \pm \frac{1}{2A}\sqrt{2(BD-2AE)x}. \quad (4)$$

Ainsi, dans le cas de $B^2 - 4AC$ nul, la courbe cherchée n'a point d'asymptote rectiligne, comme nous pouvions le penser d'avance, puisqu'alors elle est une parabole; mais plus x augmente, plus elle approche de se confondre avec une autre parabole, qui est celle à laquelle la valeur de y se réduit, et qui est représentée par l'équation (4).

297. En revenant au cas où les asymptotes rectilignes existent, il est clair que leur mutuelle intersection doit donner le centre de l'hyperbole. Ainsi en considérant les x et y comme communes dans les équations (1) et (2) des asymptotes, l'élimination donnera les coordonnées du centre, lesquelles auront pour valeur

$$x = \frac{2AE - BD}{B^2 - 4AC}, \qquad y = \frac{2CD - BE}{B^2 - 4AC}.$$

C'est ce que l'on aurait pu prévoir directement par l'équation de la courbe même, comme nous le verrons tout à l'heure. Quoi qu'il en soit, à l'aide de ces coordonnées, on connaîtra le centre de la courbe, et on pourra le construire. On pourra également construire ses deux asymptotes d'après leurs équations. Il ne restera donc plus qu'à trouver un seul point de la courbe; car cela suffira ensuite pour trouver tous les autres, comme on l'a vu n° 258. Or, cette première détermination est extrêmement facile; car, l'hyperbole étant indéfinie dans tous les sens, il est impossible que deux axes rectilignes et rectangulaires de coordonnées se croisent dans le plan où elle se trouve, sans que l'un d'eux au moins la rencontre quelque part. On cherchera donc les intersections de ces axes avec elle, en faisant successivement $x = 0$, ou $y = 0$ dans son équation. Il y aura toujours au moins une de ces suppositions qui donnera des racines réelles, et qui fournira ainsi le premier point dont on a besoin pour trouver ensuite tous les autres au moyen des asymptotes.

Sur les Centres et les Lignes diamétrales des Courbes planes.

298. J'ai dit tout à l'heure que les coordonnées du centre de l'hyperbole pouvaient s'obtenir directement d'une manière plus simple que par l'intersection des deux

asymptotes. Comme ce résultat est général pour toutes les courbes, je vais en placer ici la démonstration.

Ce que l'on appelle le *centre* d'une courbe, c'est un point tel que, si l'on mène une droite quelconque qui y passe et qui se termine à la courbe, les points d'intersection sont toujours symétriquement disposés des deux côtés du centre, c'est-à-dire en nombre égal et également distans.

En supposant cette condition satisfaite, concevons l'origine des coordonnées transportée au centre même. Alors, si l'on représente par $+x'$, $+y'$, les coordonnées d'un quelconque des points d'intersection, qui satisfont à la fois à l'équation de la courbe et à l'équation de la droite menée par le centre, il faudra que la courbe ait encore un autre point, dont les coordonnées soient $-x'$, $-y'$; c'est-à-dire que son équation soit encore satisfaite quand on y substituera ces nouvelles valeurs, au lieu de $+x'$ et $+y'$; et cela, sans qu'il en résulte aucune détermination particulière de ces quantités. Cette condition se trouvera remplie si l'équation de la courbe ne contient que des termes variables de dimension paire; c'est-à-dire tels, que la somme des exposans de x et de y, forme toujours un nombre pair dans chaque terme. Car alors ces termes ne changeront pas quand on changera les signes des variables; et il est aisé de voir que la condition de leur constance ne peut être remplie d'une autre manière; car si l'équation contenait des produits variables de dimension impaire, les termes qui en seraient affectés changeraient de signe en même temps que les variables x, y; par conséquent, si l'équation était satisfaite par certaines valeurs de ces quantités, elle ne pourrait plus l'être généralement par les mêmes valeurs prises en signes contraires. D'après cela, pour savoir si une courbe donnée dont on a l'équation, jouit de la propriété d'avoir un centre, il n'y a qu'à chercher s'il existe, sur le plan où elle se trouve, un point tel, qu'en y fixant l'origine des coordonnées, la condition analytique qui caractérise un centre soit satisfaite, c'est-à-dire que l'équation transformée se réduise à ne contenir que des termes variables de dimension paire. Il faudra donc pour cela substituer, au lieu de x, des expressions de la forme

$$x = a + x', \qquad y = b + y',$$

dans lesquelles a et b désignent les coordonnées de la nouvelle origine, et voir si, en disposant de ces quantités, on peut faire en sorte que les dimensions impaires de x' et de y' disparaissent de l'équation transformée.

299. Par exemple, si l'on effectue cette substitution dans l'équation du second degré la plus générale,

$$Ay^2 + Bxy + Cx^2 + Dy + Ex + F = 0,$$

on trouve que la transformée contient généralement deux termes de dimension impaire; savoir

$(2Ab + Ba + D)y'$, et $(2Ca + Bb + E)x'$. Ainsi, pour que ces termes disparaissent, il faut disposer des quantités a et b de manière qu'on ait

$$2Ab + Ba + D = 0, \qquad 2Ca + Bb + E = 0,$$

et alors l'équation rapportée à la nouvelle origine deviendra

$$Ay'^2 + Bx'y' + Cx'^2 + Ab^2 + Bab + Ca^2 + Db + Ea + F = 0.$$

En effet, sous cette forme, on voit qu'elle ne change plus quand on y substitue $-y'$ et $-x'$, au lieu de $+y'$ et $+x'$, ce qui est le caractère du centre.

Les relations qui existent entre les coordonnées a et b de la nouvelle origine sont du premier degré, et représentent deux lignes droites : ces droites ne pouvant se couper qu'en un seul point, il s'ensuit qu'il n'y a qu'un seul centre dans les courbes du second ordre. En effet, ces équations donnent pour a et b les valeurs suivantes :

$$a = \frac{2AE - BD}{B^2 - 4AC}, \qquad b = \frac{2GD - DE}{B^2 - 4AC},$$

et ces valeurs sont uniques : elles deviennent infinies, quand $B^2 - 4AC$ est nul; ce qui signifie qu'alors il n'y a pas de centre, ou, en d'autres termes, qu'il est placé à une distance infinie de l'origine. Ce cas est celui de la parabole, comme l'indique l'équation $B^2 - 4AC = o$, qui forme le caractère de cette courbe. Dans ce cas, les deux droites qui déterminent le centre par leur inter-section, deviennent parallèles, puisque leur point d'intersection est infiniment éloigné. Si, de plus, un des numérateurs est nul en même temps que $B^2 - 4AC$, ces deux suppositions rendent aussi nul l'autre numérateur, et les valeurs précédentes de a et b deviennent indéterminées; alors il faut revenir aux équations mêmes qui les déterminent, et y introduire ces suppositions. Or, il est facile d'en déduire que, dans ce cas, les deux équations en a et b se réduisent à une seule, et par conséquent ne suffisent pas pour déterminer ces deux quantités. Il y a donc, dans ce cas particulier, une infinité de centres qui sont tous situés sur une même ligne droite : mais aussi, dans ce cas, la courbe se réduit à deux droites parallèles, comme on l'a vu dans l'article 281 ; et tous les centres se trouvent sur la ligne droite qui est intermédiaire entre elles.

300. L'existence des lignes diamétrales que nous avons reconnue dans les courbes du second ordre s'étend aussi aux courbes de tous les degrés. Généralement on appelle diamètre d'une courbe une droite telle qu'elle coupe en deux parties égales toutes les cordes menées parallèlement les unes aux autres, dans la courbe, sous une certaine inclinaison. D'après cela, si l'on prend un diamètre pour axe des abscisses, et que l'on dirige l'axe des

ordonnées parallèlement aux cordes qu'il divise en deux parties égales, l'équation transformée devra être telle que, si elle est satisfaite par un certain couple de valeurs tel que $+x'$ et $+y'$, elle le soit encore par le couple $+x'$ et $-y'$, c'est-à-dire par la même ordonnée prise en sens contraire pour la même abscisse. Conséquemment pour savoir si une courbe proposée est susceptible d'un ou de plusieurs diamètres, il faut changer les directions actuelles des coordonnées de la manière la plus générale, par exemple, au moyen des formules

$$x = a + x' \cos \alpha + y' \cos \alpha', \qquad y = b + x' \sin \alpha + y' \sin \alpha',$$

en supposant, par exemple, les coordonnées primitives x, y rectangulaires; puis, après la substitution de ces valeurs, on cherchera à déterminer a, b, α et α' de manière à faire disparaître tous les termes affectés des puissances impaires d'une des variables, sans que les variables elles-mêmes cessent d'être indéterminées. Si la chose est possible, la direction de l'autre variable sera un diamètre de la courbe proposée.

301. Pour donner un exemple de cette méthode, appliquons-la aux courbes du second ordre, dont l'équation générale est

$$A y^2 + B x y + C x^2 + D y + E x + F = 0.$$

En y faisant la substitution indiquée, on trouvera que la transformée contient généralement trois termes, où l'une des nouvelles variables, x', y', entre à une dimension impaire, et ces termes sont

$$\left\{ 2A \sin\alpha \sin\alpha' + B(\sin\alpha \cos\alpha' + \sin\alpha' \cos\alpha) + 2C \cos\alpha \cos\alpha' \right\} x' y'$$
$$+ \left\{ (2Ab + Ba + D) \sin\alpha + (2Ca + Bb + E) \cos\alpha \right\} x'$$
$$+ \left\{ (2Ab + Ba + D) \sin\alpha' + (2Ca + Bb + E) \cos\alpha' \right\} y'.$$

Pour que l'axe des x', ou l'axe des y', devienne un diamètre, il faut toujours que le terme affecté du produit $x' y'$ disparaisse, puisqu'il contient une puissance impaire de chacune d'elles. Il faudra donc toujours qu'on ait

$$2C \cos \alpha \cos \alpha' + B(\sin \alpha' \cos \alpha + \sin \alpha \cos \alpha') + 2A \sin \alpha \sin \alpha' = 0;$$

ou ce qui revient au même

$$2C + B(\tang \alpha' + \tang \alpha) + 2A \tang \alpha \tang \alpha' = 0. \quad (1)$$

Ensuite, si c'est l'axe des x' que l'on veut rendre un diamètre, il faudra que le coefficient du terme en y' disparaisse, ce qui exigera que l'on fasse

$$(2Ab + Ba + D)\sin \alpha' + (2Ca + Cb + E)\cos \alpha' = 0. \quad (2)$$

Mais si l'on veut donner cette propriété à l'axe des y', il faudra rendre nul le coefficient de x', ce qui exigera que l'on fasse

$$(2Ab + Ba + D)\sin \alpha + (2Ca + Bb + E)\cos \alpha = 0. \quad (3)$$

Examinons ce que ces équations nous indiquent.

D'abord, quel que soit celui des deux axes que l'on choisisse pour diamètre, on voit qu'il faudra toujours poser l'équation (1), et y joindre seulement l'une des deux autres. Maintenant, l'équation (1) ne détermine qu'une relation entre les angles α et α'; et, lorsque l'un d'eux est donné, elle assigne toujours à l'autre une valeur réelle, puisque chacune des deux tangentes de α ou de α' n'y entre qu'au premier degré. Or, après qu'elle est ainsi satisfaite, la seconde équation, soit (2), soit (3) peut l'être seulement par les valeurs de a et b dont on dispose; ainsi, quelque direction que l'on donne à la droite sécante, dont on veut faire un diamètre, l'équation (1) assignera toujours une direction de cordes qui seront coupées par elle en deux parties égales; et la seconde équation (2) ou (3) entre a et b, sera l'équation de ce diamètre relativement aux premiers axes des coordonnées sur lesquels les a et b sont comptées.

Ces deux dernières équations sont évidemment toutes deux satisfaites lorsque l'on pose

$$2Ab + Ba + D = 0, \qquad 2Ca + Bb + E = 0. \quad (1)$$

Ainsi, les valeurs de a et b données par ces deux conditions appartiennent évidemment à un point qui se trouve sur tous les diamètres. Mais ce sont précisément ces mêmes conditions qui déterminent le centre. Donc, tous les diamètres des courbes du second degré passent par leur centre; et réciproquement toute ligne droite menée par le centre, dans les courbes du second degré, est un diamètre; puisque, sa direction étant donnée, les équations (2) et (3) sont satisfaites, et que la direction des cordes est ensuite déterminée en quantités réelles par l'équation (1).

302. Supposons que, dans une courbe quelconque, on ait trouvé une direction de coordonnées telle, que l'axe des x' et celui des y' soient l'un et l'autre des diamètres; je dis que l'équation transformée en x' et y', ne contiendra que des puissances paires de chacune de ces variables. En effet, si l'axe des x' est un diamètre, l'équation ne devra contenir que des puissances paires de y', et si l'axe des y' est un diamètre, elle ne renfermera que des puissances paires de x'. Conséquemment si ces deux caractères ont lieu à la fois, l'équation ne renfermera que des puissances paires de x' et de y'.

303. Cette condition est toujours remplie dans les courbes du second ordre, lorsque l'origine des x', y', est placée au centre et que leurs directions satisfont à l'équation (1). Car, dans ce cas, les premières puissances de x' et de y' ayant disparu, ainsi que le terme en $x'y'$, l'équation se trouve ramenée à ne contenir que les carrés des variables. Les systèmes de diamètres que l'équation (1) donne dans cette circonstance sont donc toujours des diamètres conjugués, en prenant ce terme dans l'acception du n° 123. Mais la condition de passer par le centre limite réellement cette propriété à l'ellipse et à l'hyperbole, seul cas où les équations (4) peuvent être toutes deux satisfaites en donnant aux coordonnées a et b de la nouvelle origine des valeurs finies.

304. Lorsqu'il est possible de réduire ainsi la transformée à ne contenir que les puissances paires des va-

riables, il est clair que, s'il existe un couple de valeurs
$+x'$, $+y'$ qui y satisfasse, on pourra également y satisfaire avec les autres couples, $-x'$, $+y'$; $-x'$, $-y'$; $+x'$,
$-y'$; c'est-à-dire que les quatre angles formés par les intersections des axes coordonnés renfermeront chacun un
point dont les coordonnées seront pareilles, au signe
près, et qui se trouvera sur la courbe. Si les coordonnées x', y' sont rectangulaires, les angles dont il s'agit
deviendront des quadrans égaux entre eux, et la forme
de la courbe sera identiquement la même dans tous, de
sorte qu'on pourrait superposer ces quatre parties les
unes sur les autres. Dans ce cas, on dit que la courbe
est *symétrique* autour des deux axes coordonnés. Cela a
lieu, par exemple, pour l'ellipse et l'hyperbole, lorsque
les coordonnées sont dirigées suivant les axes mêmes do
ces courbes. Alors la rectangularité des x' et des y' donne
$\alpha' = 90 + \alpha$; et, en éliminant α' de l'équation (1) à l'aide
de cette condition, il reste

$$-2C \sin \alpha \cos \alpha + B(\cos^2 \alpha - \sin^2 \alpha) + 2A \sin \alpha \cos \alpha = 0;$$

d'où l'on tire

$$(A - C) \tan 2\alpha + B = 0, \qquad (5)$$

équation qui donnera toujours pour tang 2α une valeur
réelle; d'où l'on déduira deux valeurs aussi réelles de
l'angle α. Mais ces deux valeurs seront telles, que si l'une
est α, l'autre sera $90° + \alpha$; et par conséquent elles ne donneront qu'un seul système de coordonnées, qui sera le
système des deux axes. Rien n'empêche d'établir cette
même relation dans la parabole, puisque la condition
$B^2 - 4AC$ n'empêche pas d'en déduire la valeur de tang 2α.
Il existera donc pour la parabole un système de coordonnées rectangulaires qui satisfera aussi à l'équation (1).
Mais une seule de ces coordonnées x' ou y' sera un diamètre, puisque, dans le cas de la parabole, on ne peut pas

satisfaire simultanément aux équations (2) et (3) avec des valeurs finies de a et de b. Par conséquent la courbe ne sera symétrique qu'autour d'une des deux lignes qui composeront le système des coordonnées : elle le sera autour des x' si l'on emploie l'équation (2) qui fait disparaître la première puissance de y', et autour des y' si l'on emploie l'équation (3) qui fait disparaître la première puissance de x'. L'une et l'autre combinaison donnent également pour diamètre la même ligne physique, qui est l'axe même de la parabole.

Identité de toutes les Courbes du second degré avec les Sections coniques.

305. Les courbes que nous venons de découvrir en discutant l'équation générale du second degré, nous ont offert la plus grande analogie avec les sections du cône, et même s'y sont fréquemment ramenées. Il est intéressant de savoir au juste jusqu'où s'étend cette analogie; pour cela, nous n'avons pas de moyen plus sûr que de reprendre l'équation générale,

$$Ay^2 + Bxy + Cx^2 + Dy + Ex + F = 0,$$

et de la réduire par la transformation des coordonnées à une forme plus simple, qui permette de reconnaître la nature géométrique des courbes qu'elle renferme, sans toutefois limiter en rien leur généralité.

Pour cette discussion nous pouvons admettre que l'équation contient au moins le carré d'une des deux variables, y^2 ou x^2; car, dans le cas particulier où ces deux carrés manquent, nous avons vu, n° 266, que la courbe est une hyperbole dont les asymptotes sont parallèles aux axes des coordonnées.

Nous pouvons également supposer que le système des coordonnées x, y, est rectangulaire; car, s'il ne l'était pas, on pourrait transformer les coordonnées de ma-

nière à le rendre tel, et cette opération ne changerait point le degré de l'équation, puisque dans les
formules de transformation, les anciennes ordonnées
obliques x, y, seraient des fonctions linéaires des nouvelles, et réciproquement.

306. Ceci accordé, résolvons l'équation par rapport
à la variable dont elle contient le carré : et, supposant,
par exemple, que cette variable soit y, nous aurons

$$y = -\frac{1}{2A}(Bx + D) \pm \frac{1}{2A}\sqrt{(B^2 - 4AC)x^2 + 2(BD - 2AE)x + D^2 - 4AF},$$

selon ce que nous avons vu précédemment, page 338, la
partie commune aux deux racines, est l'ordonnée d'un diamètre rectiligne de la courbe, lequel aurait pour équation,

$$y = -\frac{1}{2A}(Bx + D),$$

et la partie affectée du double signe exprime l'ordonnée
de la courbe, comptée à partir de ce diamètre, parallèlement aux y : essayons de construire ces divers résultats.

D'abord notre diamètre coupe l'axe des y à une distance $-\dfrac{D}{2A}$ de l'origine des coordonnées ; et sa direction forme avec l'axe des x un angle dont la tangente
trigonométrique est $-\dfrac{B}{2A}$; menant donc deux axes
rectangulaires des coordonnées AX, AY, fig. 127, qui
aient en A leur origine commune, prenons sur le second une longueur AD égale à $-\dfrac{D}{2A}$; et, par le point
D, menant une ligne droite indéfinie LDX′, qui forme
avec l'axe AX l'angle LOX, ayant pour tangente trigonométrique $-\dfrac{B}{2A}$; cette ligne sera notre diamètre.

Alors si, pour abréger, on nomme α l'angle LOX, on devra avoir

$$\operatorname{tang} \alpha = -\frac{B}{2A},$$

sur quoi il ne faut pas oublier que, d'après les premiers principes de l'application de l'Algèbre à la Géométrie, les lettres A, B, D, ainsi que D, E, F, et les variables x et y sont censées exprimer des nombres abstraits qui sont les rapports de certaines lignes à l'unité de longueur. De sorte qu'il faut rétablir ces rapports sous leur forme géométrique, à la place de chaque lettre, quand on veut effectuer les constructions.

307. La direction que nous avons donnée au diamètre OX′ dans notre figure, est tracée particulièrement pour le cas où A, B, D, seraient des quantités positives; mais elle peut servir de type pour représenter tout autre cas quelconque, en faisant correspondre les changemens de position de la droite OX′ aux changemens de valeurs et de signes, des lettres A, B, D. Seulement, comme nous allons tout à l'heure faire usage du point d'intersection D, il est bon d'examiner si la distance AD a toujours une valeur finie. Or, cela est très facile; car son expression étant $-\dfrac{D}{2A}$, on voit qu'elle ne deviendra infinie que si A est nul, c'est-à-dire si le carré de la variable y n'entre pas dans l'équation proposée. Mais puisque, dans les cas que nous avons à discuter, l'équation doit contenir au moins le carré d'une des deux variables, nous pouvons toujours admettre que nous opérons sur celle dont le carré reste, et que nous la prenons pour y. Alors nous devrons admettre que A n'est pas nul; et par conséquent le point d'intersection D de l'axe des y avec notre diamètre se trouvera toujours à une distance finie de l'origine A.

308. Cela posé, considérons un point quelconque M de

notre courbe, pour lequel AP soit x et PM soit y; si l'on prolonge PM jusqu'à sa rencontre avec le diamètre OX', la distance PP' représentera $-\dfrac{1}{2A}(Bx+D)$; et par conséquent P'M représentera la partie radicale de la valeur de y. Or, l'équation d'une courbe doit toujours se simplifier quand on la rapporte à un diamètre, à cause de la disposition symétrique qui en résulte dans les ordonnées. Pour profiter ici de cet avantage, rapportons notre courbe à de nouvelles ordonnées dont l'une soit DP' et l'autre P'M; en désignant la première par x', la seconde par y' et nous rappelant que l'angle LOX est représenté par α, nous aurons évidemment

$$x = -x' \cos \alpha, \qquad y = -\frac{1}{2A}\left\{ Bx + D \right\} + y',$$

expressions qui, étant substituées dans la valeur résolue de y, donnent

$$y' = \frac{1}{2A}\sqrt{(B^2-4AC)\cos^2\alpha \cdot x'^2 - 2(BD-2AE)\cos\alpha \cdot x' + D^2 - 4AF};$$

ou, en élevant au carré les deux membres, et faisant disparaître le dénominateur,

$$4A^2 y'^2 = (B^2-4AC)\cos^2\alpha \cdot x'^2 - 2(BD-2AE)\cos\alpha \cdot x' + D^2 - 4AF \quad (2).$$

Maintenant, le polynome du second degré qui forme le second membre de cette transformée peut s'écrire de la manière suivante :

$$(B^2-4AC)\cos^2\alpha \left\{ x'^2 - 2\frac{(BD-2AE)\cdot x'}{(B^2-4AC)\cos\alpha} \right\} + D^2 - 4AF.$$

La quantité variable comprise entre les parenthèses deviendra un carré parfait si on lui ajoute......
$$\frac{(BD-2AE)^2}{(B^2-4AC)^2\cos^2\alpha};$$ or, c'est ce que l'on pourra faire si, par compensation, l'on retranche hors des parenthèses

la quantité équivalente $(B^2 - 4AC) \cos^2 \alpha - \dfrac{(BD - 2AE)^2}{(B^2 - 4AC)^2 \cos^2 \alpha}$,

laquelle se réduit à $\dfrac{(BD - 2AE)^2}{B^2 - 4AC}$; à l'aide de cette transformation, l'équation en y' devient

$$4A^2 y'^2 = (B^2 - 4AC)\cos^2 \alpha \left\{ x' - \frac{(BD - 2AE)}{(B^2 - 4AC)\cos\alpha} \right\}^2 - \frac{(BD - 2AE)^2}{B^2 - 4AC} + D^2 - 4AF$$

Maintenant, introduisons au lieu de x' une nouvelle variable x'', telle qu'on ait

$$x' - \frac{BD - 2AE}{(B^2 - 4AC)\cos\alpha} = x'',$$

ce qui n'est autre chose que déplacer l'origine des x' sur le diamètre DX′, et la porter du point D, où elle était placée, en un autre point D′, tel que DD′ soit égal à $\dfrac{BD - 2AE}{(B^2 - 4AC)\cos\alpha}$; alors l'équation rapportée au nouveau système des y' et des x'', deviendra

$$4A^2 y'^2 = (B^2 - 4AC)\cos^2 \alpha \cdot x''^2 - \frac{(BD - 2AE)^2}{B^2 - 4AC} + D^2 - 4AF; \quad (3)$$

et, sous cette forme, ne contenant plus que les carrés des deux coordonnées avec un terme constant, on voit qu'elle ne peut représenter qu'une ellipse ou une hyperbole rapportées à leur centre, ou à des diamètres conjugués; l'ellipse ayant lieu lorsque le coefficient $B^2 - 4AC$ est positif, l'hyperbole lorsqu'il est négatif.

309. Cette réduction suppose seulement que notre dernière transformation de coordonnées est possible à réaliser : or elle le sera toujours, à moins que l'abscisse $\dfrac{BD - 2AE}{(B^2 - 4AC)\cos\alpha}$, représentée par DD′, ne devienne tout-à-fait infinie, ce qui arriverait si le dénominateur

$(B^2 - 4AC)\cos\alpha$ était nul. Mais $\cos\alpha$ ne peut pas être nul, parce qu'il en résulterait $\alpha = 90°$, ce qui rendrait A nul, et le diamètre DX' parallèle à l'axe des y primitifs, circonstance que nous avons exclue dès l'abord. Il ne reste donc que le cas où $B^2 - 4AC$ serait nul lui-même ; or, en remontant à la première transformée entre y' et x', et y faisant immédiatement usage de cette condition, elle se réduit à

$$4A^2 y'^2 = -2(BD - 2AE)\cos\alpha . x' + D^2 - 4AF ; \quad (4)$$

d'où l'on voit qu'elle représente alors une parabole rapportée à son diamètre DX'. Ainsi, dans tous les cas possibles, l'équation du second degré proposée ne peut représenter qu'une hyperbole, une ellipse, ou une parabole, c'est-à-dire, une des sections du cône.

310. Tous les cas particuliers que ces sections présentent, se déduisent même avec évidence de ces transformations ; par exemple, si, dans l'équation (4), on suppose $BD - 2AE$ nul, le terme variable en x' disparaissant, la parabole se changera en deux lignes droites parallèles à l'axe des x' ; et si $D^2 - 4AF$ est aussi nul, les deux droites se réuniront en une seule, située sur cet axe même : pareillement, si l'on suppose le terme constant nul dans l'équation (3), elle donnera deux droites qui se coupent lorsque $B^2 - 4AC$ sera positif, et un point lorsque $B^2 - 4AC$ sera négatif. Enfin, si ce terme constant tout entier, au lieu d'être nul, est négatif, $B^2 - 4AC$ étant aussi négatif, tous les termes passés dans le premier membre, formeront une somme de quantités toutes essentiellement positives ; et, par conséquent, l'équation proposée sera impossible à satisfaire, ce qui s'accorde en effet avec ce que nous avons vu n° 275.

311. La marche que nous venons de suivre n'est pas seulement propre à prouver l'identité des courbes du

second degré avec quelques-unes des sections du cône, elle peut encore être employée avec avantage pour discuter et construire les équations particulières de ces courbes que l'on pourrait proposer. Les élèves feront bien de faire cet essai sur les divers exemples que nous avons donnés dans le courant de ce chapitre.

Des Surfaces du second ordre.

312. On a vu dans l'article 70, que les équations entre trois variables représentent des surfaces, comme celles qui sont entre deux indéterminées représentent des lignes. On classe aussi les surfaces d'après le degré de leurs équations. Ainsi le plan dont l'équation est linéaire, est du premier ordre. Nous ne considérerons ici que les surfaces du second ordre, dont l'équation la plus générale est

$$A z^2 + A' y^2 + A'' x^2 + B y z + B' x z + B'' x y + C z + C' y + C'' x + F = 0; \quad (1)$$

et nous supposerons les coordonnées $x\,y\,z$ rectangulaires.

313. Puisque deux des variables x, y, z, peuvent être prises à volonté, ce qui se présente d'abord de plus simple est de résoudre l'équation proposée par rapport à une d'entre elles, par exemple, par rapport à z : alors, en donnant successivement à x et à y toutes les valeurs possibles, on en déduirait les valeurs correspondantes de z, et par conséquent la position des différens points de la surface.

Mais cette méthode, que nous avons employée dans la discussion des lignes courbes, ne serait pas propre à donner une idée nette de la forme et du cours des surfaces, parce que, s'il est facile de saisir par la pensée la liaison d'une seule suite de valeurs, il serait très difficile d'étendre cette idée à deux dimensions. Pour obvier à cet inconvénient, on imagine une suite de plans coupans menés suivant une certaine loi, par exemple, parallèles à l'un des plans coordonnés. En combinant les équations de ces plans avec celle de la surface proposée, on détermine (n° 79) leurs intersections mutuelles. La nature de ces intersections et la manière dont elles se succèdent, font saisir et voir, pour ainsi dire, dans l'espace, la nature de la surface et les divers mouvemens des *Nappes* qui la composent.

514. Pour donner un exemple de ce procédé, appliquons-le au cas très simple où l'équation proposée serait

$$z^2 + x^2 + y^2 = R^2.$$

Prenons les plans coupans parallèles au plan de xy ; leur équation sera, par le n° 56, de la forme

$$z = a,$$

a étant une constante : substituant cette valeur de z dans la proposée, on a

$$x^2 + y^2 = R^2 - a^2.$$

Cette équation, qui appartient (n° 79) à la projection de l'intersection sur le plan des xy, représente, quel que soit a, une circonférence de cercle dont le centre est à l'origine, et dont le rayon est $\sqrt{R^2 - a^2}$: ce rayon est réel tant que a, positif ou négatif, est plus petit que R ; il est nul, quand a égale R, et imaginaire quand a surpasse R. Ainsi, dans le premier cas, l'intersection est une circonférence de cercle ; dans le second, ce cercle se réduit à un point ; et au-delà, le plan ne rencontre plus la surface.

L'équation proposée étant symétrique par rapport aux trois variables x, y, z, on obtiendrait des résultats semblables en prenant les plans coupans parallèles à un quelconque des plans coordonnés : si ces plans passaient par l'origine même des coordonnées, chacun d'eux couperait la surface suivant des cercles égaux, et qui auraient pour équation

$$x^2 + y^2 = R^2, \quad x^2 + z^2 = R^2, \quad y^2 + z^2 = R^2.$$

On peut donc concevoir la surface proposée comme engendrée par le mouvement d'un cercle parallèle au plan xy, et dont le rayon variable, et représenté par $\sqrt{R^2 - a^2}$, est l'ordonnée du cercle suivant lequel le plan des xz, ou des yz, rencontrerait la surface. On reconnaît à cette propriété la génération de la sphère que j'ai choisie pour donner une application simple du procédé général; car, dans ce cas particulier, on peut aisément reconnaître la nature de la surface, en observant que $\sqrt{x^2 + y^2 + z^2}$ est la distance d'un point quelconque à l'origine des coordonnées : distance qui est constante d'après l'équation précédente; ce qui caractérise la sphère.

C'est pour plus de simplicité que nous avons choisi les plans coupans parallèles aux plans coordonnés : par cette disposition, les projections des intersections ne diffèrent pas des intersections elles-mêmes. Nous n'aurions pas eu cet avantage en prenant les plans coupans dans des directions quelconques : si, par exemple, nous les eussions seulement astreints à passer par l'origine, ils auraient eu des équations de la forme

$$A x + B y + C z = 0;$$

et la combinaison de cette équation avec la proposée eût donné, en éliminant z,

$$(A^2 + C^2) x^2 + 2 A B x y + (B^2 + C^2) y^2 = R^2 C^2.$$

Alors la projection de l'intersection sur le plan des xy est une ellipse. On pourrait cependant reconnaître que cette intersection elle-même est une circonférence de cercle, et l'on y parviendrait en la rapportant à des coordonnées prises dans le plan coupant. Je donnerai par la suite des méthodes pour atteindre ce but.

315. En général on peut, à l'aide de ce que nous avons dit dans le n° 79, déterminer les intersections d'une surface quelconque par un plan, et il est visible que ces intersections seront en général des courbes du même ordre que la surface : mais avant d'appliquer ces procédés à l'équation générale du second degré, il faut remarquer qu'une pareille équation n'est pas toujours possible, et qu'il existe des cas où elle ne saurait représenter aucune surface. Pour les déterminer, opérons ici comme nous l'avons fait n° 264, sur l'équation du second degré entre deux variables. En résolvant l'équation proposée par rapport à z, et supposant, pour plus de simplicité,

$$B^2 - 4AA' = a, \quad 2(BB' - 2AB'') = b, \quad B'^2 - 4AA'' = c,$$
$$2(BC - 2AC') = d, \quad 2(B'C - 2AC'') = e, \quad C^2 - 4AF = f,$$

elle donne

$$z = -\frac{(By + B'x + C)}{2A} \pm \frac{1}{2A} \sqrt{(ay^2 + bxy + cx^2 + dy + ex + f)}.$$

Pour que la valeur de z soit toujours imaginaire, quels que soient x et y, il faut que la quantité comprise sous le radical soit toujours négative. Or, en supposant x nul, on pourra (n° 268) donner à y une valeur telle que le signe du résultat ne dépende que de celui de a : on aura donc d'abord, pour première condition de l'imaginarité,

$$B^2 - 4AA' < 0.$$

De plus, pour que la quantité qui est sous le radical conserve toujours son signe négatif, il faut qu'elle ne puisse jamais devenir nulle, et par conséquent il faut qu'en l'égalant à zéro, on n'en tire jamais pour y que des valeurs imaginaires. Or, on voit, par l'article 275, que cette condition ne peut être remplie, à moins qu'on n'ait

$$b^2 - 4ac < 0, \quad (bd - 2ae)^2 - (b^2 - 4ac)(d^2 - 4af) < 0;$$

ce qui exige que les quantités a, c, f, ou

$$\text{B}^2 - 4\text{AA}', \quad \text{B}'^2 - 4\text{AA}'', \quad \text{C}^2 - 4\text{AF},$$

soient de même signe, et par conséquent négatives, puisque la première doit l'être : pour cela, il faut que les coefficiens A', A'', A''', soient de même signe, sans qu'aucun d'eux soit nul.

En faisant donc, pour plus de simplicité,

$$b^2 - 4ac = a', \quad bd - 2ae = b',$$

$$(bd - 2ae)^2 - (b^2 - 4ac)(d^2 - 4af) = \text{Q},$$

nous aurons les trois conditions

$$a < 0, \quad a' < 0, \quad \text{Q} < 0.$$

Lorsqu'elles seront remplies, l'équation proposée sera impossible, et ne représentera aucune surface.

On peut s'assurer aisément de cette vérité, en observant que si l'on égale à zéro la quantité

$$ay^2 + bxy + dx^2 + dy + ex + f$$

pour le résoudre dans ses facteurs simples, on pourra, en opérant comme dans la page 379, la mettre sous la forme

$$\frac{1}{4a}\left\{ (2ay + bx + d)^2 - \frac{1}{a'}(b'x + b')^2 + \frac{\text{Q}}{a'} \right\}.$$

Par conséquent, l'équation proposée équivaut à la suivante,

$$(2\text{A}z + \text{B}y + \text{B}'x + \text{C})^2 - \frac{1}{4a}(2ay + bx + d)^2 \left. \right\} = 0,$$
$$+ \frac{1}{4aa'}(a'x + b')^2 - \frac{\text{Q}}{4aa'}$$

et l'on voit clairement que tous ses termes sont positifs, quelles que soient les valeurs réelles attribuées aux variables x, y, z, si a, a' et Q, sont négatifs, ce qui rend l'égalité à zéro impossible.

Si Q est nul, a et a' étant toujours négatifs, l'équation peut être satisfaite, mais seulement en supposant chacun de ses termes nul en particulier; ce qui donne

$$2Az + By + B'x + C = 0, \quad 2ay + bx + d = 0, \quad a'x + b' = 0.$$

Ces trois équations suffisent pour déterminer les coordonnées x, y, z; et, comme il n'en résulte pour chacune d'elles qu'une valeur, il s'ensuit qu'alors la surface se réduit à un point.

Il est à remarquer que la quantité Q reste la même quand on y change tous les signes des coefficiens a, b, c....

316. Il peut arriver aussi que l'équation proposée soit décomposable en facteurs réels du premier degré, et alors elle représenterait le système de deux plans. Pour cela, il faut que la quantité affectée du signe radical, dans la valeur de z, soit un carré que l'on pourra par conséquent représenter par $(\alpha y + \beta x + \gamma)^2$, α, β, γ, étant des constantes indéterminées : développant cette expression, elle devient

$$\alpha^2 y^2 + 2\alpha\beta xy + \beta^2 x^2 + 2\alpha\gamma y + 2\gamma\beta x + \gamma^2;$$

et, en la comparant terme à terme avec la quantité

$$ay^2 + bxy + cx^2 + dy + ex + f,$$

on a

$$\alpha^2 = a, \qquad \beta^2 = c, \qquad \gamma^2 = f, \qquad \text{(A)}$$
$$2\alpha\beta = b, \qquad 2\alpha\gamma = d, \qquad 2\gamma\beta = e;$$

d'où l'on tire

$$b^2 - 4ac = 0, \quad d^2 - 4af = 0, \quad e^2 - 4cf = 0; \quad \text{(B)}$$

ce qui exige que les quantités a, c, f, soient de même signe. Lorsque ces trois équations seront satisfaites, on aura

$$\alpha = \sqrt{a}, \quad \beta = \sqrt{c}, \quad \gamma = \sqrt{f},$$

les signes des radicaux étant déterminés d'après ceux

25..

des quantités b, d, e; et l'équation proposée se résoudra en deux facteurs, qui seront

$$2Az + By + B'x + C \pm \sqrt{a}\left\{ y + x\sqrt{\frac{c}{a}} + \sqrt{\frac{f}{a}} \right\} = 0.$$

Si les quantités a, e, f, sont positives, ces facteurs représenteront des plans réels : dans le cas contraire, $\sqrt{a}$ sera imaginaire, et l'on devra avoir en même temps

$$2Az + By + B'x + C = 0, \quad y + x\sqrt{\frac{c}{a}} + \sqrt{\frac{f}{a}} = 0.$$

Alors la proposée représentera une ligne droite.

Les valeurs de b, d, e, tirées des équations (A), donnent

$$bd - 2ae = 0.$$

Ainsi, en se reportant au numéro précédent, les quantités que nous avons nommées d, b', Q, sont nulles lorsque l'équation proposée est décomposable en facteurs du premier degré.

Si l'on développe les équations (B), en mettant pour a, b, c, leurs valeurs, elles deviennent

$$AB''^2 + A'B'^2 - A''B^2 - B\,B'B'' - 4AA'A'' = 0, \quad (1)$$
$$AC'^2 + A'C^2 + F\,B^2 - B\,C\,C' - 4AA'F = 0, \quad (2)$$
$$AC''^2 + A''C^2 + F\,B'^2 - B'C\,C'' - 4AA''F = 0. \quad (3)$$

Les deux dernières sont celles que l'on obtiendrait en faisant successivement abstraction de x et de y dans la proposée, et écrivant que le résultat est décomposable en facteurs du premier degré. Il est facile de s'en assurer, en les comparant avec celle de l'article 287. La première n'est point symétrique avec les deux autres, et cela vient de ce que nous avons résolu l'équation par rapport à z; ce qui n'a laissé que x et y sous le radical : en la résolvant par rapport à y, on trouverait pour une des trois équations de condition la suivante

$$A'C''^2 + A''C'^2 + FB''^2 - B''CC'' - 4A'A''F = 0. \quad (4)$$

Cette équation, qui ne contient que les coefficiens de x et de y, doit nécessairement être comportée par les trois précédentes : de plus comme elle contient la lettre B'', qui ne se trouve pas dans les deux dernières, et la lettre F, qui ne se trouve pas dans la première, elle ne peut résulter que de la combinaison de ces trois équations. On peut donc la substituer à une d'entre elles, par exemple, à la première, et l'on aura alors les trois conditions (2) (3) (4), pour que la proposée représente deux plans ou une ligne droite : ces équations de condition pourront même être employées quand une des quantités A, A', A'', qui multiplient les carrés des variables x, y, z, deviendra nulle.

Si l'on voulait parvenir directement aux trois équations (2) (3) (4), il faudrait rendre la proposée homogène et symétrique, en y substituant pour x, y, z; $\dfrac{x}{n}$, $\dfrac{y}{n}$, $\dfrac{z}{n}$; n étant une nouvelle indéterminée, on trouverait ainsi

$$Az^2 + A'y^2 + A''x^2 + Byz + B'xz + B''xy + Czn + C'yn + C''xn + Fn^2 = 0;$$

et en résolvant cette équation par rapport à n, on chercherait les conditions qui rendent le polynome décomposable en facteurs rationnels; on obtiendrait ainsi directement les trois équations (2) (3) (4).

317. Le principal caractère par lequel nous avons classé les courbes du second degré, est l'absence ou l'existence des branches infinies. On distingue également, parmi les surfaces du second ordre, celles qui sont renfermées dans un espace limité, et celles dont le cours est indéfini.

Généralement, lorsqu'une surface est renfermée dans un espace fini, si l'on mène une droite qui la rencontre en plusieurs points, la portion de cette droite qui est interceptée entre les points d'intersection ne pourra jamais devenir infinie; et il est évident que cette propriété appartient exclusivement à ce genre de surface : cherchons les conditions qui l'établissent dans celles du second ordre.

Soient donc

$$x = \alpha z + \beta,$$
$$y = \alpha' z + \beta',$$

les équations d'une ligne droite quelconque dans laquelle α, β, α', β' sont des constantes absolument arbitraires qui dépendent de la position de la droite : les points où elle rencontre la surface du second degré

$$Az^2 + A'y^2 + A''x^2 + Byz + B'xz + B''xy + Cz + C'y + C''x + F = 0,$$

seront déterminés par le système de ces trois équations (n° 79). Il faudra donc en tirer, par l'élimination, les valeurs des coordonnées x, y, z; ce qui revient à chercher les intersections de la surface par chacun des plans projetans, et à déterminer ensuite les points communs à ces deux intersections. Ainsi, pour que la surface proposée soit renfermée dans un espace fini, il est nécessaire et il suffit que ces courbes soient toujours fermées, quelle que soit la direction des plans coupans.

Si l'on combine d'abord la première des équations de la droite avec celle de la surface, et qu'on élimine x entre elles, il viendra une équation du second degré qui appartiendra à la projection, sur le plan des yz, de la courbe suivant laquelle le premier plan projetant rencontre la surface : cette équation sera de la forme

$$a'z^2 + b'zy + c'y^2 + d'z + e'y + f' = 0.$$

Pour qu'elle appartienne à une courbe fermée, il faut, comme on l'a vu n° 268, que $b'^2 - 4a'c'$ soit une quantité négative : or, sans effectuer entièrement le calcul de l'élimination, il est aisé de voir que l'on a

$$a' = A + B'\alpha + A''\alpha^2, \quad b' = B + B''\alpha, \quad c' = A';$$

ce qui donne

$$(B''^2 - 4A'A'')\alpha^2 + 2(BB'' - 2B'A')\alpha + B^2 - 4AA' < 0.$$

Cette condition devant être remplie, quel que soit α, il est visible que l'on aura d'abord (n° 268)

$$B''^2 - 4A'A'' < 0.$$

A' et A'' seront par conséquent de même signe, positives par exemple, si nous supposons la première positive, ce qui est permis.

Il faudra ensuite que ce polynome reste toujours négatif, quel que soit α; ce qui exige qu'en l'égalant à zéro, il ne donne pour α que des valeurs imaginaires : pour cela, il faut qu'on ait (n° 275)

$$(BB'' - 2B'A')^2 - (B^2 - 4AA')(B''^2 - 4A'A'') < 0, \quad (4)$$

ou, en développant et divisant par $4A'$, qui est une quantité positive,

$$AB''^2 + A'B'^2 + A''B^2 - BB'B'' - 4AA'A'' < 0. \quad (5)$$

Cela ne peut avoir lieu qu'en supposant

$$B^2 - 4AA' < 0.$$

Il faut par conséquent que les quantités A, A', A'' soient toutes trois de même signe, c'est-à-dire positives, sans qu'aucune d'elles soit nulle.

Ces conditions étant satisfaites, la section faite dans la surface par le premier plan projetant de la droite sera une courbe fermée, quelle que soit la direction du plan.

En combinant de la même manière l'équation

$$y = \alpha' z + \beta'$$

du second plan projetant de la droite avec celle de la surface, on trouvera que l'intersection sera une courbe fermée, si l'on a

$$B''^2 - 4AA'' < o,$$

$$(B'B'' - 2BA'')^2 - (B'^2 - 4AA'')(B''^2 - 4A'A'') < o; \quad (6)$$

ce qui exige que l'on ait

$$B'^2 - 4AA'' < o.$$

Mais ces conditions ne diffèrent qu'en apparence des précédentes ; car si l'on développe la formule (6), et qu'on la divise par $4A''$, qui est une quantité positive, elle donnera la formule (5) : et, réciproquement, en multipliant la formule (5) par $4A''$, on retrouvera la formule (6). Par conséquent, la condition $B'^2 - 4A'A'' < o$ est implicitement comprise dans les précédentes. L'analogie fait aisément sentir qu'en multipliant la formule (5) par $4A$, on peut lui donner la forme

$$(BB' - 2AB'')^2 - (B^2 - 4AA')(B'^2 - 4AA'') < o.$$

Il suit de là que, pour qu'une surface du second degré soit renfermée dans un espace fini, il est nécessaire et il suffit que son intersection, par un plan perpendiculaire à un des plans coordonnés, soit toujours une courbe fermée, quelle que soit la direction du plan coupant : il est aisé de voir que ce caractère peut servir à déterminer les surfaces finies de tous les ordres.

Cette propriété tient à ce que l'on peut trouver l'intersection d'une droite avec une surface, sans combiner immédiatement l'équation de cette dernière avec celles des deux plans projetans ; car on parvient au même but, en cherchant les points dans lesquels un des plans projetans rencontre la courbe suivant laquelle l'autre a coupé la surface. Il suffit donc, pour que celle-ci soit comprise dans un espace fini, que la courbe dont il s'agit soit toujours fermée, quelle que soit la direction du plan.

Nous conclurons de ce qui précède, qu'une surface du second degré, dont l'équation est

$$Az^2 + A'y^2 + A''x^2 + Byz + B'xz + B''xy + Cz + C'y + C'x + F = o, \quad (7)$$

ne peut être renfermée dans un espace fini, à moins qu'on n'ait entre les coefficiens de cette équation les relations suivantes :

$$B^2 - 4AA' < o \quad B'^2 - 4AA'' < o \quad B''^2 - 4A'A'' < o \quad (A)$$
$$AB''^2 + A'B'^2 + A''B^2 - BB'B'' - 4AA'A'' < o.$$

Mais nous observerons qu'une quelconque des trois premières, prise conjointement avec la dernière, comporte les deux autres.

Pour prendre une idée nette de ce que ces formules représentent, supposons que l'on fasse successivement

$$x = o, \quad y = o, \quad z = o,$$

dans l'équation générale des surfaces du second degré; on obtiendra, par ce moyen, trois équations aussi du second degré, qui appartiendront aux sections faites dans la surface par les trois plans coordonnés : les trois premières des conditions (A) signifient que ces sections, que nous nommerons les *traces de la surface*, sont des courbes fermées. Mais cela ne suffit pas pour que la surface soit elle-même fermée, et il faut encore que la quatrième condition soit remplie. C'est ainsi, par exemple, qu'un cône droit, qui est une surface indéfinie, peut être placé, par rapport à l'origine, de manière que ses intersections par les trois plans coordonnés soient des ellipses.

On voit, par les formules précédentes, que toutes les surfaces du second degré, qui sont de nature à être comprises dans un espace fini, renferment nécessairement dans leur équation les carrés des variables x, y, z; et, en en effet, si une de ces variables, z par exemple, ne s'y trouvait qu'à la première puissance, sa valeur serait toujours réelle, quelle que fût celle des autres; et, si elle n'entrait pas du tout dans l'équation, elle serait absolument arbitraire, en sorte que, dans l'un et l'autre cas, la surface s'étendrait indéfiniment dans le sens de cette variable.

318. Considérons maintenant les diverses particularités du cours de ces surfaces; mais pour les discuter avec plus de facilité, et distinguer plus nettement les propriétés qui les caractérisent, cherchons à simplifier l'équation générale, comme nous avons fait dans le cas des courbes planes en changeant convenablement les coordonnées.

319. Ne faisons d'abord que transporter l'origine. En nommant x' et y' les nouvelles coordonnées, on aura

$$x = x' + \alpha, \quad y = y' + \beta, \quad z = z' + \gamma.$$

En substituant ces valeurs, on peut disposer des indéterminées α, β, γ, de manière à faire disparaître les termes affectés des premières puissances des variables x', y', z'; ce qui donne les trois équations

$$2A\gamma + B\beta + B'\alpha + C = 0,$$
$$2A'\beta + B''\alpha + B\gamma + C' = 0, \qquad (2)$$
$$2A''\alpha + B'\gamma + B''\beta + C'' = 0;$$

et, en représentant par L la quantité

$$A\gamma^2 + A'\beta^2 + A''\alpha^2 + B\beta\gamma + B'\alpha\gamma + B''\alpha\beta + C\gamma + C'\beta + C''\alpha + F,$$

qui ne contient que des quantités connues, la transformée devient

$$Az'^2 + A'y'^2 + A''x'^2 + Bz'y' + B'z'x' + B''x'y' + L = 0. \quad (3)$$

Cette équation reste la même, quand on y change $+x'$, $+y'$, $+z'$, respectivement en $-x'$, $-y'$, $-z'$. Si donc, par l'origine des coordonnées, on mène une ligne droite dont les équations soient de la forme

$$x' = mz', \qquad y' = nz',$$

les points où elle rencontrera la surface auront leurs coordonnées respectivement égales et de signes contraires : par conséquent, la portion de cette droite interceptée par la surface se trouvera divisée en deux parties égales à l'origine des coordonnées. Cette origine sera donc le *centre* de la surface, en attribuant à cette expression la signification que nous lui avons donnée dans les courbes planes, n° 298.

Les équations (2), qui déterminent la position de ce centre, étant linéaires, elles donneront toujours pour α, β, γ, des valeurs réelles ; mais les coefficiens A, B, C, peuvent avoir entre eux des relations telles, que les valeurs α, β, γ, deviennent infinies, et alors le centre de la surface sera infiniment éloigné, circonstance analogue à celle que présente la parabole parmi les sections coniques.

Pour savoir quand cela arrivera, il faut tirer des équations (2) les valeurs de α, β, γ, et examiner les cas où leur dénominateur peut devenir nul. Si l'on calcule ce dénominateur par la méthode ordinaire d'élimination, on aura, en l'égalant à zéro,

$$AB''^2 + A'B'^2 + A''B^2 - BB'B'' - 4AA'A'' = 0. \quad (D)$$

C'est la condition nécessaire pour que le centre de la surface soit infiniment éloigné.

Si cette équation était satisfaite, et qu'on eût en même temps

$$C = 0, \quad C' = 0, \quad C'' = 0,$$

les valeurs de α, β, γ, ne seraient plus infinies : il est aisé de voir qu'alors une quelconque des trois équations (2) serait comportée par les deux autres. Elles ne suffiraient donc plus pour déterminer les trois coordonnées α, β, γ : par conséquent, il y aurait une infinité de centres tous situés sur une même ligne droite qui serait l'intersection de deux plans ayant pour équations

$$2\,A\,\gamma + B\,\beta + B'\,\alpha = 0,$$
$$2\,A'\,\beta + B''\,\alpha + B\,\gamma = 0.$$

Dans ce cas, la surface est un cylindre droit indéfini, à base elliptique ou hyperbolique, comme nous le verrons plus bas, et l'axe de ce cylindre est le lieu de tous les centres.

320. Faisons d'abord abstraction de ces cas particuliers, et considérons en général les surfaces qui ont un centre, c'est-à-dire, dont l'équation peut être mise sous la forme

$$Az'^2 + A'y'^2 + A''x'^2 + By'z' + B'x'z' + B''x'y' + L = 0;$$

pour la simplifier encore, changeons-y la direction des coordonnées, en les laissant toujours rectangulaires, et cherchons à déterminer le nouveau système de manière à faire disparaître les termes qui contiennent les rectangles des coordonnées; il faudra, pour cela, faire n° 97

$$x' = x'' \cos X + y'' \cos X' + z'' \cos X'',$$
$$y' = x'' \cos Y + y'' \cos Y' + z'' \cos Y'',$$
$$z' = x'' \cos Z + y'' \cos Z' + z'' \cos Z'',$$

et joindre à ces équations les suivantes :

$$\cos^2 X + \cos^2 Y + \cos^2 Z = 1,$$
$$\cos^2 X' + \cos^2 Y' + \cos^2 Z' = 1, \qquad (A)$$
$$\cos^2 X'' + \cos^2 Y'' + \cos^2 Z'' = 1,$$

$$\cos X \cos X' + \cos Y \cos Y' + \cos Z \cos Z' = 0,$$
$$\cos X \cos X'' + \cos Y \cos Y'' + \cos Z \cos Z'' = 0, \qquad (B)$$
$$\cos X \cos X'' + \cos Y' \cos Y'' + \cos Z' \cos Z'' = 0,$$

ce qui donnera une équation de la forme

$$Mz''^2 + M'y''^2 + M''x''^2 + Nz''y'' + N'z''x'' + N''x''y'' + P = 0.$$

Sans effectuer entièrement le calcul, on peut aisément

former les valeurs des coefficiens N, N', N''; et, en les égalant à zéro, on aura les trois équations suivantes

$$\left.\begin{array}{l} 2A\cos Z\cos Z' + B\,(\cos Z\cos Y' + \cos Y\cos Z') \\ + 2A'\cos Y\cos Y' + B'\,(\cos Z\cos X' + \cos X\cos Z') \\ + 2A''\cos X\cos X' + B''(\cos Y\cos X' + \cos X\cos Y') \end{array}\right\} = o;$$

$$\left.\begin{array}{l} 2A\cos Z\cos Z'' + B\,(\cos Z\cos Y'' + \cos Y\cos Z'') \\ + 2A'\cos Y\cos Y'' + B'\,(\cos Z\cos X'' + \cos X\cos Z'') \\ + 2A''\cos X\cos X'' + B''(\cos Y\cos X'' + \cos X\cos Y'') \end{array}\right\} = o\,(C);$$

$$\left.\begin{array}{l} 2A\cos Z'\cos Z'' + B\,(\cos Z'\cos Y'' + \cos Y'\cos Z'') \\ + 2A'\cos Y'\cos Y'' + B'\,(\cos Z'\cos X'' + \cos X'\cos Z'') \\ + 2A''\cos X'\cos X'' + B''(\cos Y'\cos X'' + \cos X'\cos Y'') \end{array}\right\} = o;$$

On peut, au moyen des neuf équations (A) (B) (C), déterminer les neuf quantités d'où dépend la position des trois axes; et, en substituant leurs valeurs dans la proposée, elle se réduira à cette forme très simple

$$M z''^2 + M' y''^2 + M'' x''^2 + L = o.$$

Mais la possibilité de la transformation dépend de la réalité de ces valeurs.

Pour s'assurer de cette possibilité, il faut observer que les équations (A) (B) (C) restent les mêmes, quand on y change XYZ respectivement en X'Y'Z', ou en X''Y''Z''. Ces équations sont donc symétriques par rapport aux trois axes des nouvelles coordonnées $x''y''z''$: par conséquent, il doit être possible de les décomposer en trois systèmes équivalens (A) (A') (A''), dont chacun ne renfermera que les quantités relatives à un de ces axes. Ces trois systèmes devant être encore symétriques, comme les équations (A) (B) (C), un seul de ces systèmes pourra représenter les deux autres, et devra donner pour chacune des inconnues trois valeurs qui appartiendront aux trois axes des $x''y''z''$.

Pour obtenir ces équations éliminées, multiplions la

première des équations (C) par cos Y'', la seconde par cos Y', et retranchons ces deux produits l'un de l'autre, en faisant , pour plus de simplicité,

$$2A \cos Z + B \cos Y + B' \cos X = M,$$
$$2A'' \cos Y + B' \cos Z + B'' \cos X = P,$$

il viendra

$$\left. \begin{array}{l} M (\cos Y' \cos Z'' - \cos Z' \cos Y'') \\ + P (\cos Y' \cos X'' - \cos X' \cos Y'') \end{array} \right\} = 0. \quad (2)$$

Effectuons la même opération en multipliant par cos X'' et cos X', et faisons

$$2A' \cos Y + B \cos Z + B'' \cos X = N,$$

il viendra

$$\left. \begin{array}{l} M (\cos X' \cos Z'' - \cos Z' \cos X'') \\ + N (\cos X' \cos Y'' - \cos Y' \cos X'') \end{array} \right\} = 0. \quad (3)$$

Traitant absolument de la même manière les deux premières équations (B) , on en tirera les deux suivantes :

$$\left. \begin{array}{l} \cos X (\cos Y' \cos X'' - \cos X' \cos Y'') \\ + \cos Z (\cos Y' \cos Z'' - \cos Z' \cos Y'') \end{array} \right\} = q.$$

$$\left. \begin{array}{l} \cos Y (\cos X' \cos Y'' - \cos Y' \cos X'') \\ + \cos Z (\cos X' \cos Z'' - \cos Z' \cos X'') \end{array} \right\} = 0.$$

Si l'on fait, pour plus de simplicité,

$$\cos Y' \cos Z'' - \cos Z' \cos Y'' = T,$$
$$\cos Y' \cos X'' - \cos X' \cos Y'' = U,$$
$$\cos X' \cos Z'' - \cos Z' \cos X'' = V;$$

les quatre équations précédentes deviendront

$$MT + PU = 0, \quad MV - NU = 0,$$
$$T \cos Z + U \cos X = 0, \quad V \cos Z - U \cos X = 0.$$

Il faut observer que les quantités T, U, V, qui entrent dans ces expressions, sont les seules qui contiennent des accens : en les éliminant, on aura les deux équations suivantes, qui ne contiendront plus que XYZ,

$$M \cos Y - N \cos Z = 0, \quad M \cos X - P \cos Z = 0,$$

qui comportent la suivante

$$P \cos Y - N \cos X = 0,$$

ou, en développant et mettant pour MNP leurs valeurs,

$$\left. \begin{array}{l} 2 (A - A') \cos Y \cos Z + B (\cos^2 Y - \cos^2 Z) \\ \quad + B' \cos Y \cos X - B'' \cos X \cos Z \end{array} \right\} = 0;$$

$$\left. \begin{array}{l} 2 (A - A'') \cos X \cos Z + B' (\cos^2 X - \cos^2 Z) \\ \quad + B \cos X \cos Y - B'' \cos Y \cos Z \end{array} \right\} = 0; \quad (5)$$

$$\left. \begin{array}{l} 2 (A'' - A') \cos Y \cos X + B'' (\cos^2 Y - \cos^2 X) \\ \quad + B' \cos Z \cos Y - B \cos X \cos Z \end{array} \right\} = 0;$$

à quoi il faudra joindre

$$\cos^2 X + \cos^2 Y + \cos^2 Z = 1.$$

Ces équations éliminées suffisent pour déterminer $\cos X$, $\cos Y$, $\cos Z$; et, comme les formules dont nous sommes partis étaient symétriques par rapport au trois axes des nouvelles coordonnées, on aura, par rapport à chacun d'eux, trois équations semblables aux précédentes, en sorte qu'il suffit de résoudre ces dernières.

Pour y parvenir, on fera

$$\cos X = m \cos Z, \quad \cos Y = n \cos Z;$$

on a alors

$$\cos Z = \frac{1}{\sqrt{1 + m^2 + n^2}},$$

et les quantités m, n, se trouvent déterminées par les équations

$$2 (A - A') n + B (n^2 - 1) + B' mn - B'' m = 0,$$
$$2 (A - A'') m + B' (m^2 - 1) + B mn - B'' n = 0.$$

Si l'on prend dans la première la valeur de m, qui est au premier degré, et qu'on la substitue dans la seconde, le terme affecté de n^4 disparaît de lui-même, et il reste, pour déterminer n, une équation du troisième degré. Cette équation ayant au moins une racine réelle, il en résultera au moins une valeur réelle pour m, et par conséquent pour chacune des quantités $\cos X$, $\cos Y$, $\cos Z$: ces valeurs vérifieront les équations (5), et il y aura au moins un des axes cherchés qui sera réel.

Supposons que l'on transforme les coordonnées de manière à prendre cet axe pour celui des z, les deux autres axes étant pris, comme on voudra, dans le plan perpendiculaire, et seulement de manière à faire entre eux un angle droit : si après avoir effectué ces transformations dans l'équation proposée, on lui applique ensuite les équations (5), elles devront se trouver satisfaites en faisant $\cos X = 0$, $\cos Y = 0$, $\cos Z = 1$. Cette supposition donnant $B = 0$, $B' = 0$, il s'ensuit que, si l'on effectuait réellement cette transformation, les rectangles yz, xz, des nouvelles coordonnées, disparaîtraient d'eux-mêmes, et l'équation serait ramenée à cette forme,

$$Az^2 + A'y^2 + A''x^2 + B''xy + L = 0;$$

les coefficiens $A A' A'' B'' L$ étant tous des quantités réelles; mais, lorsqu'on n'a plus qu'une équation de cette forme, où B et B' sont nuls, les deux premières des équations (5) sont encore satisfaites en supposant $\cos Z = 0$; ce qui donne des axes perpendiculaires à l'axe des z. La position de ces nouveaux axes est déterminée par la troisième de ces équations, qui devient

$$2(A'' - A') \cos Y \cos X + B'' (\cos^2 Y - \cos^2 X) = 0,$$

ou, comme on a alors

$$\cos^2 X + \cos^2 Y = 1,$$

$$\tan^2 X + \frac{2(A'' - A')}{B''} \tan X - 1 = 0.$$

Le dernier terme de cette équation étant négatif et égal à — 1, les deux valeurs de tang X sont réelles, et les angles auxquels elles répondent sont X et X + 90°. Les nouveaux axes des x et des y, déterminés par les équations (5), seront donc réels; l'axe des z, que l'on avait trouvé d'abord, et auquel ils sont perpendiculaires, est aussi réel : on aura donc ainsi trois axes réels et rectangulaires, dont le système satisfera aux équations (A), (B), (C); c'est-à-dire qu'en y rapportant l'équation générale des surfaces du second ordre, les trois rectangles des coordonnées disparaissent d'eux-mêmes de cette équation.

321. Quoique ce système de coordonnées soit en général unique pour chaque surface, il pourrait exister entre les coefficiens de l'équation proposée des relations telles, que quelqu'une des équations (5) fût satisfaite d'elle-même; alors les quantités m et n resteraient indéterminées, et il y aurait une infinité de systèmes pareils à ceux que nous considérons : cela arriverait, par exemple, si l'on avait

$$A = A' = A'', \quad B = 0; \quad B' = 0, \quad B'' = 0;$$

ce qui suppose

$$x^2 + y^2 + z^2 = R^2.$$

Alors les trois premières équations (5) seraient satisfaites d'elles-mêmes, et il ne resterait qu'à remplir les conditions relatives à la perpendicularité des trois axes; alors aussi, de quelque manière qu'on change la direction des coordonnées, en les laissant toutefois rectangulaires, comme les équations (5) le supposent, on n'introduirait jamais les rectangles des variables; c'est ce

7ᵉ *Edit.* 26

qu'il est facile de voir directement par les substitutions. Le cas que nous considérons ici est celui de la sphère, et la propriété dont il s'agit a son analogue dans le cercle, comme on l'a vu précédemment.

Si l'on avait simplement

$$A' = A'', \quad B = o, \quad B' = o, \quad B'' = o,$$

une des équations (5) serait satisfaite d'elle-même, mais les deux autres ne pourraient pas l'être, à moins qu'on n'eût cos $Z = o$: il faudrait donc alors qu'un des trois axes, celui des x'', par exemple, fût perpendiculaire à l'axe des z; on aurait ensuite

$$\cos^2 Y + \cos^2 X = 1,$$

c'est-à-dire que les angles X, Y, sont complément l'un de l'autre; ce qui est une suite de la condition précédente, en vertu de laquelle l'axe dont il s'agit est situé dans le plan des xy. Mais, pour la détermination des autres angles, il faut recourir immédiatement aux équations (C), qui deviennent, dans ce cas,

$$A \cos Z \cos Z' + A' (\cos Y \cos Y' + \cos X \cos X') = o,$$
$$A \cos Z \cos Z'' + A' (\cos Y \cos Y'' + \cos X \cos X'') = o,$$
$$A \cos Z' \cos Z'' + A' (\cos Y' \cos Y'' + \cos X' \cos X'') = o.$$

En les combinant avec les équations (B), elles donnent

$$(A - A') \cos Z \cos Z' = o,$$
$$(A - A') \cos Z \cos Z'' = o,$$
$$(A - A') \cos Z' \cos Z'' = o;$$

et, si l'on n'a pas $A = A'$, il faudra que deux des trois quantités cos Z, cos Z', cos Z'', soient nulles; ce qui met deux des nouveaux axes dans le plan des xy. Comme leur situation dans ce plan reste indéterminée, il y aura une infinité de systèmes de coordonnées rectangulaires qui auront tous le même axe des z, et qui auront la propriété de ne point introduire le rectangle des variables dans l'équation proposée; aussi verrons-nous, par la suite, que la surface représentée par cette équation est formée par la révolution d'une courbe du second degré autour de l'axe des z.

On arriverait à des résultats analogues, si, B, B', B″ étant nuls, on supposait A $=$ A', ou A $=$ A″ : ces cas se traiteraient comme le précédent.

Si, dans les formules de l'article 319, on veut supposer que l'on ait fait préalablement disparaître les rectangles des coordonnées, l'équation que nous avons nommée (D) ne pourra être satisfaite qu'autant qu'une des quantités A, A', A″, sera nulle. Si en outre on suppose les coefficiens C, C', C″ nuls, comme nous l'avons fait à la fin même article, une des trois variables disparaîtra entièrement de l'équation de la surface; et comme cette variable est alors absolument indéterminée, il s'ensuit que la surface est, ainsi que nous l'avons annoncé alors, un cylindre droit dont les génératrices sont perpendiculaires à la base, laquelle est une ellipse ou une hyperbole, située dans un des plans coordonnés. Le cas de l'hyperbole comprenant celui des deux lignes droites, le plan se trouve compris parmi ces cylindres.

Des Surfaces du second ordre rapportées à leurs axes.

322. Il résulte de cette discussion que toutes les surfaces du second degré qui ont un centre, sont renfermées dans l'équation

$$\mathrm{M}x^2 + \mathrm{M}'y^2 + \mathrm{M}''x^2 + \mathrm{L} = 0. \qquad (1)$$

Mais on peut aussi les réunir avec celles qui n'ont point de centre, dans une formule très simple. En effet, si l'on change dans l'équation générale la direction des coordonnées sans déplacer leur origine, et en les lais-

26..

sant toujours rectangulaires, on pourra disposer des indéterminées dépendantes de cette direction, de manière à faire disparaître les rectangles $y'z'$, $x'z'$, $x'y'$, des nouvelles variables; car on aura, pour cela, les mêmes conditions que dans les numéros précédens. Par cette opération, la proposée sera ramenée à la forme

$$Mz'^2 + M'y'^2 + M''x'^2 + Kz' + K'y' + K''x' + F = 0.$$

Alors, si l'on transporte l'origine des coordonnées sans changer la direction des nouveaux axes, ce qui se fera en supposant

$$z' = z'' + a, \quad y' = y'' + a', \quad x' = x'' + a'',$$

on pourra disposer des indéterminées a, a', a'', de manière à faire disparaître le terme tout connu; ce qui donnera

$$Ma^2 + M'a'^2 + M''a''^2 + Ka + K'a' + K''a'' + F = 0. \quad (2)$$

Il existera toujours pour a, a', a'', des valeurs réelles qui satisferont à cette condition, excepté dans le seul cas où la proposée serait elle-même impossible. Ainsi, en supprimant les accens dont nous n'avons plus besoin, et faisant, pour plus de simplicité,

$$2Ma + K = H, \quad 2M'a' + K' = H', \quad 2M''a'' + K'' = H'',$$

toutes les surfaces du second ordre se trouveront comprises dans l'équation

$$Mz^2 + M'y^2 + M''x^2 + Hz + H'y + H''x = 0, \quad (3)$$

l'origine des coordonnées étant sur un point de la surface.

L'équation (2) ne détermine qu'une des coordonnées a a' a'' de la nouvelle origine; on peut en conséquence disposer des deux autres pour rendre nuls deux des coefficiens H, H', H''; mais cette réduction n'est applicable qu'à celles des variables dont le carré se trouve aussi dans l'équation; car, si M, par exemple, était nul, l'indéterminée a disparaîtrait de la valeur de H, qui se réduirait alors à une quantité toute connue.

Cette circonstance nous fournit un moyen très simple de reconnaître dans l'équation (3) les surfaces qui n'ont pas de centre; car, ces surfaces ne pouvant se ramener à la forme de l'équation (1), si on essaie de déterminer les arbitraires $a\,a'\,a''$ de manière à ce que les premières puissances des trois variables disparaissent en même temps, quelques-unes de ces quantités devront devenir infinies dans le cas des surfaces dépourvues de centre : or on aurait, pour les déterminer, les équations

$$2Ma + K = 0, \quad 2M'a' + K' = 0, \quad 2M''a'' + K'' = 0.$$

Il faudrait donc qu'une, au moins, des trois quantités $MM'M''$ fût nulle, celle qui lui correspond parmi les quantités $KK'K''$ ne l'étant pas. Ainsi, quand nous voudrons considérer dans l'équation (3) les surfaces dépourvues de centre, nous devrons supposer que cette équation a perdu quelques-uns des termes qui contiennent les carrés des variables; modification analogue à celle qu'offre la parabole dans les sections coniques.

3a3. L'équation générale étant ainsi ramenée, dans tous les cas, à sa forme la plus simple, examinons plus particulièrement la nature des diverses surfaces qu'elle représente, en commençant d'abord par celles qui ont un centre, et qui sont par conséquent comprises dans la formule

$$Mz^2 + M'y^2 + M''x^2 + L = 0.$$

Cette équation, étant résolue par rapport à une quelconque des trois variables x,y,z, donnerait pour elle deux valeurs égales et de signes contraires. Il suit de là que chacun des plans coordonnés divise ces surfaces en deux portions égales et symétriques. Les traces de la surface sur ses plans se nomment *sections principales*, et les axes rectangulaires qui déterminent ce système de coordonnées s'appellent *axes principaux*.

Si nous coupons la surface par des plans parallèles aux plans coordonnés, ce qui revient à supposer successivement x, y, z, constantes, les intersections, qui seront des courbes du second degré rapportées à leurs axes et au centre, détermineront la forme et le cours de la surface. La nature de ces intersections dépendra évidemment des signes des coefficiens MM'M″ : or, en supposant M positif, ce que nous ferons toujours, il peut arriver qu'on ait

$$M' \quad \text{et} \quad M'' \text{ positifs},$$
$$M' \text{ positif, } M'' \text{ négatif},$$
$$M' \text{ négatif, } M'' \text{ positif},$$
$$M' \quad \text{et} \quad M'' \text{ négatifs.}$$

Les trois derniers cas donneront toujours deux coefficiens de même signe, le troisième étant de signe différent : ils rentreront par conséquent les uns dans les autres, et conduiront aux mêmes résultats, en changeant convenablement les variables les unes dans les autres. Il suffira par conséquent de considérer séparément le premier cas et le dernier.

324. M,M′,M″, étant positifs, si l'on fait successivement

$$x = \alpha, \quad y = \beta, \quad z = \gamma,$$

α, β, γ, étant des constantes, les intersections de ces plans avec les surfaces auront pour équations

$$Mz^2 + M'y^2 + M''\alpha^2 + L = 0,$$
$$Mz^2 + M''x^2 + M'\beta^2 + L = 0,$$
$$M'y^2 + M''x^2 + M\gamma^2 + L = 0.$$

Toutes ces intersections seront alors des ellipses qui auront leurs centres sur les axes des x,y,z. Les traces de la surface s'obtiendront en faisant $\alpha = 0$, $\beta = 0$, $\gamma = 0$, et elles auront pour équations

$$Mz^2 + M'y^2 + L = 0;$$
$$Mz^2 + M'x^2 + L = 0,$$
$$M'y^2 + M'x^2 + L = 0.$$

Si L est positif, toutes les intersections parallèles aux plans coordonnés seront imaginaires, ainsi que la surface; si L est nul, elles se réduiront à un seul point, qui sera l'origine des coordonnées; enfin si L est négatif et égal à $-L'$, elles seront réelles tant que les quantités

$$-L' + M''\alpha^2, \qquad -L' + M'\beta^2, \qquad -L' + M\gamma^2,$$

seront négatives; elles se réduiront chacune à un point, quand ces quantités deviendront nulles, et deviendront imaginaires, de même que la surface, au-delà de cette limite. Ainsi, dans le cas que nous considérons, la surface est fermée. La nature de ces intersections lui a fait donner le nom d'*ellipsoïde*.

La construction de cette surface se déduit aisément des considérations précédentes (fig. 128). En effet, BC, CD, DB, représentant ses trois sections principales, la section B'D', faite par un plan B'PD' parallèle à celui des xz, sera une ellipse qui aura son centre au point P, et dont les axes seront les ordonnées PB', PD' menées par ce point aux deux sections principales situées dans les plans des xz et des xy. Pour chaque point M pris sur la droite PD', l'ordonnée M'M de l'ellipse B'D' sera celle de la surface. Nous n'avons représenté dans la figure que la portion qui est renfermée dans l'angle trièdre des coordonnées positives.

En faisant $y = 0$ et $z = 0$, dans l'équation de cet ellipsoïde n° 323, la valeur de x représente l'abscisse AC des points où l'axe des x rencontre la surface : on trouve ainsi.

$$AC = \pm\sqrt{\frac{-L}{M''}}.$$

Cette double valeur indique deux points d'intersection situés de part et d'autre, et à des distances égales de l'origine des coordonnées. On trouvera de même, en faisant successivement $y=0$ et $z=0$, puis $x=0$ et $z=0$,

$$\mathrm{AB}=\pm\sqrt{-\frac{\mathrm{L}}{\mathrm{M}}}, \qquad \mathrm{AD}=\pm\sqrt{-\frac{\mathrm{L}}{\mathrm{M}'}}$$

Le double de ces valeurs forme ce qu'on appelle les axes de la surface : on voit qu'ils ne sont réels, que si L est négatif.

L'équation de l'ellipsoïde prend une forme très élégante lorsqu'on y introduit ces axes. Si l'on représente par A, B, C, la moitié de leurs longueurs respectivement parallèles aux x, y, z, on aura

$$\mathrm{A}^2=-\frac{\mathrm{L}}{\mathrm{M}}, \qquad \mathrm{B}^2=-\frac{\mathrm{L}}{\mathrm{M}'}, \qquad \mathrm{C}^2=-\frac{\mathrm{L}}{\mathrm{M}''}$$

et, en tirant de ces rapports les valeurs de M, M', M'', l'équation de la surface devient

$$\mathrm{A}^2\mathrm{B}^2 z^2 + \mathrm{A}^2\mathrm{C}^2 y^2 + \mathrm{B}^2\mathrm{C}^2 x^2 = \mathrm{A}^2\mathrm{B}^2\mathrm{C}^2.$$

sous cette forme, on voit aisément que les sections principales sont des ellipses dont les axes sont A et B, A et C, B et C.

325. Prenons les plans coupans perpendiculaires au plan des xy, et passant par l'axe des z, leur équation sera

$$y = ax,$$

ou, en adoptant pour coordonnées (fig. 129) l'angle NAC et le rayon AN, que nous représenterons respectivement par φ et r,

$$x = r\cos\varphi, \qquad y = r\sin\varphi.$$

Substituant ces valeurs dans l'équation de la surface, on aura celle de l'intersection rapportée aux coordonnées

x et z, qui sera

$$Mz^2 + r^2 (M' \sin^2 \varphi + M'' \cos^2 \varphi) + L = 0.$$

Elle représente en général des ellipses différentes, suivant les différentes valeurs de φ. Mais, si $M' = M''$, les axes AC, AD, situés dans le plan des xy, deviennent égaux, l'angle φ disparaît, et l'on a simplement

$$Mz^2 + M'r^2 + L = 0.$$

Toutes les sections faites dans la surface par des plans menés par l'axe des z, sont donc alors égales entre elles et aux deux premières sections principales : la troisième devient une circonférence de cercle, et il en est de même de toutes les intersections parallèles au plan des xy : la surface est donc alors formée par la révolution de l'ellipse BC ou BD autour de l'axe des z. On voit, par ce procédé, qu'en général, pour qu'une surface soit de révolution autour de l'axe des z, il faut que x et y entrent dans son équation, de manière que z n'y soit fonction que de r ou de $x^2 + y^2$.

La supposition de $M = M'$ ou de $M = M''$ donnerait des *ellipsoïdes* de révolution autour des autres axes. Enfin, si $M = M' = M''$, les trois axes A, B, C sont égaux, l'équation de la surface devient

$$z^2 + x^2 + y^2 + \frac{L}{M} = 0.$$

Elle est alors de révolution par rapport aux trois axes : on reconnaît aisément la sphère à cette propriété.

326. Généralement, à mesure que les quantités M, M', M'', diminuent, L restant le même, les axes qui leur correspondent augmentent, et l'ellipsoïde s'étend davantage (fig. 128). Enfin, si une d'elles, M'' par exemple, devient nulle, les deux autres restant finies et positives, l'axe correspondant, qui est ici AC, devient infini ; alors l'ellipsoïde se change en un cylindre dont

l'axe se confond avec celui des x, et dont l'équation est

$$Mz^2 + M'y^2 + L = 0,$$

La base de ce cylindre est l'ellipse BD située dans le plan des zy, et la coordonnée x devient arbitraire; c'est pourquoi elle disparaît de l'équation de la surface.

On voit de nouveau, par cet exemple, qu'en général une équation qui ne renferme que deux des trois variables x, y, z, représente un cylindre lorsqu'elle est prise dans toute sa généralité. C'est ainsi que l'équation d'un plan perpendiculaire à un des plans coordonnés se réduit à l'équation de sa trace sur ce plan.

Si aux suppositions précédentes on ajoute que $M = M'$, l'ellipse BD devient une circonférence de cercle; et l'on a alors le cylindre droit à base circulaire, tel qu'on le considère dans les élémens de Géométrie.

Enfin, si M' est nul, l'équation se réduit à

$$Mz^2 + L = 0,$$

ce qui donne

$$z = \pm \sqrt{\frac{-L}{M}};$$

elle représente alors deux plans, parallèles au plan des xy, et situés de part et d'autre de ce plan, à la distance AB.

327. Considérons maintenant le cas où M' et M'' sont négatifs, M étant positif. Dans ce cas, l'équation de la surface est

$$Mz^2 - M'y^2 - M''x^2 + L = 0,$$

et les intersections parallèles aux plans coordonnés ont pour équations

$$Mz^2 - M'y^2 - M''\alpha^2 + L = 0,$$
$$Mz^2 - M''x^2 - M'\beta^2 + L = 0,$$
$$M'y^2 + M''x^2 - M\gamma^2 - L = 0,$$

Les deux premières sont des hyperboles, les dernières

sont des ellipses : on a alors pour les traces de la surface

$$Mz^2 - M'y^2 + L = 0, \qquad Mz^2 - M''x^2 + L = 0,$$

$$M'y^2 + M''x^2 - L = 0.$$

Les intersections parallèles aux plans des xz et des yz sont toujours réelles : il n'en est pas de même des intersections parallèles au plan des xy ; elles ne peuvent être toujours réelles que lorsque L est une quantité positive : si L est négatif et égal à $- L'$, elles seront imaginaires pour toutes les valeurs de γ, qui rendront la quantité $L' - M\gamma^2$ positive ; quand cette quantité sera nulle, elles se réduiront à un point, et au-delà elles seront toujours réelles. Ainsi, dans ces deux derniers cas, la surface s'étend indéfiniment dans tous les sens ; mais sa forme n'est pas la même.

Lorsque L est positif (fig. 130), les deux sections principales, qui sont des hyperboles, ont pour second axe l'axe des z : elles sont donc placées comme le représente la figure : alors tous les plans parallèles à celui des xy rencontrent la surface suivant des ellipses.

En cherchant, comme dans l'article 324, les intersections de cette surface par les lignes des xyz, on trouvera les trois axes, dont les deux premiers seront réels, et le troisième imaginaire : si on les représente respectivement par $A, B, C\sqrt{-1}$, et qu'on introduise ces valeurs dans l'équation de la surface, elle prend la forme suivante

$$A^2B^2z^2 - A^2C^2y^2 - B^2C^2x^2 + A^2B^2C^2 = 0.$$

Lorsque L est négatif au contraire, les hyperboles résultantes des sections principales ont pour premier axe l'axe des z, elles sont donc placées comme le représente la fig. 131 : alors la surface est imaginaire entre B et B' ; par conséquent, les plans parallèles au plan des xy ne la rencontrent point dans cet intervalle, au-delà duquel ils donnent constamment des ellipses.

Dans ce cas, si l'on cherche les trois axes de la surface, relativement aux xyz, on trouvera le dernier réel, et les deux autres imaginaires. En les représentant respectivement par $A\sqrt{-1}$, $B\sqrt{-1}$, et C, l'équation de la surface deviendra

$$A^2B^2z^2 - A^2C^2y^2 - B^2C^2x^2 - A^2B^2C^2 = 0.$$

On voit maintenant en quoi diffèrent ces deux surfaces que l'on nomme *hyperboloïdes*.

Lorsque $M' = M''$, on a $A = B$; elles deviennent toutes deux de révolution autour de l'axe des z.

Si M''' devient nul, L ne l'étant pas, l'axe AC devient infini, et l'équation se réduit à

$$Mz^2 - M'y^2 + L = 0.$$

Elle représente alors un cylindre perpendiculaire au plan des zy, et dont la base, ou la section par ce plan, est une hyperbole. La situation de cette base, et par conséquent celle du cylindre, dépend du signe de L.

A mesure que L positif ou négatif diminue, l'intervalle BB' (fig. 131) et l'ellipse CDD' (fig. 130) se resserrent; enfin, quand L est nul, les points B et B' se confondent, et l'ellipse CDD' se réduit à un point qui est l'origine même des coordonnées. Les hyperboles données par les plans des xz et des yz, deviennent des droites, et les hyperboloïdes se réduisent tout deux à un cône qui ressemble au cône droit des élémens de Géométrie, à cela près que sa base est une ellipse, son centre est à l'origine des coordonnées : dans ce cas, on a l'équation

$$Mz^2 - M'y^2 - M''x^2 = 0.$$

Les sections de la surface par des plans parallèles aux plans des xz ou des yz, sont encore des hyperboles qui ont leur centre sur l'axe des y ou sur l'axe des x. On pourrait donc concevoir encore ce cône comme ayant

pour base une hyperbole située dans un plan parallèle
à un des deux précédens; et alors il serait engendré par
le mouvement d'une ligne droite assujettie à passer toujours par l'origine des coordonnées, et par des points
différens de cette hyperbole. Si M'' est nul, ce cône se
réduit à deux plans passant par l'origine des coordonnées, et perpendiculaires au plan des yz.

On peut encore s'assurer que la surface précédente est
conique, en menant les plans coupans par l'axe des z :
alors ils auront pour équation

$$y = x \tang \varphi ;$$

ce qui donne

$$x = r \cos \varphi , \quad y = r \sin \varphi .$$

Ces valeurs, substituées dans l'équation des hyperboloïdes, donneront pour l'équation de l'intersection

$$Mz^2 - r^2 (M' \sin^2 \varphi + M'' \cos^2 \varphi) + L = 0 ,$$

qui appartient en général à l'hyperbole, mais qui, dans
le cas où $L = 0$, représente deux lignes droites menées
par l'origine; ce qui est le caractère des surfaces coniques, puisqu'elles sont engendrées par le mouvement
d'une droite assujettie à toucher toujours une courbe
donnée, et à passer toujours par un même point. Ici les
droites correspondantes à un même plan coupant font
des angles égaux avec l'axe des z; ce qui tient à ce que
l'axe du cône passe par le centre de l'ellipse qui lui sert
de base, et est perpendiculaire au plan qui la contient.

Tant que M' et M'' sont différentes l'une de l'autre,
les droites données par l'équation

$$Mz^2 - r^2 (M' \sin^2 \varphi + M'' \cos^2 \varphi) = 0 ,$$

font des angles différens avec l'axe des z suivant les valeurs de φ : mais, lorsque $M' = M''$, on a

$$Mz^2 - r^2 M' = 0 ;$$

l'angle disparaît, et toutes les génératrices font des angles égaux avec l'axe des z : ainsi, dans ce cas, la surface devient un cône droit à base circulaire, ayant pour axe l'axe des z.

328. Le cône que nous venons de considérer est, par rapport aux hyperboloïdes, ce que sont les asymptotes de l'hyperbole par rapport à cette courbe. En effet, si l'on représente par z, z', les coordonnées respectives de ces deux surfaces pour les mêmes valeurs de x et de y, on aura

$$z^2 = \frac{M'y^2 + M''x^2}{M}, \qquad z'^2 = \frac{M'y^2 + M''x^2 - L}{M};$$

ce qui donne

$$z - z' = \frac{L}{M(z + z')},$$

La différence entre ces ordonnées, supposées de même signe, sera positive ou négative suivant le signe de L : par conséquent, le cône sera intérieur à l'hyperboloïde, si L est positif; extérieur, si L est négatif. Cette différence sera d'autant plus petite, que les valeurs des coordonnées z' et z seront plus grandes : ainsi le cône approchera toujours de plus en plus de chacun des hyperboloïdes, sans pouvoir jamais les atteindre.

329. Les hyperboloïdes ont encore plusieurs propriétés remarquables qui les rapprochent des surfaces coniques. Si l'on considère les hyperboles

$$Mz^2 - M'y^2 - M''\alpha^2 + L = 0,$$

qui sont données par les plans coupans perpendiculaires à l'axe des x, on voit qu'en supposant L positif (fig. 130), elles auront leur second axe parallèle aux z, tant que

$$-M''\alpha^2 + L$$

sera une quantité positive, ce qui arrivera quand le plan coupant passera entre le centre et le point C; elles se réduiront à des lignes droites, quand cette quantité sera nalle, ce qui arrivera à l'extrémité de l'axe AC; enfin, pour des distances plus grandes du centre, elles auront leur premier axe parallèle à celui des z. On peut suivre la même marche sur les hyperboles parallèles aux plans des xz, et on trouvera également que le plan mené à l'extrémité de l'axe AD, perpendiculairement à l'axe des y, rencontre aussi la surface suivant deux lignes droites. Ceci est un cas particulier d'une propriété plus générale que nous développerons par la suite.

330. Reprenons maintenant l'équation générale

$$Mz^2 + M'y^2 + M''x^2 + Hz + H'y + H''x = 0. \quad (2)$$

Pour en déduire les surfaces dépourvues de centre, il faudra (page 405) supposer quelqu'un des trois coefficiens M, M', M'', égal à zéro : ces coefficiens ne peuvent cependant pas être tous supposés nuls à la fois, car alors la surface ne serait plus qu'un plan. Il y aura donc en tout deux cas à examiner, suivant qu'une seule ou deux d'entre les quantités M, M', M'', seront nulles. Nous allons discuter ces deux cas, en supposant que le terme Mz^2 reste dans l'équation, le coefficient M étant positif. Il suffira de changer convenablement les variables xyz les unes dans les autres, pour en déduire les résultats qui auraient lieu, si M était égal à zéro.

Supposons d'abord M'' nul, M' ne l'étant point : alors, d'après ce qui a été dit dans l'article 322, on pourra transporter les coordonnées parallèlement à elles-mêmes, de manière à rendre H et H' nuls. L'équation sera donc réduite à la forme

$$Mz^2 + M'y^2 + H''x = 0.$$

Les sections parallèles aux plans des yz, des xz, et des xy, seront

$$Mz^2 + M'y^2 + H''\alpha = 0,$$
$$Mz^2 + H''x + M'\beta^2 = 0,$$
$$M'y^2 + H''x + M\gamma^2 = 0.$$

Les deux dernières, qui représentent des paraboles, seront toujours réelles, les autres seront des ellipses ou des hyperboles, selon que M et M' seront de même signe ou de signe contraire. Les sections principales de la surface auront pour équations

$$M z^2 + M' y^2 = 0, \quad M z^2 + H'' x = 0, \quad M' y^2 + H'' x = 0;$$

et, suivant le signe de M', la première se réduira à un point, ou représentera deux lignes droites.

Supposons d'abord M' positif, ainsi que M. Les sections parallèles au plan des yz ne seront réelles qu'autant que H'' et x seront de signe contraire. La surface ne s'étendra donc que d'un seul côté du plan des yz, savoir, du côté positif, si H'' est négatif, de l'autre, s'il est positif : cette dernière disposition est représentée dans la figure 132; on y reconnaît aisément l'ellipsoïde de la fig. 128, dont deux sections principales sont devenues des paraboles.

Prenons maintenant M' négatif; l'équation de la surface devient

$$M z^2 - M' y^2 + H'' x = 0,$$

et les sections principales seront

$$M z^2 - M' y^2 = 0, \quad M z^2 + H'' x = 0, \quad M' y^2 - H'' x = 0.$$

Celles qui sont paraboliques auront leurs branches dirigées en sens contraire, et leur sommet à l'origine des coordonnées (fig. 133). En général, les sections parallèles au plan des yz seront des hyperboles $BB'B''$, $CC'C''$, qui auront leur centre dans l'axe des x; mais d'un côté de ce plan, elles auront leur premier axe Bb parallèle aux z, et de l'autre, elles auront le premier axe Cc parallèle aux y. Ces directions différentes se réunissent dans le plan des yz, où les sections hyperboliques se réduisent à deux lignes droites AL, AL', comme le représente la figure 133, où l'on a supposé H'' positif. En général, il est aisé de voir que le signe de H'' n'influe point sur la forme de la surface, mais seulement sur sa position par rapport aux plans coordonnés. Il est remarquable que les hyperboles représentées par les équations

$$Mz^2 - M'y^2 + H''x = 0,$$

et qui sont par conséquent les projections sur le plan des yz des intersections parallèles à ce plan, ont leurs asymptotes parallèles aux lignes droites AL, AL', dont l'équation est

$$Mz^2 - M'y^2 = 0,$$

et qui sont les intersections du plan des yz avec la surface. Ainsi les plans menés par ces droites et par l'axe des x comprendront toute la surface dans les angles dièdres qu'ils forment de part et d'autre du plan des xy, et ils s'en approcheront sans cesse sans pouvoir l'atteindre. Les surfaces que nous venons de discuter se nomment *paraboloïdes*.

331. Il nous reste maintenant à examiner le cas où M' et M'' seraient nuls à la fois ; alors l'équation (2) devient

$$Mz^2 + Hz + H'y + H''x = 0. \qquad (4)$$

On ne peut, par le simple déplacement de l'origine, faire disparaître que le terme Hz, ce qui ramène l'équation à cette forme

$$Mz^2 + H'y + H''x = 0.$$

Les traces de la surface sur les plans des yz, des xz et des xy, ont pour équations

$$Mz^2 + H'y = 0, \quad Mz^2 + H''x = 0, \quad H'y + H''x = 0;$$

les équations des sections parallèles à ces plans seront en général

$$Mz^2 + H'y + H''x = 0,$$
$$Mz^2 + H''x + H'\beta = 0,$$
$$H'y + H''x + M\gamma^2 = c.$$

Les deux premières représentent des paraboles égales et parallèles aux sections principales qui leur correspondent : leurs sommets, situés dans le plan des xy, sont placés sur la ligne droite

$$H'y + H''x = 0,$$

suivant laquelle le plan des xy rencontre la surface. On voit, de plus, que les sections parallèles au plan des xy sont des lignes droites parallèles entre elles, et à la trace de la surface sur ce même plan. Il est aisé de reconnaître à ces caractères que la surface dont il s'agit est un cylindre parabolique dont les génératrices sont parallèles au plan des xy, les projections de ces génératrices sur ce plan faisant avec l'axe des x un angle qui a pour tangente trigonométrique $-\dfrac{H''}{H'}$.

D'après ce que nous avons dit sur la nature des surfaces cylindriques, il est clair que, si nous transformons les coordonnées de manière à prendre un des axes parallèles aux génératrices, une des trois variables x, y, z, disparaîtra d'elle-même. Pour cela, il faudra conserver l'axe des z, et changer seulement ceux des x et des y, en les laissant rectangulaires, ce qui se fera à l'aide des formules

$$x = x' \cos \alpha - y' \sin \alpha,$$
$$y = x' \sin \alpha + y' \cos \alpha.$$

En effet, en substituant ces valeurs dans l'équation de la surface, elle devient

$$Mz^2 + (H' \cos\alpha - H'' \sin\alpha)\, y' + (H' \sin\alpha + H'' \cos\alpha)\, x' = 0.$$

La variable x' disparaîtra en faisant

$$H' \sin \alpha + H'' \cos \alpha = 0;$$

ce qui donne

$$\tan \alpha = -\dfrac{H''}{H'}.$$

Le nouvel axe des x devient ainsi parallèle à la génératrice qui a pour équation

$$H'y + H''x = 0,$$

et l'équation transformée de la surface devient

$$Mz^2 + \frac{(H'^2 + H''^2)\cos\alpha}{H'}.y' = 0.$$

332. En coupant les surfaces du second degré par des plans diversement inclinés, les intersections sont des courbes du second ordre ; on peut aisément reconnaître leur nature, en les rapportant à des coordonnées prises dans le plan coupant lui-même.

Pour cela, reprenons les formules

$$x = mx' + m'y' + m''z', \quad y = nx' + n'y' + n''z',$$
$$z = px' + p'y' + p''z',$$

qui servent généralement à la transformation des coordonnées en trois dimensions. Si l'on substitue ces valeurs dans l'équation d'une surface, cette surface se trouvera rapportée aux $x'y'z'$; et, pour trouver son intersection par un plan donné, il suffira de combiner son équation avec celle de ce plan. Or, si les coordonnées $x'y'$ sont prises dans le plan coupant lui-même, la troisième coordonnée z' lui sera perpendiculaire, et l'équation de ce plan sera $z' = 0$. Ainsi, pour trouver l'équation de son intersection avec la surface, il suffira de faire z' nul dans cette dernière, après l'avoir transformée.

Ou, ce qui revient au même, il suffira d'y substituer pour xyz les valeurs suivantes

$$x = mx' + m'y', \quad y = nx' + n'y', \quad z = px' + p'y',$$

que l'on obtient en supposant z' nul.

Il ne reste plus qu'à déterminer les coefficiens m, m', n, n', p, p', d'après la position des axes dans le plan coupant. Pour plus de simplicité, nous supposerons que les x sont comptées sur la ligne AX' (fig. 134), qui représente la trace de ce plan avec celui des xy, et nous

27..

prendrons pour axe des y' une droite AY' menée dans le plan perpendiculairement à cette trace : alors, si nous commençons par considérer les points situés sur l'axe AX', pour lequel y' est nul, les valeurs de xyz deviendront

$$x = mx', \qquad y = nx', \qquad z = px'.$$

L'axe AX' étant situé dans le plan des xy, si l'on nomme φ l'angle X'AX, on aura pour les points situés sur cet axe

$$x = x' \cos\varphi, \qquad y = x' \sin\varphi, \qquad z = 0.$$

et par conséquent

$$m = \cos\varphi, \qquad n = \sin\varphi, \qquad p = 0.$$

Relativement à l'axe des y', on aura $z' = 0$, $x' = 0$, ce qui donne

$$x = m'y', \qquad y = n'y', \qquad z = p'y'.$$

Soit M un quelconque des points qui y sont situés. Si l'on mène MM', M'P', respectivement parallèles aux axes des z et des y, MM' sera z, P'M', $-y$; AP', x, et AM, y'; l'angle MAM' sera celui que fait le plan donné avec celui des xy : en le nommant θ, on aura

$$z = y' \sin\theta, \qquad AM' = y' \cos\theta,$$
$$y = -AM' \cos\varphi = -y' \cos\theta \cos\varphi,$$
$$x = AM' \sin\varphi = y' \cos\theta \sin\varphi;$$

ce qui donne

$$m' = \cos\theta \sin\varphi, \qquad n' = -\cos\theta \cos\varphi, \qquad p' = \sin\theta;$$

et, en réunissant ces deux valeurs, on en tire généralement, pour tous les autres points du plan X'AY',

$$x = x' \cos\varphi + y' \cos\theta \sin\varphi,$$
$$y = x' \sin\varphi - y' \cos\theta \cos\varphi; \qquad z = y' \sin\theta.$$

Ces formules serviront à rapporter les points d'un plan à des axes rectangulaires qui y seront situés.

333. Jusqu'ici nous n'avons changé que la direction des axes : si l'on voulait aussi déplacer l'origine, il suffirait d'ajouter aux expressions précédentes les coordonnées a, b, c, de l'origine nouvelle (n° 97). On aura ainsi pour xyz ces valeurs générales

$$x = a + x' \cos \varphi + y' \cos \theta \sin \varphi,$$
$$y = b + x' \sin \varphi - y' \cos \theta \cos \varphi,$$
$$z = c + y' \sin \theta,$$

dans lesquelles a, b, c, représentent les anciennes coordonnées x, y, z, d'un point quelconque pris dans le plan coupant. Ce plan se trouve aussi déterminé par les trois conditions, de passer par ce point, de faire avec le plan des xy un angle θ, et de couper ce même plan suivant une ligne droite qui fasse un angle φ avec l'axe des x.

334. En substituant ces valeurs dans l'équation générale

$$M z^2 + M' y^2 + M'' x^2 + H z + H' y + H'' x = 0,$$

qui comprend toutes les surfaces du second ordre, on aura l'équation de l'intersection qui sera évidemment du second degré en x', y', et l'on pourra reconnaître sa nature d'après les méthodes que nous avons données.

On pourra même disposer des indéterminées, desquelles dépend la position du plan coupant, pour obtenir les diverses intersections qui seront compatibles avec la nature de la surface : si, par exemple, on demande que l'intersection soit une circonférence de cercle; il suffira, pour cela, que les coefficiens de y'^2 et x'^2 soient égaux et de même signe, celui des $x'y'$ étant nul. Or l'on verra aisément, par la substitution effective, que ces conditions donnent les deux équations suivantes

$$M \sin^2\theta + M' \cos^2\theta \cos^2\varphi + M'' \cos^2\theta \sin^2\varphi - M' \sin^2\varphi - M'' \cos^2\varphi = 0, \qquad (2)$$

$$\sin \varphi \cos \varphi \cos \theta = 0, \qquad (3)$$

lesquelles doivent servir à déterminer les angles θ et φ.

La seconde est satisfaite en supposant $\cos\theta = 0$; ce qui donne $\sin\theta = 1$, et $\theta = 90°$: cette valeur, substituée dans la première, donne

$$M - M' \sin^2\varphi - M'' \cos^2\varphi = 0 ;$$

d'où l'on tire

$$\operatorname{tang}\varphi = \pm \sqrt{\frac{M'' - M}{M - M'}}.$$

Alors le plan coupant est perpendiculaire au plan des xy : cette valeur de tang φ n'est réelle qu'autant que la quantité

$$\frac{M'' - M}{M - M'}$$

est positive. Ainsi, dans ce cas seulement, la supposition $\cos\theta = 0$ est admissible. Cela n'a pas lieu, par exemple, quand $M' = M''$. Alors, en effet, la surface est de révolution autour d'un axe parallèle à l'axe des z, comme on peut aisément le voir en transportant les coordonnées x et y parallèlement à elles-mêmes, et il devient impossible de la couper suivant un cercle par un plan parallèle à cet axe, à moins qu'on n'ait aussi $M = M' = M''$; ce qui est le cas de la sphère.

L'équation (3) est encore satisfaite en faisant

$$\sin\varphi = 0, \qquad \text{ou} \qquad \cos\varphi = 0$$

La première supposition donne le plan coupant perpendiculaire au plan des yz ; la seconde le rend perpendiculaire à celui des xz. Dans le premier cas, on aura

$$\operatorname{tang}\theta = \pm \sqrt{\frac{M' - M''}{M'' - M}} ;$$

dans le second,

$$\operatorname{tang}\theta = \pm \sqrt{\frac{M'' - M'}{M' - M}}.$$

Chacune de ces valeurs de θ ne sera admissible qu'autant que les quantités qui s'y trouvent affectées du signe radical seront positives. Or, il est aisé de voir qu'en prenant M positif, ce qui est toujours permis, les trois quantités

$$\frac{M'' - M}{M - M'}, \qquad \frac{M' - M''}{M'' - M}, \qquad \frac{M'' - M'}{M' - M},$$

ne peuvent pas être négatives en même temps, d'où il suit qu'une au moins des suppositions précédentes sera possible : or, chacune d'elles donne deux valeurs de tang θ ou de tang φ, et par conséquent il en résultera, dans chaque cas, deux positions du plan coupant qui donneront des circonférences du cercle.

Il suit de là, 1°. qu'en général, par chaque point d'une surface du second degré on peut toujours faire passer deux plans qui la coupent suivant une circonférence de cercle.

2°. Lorsque l'on a fait disparaître de l'équation de la surface les rectangles des coordonnées, les plans coupans qui donnent des cercles sont perpendiculaires à l'un des plans coordonnés.

3°. Comme les conditions précédentes ne déterminent que les angles θ et φ, et non pas les coordonnées a, b, c, il existe pour chaque surface une infinité de plans qui donnent des cercles, et ils sont tous parallèles entre eux. Quant aux indéterminées a, b, c, on peut en disposer pour que l'origine de $x'y'$ se trouve au centre même du cercle suivant lequel la surface est coupée ; cette condition, qui rend les coefficiens de x' et de y' nuls, donne, entre a, b, c, deux équations linéaires ; d'où il suit que, pour chaque surface, les centres de tous ces cercles sont situés sur une même ligne droite.

a et b étant supposés déterminés par ces deux équations, c reste encore arbitraire ; mais, pour que les cercles dont il s'agit soient réels, il faut que le dernier terme de l'équation transformée en x'^2 et y'^2 soit de signe contraire aux deux autres. Cette condition, qui limite les valeurs de c, pourra toujours être remplie pour chaque surface, excepté dans les points où elle ne s'étend pas. Il suit de là que toute surface du second degré peut être engendrée par le mouvement d'un cercle toujours parallèle à lui-même, et variable de rayon.

En appliquant ces résultats au cône elliptique, on pourra le couper suivant une circonférence de cercle; ce qui donnera le cône oblique que l'on considère relativement à son volume dans les Elémens de Géométrie, et dont nous aurions pu, quoique avec moins de simplicité, déduire toutes les courbes du second ordre. Une des sections circulaires étant regardée comme base de cette surface, l'autre se nomme *section souscontraire*. Il est aisé de voir, par ce qui précède, que, si le cône est droit, la section souscontraire se confond avec la base.

On trouverait de même quelles sont les surfaces du second degré qui peuvent être coupées suivant des lignes droites, et les élèves pourront s'exercer à cette recherche.

Des Plans tangens aux Surfaces du second ordre.

335. Par un point quelconque pris sur une surface courbe, on peut mener une infinité de droites qui ne la rencontrent qu'en ce point. L'ensemble de ces droites forme, comme on le verra tout à l'heure, une surface plane que l'on nomme *plan tangent*, et qui est, par rapport aux surfaces, ce que sont les tangentes par rapport aux lignes.

Cherchons l'équation du plan tangent relativement aux surfaces du second ordre : pour cela, reprenons celle de ces surfaces, qui est

$$A z^2 + A'y^2 + A''x^2 + Cz + C'y + C''x + L = 0. \quad (1)$$

En supposant qu'on ait fait disparaître les rectangles des coordonnées : soient x'', y'', z'', les coordonnées du point de tangence, on aura

$$A z''^2 + A'y''^2 + A''x''^2 + Cz'' + C'y'' + C''x'' + L = 0. \quad (2)$$

Les équations d'une droite menée par ce point, suivant une direction quelconque, seront

$$x - x'' = a(z - z''), \quad y - y'' = b(z - z''),$$

a et b représentant les tangentes trigonométriques des angles que ses projections forment avec l'axe des z. Dans les points où cette droite rencontre la surface, ses équations subsistent en même temps que les deux précédentes. Or, en retranchant ces dernières l'une de l'autre, on a

$$A(z+z'')(z-z'') + A'(y+y'')(y-y'') + A''(x+x'')(x-x'')$$
$$+ C(z-z'') + C'(y-y'') + C''(x-x'') = 0.$$

Mettant pour $y - y''$ et $x - x''$ leurs valeurs données par l'équation de la droite, on aura, relativement aux points d'intersection,

$$\left\{ A(z+z'') + A'b(y+y'') + A''a(x+x'') + C + C'b + C''a \right\}(z-z'') = 0.$$

Cette équation est satisfaite, quand $z = z''$; ce qui donne $y = y''$ et $x = x''$, parce que le point dont les coordonnées sont x'', y'', z'', est sur la droite. Supprimant le facteur commun $z - z''$, il vient

$$A(z+z'') + A'b(y+y'') + A''a(x+x'') + C + C'b + C''a = 0$$

Cette équation appartient au second point dans lequel la droite, considérée comme sécante, rencontre la surface. Si elle est tangente, ce second point doit se confondre avec le premier, et ses coordonnées doivent être les mêmes. L'équation précédente doit donc alors être satisfaite, quand on fait

$$x = x'', \quad y = y'', \quad z = z'';$$

ce qui donne

$$2Az'' + 2A'by'' + 2A''ax'' + C + C'b + C''a = 0. \quad (4)$$

C'est la condition nécessaire pour qu'une droite soit tangente à une surface du second ordre. Comme elle ne suffit pas pour déterminer les deux quantités a et b, une d'entre elles reste arbitraire; et conséquemment il existe pour chaque point une infinité de droites qui jouissent de cette propriété.

Si l'on élimine a et b au moyen de leurs valeurs prises dans les équations de la droite, le résultat exprimera toujours une propriété commune aux droites qui touchent la surface dans le point donné; mais il ne renfermera rien qui soit particulier à aucune d'elles; il appartiendra par conséquent à la surface qu'elles forment, laquelle aura pour équation

$$(2Az'' + C)(z - z'') + (2A'y'' + C')(y - y'')$$
$$+ (2A''x'' + C'')(x - x'') = 0.$$

Cette équation étant linéaire en x, y, z, le lieu de toutes les tangentes est un plan qui est lui-même tangent à la surface proposée.

En développant cette expression, et faisant usage de l'équation (2), on peut la mettre sous la forme la plus simple

$$(2Az'' + C)z + (2A'y'' + C')y + (2A''x'' + C'')x$$
$$+ Cz' + C'y'' + C''x'' + 2L = 0. \quad (5)$$

Pour les surfaces qui ont un centre, C, C' et C'' sont nuls, lorsque l'origine des coordonnées est placée à ce point : l'équation du plan tangent devient alors

$$Azz'' + A'yy'' + A''xx'' + L = 0.$$

336. Une droite menée par le point de tangence, perpendiculairement au plan tangent, se nomme une normale. D'après la première condition, ses équations seront de la forme

$$x - x'' = a' (z - z''), \qquad y - y'' = b' (z - z'').$$

Pour que la seconde soit remplie, il faut (n° 82) qu'on ait

$$A''x'' = a'Az'', \qquad A'y'' = b'Az'';$$

ce qui détermine a' et b'. Il ne reste plus qu'à substituer ces valeurs dans les équations de la normale. Si la surface proposée est de révolution par rapport à un des axes, par exemple, celui des y, on a $A = A''$; et la valeur de a', qui devient $\dfrac{x''}{z''}$, donne

$$xz'' - zx'' = 0,$$

pour la projection de la normale sur le plan des xz : cette projection passant par l'origine des coordonnées, il s'ensuit que la normale rencontre l'axe des y. Cette propriété est générale; et, lorsqu'une surface est de révolution autour d'un axe, toutes ses normales rencontrent cet axe.

337. En mettant dans l'équation du plan tangent, pour $x''y''z''$ les coordonnées du point de tangence, il sera facile ensuite de construire ce plan. On peut aisément faire l'application de ces résultats aux diverses surfaces du second ordre que nous avons discutées, et l'on en verra naître plusieurs propriétés remarquables. Prenons pour exemple l'hyperboloïde que nous avons discuté dans l'article 327. L'équation de cette surface est

$$Az^2 - A'y^2 - A''x^2 + L = 0;$$

celle du plan tangent sera

$$\mathrm{A}zz'' - \mathrm{A}'yy'' - \mathrm{A}''xx'' + \mathrm{L} = 0,$$

et en outre on aura pour le point de tangence,

$$\mathrm{A}z''^2 - \mathrm{A}'y''^2 - \mathrm{A}''x''^2 + \mathrm{L} = 0.$$

Pour trouver les points communs au plan tangent et à la surface, il faut combiner les trois équations précédentes de manière à en éliminer x, y ou z; car, dans ces points, elles subsistent en même temps. Or, si l'on retranche le double de la seconde de la somme des deux autres, on trouve

$$A(z - z'')^2 - A'(y - y'')^2 - A''(x - x'')^2 = 0. \qquad \text{(A)}$$

La troisième, retranchée de la seconde, donne

$$\mathrm{A}z''(z - z'') - \mathrm{A}'y''(y - y'') - \mathrm{A}''x''(x - x'') = 0;$$

d'où l'on tire

$$\mathrm{A}(z - z'')^2 = \frac{\left\{ \mathrm{A}'y''(y - y'') + \mathrm{A}''x''(x - x'') \right\}^2}{\mathrm{A}z''^2}.$$

Substituant cette valeur dans l'équation (A), il vient

$$\left\{ \mathrm{A}'y''(y - y'') + \mathrm{A}''x''(x - x'') \right\}^2 - \mathrm{A}\mathrm{A}'z''^2(y - y'')^2$$
$$- \mathrm{A}\mathrm{A}''z''^2(x - x'')^2 = 0.$$

Ce résultat, qui ne contient que x et y, appartient aux points communs au plan tangent et à la surface; c'est l'équation de leur projection sur le plan des xy. Elle est toujours satisfaite, quand $x = x''$, ce qui doit être, puisque le point de tangence est nécessairement sur la surface; mais elle est, de plus, décomposable en facteurs du premier degré; car, si l'on fait

$$y - y'' = a(x - x''),$$

le facteur $x - x''$, devient commun à tous ses termes; en le supprimant, les variables x et y disparaissent, et l'on a pour déterminer a, l'équation du second degré

$$(A'ay'' + A''x'')^2 - A'A'a^2z''^2 - AA''z''^2 = 0;$$

ce qui donne pour chaque point de la surface deux valeurs de a. Lorsqu'elles seront réelles, les points communs au plan tangent et à l'hyperboloïde auront pour projection deux lignes droites sur le plan des xy, et, comme ils sont d'ailleurs situés sur le plan tangent, ils formeront aussi deux droites dans l'espace. Leurs projections sur les autres plans coordonnés s'obtiendront en éliminant y ou x de l'équation du plan tangent, au moyen de celle de la projection déjà trouvée ; ce qui revient à combiner ensemble les équations

$$Az'' (z - z'') - A'y'' (y - y'') - A''x'' (x - x'') = 0,$$
$$y - y'' = a (x - z'').$$

Il s'agit maintenant de savoir si les valeurs de a seront toujours réelles. Or, en développant l'équation qui détermine cette quantité, elle devient

$$A'(Az''^2 - A'y''^2)a^2 + 2A'A''y^2x''a + A''(Az''^2 - A''x''^2) = 0;$$

ou, en faisant usage de la relation qui existe entre les coordonnées du point de tangence,

$$A'(A''x''^2 - L)a^2 + 2A'A''y''x''a + A''(A'y''^2 - L) = 0.$$

La quantité affectée du signe radical, dans la valeur de a, sera

$$- A'A''(A'y''^2 - L)(A''x''^2 - L) + A'^2A''^2y''^2x''^2 ;$$

ou, en développant,

$$A'A''L (A'y''^2 + A''x''^2 - L) ,$$

qui se réduit enfin à

$$AA'A''Lz''^2.$$

Les trois quantités $AA'A''$ étant positives, a ne peut être réelle qu'autant que L sera aussi positive : par conséquent, l'hyperboloïde a une nappe dont l'équation est

$$Az^2 - A'y^2 - A''x^2 + L = o,$$

$AA'A''$ et L étant positives, est touché par ses plans tangens suivant deux lignes droites; et il est le seul hyperboloïde du second ordre qui jouisse de cette propriété. Cette propriété n'infirme pas la définition du plan tangent donnée dans l'art. ...; car il existe encore, pour chaque point de tangence, une infinité d'autres lignes droites qui n'ont que ce point de commun avec la surface.

338. Les formules précédentes peuvent encore être employées pour mener un plan tangent aux surfaces du second ordre par un point extérieur dont les coordonnées seraient connues. En effet, en les supposant représentées par x', y', z', elles doivent satisfaire à l'équation du plan tangent; ce qui donne

$$(2Az'' + C)z' + (2A'y'' + C')y' + (2A''x'' + C'')x'$$
$$+ Cz'' + C'y'' + C''x'' + 2L = o. \quad (1)$$

On aurait de plus, le point de tangence étant sur la surface,

$$Az''^2 + A'y''^2 + A''x''^2 + Cz'' + C'y'' + C''x'' + L = o. \quad (2)$$

En regardant x'', y'' et z'' comme inconnues, ces deux équations ne suffiraient pas pour les déterminer : on peut donc, par un même point extérieur, mener une infinité de plans tangens à la surface. Si l'on élimine x'' ou y'' entre ces deux équations, elles donneront les projections de la courbe qui est le lieu de tous les points de tangence de ces plans : cette courbe est celle suivant laquelle la surface serait touchée par une surface conique qui aurait son centre au point donné, et qui serait engendrée par une ligne droite assujettie à passer toujours par ce point et à toucher la surface.

L'équation (1) étant linéaire en x'', y'', z'', sa combinaison avec l'équation (2) donnera entre x'' et z'', y'' et z'', des équations du second degré; d'où il suit que la courbe de tangence sera une section conique; et, par conséquent, les surfaces coniques, tangentes à des surfaces du second ordre, sont elles-mêmes du second ordre.

Si, au lieu d'effectuer l'élimination entre les équations (1) et (2), on veut construire séparément chacune d'elles en y regardant x'', y'', z'', comme variables, la première représentera un plan qui sera le lieu de la courbe de tangence; ce plan sera donc analogue à la corde qui joint les points de tangence dans les courbes du second ordre; et, en lui appliquant ici les considérations dont nous avons fait usage pour assujettir ces cordes à passer par un même point, on en déduira aisément des propriétés de plans analogues à celles des lignes polaires.

La position du plan tangent serait déterminée, si l'on connaissait un second point par lequel il dût passer; car, en désignant par x''', y''', z''', ses coordonnées, on aurait

$$(2Az'' + C)z''' + (2A'y'' + C')y''' + (2A'''x'' + C'')x'''$$
$$+ Cz'' + C'y'' + C''x'' + 2L = 0. \quad (3)$$

Les équations (1), (2), (3), suffiront pour déterminer les coordonnées x'', y'', z'', du point de tangence en fonction de x', y', z'; x''', y''', z'''.

On arriverait à un résultat semblable, en assujettissant le plan tangent à passer par une droite donnée. En effet, soient x', y', z' les coordonnées d'un point de cette droite, son équation sera de la forme

$$x - x' = a(z - z'), \qquad y - y' = b(z - z'),$$

a et b étant connus, puisque la position de la droite

est supposée donnée ; or, x', y', z' devant satisfaire à l'équation du plan tangent, on aura d'abord

$$(2Az'' + C)z' + (2A'y'' + C')y' + (2A''x'' + C'')x' \\ + Cz'' + C'y'' + C''x'' + 2L = 0.$$

Cette condition ayant lieu, il suffit, pour que la droite soit dans le plan, qu'elle lui devienne parallèle ; ce qui donne (n° 81),

$$Az'' + A'by'' + A''ax'' = 0.$$

On aura de plus

$$Az''^2 + A'y''^2 + A''x''^2 + Cz'' + C'y'' + C''x'' + L = 0,$$

puisque le point de tangence est sur la surface. Ces trois équations détermineront les valeurs de x'', y'', z'' ; et, comme elles sont du second degré, il s'ensuit que l'on peut, en général, par une droite donnee, mener deux plans tangens à une surface du second degré quelconque.

Des surfaces du second degré rapportées à leurs plans diamètres.

339. On peut rapporter les surfaces du second degré à des coordonnées obliques, ainsi que nous l'avons fait pour les lignes du même ordre. Si, dans l'équation générale

$$Az^2 + A'y'^2 + A''x^2 + Byz + B'xz + B''xy \\ + Cz + C'y + C''x + L = 0,$$

où les coordonnées sont rectangulaires, on substitue pour xyz les valeurs générales

$$x = x' \cos X + y' \cos X' + z' \cos X'', \\ y = x' \cos Y + y' \cos Y' + z' \cos Y'', \\ z = x' \cos Z + y' \cos Z' + z' \cos Z'',$$

dans lesquelles x', y', z' soient les coordonnées relatives à de nouveaux axes qui font entre eux un angle quelconque et sont assujettis aux seules équations

$$\cos^2 X + \cos^2 Y + \cos^2 Z = 1,$$
$$\cos^2 X' + \cos^2 Y' + \cos^2 Z' = 1, \qquad \text{(A)}$$
$$\cos^2 X'' + \cos^2 Y'' + \cos^2 Z'' = 1,$$

on aura la transformée

$$Mz'^2 + M'y'^2 + M''x'^2 + Ny'z' + N'x'z' + N''x'y'$$
$$+ Pz' + P'y' + P''x' + L = 0.$$

On pourra toujours disposer des indéterminées, d'où dépend la position des nouveaux axes pour rendre N, N' et N'' nuls, et cette condition pourra même être remplie d'une infinité de manières; car on a vu, dans le n° 320, page 396, qu'en joignant aux trois équations (A) et aux suivantes :

$$N = 0, \qquad N' = 0, \qquad N'' = 0,$$

les trois équations (B) qui ont lieu quand les axes sont rectangulaires, leur système suffit pour déterminer en quantités réelles les valeurs des neuf inconnues d'où dépend la position des axes : ces équations ne suffiront donc plus pour cet objet, quand on en ôtera les trois équations (B). Ainsi non-seulement on pourra trouver des coordonnées obliques par rapport auxquelles les surfaces du second ordre auront des équations de même forme que par rapport à leurs axes rectangulaires ; mais il y a une infinité de systèmes qui jouiront de cette propriété, et dont les plans seront, relativement à ces surfaces, ce que sont les diamètres dans les courbes du même ordre.

340. Nous n'entrerons pas dans un plus grand détail relativement aux surfaces du second ordre. On pourrait, à l'aide des formules précédentes, et des méthodes données dans les préliminaires, découvrir un grand nombre de propriétés particulières à ces surfaces. Il sera très utile à ceux qui auront lu cet ou-

vrage, d'effectuer ces applications qui n'offrent rien de difficile, et qui auront l'avantage de les familiariser avec l'emploi de l'analyse; mais un pareil détail deviendrait ici superflu. La Géométrie analytique repose, comme la synthétique, sur un petit nombre de préliminaires relatifs au point, à la ligne droite et au plan. Ces élémens, lorsqu'on les possède bien, suffisent pour mettre en équation tous les problèmes que la Géométrie présente, sans qu'il soit besoin pour cela de recourir à aucune construction particulière. Il ne reste plus ensuite, pour les résoudre, qu'à surmonter les difficultés de l'analyse; et celles-ci peuvent être souvent diminuées, ou du moins éludées par un choix heureux d'inconnues : c'est un art qui ne peut s'apprendre que dans les écrits des grands géomètres, et surtout dans l'*Arithmétique universelle* de Newton, qui en offre les plus beaux exemples.

Supplément au chapitre *IV* sur les Sections du Cône.

341. Les courbes du second ordre peuvent se tirer du droit par une analyse plus simple que celle dont nous avons fait usage dans le chapitre IV. Pour cela, soit (fig. 135) C le centre du cône, par un point quelconque O pris sur cet axe, à une distance donnée c du centre, concevons trois axes de coordonnées OX, OY, OZ, rectangulaires entre eux, et dont l'un, OZ, soit dirigé suivant l'axe du cône même. Appelons v' l'angle constant CAO, formé avec le plan des xy par une quelconque des droites génératrices, et cherchons d'abord à déterminer l'équation du cône avec ces données.

D'après les définitions précédentes, les coordonnées du centre C sont $x = 0$, $y = 0$, $z = 0$; ainsi les équations d'une génératrice quelconque, menée par ce point, seront nécessairement de la forme

$$x = a'(z - c), \qquad y = b'(z - c),$$

les coefficiens a', b' étant constans pour la même génératrice, et variables d'une génératrice à une autre.

Maintenant, le cône étant le plan supposé droit, et décrit autour de CO, comme axe, l'angle v' formé par toutes les génératrices avec le plan des xy, doit être constant. Or, par l'article 67, on a en général,

$$\sin^2 v' = \frac{1}{1 + a'^2 + b'^2},$$

d'où l'on tire

$$(a'^2 + b'^2) \tang^2 v' = 1.$$

Remplaçons a' et b', par leurs valeurs tirées de l'équation de la génératrice, il viendra en général,

$$(y^2 + x^2)\tang^2 v' = (z - c)^2. \qquad (1)$$

Cette relation convenant à tous les points d'une génératrice quelconque, est donc l'équation cherchée de la surface conique; et en effet, elle s'accorde avec celle que nous avons trouvée dans l'article 105, p. 168, avec la seule différence que l'angle variable v, formé par les génératrices avec l'axe, est ici remplacé par l'angle v' ou $90° - v$.

Coupons maintenant cette surface par un plan BOY, mené par l'origine O, perpendiculairement au plan des xz, et formant avec le plan des xy un angle quelconque u'; l'équation d'un pareil plan se réduisant à celle de sa trace sur le plan des xz (n° 76), sera

$$z = x \tang u' \qquad (2)$$

et, en la combinant avec celle de la surface conique, on aura les projections de la courbe d'intersection. Or, quoique la position que nous donnons ici au plan cou-

pant soit particulière relativement aux plans coordonnés, cette particularité ne limite nullement la nature
de l'intersection qui en résulte; car, en concevant un
plan mené par le point O d'une manière absolument
quelconque, on pourra toujours choisir les plans coordonnés de telle sorte, que l'un d'eux, celui des xz,
lui devienne perpendiculaire; et, à cause de la forme
symétrique du cône autour de son axe, la section angulaire ACD, formée par les deux génératrices opposées, sera toujours la même, ainsi que la courbe d'intersection. Mais, au lieu d'employer directement l'équation (2), qui donnerait seulement les projections de
cette courbe, prenons de nouvelles coordonnées situées
dans le plan coupant, afin d'obtenir l'équation de l'intersection elle-même. A cet effet, conservons toujours
les mêmes y, que nous désignerons seulement par y'
pour les spécifier; mais substituons aux z et aux x la
seule abscisse OP', ou x', comptée sur la trace OB du
plan coupant. Alors, si nous considérons un point quelconque de l'intersection, pour lequel OP soit x et PP'
soit z, la troisième coordonnée y étant perpendiculaire
aux deux premières en P', on aura évidemment

$$y = y', \qquad x = x' \cos u', \qquad z = x' \sin u'; \quad (3)$$

puis, substituant ces valeurs au lieu de x, y, z, dans
l'équation de la surface conique, on aura en x', y',
l'équation de l'intersection, laquelle, après les réductions, sera

$$y'^2 \tan^2 v' + x'^2 \cos^2 u' (\tan^2 v' - \tan^2 u') + 2cx' \sin u' = c^2, \quad (4)$$

Pour développer successivement les diverses formes de
courbes qu'elle peut donner, il suffit de faire varier l'angle
u' ou BOX, formé par le plan coupant avec l'axe du cône,
depuis zéro jusqu'à 90 degrés; car la symétrie de la surface conique autour de son axe, fait que les mêmes formes

d'intersection reviendraient, pour des valeurs de u' comprises dans les autres quadrans. Commençons donc par faire u' nul, ce qui fait coïncider le plan coupant BOY avec la base du cône ; alors l'équation de l'intersection, étant divisée par $\tang^2 v'$, devient

$$y'^2 + x'^2 = \frac{c^2}{\tang^2 v'} \, ;$$

c'est-à-dire qu'elle représente une circonférence de cercle décrite du point O, comme centre, avec un rayon égal à $\dfrac{c}{\tang v'}$, ou à la longueur AO.

Il est facile de voir que cette seule position du plan coupant peut donner le cercle ; car l'équation du cercle exige que les coefficiens de y'^2 et de x'^2 soient égaux entre eux ; or, si l'on établit cette égalité, il vient

$$\tang^2 v' = \cos^2 u' \, (\tang^2 v' - \tang^2 u')$$

ou $\qquad \tang^2 v' \sin^2 u' = - \sin^2 u'$,

qui peut se mettre sous la forme

$$\{ \tang^2 v' + 1 \} \sin^2 u' = 0 \, ;$$

et l'on voit que cette condition ne peut être satisfaite qu'en faisant $\sin u'$ nul, ce qui donne pour u' les deux valeurs

$$u' = 0, \qquad \text{ou bien} \qquad u' = 180^\circ,$$

d'où résultent deux positions du plan coupant, qui se superposent, et dont la première est celle que nous avons considérée.

Partant donc de cette position du plan coupant, faisons graduellement croître l'angle u'. Tant qu'il sera moindre que v', inclinaison des génératrices sur le plan des xy, la trace BOB' ne sera pas parallèle à l'arête CD opposée à CB ; elle coupera donc ces deux arêtes aux points B, B′, situées sur une même nappe de la surface conique, et par conséquent, ne pourra plus aller les couper une seconde fois sur l'autre nappe. L'intersection sera donc alors une courbe fermée qui s'étendra sur une seule des deux nappes du cône. Dans ce cas, $\operatorname{tang}^2 u'$ étant moindre que $\operatorname{tang}^2 v'$, les coefficiens de x'^2 et de y'^2 seront tous deux positifs dans l'équation générale de l'intersection : cette condition caractérisera les ellipses.

Lorsque u' deviendra égal à v', le plan coupant BOY sera parallèle à l'arête CD. Il ne rencontrera donc plus cette arête ; ou, si l'on veut, il la rencontrera seulement à une distance infinie du centre. Alors la courbe sera encore bornée à la seule nappe BCD du cône; mais elle s'étendra indéfiniment sur cette nappe à partir du point B. La condition $u' = v'$ fait disparaître le coefficient de x'^2 dans l'équation générale de l'intersection, et elle se réduit à

$$y' \operatorname{tang}^2 v' + 2cx' \sin u' = c^2,$$

qui exprimera généralement une parabole.

Enfin, l'angle u' ou BOX croissant toujours, et devenant plus grand que v' ou CDX, le plan coupant ne rencontrera plus l'arête CD sur la nappe BCD, mais il la coupera sur la nappe opposée du cône. La courbe d'intersection sera donc alors formée de deux branches séparées, et opposées en directions, dont chacune s'étendra indéfiniment sur une des nappes. Dans ce cas, $\operatorname{tang}^2 u'$ surpassant $\operatorname{tang}^2 v'$, le coefficient de x'^2 sera négatif, celui de y'^2 étant positif. Ce sera le caractère des hyperboles.

On voit donc que notre équation (4) reproduit les trois mêmes sortes de courbes que nous avions trouvées dans le chapitre IV, en fixant par des données différentes, les positions successives du plan coupant. Mais le caractère analytique de chaque espèce de courbe se découvre plus simplement ici, parce que la variabilité de position du plan coupant est plus aisée à suivre. On pourrait également tirer de notre nouvelle équation (4) les divers cas particuliers que nous avons obtenus par l'autre méthode dans le chapitre IV. Par exemple, le point considéré comme cas particulier des ellipses, s'obtiendra en faisant c nul et u' moindre que v'; de sorte que les coefficiens de y'^2 et de x'^2 demeurent tous deux positifs. La ligne droite unique, considérée comme cas particulier des paraboles, s'obtiendrait aussi en faisant c nul, et u' égal à v', ce qui réduira l'équation de l'intersection à $y' = 0$, équation de l'axe des x'. Enfin, les deux droites non parallèles, considérées comme cas particuliers des hyperboles, s'obtiendront en faisant c nul, mais u' plus grand que v'; de sorte que le coefficient de x'^2 devienne négatif, celui de y'^2 restant positif. Les deux droites d'intersection seront alors les deux génératrices opposées suivant lesquelles le plan coupant rencontre la surface conique. Ces trois cas particuliers placent toujours le plan coupant au sommet du cône, et donnent ainsi les mêmes conditions, soit analytiques, soit géométriques, que nous avions trouvées dans le chapitre IV.

Pour employer notre nouvelle équation (4) à la discussion particulière des trois espèces de courbes d'intersection, il faudra commencer par trouver les points d'intersection avec l'axe des x', comme nous l'avions fait par l'autre méthode, c'est-à-dire en supposant y' nul. Mais ici, l'origine des coordonnées y', x', n'étant plus placée sur un point de la courbe, aucune des abscisses des points d'intersections ne sera nulle. Néanmoins on pourra de même transporter l'origine à l'un de ces points, dans le cas de la parabole ou au milieu de la droite qui les joint dans le cas des hyperboles et des ellipses. Cette transformation faite, tout le reste de la discussion suivra comme précédemment.

On pourrait même, si on le jugeait à propos, ramener tout de suite notre nouvelle équation (4) à la même forme que celle du chapitre IV, en transformant l'origine des x' au point B, l'un des sommets de la courbe d'intersection. En effet, la distance BO de ce point à l'origine peut aisément se déduire du triangle BOC, dans lequel on connaît l'angle C égal à $90° - v'$, l'angle B égal à $v' + u'$, et le côté OC égal à c. Car, il en résulte que BO est égal à $\dfrac{c \cos v'}{\sin(v' + u')}$: si donc on voulait prendre de nouvelles abscisses x'' à partir du point B, dans le sens BB', il faudrait faire

$$x' = \frac{c \cos v'}{\sin(v' + u')} - x''.$$

En substituant cette valeur de x' dans l'équation (4), le terme indépendant des variables y' et x'' s'évanouit de lui-même, parce que la nouvelle origine des coordonnées se trouve placée à l'un des points de la courbe d'intersection ; et l'équation transformée se réduit à

$$y'^2 \sin^2 v' + x''^2 \sin(v' + u') \sin(v' - u') - 2cx'' \sin v' \cos v' \cos u' = 0. \qquad (5)$$

Alors on peut lui appliquer immédiatement le mode de discussion dont nous avons fait usage au commencement de chaque chapitre. Il est aisé de voir que cette forme est précisément la même que nous avions trouvée dans le chapitre IV, page 171 ; en effet, pour s'en convaincre, il suffit de considérer que nous avions pris alors pour données l'angle BCO de la génératrice avec l'axe que nous avions nommé v ; l'angle CBO formé par le plan coupant avec l'arête CB que nous avions nommé i, et enfin la distance CB que nous avions nommée a. Par conséquent, ces données sont liées avec les angles v', u'

et c par les relations suivantes :

$$v' = 90^\circ - v, \quad u' = i + v - 90^\circ, \quad c = \frac{a \sin i}{\cos u'},$$

d'où l'on tire

$$v' + u' = i, \quad v' - u' = 180 - (i + 2v), \quad c \cos u' = a \sin i,$$

valeurs qui étant substituées dans l'équation précédente la changent en

$$y'^2 \cos^2 v + \sin i \sin (i + 2v) x''^2 - a \sin 2v \sin i = 0;$$

ce qui est en effet identique avec l'équation (4) de la page 171.

Précis des Formules trigonométriques les plus usuelles.

342. Lorsqu'on fait quelque application de la Géométrie analytique, on a souvent besoin d'employer les formules analytiques de la Trigonométrie ; mais ces formules sont si variées, qu'il est difficile de les avoir toujours présentes à la mémoire ; c'est pourquoi j'ai placé ici un précis de celles qui sont les plus usuelles, afin qu'on les trouve ainsi rassemblées au moment où l'on en aura besoin. Quant à leur démonstration, ainsi qu'à l'exposition des principes sur lesquels elles reposent, on devra les chercher dans les excellens traités de Trigonométrie que nous possédons.

On doit se rappeler d'abord (n° 38) que toutes les lignes trigonométriques peuvent s'exprimer rationnellement en fonction du sinus et du cosinus de l'arc auquel elles appartiennent, ce qui détermine à la fois leurs valeurs et le signe qu'on doit leur attribuer. Soit a l'arc, R le rayon de la circonférence à laquelle il appartient, on a toujours

$$\tang a = \mathrm{R}\,\frac{\sin a}{\cos a}\,; \qquad \cotang a = \mathrm{R}\,\frac{\cos a}{\sin a}\,;$$

$$\sec a = \frac{\mathrm{R}^2}{\cos a}\,; \qquad \cosec a = \frac{\mathrm{R}^2}{\sin a}\cdot$$

Cela posé, toutes les formules trigonométriques dérivent des quatre suivantes, qui expriment les sinus et cosinus de la somme ou de la différence de deux arcs, en fonction des sinus et des cosinus de ces arcs. Soient a et b les arcs donnés, supposons que le rayon du cercle soit pris pour unité, on aura

$$(1) \qquad \sin(a+b) = \sin a \cos b + \sin b \cos a;$$
$$\cos(a+b) = \cos a \cos b - \sin a \sin b;$$
$$\sin(a-b) = \sin a \cos b - \sin b \cos a;$$
$$\cos(a-b) = \cos a \cos b + \sin b \sin a;$$

divisant ces équations membre à membre, on en tire

$$\tang(a+b) = \frac{\sin a \cos b + \sin b \cos a}{\cos a \cos b - \sin a \sin b}\,;$$

$$\tang(a-b) = \frac{\sin a \cos b - \sin b \cos a}{\cos a \cos b + \sin b \sin a}\cdot$$

Divisant les deux termes des seconds membres par $\cos a \cos b$, et substituant $\tang a$ et $\tang b$ aux rapports

$$\frac{\sin a}{\cos a}\,, \qquad \frac{\sin b}{\cos b}\,,$$

on aura

$$\tang(a+b) = \frac{\tang a + \tang b}{1 - \tang a \tang b}\,,$$

$$\tang(a-b) = \frac{\tang a - \tang b}{1 + \tang a \tang b}\,,$$

expressions qui donnent la tangente de la somme et de la différence de deux arcs en fonction des tangentes de ces arcs.

Si l'on fait $a = b$ dans les formules précédentes, elles donnent .

$$\sin 2a = 2\sin a \cos a, \quad \cos 2a = \cos^2 a - \sin^2 a,$$

$$\tang 2a = \frac{2\,\tang a}{1 - \tang^2 a},$$

expressions qui donnent le sinus, le cosinus et la tangente de l'arc double en fonction des sinus, cosinus et tangente de l'arc simple.

Revenant aux équations (1), si on les ajoute membre à membre, on aura

$$\sin (a + b) + \sin (a - b) = 2 \sin a \cos b;$$
$$\sin (a + b) - \sin (a - b) = 2 \sin b \cos a;$$
$$\cos (a + b) + \cos (a - b) = 2 \cos a \cos b;$$
$$\cos (a - b) - \cos (a + b) = 2 \sin a \sin b.$$

Soit

$$a + b = u, \qquad a - b = v,$$

ce qui donne

$$a = \tfrac{1}{2} (u + v) \qquad b = \tfrac{1}{2} (u - v);$$

les formules précédentes deviennent

$$\text{(2)} \quad \begin{aligned}
\sin u + \sin v &= 2 \sin \tfrac{1}{2} (u + v) \cos \tfrac{1}{2} (u - v), \\
\sin u - \sin v &= 2 \sin \tfrac{1}{2} (u - v) \cos \tfrac{1}{2} (u + v), \\
\cos u + \cos v &= 2 \cos \tfrac{1}{2} (u + v) \cos \tfrac{1}{2} (u - v), \\
\cos v - \cos u &= 2 \sin \tfrac{1}{2} (u + v) \sin \tfrac{1}{2} (u - v),
\end{aligned}$$

expressions qui servent à transformer une somme ou une différence de sinus et de cosinus, en un produit, et à réunir ainsi deux termes en un seul.

Si l'on divise les deux premières formules membre à membre, elles donnent

$$\frac{\sin u + \sin v}{\sin u - \sin v} = \frac{\tang \tfrac{1}{2} (u + v)}{\tang \tfrac{1}{2} (u - v)},$$

relation remarquable par sa symétrie.

Si l'on multiplie ces équations membre à membre, en observant que, en général, $2 \sin y \cos y = \sin 2y$, on en tire

$$\sin^2 u - \sin^2 v = \sin(u+v)\sin(u-v),$$
$$\cos^2 v - \cos^2 u = \sin(u+v)\sin(u-v),$$

qui sont aussi d'un fréquent usage.

Nous avons trouvé tout à l'heure

$$\sin 2a = 2 \sin a \cos a, \quad \cos 2a = \cos^2 a - \sin^2 a.$$

La seconde de ces équations peut se mettre sous les deux formes suivantes :

$$\cos 2a = 1 - 2 \sin^2 a, \quad \cos 2a = 2 \cos^2 a - 1;$$

d'où l'on tire

$$\sin^2 a = \frac{1 - \cos 2a}{2}, \qquad \cos^2 a = \frac{1 + \cos 2a}{2}.$$

On se sert de ces expressions pour substituer aux carrés d'un sinus ou d'un cosinus la première puissance du cosinus de l'arc double.

Soit $2a = u$, d'où $a = \frac{1}{2} u$, ces formules deviennent

$$\sin^2 \tfrac{1}{2} u = \frac{1 - \cos u}{2}, \quad \cos^2 \tfrac{1}{2} u = \frac{1 + \cos u}{2}$$

et divisées membre à membre, elles donnent

$$\tang^2 \tfrac{1}{2} u = \frac{1 - \cos u}{1 + \cos u};$$

ou, si l'on veut tirer la valeur de $\cos u$:

$$\cos u = \frac{1 - \tang^2 \tfrac{1}{2} u}{1 + \tang^2 \tfrac{1}{2} u}.$$

Ces formules sont aussi d'une application fréquente.

De même que nous avons trouvé le sinus et le cosinus de l'arc double, on trouvera le sinus et le cosinus de l'arc triple. Il suffit de faire, dans les formules (1), $b = 2a$; elles donnent alors

$$\sin 3a = \sin a \cos 2a + \sin 2a \cos a,$$
$$\cos 3a = \cos a \cos 2a - \sin a \sin 2a;$$

substituant pour $\sin 2a$ et $\cos 2a$ leurs valeurs, $2 \sin a \cos a$, et $\cos^2 a - \sin^2 a$, elles deviennent

$$\sin 3a = + 3 \sin a \cos^2 a - \sin^3 a,$$
$$\cos 3a = - 3 \cos a \sin^2 a + \cos^3 a,$$

et elles peuvent se mettre sous la forme

$$\sin 3a = \cos^3 a \left\{ 3 \tang a - \tang^3 a \right\},$$
$$\cos 3a = \cos^3 a \left\{ 1 - 3 \tang^2 a \right\}.$$

En général, n étant un nombre entier quelconque, on a

$$\sin na = \cos^n a \left\{ n \tang a - \frac{n.n-1.n-2}{1.2.3} \tang^3 a + \frac{n.n-1.n-2.n-3.n-4}{1.2.3.4.5.} \tang^5 a .. \text{etc.} \right\}$$

$$\cos na = \cos^n a \left\{ 1 - \frac{n.n-1}{1.2} \tang^2 a + \frac{n.n-1.n-2.n-3}{1.2.3.4.} \tang^4 a .. \text{etc.} \right\}$$

Ces formules donnent le sinus et le cosinus d'un arc multiple quelconque en fonction du sinus et du cosinus de l'arc simple. Les coefficiens des différens termes sont ceux de la $n^{ième}$ puissance du binome. C'est pourquoi on peut rassembler ces séries sous la forme suivante :

$$\sin na = \frac{1}{2\sqrt{-1}} \left\{ \cos a + \sqrt{-1} . \sin a \right\}^n - \frac{1}{2\sqrt{-1}} \left\{ \cos a - \sqrt{-1} . \sin a \right\}^n$$

$$\cos na = \frac{1}{2} \left\{ \cos a + \sqrt{-1} \, \sin a \right\}^n + \frac{1}{2} \left\{ \cos a - \sqrt{-1} \sin a \right\}^n.$$

Et en effet, en développant ces expressions abrégées, elles redonnent les deux séries précédentes, comme on peut le vérifier aisément.

Réciproquement on peut exprimer les diverses puissances quelconques du sinus et du cosinus de l'arc simple en fonction du sinus et du cosinus de l'arc multiple ; et même, en employant plusieurs arcs multiples, on peut rendre ces expressions linéaires. Pour le prouver, il faut savoir qu'en développant le sinus et le cosinus en fonction de l'arc, on a

$$\sin x = x - \frac{x^3}{1.2.3} + \frac{x^5}{1.2.3.4.5} \ldots \text{étc.}$$

$$\cos x = 1 - \frac{x^2}{1.2.} + \frac{x^4}{1.2.3.4.} \ldots \text{etc.}$$

Dans ces expressions, la lettre x est censée désigner, sous les signes de sinus et de cosinus, l'arc même que l'on considère; mais, hors des signes, elle exprime le rapport de cet arc au rayon pris pour une unité de longueur; de sorte que, si l'on voulait faire reparaître le rayon, il faudrait écrire partout $\frac{x}{r}$ au lieu de x, dans le second membre, et $\frac{\sin x}{r}$, $\frac{\cos x}{r}$ au lieu de $\sin x$ et $\cos x$ dans le premier membre de cette équation. Or, en adoptant ces séries, si l'on représente par e le nombre dont le logarithme hyperbolique est l'unité, elles peuvent se mettre sous la forme

$$\sin x = \frac{e^{x\sqrt{-1}} - e^{-x\sqrt{-1}}}{2\sqrt{-1}},$$

$$\cos x = \frac{e^{x\sqrt{-1}} + e^{-x\sqrt{-1}}}{2};$$

d'où l'on tire

$$e^{x\sqrt{-1}} = \cos x + \sqrt{-1}.\sin x;$$

$$e^{-x\sqrt{-1}} = \cos x - \sqrt{-1}.\sin x.$$

Soit m un nombre entier quelconque, en changeant x en mx, on aura de même

$$e^{mx\sqrt{-1}} = \cos mx + \sqrt{-1}\,\sin mx;$$

$$e^{-mx\sqrt{-1}} = \cos mx - \sqrt{-1}\,\sin mx.$$

c'est sur cela qu'est fondée la transformation que nous cherchons. En effet, d'après les valeurs précédentes de $\sin x$ et $\cos x$, on aura

$$\sin^n x = \left\{ \frac{e^{x\sqrt{-1}} - e^{-x\sqrt{-1}}}{2\sqrt{-1}} \right\}^n,$$

$$\cos^n x = \left\{ \frac{e^{x\sqrt{-1}} + e^{-x\sqrt{-1}}}{2} \right\}^n,$$

ou, en développant les seconds membres par la formule du binome,

$$\sin^n x = \frac{1}{2^n (\sqrt{-1})^n} \left\{ \begin{array}{l} e^{nx\sqrt{-1}} - n \cdot e^{(n-2)x\sqrt{-1}} \\ + \dfrac{n \cdot \overline{n-1}}{1.2.} e^{(n-4)x\sqrt{-1}} \end{array} \right\},$$

$$+ \text{ etc.}$$

$$\cos^n x = \frac{1}{2^n} \left\{ \begin{array}{l} e^{nx\sqrt{-1}} + n \cdot e^{(n-2)x\sqrt{-1}} \\ + \dfrac{n \cdot \overline{n-1}}{1.2.} e^{(n-4)x\sqrt{-1}} \end{array} \right\}.$$

$$+ \text{ etc.}$$

Les différens termes compris entre les parenthèses du second membre sont tous de la forme $e^{mx\sqrt{-1}}$; par conséquent, lorsque le développement sera complètement effectué, on pourra substituer à leur place les expressions équivalentes $\cos mx + \sqrt{-1} \cdot \sin mx$, dans lesquelles le nombre m aura successivement pour valeur n; $n - 2, n - 4 \ldots$ Alors les coefficiens imaginaires disparaîtront d'eux-mêmes par la division, ou par la destruction mutuelle des termes qui les contiennent, et les valeurs de $\sin^n x$ et de $\cos^n x$ se trouveront exprimées linéairement en fonction des sinus et cosinus d'un certain nombre d'arcs multiples.

Les expressions que nous venons de rapporter suffisent pour exécuter toutes les transformations qui peuvent être le plus ordinairement nécessaires dans les calculs analytiques. Si l'on voulait avoir de plus grands détails sur cette branche importante de l'Analyse, il faudrait consulter l'ouvrage d'Euler intitulé : *Introductio in Analysis infinitorum.*

F I N.

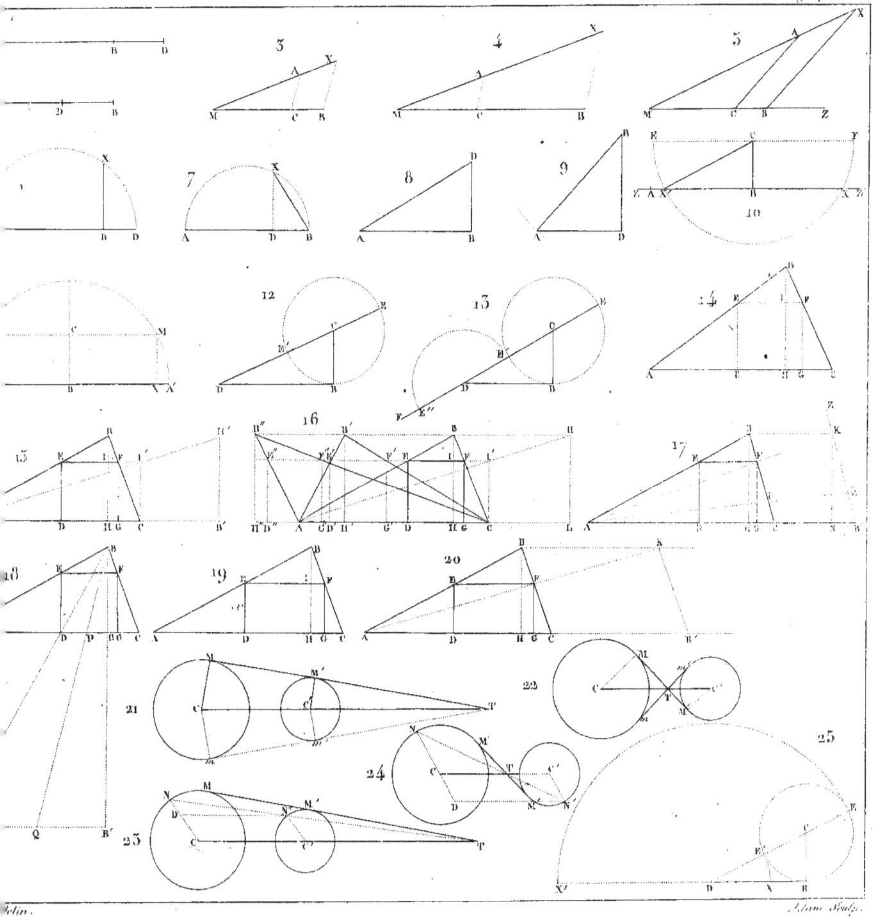

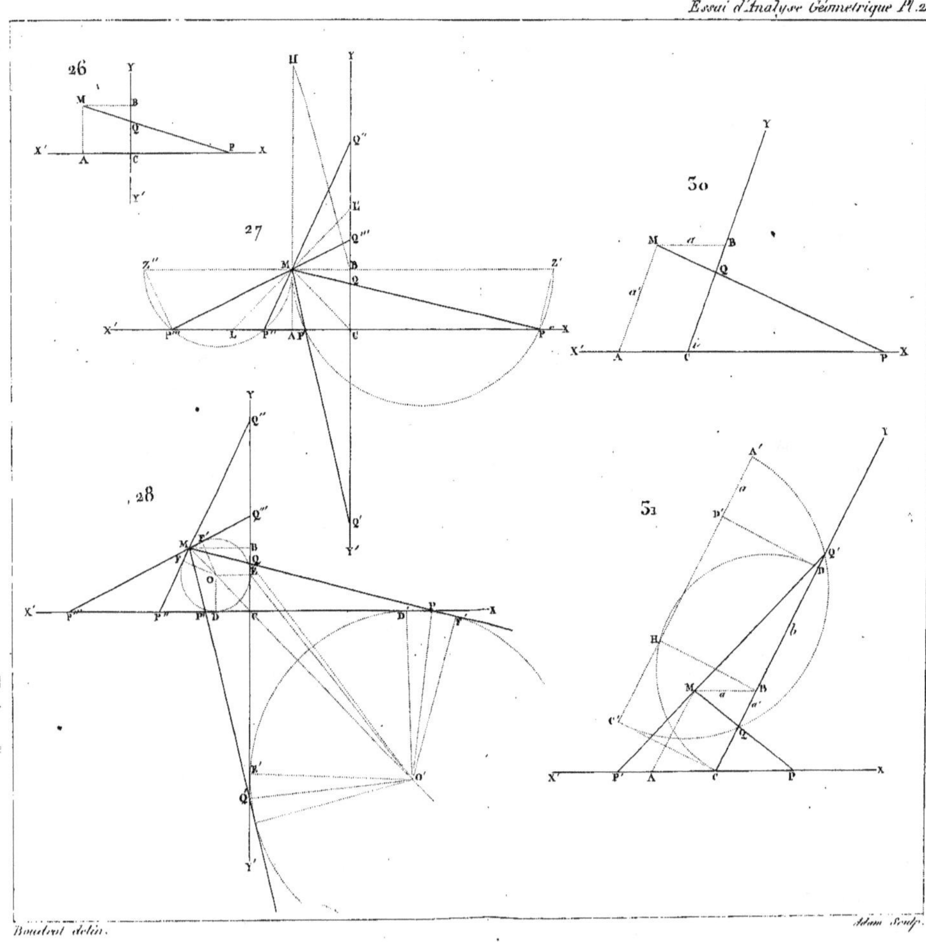

26
27
28
30
31

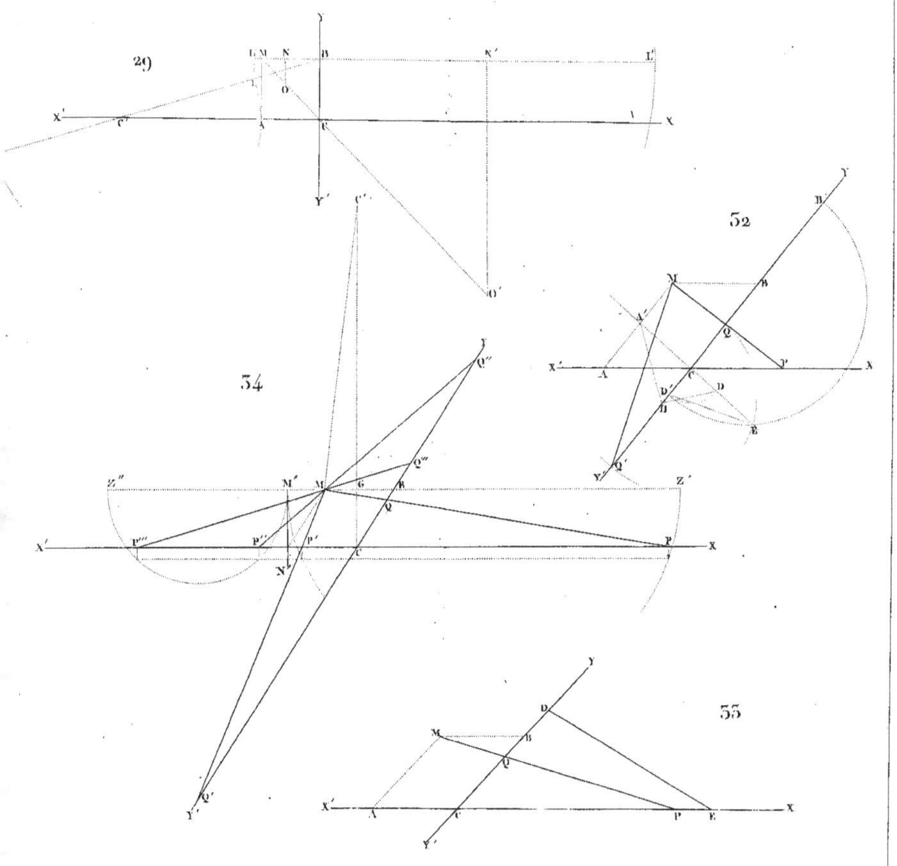

29

32

34

33

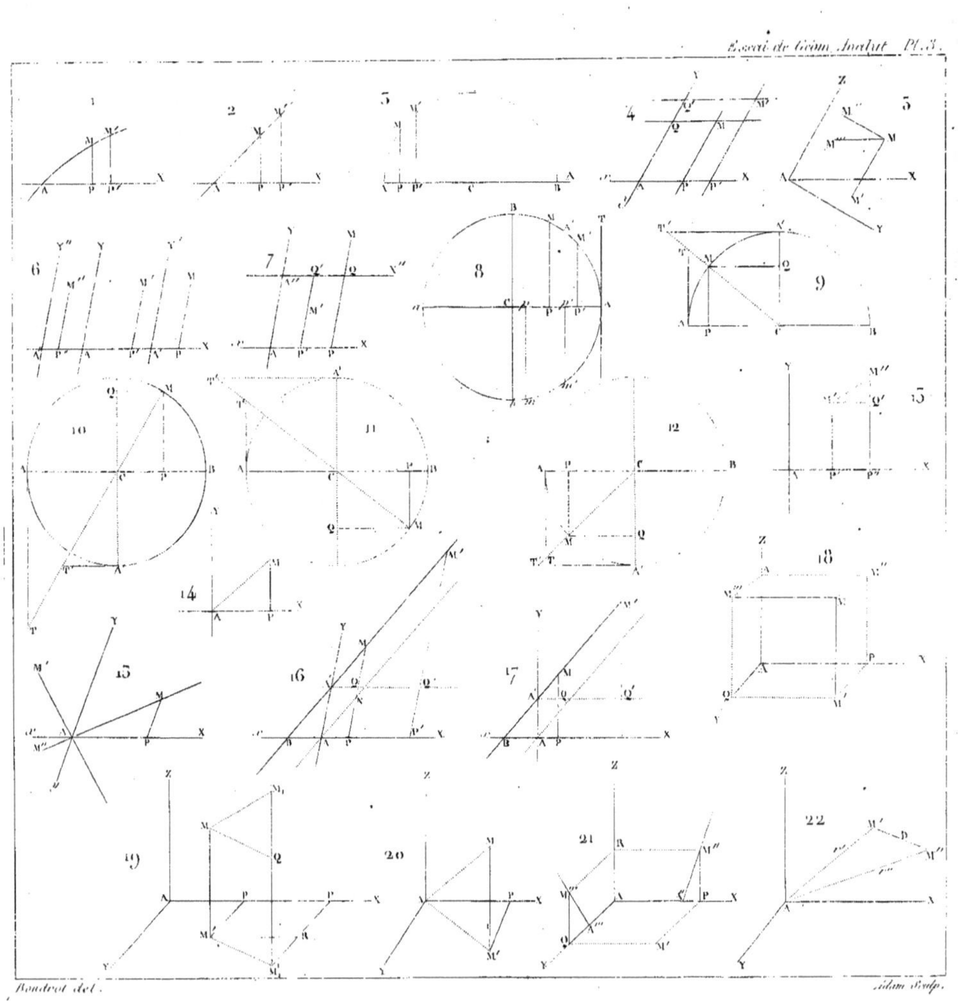

1
2
3
4
5
6
7
8
9
10
11
12
13
14
15
16
17
18
19
20
21
22

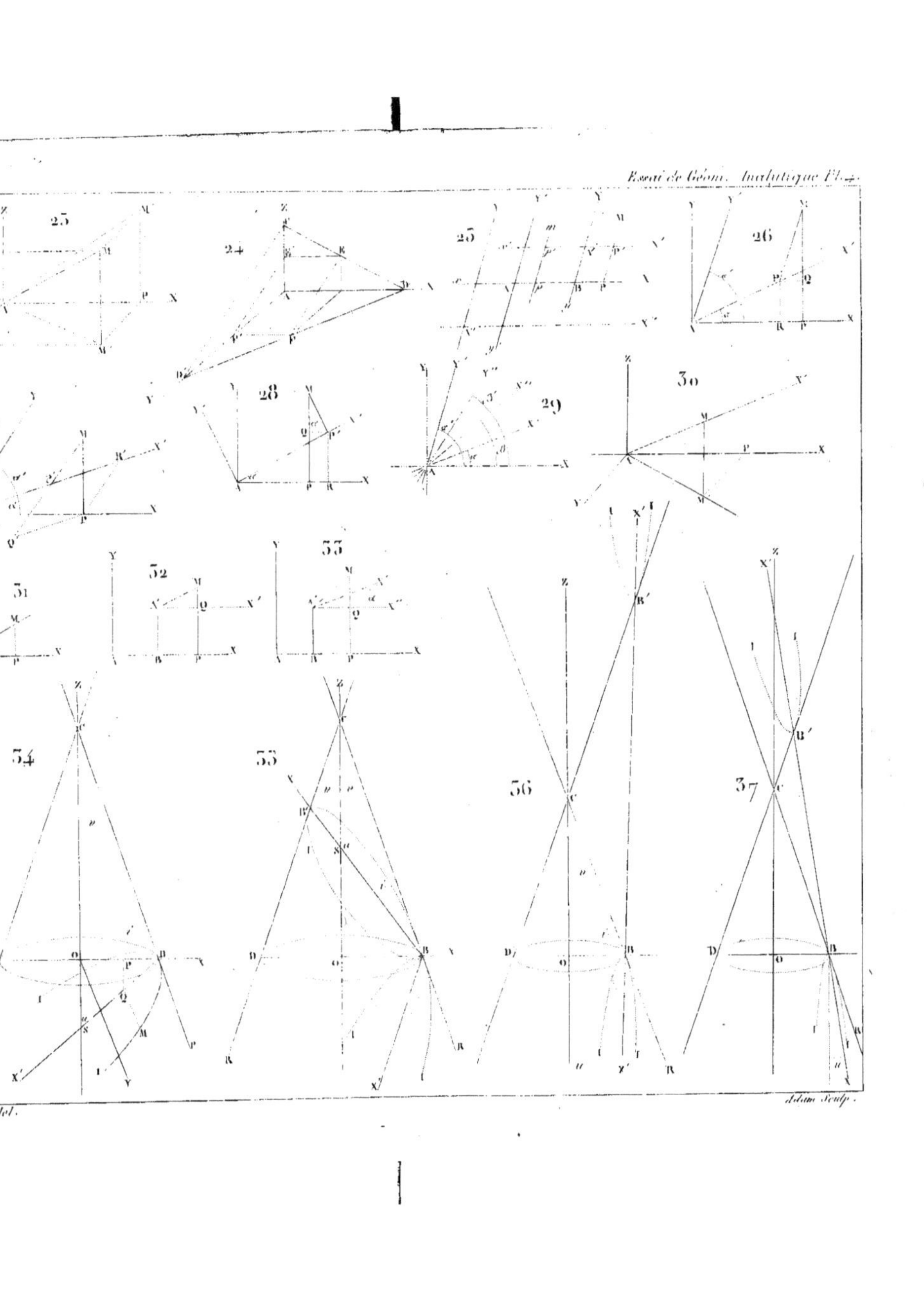

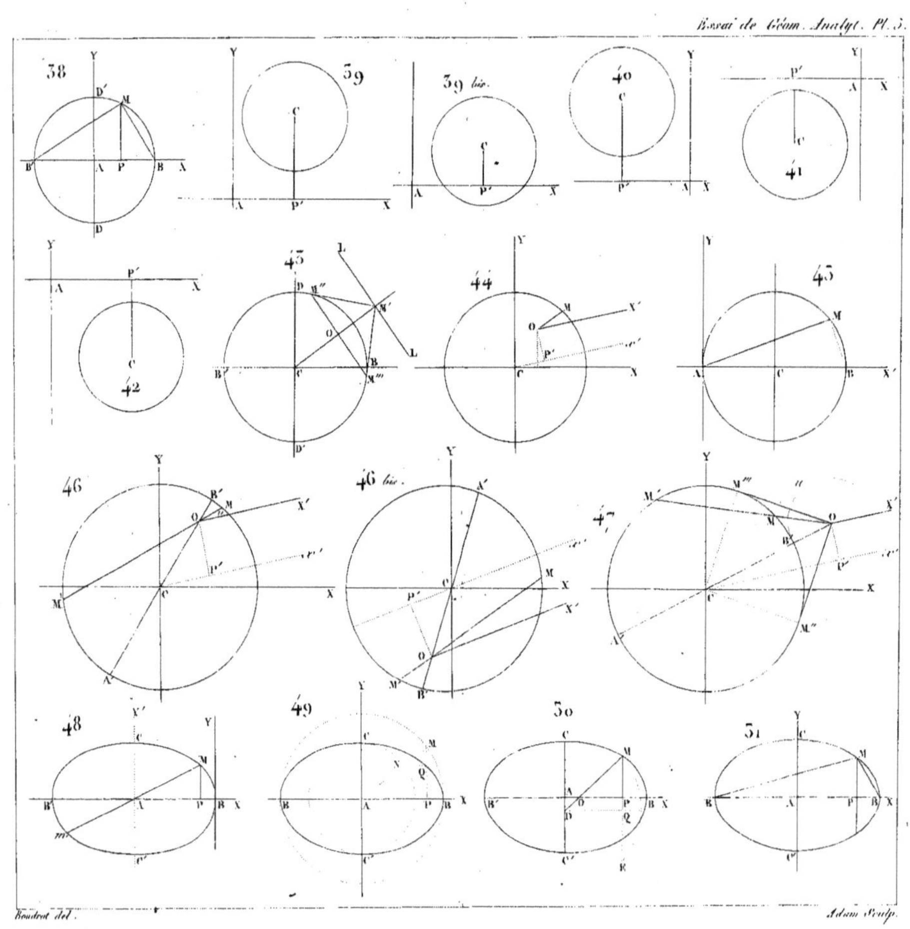

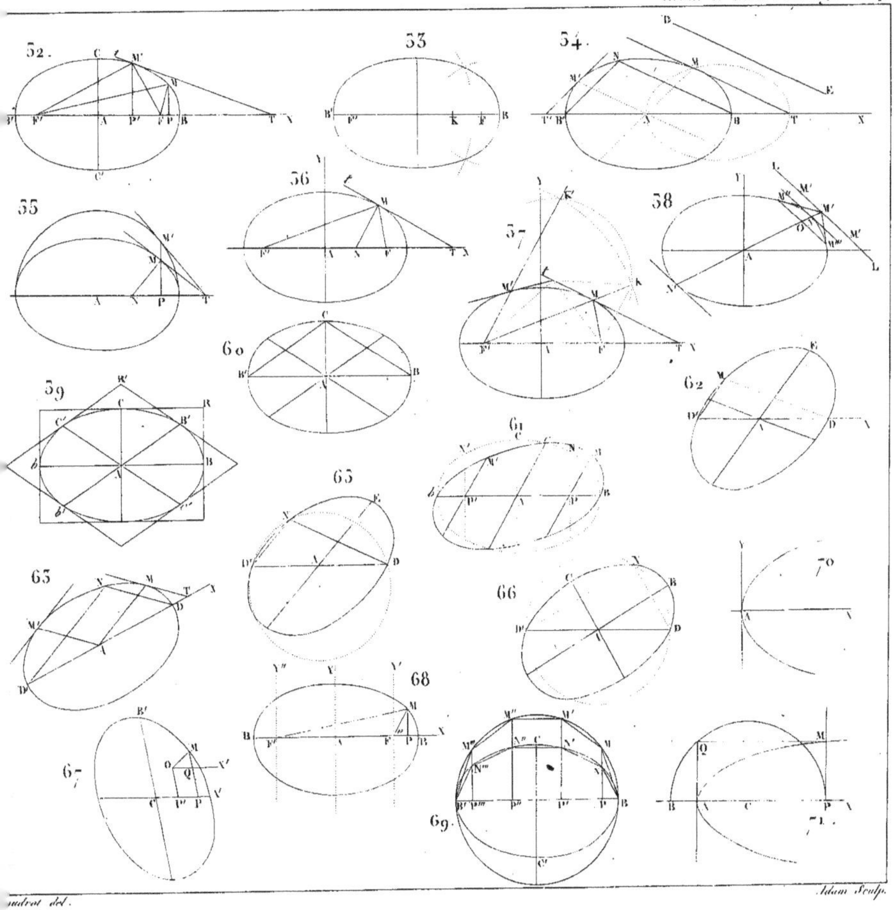

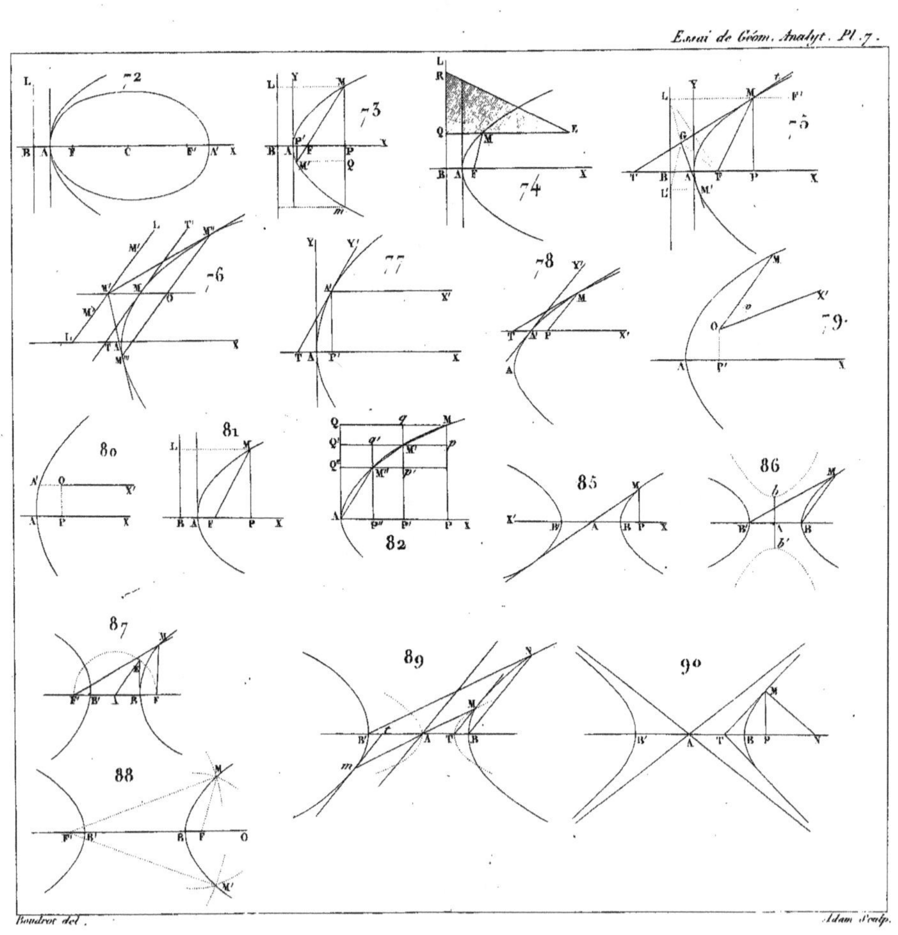

72
73
74
75
76
77
78
79
80
81
82
85
86
87
88
89
90

8.

[illegible]

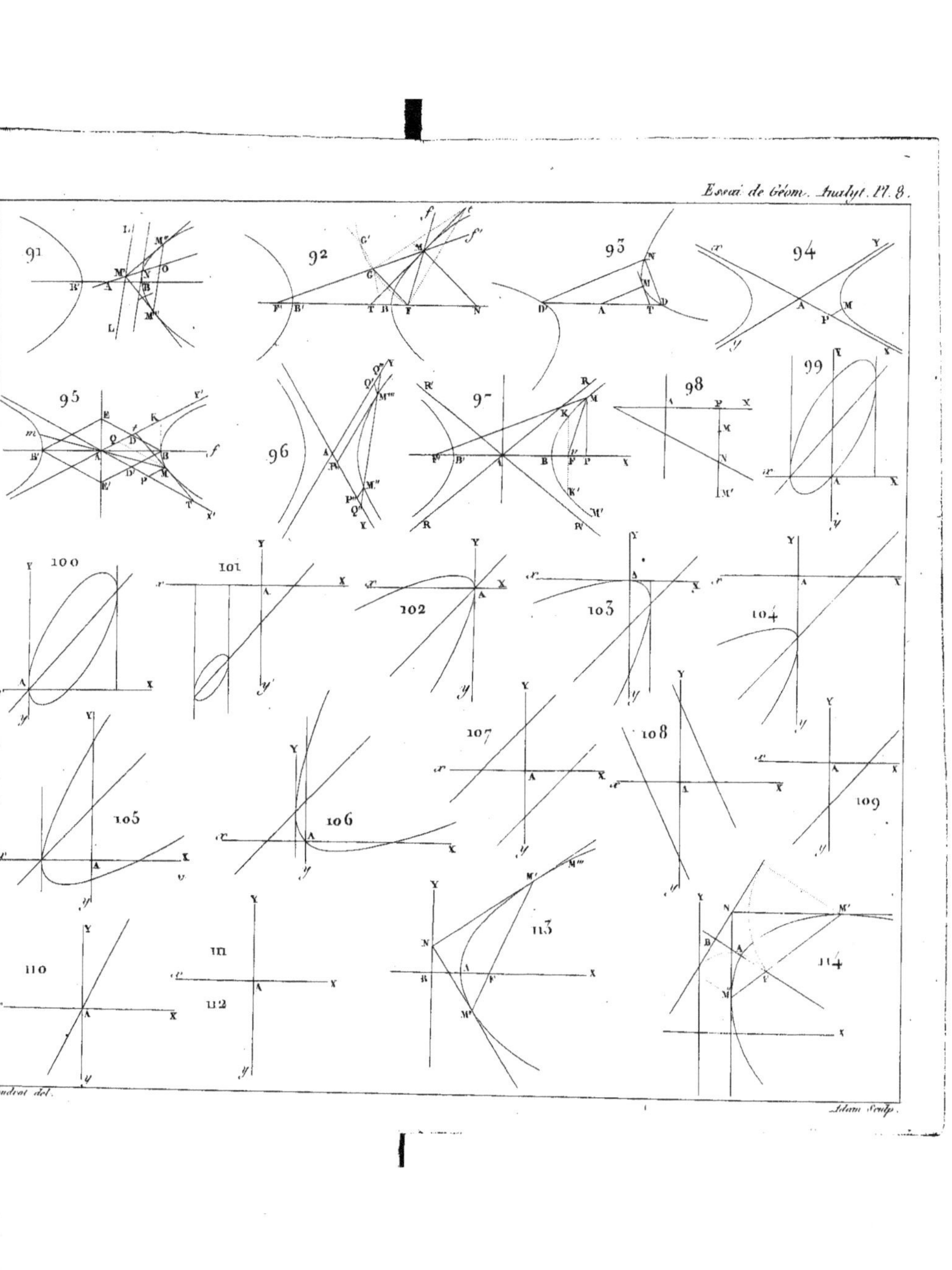
91
92
93
94
95
96
97
98
99
100
101
102
103
104
105
106
107
108
109
110
111
112
113
114

udrat del.
Adam Sculp.

Pl. 9.

m. Sculp.

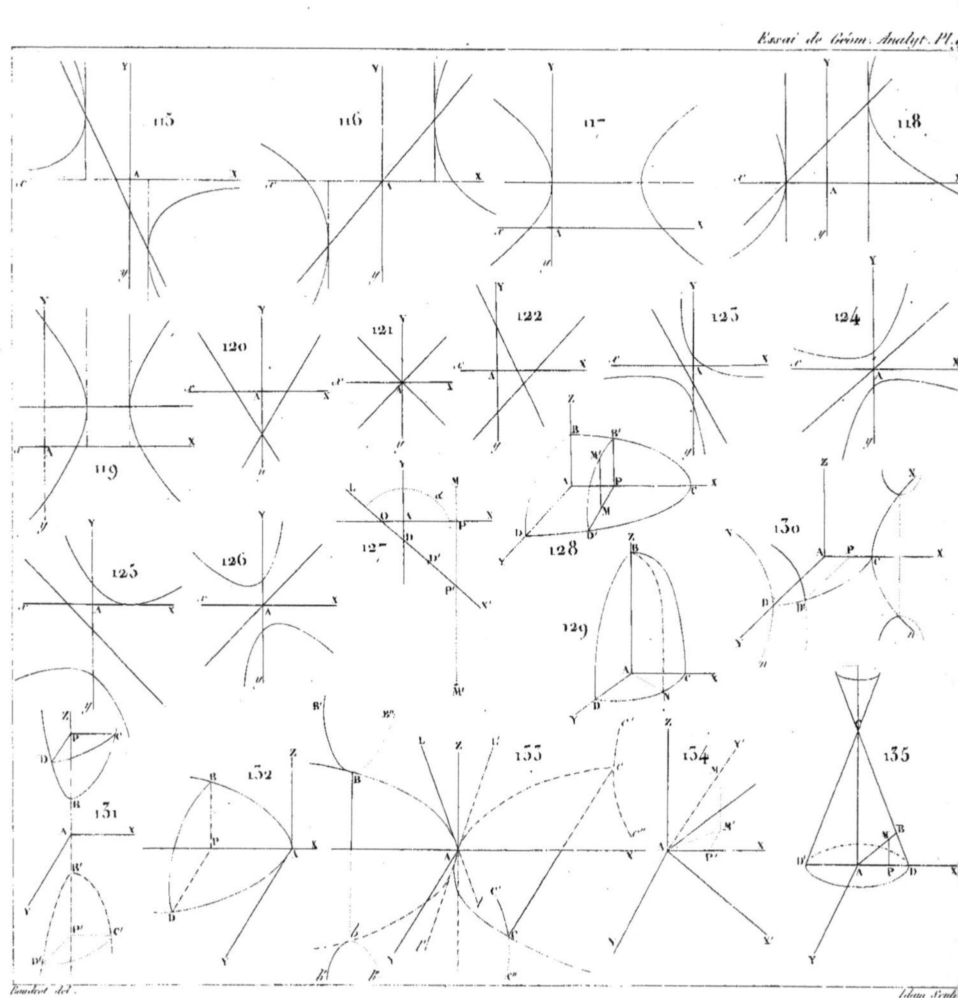
115
116
117
118
119
120
121
122
123
124
125
126
127
128
129
130
131
132
133
134
135

www.ingramcontent.com/pod-product-compliance
Lightning Source LLC
LaVergne TN
LVHW011217170726

843501LV00002B/266